Lunge-Berl

Taschenbuch für die anorganisch-chemische Großindustrie

Herausgegeben

von

Dr. E. Berl

ord. Professor der Technischen Chemie und Elektrochemie
an der Technischen Hochschule zu Darmstadt

Sechste, umgearbeitete Auflage

Mit 16 Textfiguren
und 1 Gasreduktionstafel

Springer-Verlag Berlin Heidelberg GmbH

ISBN 978-3-662-23013-8   ISBN 978-3-662-24974-1 (eBook)
DOI 10.1007/978-3-662-24974-1

Aus dem Vorwort zur vierten und fünften Auflage.

Dieses Werk hatte sich schon bei seinem ersten Erscheinen im Jahre 1883 das Ziel vorgesteckt, im Gebiete der anorganisch-chemischen Großindustrie die bis dahin vermißte Übereinstimmung unter den Analytikern herzustellen. Zu diesem Zwecke wird meist nur eine Methode angeführt, nämlich die zur Zeit für die zweckmäßigste anzusprechende, und diese wird zwar mit aller Knappheit, aber doch mit allen für ihr Gelingen notwendigen Anweisungen beschrieben. Nur in vereinzelten Fällen sind auch noch weitere Kontrollmethoden angegeben.

Hierbei konnte im Interesse der in erster Linie angestrebten Übereinstimmung unter den Chemikern der Wissenschaft, der Industrie und des Handels, insbesondere auch betreffend die Wahl der Methoden für Schiedsanalysen, nicht derart verfahren werden, daß die gerade in der letzten Zeit von dieser oder jener Seite als beste angepriesenen Methoden hier aufgenommen werden. Nur dann konnte dies geschehen, wenn die Nachprüfung wirklich erhebliche Vorzüge der neuen vor den früher allgemeiner üblichen Methoden nachweisen konnte.

Ungemein wichtig ist natürlich für ein derartiges Werk die Auswahl der darin in so großer Anzahl enthaltenen Zahlenwerte.

Eine große Zahl von Konstanten ist den Landolt-Börnstein-Rothschen „Physikalisch-chemischen Tabellen", Stähler, „Handbuch der Arbeitsmethoden der anorganischen Chemie" und der „Hütte" entnommen worden.

Weiterhin mußte die Auswahl der Tabellen für die Volumgewichte von Säuren und Lösungen aller Art nach demselben Grundsatze, wie er oben für die Analysenmethoden aufgestellt ist, erfolgen; das heißt, es mußten die heute als die besten und zuverlässigsten zu betrachtenden Tabellen wiedergegeben werden, aber nicht ohne bestimmte Gründe eine Tabelle der früheren Auflagen, die sich ja in den Händen von Tausenden befinden, mit einer neu auftauchenden vertauscht werden.

Vielfach wurde Bezug genommen auf die „Chemisch-technischen Untersuchungsmethoden", welche im Texte kurz als C.T.U. angeführt sind.

Zürich und Tubize, November 1913.

G. Lunge. E. Berl.

Vorwort zur sechsten Auflage.

Die erste Auflage dieses Buches erschien im Jahre 1883 durch Zusammenarbeit von G. Lunge mit einer vom Verein Deutscher Sodafabrikanten gewählten Kommission. Schon die nächste Auflage wurde allein von Lunge besorgt, der sich, von der vierten Auflage angefangen, mit dem derzeit alleinigen Herausgeber vereinigte. Die vorliegende sechste Auflage erscheint zum ersten Male ohne die Mitarbeit Lunges. Seiner über mehr als vier Jahrzehnte erstreckten Arbeit ist es zu danken, daß wenigstens zum Teile jene Übereinstimmung in den Analysenmethoden der anorganisch-chemischen Großindustrie hergestellt wurde, welche für Handel und Industrie von grundlegender Bedeutung ist. Eine große Zahl der heute angewandten Schiedsmethoden rührt von Lunge her.

Der Herausgeber hat die Grundsätze, welche seit der ersten Auflage des Buches vertreten wurden, auch weiter beibehalten. Für die Auswahl der Zahlenwerte ist besondere Sorgfalt verwendet worden. Die Tabellen im ersten Teil des Buches sind sorgfältig durchgesehen und durch neue ergänzt. Auch im Texte befinden sich eine große Reihe Verbesserungen und Zusätze gegenüber den früheren Auflagen. Den Herren Blumrich, Haßreidter, Rüsberg, Sadler und Tietjens ist der Herausgeber für wertvolle Hinweise zu großem Danke verpflichtet.

Möge das Werkchen im Fabrikbetrieb, dann aber auch im Hochschullaboratorium jenen Platz behaupten, den es bisher eingenommen hat.

Der Herausgeber wurde in dankenswerter Weise von seinem Assistenten, Herrn Dipl.-Ing. Karl Andreß, bei der Berechnung der Zahlenwerte und beim Korrekturenlesen unterstützt, ebenso bei der Anfertigung der dem Werkchen beigeschlossenen Gasreduktionstafel.

Darmstadt, April 1921.

E. Berl.

Inhaltsverzeichnis.

Allgemeiner Teil.

Spezieller Teil.

Allgemeiner Teil

1. Atomgewichte 1921

(bezogen auf O = 16).

			log				log
Aluminium	Al	27·1	1·43 297	Neon	Ne	20·2	1·30 535
Antimon	Sb	120·2	2·07 990	Nickel	Ni	58·68	1·76 849
Argon	Ar	39·88	1·60 076	Niobium	Nb	93·5	1·97 081
Arsen	As	74·96	1·87 483	Niton	Nt	222·4	2·34 713
Barium	Ba	137·37	2·13 789	Osmium	Os	190·9	2·28 081
Beryllium	Be	9·1	0·95 904	Palladium	Pd	106·7	1·02 816
Blei	Pb	207·20	2·31 639	Phosphor	P	31·04	1·49 192
Bor	B	11·0	1·04 139	Platin	Pt	195·2	2·29 048
Brom	Br	79·92	1·90 266	Praseodym	Pr	140·9	2·14 891
Cadmium	Cd	112·40	2·05 077	Quecksilber	Hg	200·6	2·30 233
Caesium	Cs	132·81	2·12 323	Radium	Ra	226·0	2·35 411
Calcium	Ca	40·07	1·60 282	Rhodium	Rh	102·9	2·01 242
Cerium	Ce	140·25	2·14 690	Rubidium	Rb	85·45	1·93 171
Chlor	Cl	35·46	1·54 974	Ruthenium	Ru	101·7	2·00 732
Chrom	Cr	52·0	1·71 600	Samarium	Sm	150·4	2·17 725
Dysprosium	Dy	162·5	2·21 085	Sauerstoff	O	16·00	1·20 412
Eisen	Fe	55·84	1·74 695	Scandium	Sc	44·1	1·64 444
Erbium	Er	167·7	2·22 453	Schwefel	S	32·06	1·50 596
Europium	Eu	152·0	2·18 184	Selen	Se	79·2	1·89 873
Fluor	F	19·0	1·27 875	Silber	Ag	107·88	2·03 294
Gadolinium	Gd	157·3	2·19 673	Silicium	Si	28·3	1·45 179
Gallium	Ga	69·9	1·84 448	Stickstoff	N	14·01	1·14 644
Germanium	Ge	72·5	1·86 034	Strontium	Sr	87·63	1·94 265
Gold	Au	197·2	2·29 491	Tantal	Ta	181·5	2·25 888
Helium	He	4·00	0·60 206	Tellur	Te	127·5	2·10 551
Holmium	Ho	163·5	2·21 352	Terbium	Tb	159·2	2·20 194
Indium	In	114·8	2·05 994	Thallium	Tl	204·0	2·30 963
Iridium	Ir	193·1	2·28 578	Thor	Th	232·4	2·36 624
Jod	J	126·92	2·10 353	Thulium	Tu	168·5	2·22 660
Kalium	K	39·10	1·59 218	Titan	Ti	48·1	1·68 215
Kobalt	Co	58·97	1·77 063	Uran	U	238·2	2·37 694
Kohlenstoff	C	12·005	1·07 936	Vanadium	V	51·0	1·70 757
Krypton	Kr	82·92	1·91 866	Wasserstoff	H	1·008	0·00 346
Kupfer	Cu	63·57	1·80 325	Wismuth	Bi	208·0	2·31 806
Lanthan	La	139·0	2·14 301	Wolfram	W	184·0	2·26 482
Lithium	Li	6·94	0·84 136	Xenon	X	130·2	2·11 461
Lutetium	Lu	175·00	2·24 304	Ytterbium	Yb	173·5	2·23 930
Magnesium	Mg	24·32	1·38 596	Yttrium	Y	88·7	1·94 792
Mangan	Mn	54·93	1·73 981	Zink	Zn	65·37	1·81 538
Molybdän	Mo	96·0	1·98 227	Zinn	Sn	118·7	2·07 445
Natrium	Na	23·00	1·36 173	Zirkonium	Zr	90·6	1·95 713
Neodymium	Nd	144·3	2·15 927				

2. Formeln, Molekulargewichte und prozentische Zusammensetzung

von chemischen Verbindungen, welche in der chemischen Großindustrie oder in der technischen Analyse Bedeutung besitzen.

Bemerkungen: Die Salze sind alphabetisch nach den Kationen geordnet und sind beim führenden Elemente aufzusuchen, z. B. schwefelsaure Tonerde = Aluminiumsulfat bei Aluminium.

Bei der prozentischen Zusammensetzung schließt H_2O auch das durch den Zerfall der Hydrate und des Ammoniumions entstehende Wasser mit ein.

Lfd. Nr.	Verbindungen	Molekularformel	Mol.-Gew. (O=16)	log. Mol.-Gew.	Prozentische Zusammensetzung
1.	Äthylen	C_2H_4	28·03	1·44 762	C 85·62; H 14·38
2.	Aluminiumchlorid	$AlCl_3$	133·48	2·12 542	Al 20·32; Cl 79·66
3.	Aluminiumhydroxyd . .	$Al(OH)_3$	78·13	1·89 282	Al_2O_3 65·40; H_2O 34·60
4.	Aluminiumoxyd (Tonerde)	Al_2O_3	102·20	2·00 945	Al 53·03; O 46·97
5.	Aluminiumsulfat (schwefelsaure Tonerde)	$Al_2(SO_4)_3$	342·37	2·53 451	Al_2O_3 29·85; SO_3 70·15
6.	Aluminiumsulfat krist. .	$Al_2(SO_4)_3 + 18H_2O$	666·64	2·82 389	Al_2O_3 15·33; SO_3 36·03; H_2O 48·64
7.	Ammoniak	NH_3	17·03	1·23 121	N 82·26; H 17·74
8.	Ammoniakalaun	$Al(NH_4)(SO_4)_2 + 12 H_2O$	453·45	2·65 653	Al_2O_3 11·27; NH_3 3·76; SO_3 35·31; H_2O 49·66
9.	Ammoncarbonat (käufl. kohlensaures Ammoniak)	$NH_4HCO_3 + NH_4CO_2NH_2$	157·12	2·19 623	NH_3 32·52; CO_2 56·01; H_2O 11·47
10.	Ammonchlorid	NH_4Cl	53·50	1·72 835	NH_3 31·83; HCl 68·17

Lfd. Nr.	Verbindungen	Molekularformel	Mol.-Gew. $(O=16)$	log. Mol.-Gew.	Prozentische Zusammensetzung
11.	Ammonmagnesiumarseniat	$(NH_4)MgAsO_4 + {}^1/_2H_2O$	190·33	2·27 951	MgO 21·18; As_2O_5 60·40; NH_3 8·95; H_2O 9·47
12.	Ammonmagnesium-phosphat	$(NH_4)MgPO_4 + 6H_2O$	245·50	2·39 005	MgO 16·44; NH_3 6·94; P_2O_5 28·92; H_2O 47·70
13.	Ammonnatriumphosphat (Phosphorsalz)	$(NH_4)NaHPO_4 + 4H_2O$	209·15	2·32 046	NH_3 8·14; Na_2O 14·85; P_2O_5 33·95; H_2O 43·06
14.	Ammonnitrat	NH_4NO_3	80·05	1·90 336	NH_3 21·27; N_2O_5 67·48; H_2O 11·25
15.	Ammonphosphat	$(NH_4)_2HPO_4$	132·09	2·12 088	NH_3 25·79; P_2O_5 53·75; H_2O 20·46
16.	Ammonplatinchlorid . . .	$(NH_4)_2PtCl_6$	444·0	2·64 738	NH_3 7·67; Pt 43·96; Cl 47·92; H_2 0·45
17.	Ammonsulfat	$(NH_4)_2SO_4$	132·14	2·12 103	NH_3 25·78; SO_3 60·59; H_2O 13·63
18.	Ammonsulfocyanat (Rhodanammon)	NH_4CNS	76·11	1·88 144	NH_3 22·38; H 1·32; CN 34·17; S 42·13
19.	Arsenpentoxyd	As_2O_5	229·92	2·36 158	As 65·21; O 34·79
20.	Arsensulfür	As_2S_3	246·10	2·39 111	As 60·91; S 39·09
21.	Arsentrioxyd	As_2O_3	197·92	2·29 649	As 75·75; O 24·25
22.	Bariumcarbonat	$BaCO_3$	197·375	2·29 530	BaO 77·71; CO_2 22·29
23.	Bariumchlorid	$BaCl_2 + 2H_2O$	244·32	2·38 796	$BaCl_2$ 85·25; H_2O 14·75
24.	Bariumhydroxyd	$Ba(OH)_2$	171·40	2·23 401	BaO 89·49; H_2O 10·51
25.	,, krist. .	$Ba(OH)_2 + 8H_2O$	315·51	2·49 901	BaO 48·62; H_2O 51·38
26.	Bariumnitrat	$Ba(NO_3)_2$	261·39	2·41 729	BaO 58·67; N_2O_5 41·33
27.	Bariumoxyd	BaO	153·37	2·18 574	Ba 89·57; O 10·43

28.	Bariumsulfat	$BaSO_4$	233·44	2·36 818	BaO 65·71; SO_3 34·29
29.	Bleicarbonat	$PbCO_3$	267·005	2·42 652	PbO 83·53; CO_2 16·47
30.	Bleichlorid	$PbCl_2$	277·92	2·44 392	Pb 74·49; Cl 25·51
31.	Bleioxyd (Glätte)	PbO	223·00	2·34 830	Pb 92·83; O 7·17
32.	Bleisulfat	$PbSO_4$	303·06	2·48 153	PbO 73·59; SO_3 26·41
33.	Bleisulfid	PbS	239·07	2·37 853	Pb 86·55; S 13·45
34.	Calciumcarbonat	$CaCO_3$	100·07	2·00 031	CaO 56·03; CO_2 43·97
35.	Calciumchlorid	$CaCl_2$	110·99	2·04 528	Ca 36·13; Cl 63·87
36.	„ krist	$CaCl_2 + 6H_2O$	219·09	2·34 062	$CaCl_2$ 50·66; H_2O 49·34
37.	Calciumchlorat	$Ca(ClO_3)_2$	206·99	2·31 595	CaO 27·10; Cl_2O_5 72·90
38.	Calciumhydroxyd	$Ca(OH)_2$	74·09	2·86 976	CaO 75·68; H_2O 24·32
39.	Calciumhypochlorit	$Ca(OCl)_2$	142·99	2·15 531	CaO 39·23; Cl 49·58; O 11·19
40.	Calciumoxyd (Ätzkalk)	CaO	56·07	2·74 873	Ca 71·46; O 28·54
41.	Calciumpentasulfid	CaS_5	200·37	2·30 183	Ca 19·99; S 80·01
42.	Calciumphosphat, primäres	$CaH_4(PO_4)_2$	234·18	2·36 955	CaO 23·94; P_2O_5 60·67; H_2O 15·39
43.	„ sekundäres	$CaHPO_4$	136·12	2·13 392	CaO 41·19; P_2O_5 52,19; H_2O 6·62
44.	„ tertiäres	$Ca_3(PO_4)_2$	310·29	2·49 177	CaO 54·21; P_2O_5 45·79
45.	Calciumsulfat	$CaSO_4$	136·13	2·13 386	CaO 41·19; SO_3 58·81
46.	„ krist. (Gips)	$CaSO_4 + 2H_2O$	172·16	2·23 593	CaO 32·57; SO_3 46·51; H_2O 20·92
47.	Calciumsulfid	CaS	72·13	1·85 812	Ca 55·56; S 44·44
48.	Calciumsulfit	$CaSO_3$	120·13	2·07 955	CaO 46·68; SO_2 53·32
49.	Calciumthiosulfat	CaS_2O_3	152·18	2·18 235	CaO 36·84; SO_2 42·10; S 21·06
50.	Chlorsäure	$HClO_3$	84·47	1·92 670	Cl 41·98; O 47·35; H_2O 10·67
51.	Chlorwasserstoff	HCl	36·47	1·56 194	Cl 97·23; H 2·77
52.	Eisenbisulfid (Pyrit)	FeS_2	119·96	2·07 904	Fe 46·54; S 53·46
53.	Ferrichlorid	$FeCl_3$	162·22	2·21 011	Fe 34·42; Cl 65·58

Lfd. Nr.	Verbindungen	Molekularformel	Mol.-Gew. (O=16)	log. Mol.-Gew.	Prozentische Zusammensetzung
54.	Ferrihydroxyd	$Fe(OH)_3$	106·86	2·02 882	Fe_2O_3 74·72; H_2O 25·28
55.	Ferrioxyd	Fe_2O_3	159·68	2·20 328	Fe 69·94; O 30·06
56.	Ferrochlorür	$FeCl_2$	126·76	2·10 298	Fe 44·05; Cl 55·95
57.	,, krist. . . .	$FeCl_2+4H_2O$	198·82	2·29 846	$FeCl_2$ 63·76; H_2O 36·24
58.	Ferrosulfat, krist.	$FeSO_4+7H_2O$	278·01	2·44 406	Fe 20·09; O 5·76; SO_3 28·80; H_2O 45·35
59.	Kaliumaluminiumsulfat (Kalialaun)	$KAl(SO_4)_2+12H_2O$	474·48	2·67 622	K_2O 9·93; Al_2O_3 10·77; SO_3 33·75; H_2O 45·55
60.	Kaliumbicarbonat	$KHCO_3$	100·115	2·00 050	K_2O 47·05; CO_2 43·96; H_2O 8·99
61.	Kaliumbichromat	$K_2Cr_2O_7$	294·20	2·46 846	K_2O 32·03; CrO_3 67·97
62.	Kaliumbisulfit	$KHSO_3$	120·17	2·07 979	K_2O 39·19; SO_2 53·31; H_2O 7·50
63.	Kaliumbisulfat	$KHSO_4$	136·17	2·13 409	K_2O 34·59; SO_3 58·80; H_2O 6·61
64.	Kaliumbromid	KBr	119·02	2·07 562	K 32·85; Br 67·15
65.	Kaliumcarbonat	K_2CO_3	138·205	2·14 053	K_2O 68·16; CO_2 31·84
66.	Kaliumchlorat	$KClO_3$	122·56	2·08 835	K_2O 38·43; Cl 28·93; O 32·64
67.	Kaliumchlorid	KCl	74·56	1·87 251	K 52·44; Cl 47·56
68.	Kaliumchromat	K_2CrO_4	194·3	2·28 847	K_2O 48·48; CrO_3 51·52
69.	Kaliumcyanid	KCN	65·11	1·81 365	K 60·05; CN 39·95
70.	Kaliumferricyanid (Rotes Blutlaugensalz)	$K_3Fe(CN)_6$	329·20	2·51 747	K 35·63; Fe 16·97; CN 47·40
71.	Kaliumferrocyanid (Gelbes Blutlaugensalz)	$K_4Fe(CN)_6+3H_2O$	422·35	2·62 566	K 37·03; Fe 13·22; CN 36·95; H_2O 12·80

72.	Kaliumhydroxyd	KOH	56·11	1·74 904	K_2O 83·94; H_2O 16·06
73.	Kaliumjodid	KJ	166·02	2·22 016	K 23·55; J 76·45
74.	Kaliumnitrat	KNO_3	101·11	2·00 479	K_2O 46·58; N_2O_5 53·42
75.	Kaliumnitrit	KNO_2	85·11	1·92 998	K_2O 55·34; N_2O_3 44·66
76.	Kaliumoxyd	K_2O	94·20	1·97 405	K 83·02; O 16·98
77.	Kaliumpermanganat . .	$KMnO_4$	158·03	2·19 874	K_2O 29·80; Mn_2O_7 70·20
78.	Kaliumphosphat	K_2HPO_4	174·25	2·24 118	K_2O 54·06; P_2O_5 40·77; H_2O 5·17
79.	*Kaliumplatinchlorid . .	K_2PtCl_6	486·2	2·68 681	Pt 40·15; Cl 43·76; K 16·09; (KCl 30·67)
80.	Kaliumrhodanid	KCNS	97·17	1·98 758	K 40·23; CNS 59·77
81.	Kaliumsilikat	K_2SiO_3	154·5	2·18 893	K_2O 60·97; SiO_2 39·03
82.	Kaliumsulfat	K_2SO_4	174·26	2·24 123	K_2O 54·05; SO_3 45·95
83.	Kaliumsulfid	K_2S	110·26	2·04 246	K 70·92; S 29·08
84.	Kaliumsulfit, krist. . . .	$K_2SO_3 + 2H_2O$	194·11	2·28 807	K_2O 48·53; SO_2 33·01; H_2O 18·46
85.	Kalkhydrat s. Calcium				
86.	Kieselsäure	SiO_2	60·3	1·78 032	Si 47·02; O 52·98
87.	Kohlendioxyd	CO_2	44·00	1·64 345	C 27·27; O 72·73
88.	Kohlenoxyd	CO	28·00	1·44 716	C 42·86; O 57·14
89.	Kupferchlorid	$CuCl_2$	134·49	2·12 869	Cu 47·29; Cl 52·71
90.	Kupferoxyd	CuO	79·57	1·90 075	Cu 79·89; O 20·11
91.	Kupfersulfat	$CuSO_4 + 5H_2O$	249·71	2·39 745	CuO 31·87; SO_3 32·06; H_2O 36·07
92.	Kupfersulfid	CuS	95·63	1·98 064	Cu 66·48; S 33·52
93.	Kupfersulfür	Cu_2S	159·20	2·20 197	Cu 79·86; S 20·14
94.	Magnesiumcarbonat . . .	$MgCO_3$	84·32	1·92 593	MgO 47·82; CO_2 52·18
95.	Magnesiumchlorid	$MgCl_2$	95·24	1·97 882	Mg 25·56; Cl 74·44

[1]) Hier ist das wirkliche Atomgewicht des Platins = 195·2 zugrunde gelegt.

Lfd. Nr.	Verbindungen	Molekularformel	Mol.-Gew. (O=16)	log. Mol.-Gew.	Prozentische Zusammensetzung
96.	Magnesiumchlorid, krist. . .	$MgCl_2+6H_2O$	203·34	2·30 822	$MgCl_2$ 46·82; H_2O 53·18
97.	Magnesiumhydroxyd . .	$Mg(OH)_2$	58·34	1·76 597	MgO 69·11; H_2O 30·89
98.	Magnesiumoxyd	MgO	40·32	1·60 552	Mg 60·34: O 39·66
99.	Magnesiumpyrophosphat .	$Mg_2P_2O_7$	222·72	2·34 776	MgO 36·24; P_2O_5 63·76
100.	Magnesiumsulfat (Bitter-salz)	$MgSO_4+7H_2O$	246·49	2·39 180	MgO 16·36; SO_3 32·48; H_2O 51·16
101.	Manganchlorür	$MnCl_2$	125·85	2·09 986	Mn 43·65; Cl 56·35
102.	Manganoxydul	MnO	70·93	2·85 083	Mn 77·44; O 22·56
103.	Manganoxyduloxyd . . .	Mn_3O_4	228·79	2·35 944	Mn 72·03; O 27·97
104.	Mangansesquioxyd . . .	Mn_2O_3	157·86	2·19 827	Mn 69·59; O 30·41
105.	Mangansulfat	$MnSO_4$	150·99	2·17 897	MnO 46·97; SO_3 53·03
106.	Mangansuperoxyd	MnO_2	86·93	1·93 917	Mn 63·19; O 36·81
107.	Menninge	Pb_3O_4	685·30	2·83 588	Pb 90·66; O 9·34
108.	Methan	CH_4	16·037	1·20 512	C 74·86; H 25·14
109.	Natriumaluminat	Na_3AlO_3	144·1	2·15 866	Na_2O 64·54; Al_2O_3 35·46
110.	„	$Na_2Al_2O_4$	164·2	2·21 537	Na_2O 37·76; Al_2O_3 62·24
111.	Natriumborat (Borax) . .	$Na_2B_4O_7+10H_2O$	382·2	2·58 229	Na_2O 16·22; B_2O_3 36·64; H_2O 47·14
112.	Natriumbromid	$NaBr$	102·92	2·01 250	Na 22·35; Br 77·65
113.	Natriumcarbonat	Na_2CO_3	106·005	2·02 533	Na_2O 58·49; CO_2 41·51
114.	„ krist. . .	$Na_2CO_3+10H_2O$	286·165	2·45 662	Na_2O 21·67; CO_2 15·38; H_2O 62·95
115.	„ primäres	$NaHCO_3$	84·015	1·92 434	Na_2O 36·90; CO_2 52·37; H_2O 10·73
116.	Natriumchlorat	$NaClO_3$	106·46	2·02 719	Na_2O 29·12; Cl_2O_5 70·88

117.	Natriumchlorid	$NaCl$	58·46	1·76 686	Na 39·34; Cl 60·64
118.	Natriumchromat	Na_2CrO_4	162·0	2·20 952	Na_2O 38·27; CrO_3 61·73
119.	„ saures .	$NaHCrO_4$	140·01	2·14 616	Na_2O 22·14; CrO_3 71·42; H_2O 6·44
120.	Natriumhydroxyd	$NaOH$	40·01	1·60 219	Na_2O 77·48; H_2O 22·52
121.	Natriumhypochlorit . . .	$NaOCl$	74·46	1·87 192	Na_2O 41·64; Cl_2O 58·36
122.	Natriumnitrat	$NaNO_3$	85·01	1·92 947	Na_2O 36·47; N_2O_5 63·53
123.	Natriumnitrit	$NaNO_2$	69·01	1·83 891	Na_2O 44·92; N_2O_3 55·08
124.	Natriumoxalat	$Na_2C_2O_4$	134·01	2·12 713	Na_2O 46·26; C_2O_3 53·74;
125.	Natriumoxyd	Na_2O	62·00	1·79 239	Na 74·19; O 25·81
126.	Natriumsuperoxyd . . .	Na_2O_2	78·00	1·89 209	Na 58·97; O 41·03
127.	Natriumpentasulfid . . .	Na_2S_5	206.30	2.31 461	Na_2S 37.83; S 62.17
128.	Natriumphosphat	$Na_2HPO_4 + 12H_2O$	358·24	2·55 418	Na_2O 17·31; P_2O_5 19·83; H_2O 62·86
129.	Natriumsilikat	Na_2SiO_3	122·30	2·08 743	Na_2O 50·69; SiO_2 49·31
130.	Natriumsulfat	Na_2SO_4	142·06	2·15 250	Na_2O 43·64; SO_3 56·36
131.	„ krist. (Glau-bersalz)	$Na_2SO_4 + 10H_2O$	322·22	2·50 817	Na_2O 19·24; SO_3 24·85; H_2O 55·91
132.	„ primäres .	$NaHSO_4$	120·07	2·07 947	Na_2O 25·82; SO_3 66·68; H_2O 7·50
133.	Natriumsulfid	Na_2S	78·06	1·89 248	Na 58·92; S 41·08 (entspr. 79·42 °/₀ Na_2O)
134.	„ primäres . .	$NaHS$	56·07	1·74 881	Na_2S 69·61; H_2S 30·39
135.	Natriumsulfit, krist. . .	$Na_2SO_3 + 7H_2O$	252·17	2·40 171	Na_2O 26·59; SO_2 27·41; H_2O 46·00
136.	„ primäres .	$NaHSO_3$	104·07	2·01 737	Na_2O 29·78; SO_2 61·56; H_2O 8·66
137.	Natriumthiosulfat (unter-schwefligsaures Natron)	$Na_2S_2O_3 + 5H_2O$	248·20	2·39 484	Na_2O 24·98; S 12·92; SO_2 25·81; H_2O 36·29
138.	Nitrosylschwefelsäure (Kammerkristalle)	SO_5NH	127·08	2·10 412	SO_3 63·00; N_2O_3 29·91; H_2O 7·09

Lfd. Nr.	Verbindungen	Molekularformel	Mol.-Gew. (O=16)	log. Mol.-Gew.	Prozentische Zusammensetzung
139.	Pentathionsäure	$H_2S_5O_6$	258·32	2·41 224	SO_3 30·99; SO_2 24·80; S 37·23; H_2O 6·98
140.	Phosphorpentoxyd	P_2O_5	142·08	2·15 253	P 43·69; O 56·31
141.	Phosphorsäure, gewöhnl.	H_3PO_4	98·06	1·99 149	P_2O_5 72·45; H_2O 27·55
142.	,, Meta-	HPO_3	80·05	1·90 336	P_2O_5 88·75; H_2O 11·25
143.	,, Pyro-	$H_4P_2O_7$	178·11	2·25 069	P_2O_5 79·77; H_2O 20·23
144.	Platinchlorwasserstoffsäure	H_2PtCl_6	410·0	2·61 278	Pt 47·61; Cl 51·89; H 0·50
145.	Quecksilberchlorid	$HgCl_2$	271·5	2·43 281	Hg 73·83; Cl 26·17
146.	Quecksilberchlorür	$HgCl$	236·06	2·37 302	Hg 84·72; Cl 15·28
147.	Salpetersäure	HNO_3	63·02	1·79 948	N_2O_5 85·71; H_2O 14·29
148.	Salpetrige Säure	HNO_2	47·02	1·67 228	N_2O_3 80·84; H_2O 19·16
149.	Schwefeldioxyd	SO_2	64·06	1·80 659	S 50·05; O 49·95
150.	Schwefelsäure(Monohydrat)	H_2SO_4	98·08	1·99 158	SO_3 81·63; H_2O 18·37
151.	,, Pyro-	$H_2S_2O_7$	178·14	2·25 076	H_2SO_4 55·06; SO_3 44·94
152.	Schwefeltrioxyd	SO_3	80·06	1·90 342	S 40·05; O 59·95
153.	Schwefelwasserstoff	H_2S	34·08	1·53 250	S 94·07; H 5·93
154.	Selendioxyd	SeO_2	111·2	2·04 610	Se 71·22; O 28·78
155.	Silberbromid	$AgBr$	187·80	2·27 370	Ag 57·44; Br 42·56
156.	Silberchlorid	$AgCl$	143·34	2·15 637	Ag 75·26; Cl 24·74
157.	Silberjodid	AgJ	234·80	2·37 070	Ag 45·95; J 54·05
158.	Silbernitrat	$AgNO_3$	169·89	2·23 017	Ag 63·50; NO_3 36·50
159.	Silberrhodanid	$AgCNS$	165·955	2·22 000	Ag 65·00; CNS 35·00

No.	Name	Formel	Mol.-Gew.	log	Zusammensetzung
160.	Silbersulfid	Ag_2S	247·82	2·39 414	Ag 87·06; S 12·94
161.	Stickoxyd	NO	30·01	1·47 727	N 46·68; O 53·32
162.	Stickoxydul	N_2O	44·02	1·64 365	N 63·65; O 36·35
163.	Stickstoffdioxyd	NO_2	46·01	1·66 285	N 30·45; O 69·55
164.	Stickstofftetroxyd	N_2O_4	92·02	1·96 388	N 30·45; O 69·55
165.	Stickstofftrioxyd	N_2O_3	76·02	1·88 093	N 36·86; O 63·14
166.	Thioschwefelsäure (unterschweflige Säure)	$H_2S_2O_3$	114·14	2·05 744	SO_2 56·12; S 28·09; H_2O 15·79
167.	Tetrathionsäure	$H_2S_4O_6$	226·26	2·35 460	SO_3 35·38; SO_2 28·31; S 28·34; H_2O 7·97
168.	Trithionsäure	$H_2S_3O_6$	194·20	2·28 825	SO_3 41·21; SO_2 33·02; S 16·51; H_2O 9·26
169.	Tonerde vgl. Aluminiumoxyd				
170.	Unterchlorige Säure	HOCl	52·47	1·71 991	Cl 67·58; O 30·50; H 1·92
171.	Unterchlorigsäureanhydrid	Cl_2O	86·92	1·93 912	Cl 81·59; O 18·41
172.	Wasser	H_2O	18·02	1·25 575	H 11·21; O 88·79
173.	Zinkchlorid	$ZnCl_2$	136·29	2·13 447	Zn 47·98; Cl 52·02
174.	Zinkoxyd	ZnO	81·37	1·91 046	Zn 80·34; O 19·66
175.	Zinksulfat	$ZnSO_4$	161·43	2·20 798	ZnO 50·41; SO_3 49·59
176.	„ krist.	$ZnSO_4 + 7H_2O$	287·54	2·45 870	ZnO 28·31; SO_3 27·84; H_2O 43·85
177.	Zinksulfid	ZnS	97·43	1·98 874	Zn 67·10; S 32·90
178.	Zinnchlorür, krist.	$SnCl_2 + 2H_2O$	225·70	2·35 353	Sn 52·59; Cl 31·42; H_2O 15·99

3. Faktoren zur Berechnung von Gewichtsanalysen.

Gefunden	Gesucht	Faktor	log
Ammonium:			
Ammonchlorid NH_4Cl	Ammoniak NH_3	0·3183	0·50286—1
	Stickstoff N	0·2619	0·41809—1
Arsen:			
Arsensulfür As_2S_3	Arsen As	0·6092	0·78475—1
	Arsentrioxyd As_2O_3	0·8042	0·90538—1
	Arsenpentoxyd As_2O_5	0·9343	0·97047—1
Arsensulfid As_2S_5	Arsen As	0·4833	0·68419—1
	Arsentrioxyd As_2O_3	0·6380	0·80482—1
	Arsenpentoxyd As_2O_5	0·7412	0·86991—1
Magnesiumammonarseniat $(NH_4MgAsO_4) \cdot H_2O$	Arsen	0·3939	0·59532—1
	Arsentrioxyd As_2O_3	0·5200	0·71595—1
	Arsenpentoxyd As_2O_5	0·6040	0·78104—1
Magnesiumpyroarseniat $Mg_2As_2O_7$	Arsen As	0·4827	0·68372—1
	Arsentrioxyd As_2O_3	0·6373	0·80435—1
	Arsenpentoxyd As_2O_5	0·7404	0·86944—1
Barium:			
Bariumsulfat $BaSO_4$	Bariumoxyd BaO	0·6570	0·81756—1
Bariumcarbonat $BaCO_3$	Bariumoxyd BaO	0·7770	0·89044—1
Bariumsiliciumfluorid $BaSiF_6$	Bariumoxyd BaO	0·5483	0·73905—1
Blei:			
Bleioxyd PbO	Blei Pb	0·9283	0·96770—1
Bleichromat $PbCrO_4$	Blei Pb	0·6411	0·80692—1
	Bleioxyd PbO	0·9606	0·83922—1
Bleisuperoxyd PbO_2	Blei Pb	0·8662	0·93763—1
	Bleioxyd PbO	0·9331	0·96993—1
Bleisulfid PbS	Blei Pb	0·8660	0·93752—1
	Bleioxyd PbO	0·9329	0·96982—1
Bleisulfat $PbSO_4$	Blei Pb	0·6832	0·83457—1
	Bleioxyd PbO	0·7360	0·86687—1
	Bleisulfid PbS	0·7890	0·89705—1
Blei Pb	Bleioxyd PbO	1·0773	0·03234
Calcium:			
Kohlendioxyd CO_2	Calciumoxyd CaO	1·2742	0·10523
Calciumcarbonat $CaCO_3$	Calciumoxyd CaO	0·5603	0·74838—1

Gefunden	Gesucht	Faktor	log
Calciumsulfat $CaSO_4$	Calciumoxyd CaO	0·4119	0·61478—1
Bariumsulfat $BaSO_4$	Calciumsulfat $CaSO_4$	0·5832	0·76579—1

Chlor:

Gefunden	Gesucht	Faktor	log
Silberchlorid AgCl	Chlor Cl	0·2474	0·39337—1
	Chlorsäure Cl_2O_5	0·5264	0·72135—1
	Kaliumchlorid KCl	0·5202	0·71614—1
	Natriumchlorid NaCl	0·4078	0·61049—1
	Salzsäure HCl	0·2544	0·40557—1

Eisen:

Gefunden	Gesucht	Faktor	log
Eisenoxyd Fe_2O_3	Eisen Fe	0·6994	0·84470—1
	Eisenoxydul FeO	0·8998	0·95416—1

Kalium:

Gefunden	Gesucht	Faktor	log
Kaliumchlorid KCl	Kaliumoxyd K_2O	0·6317	0·80051—1
Kaliumperchlorat $KClO_4$	Kaliumoxyd K_2O	0·3400	0·53144—1
	Kaliumchlorid KCl	0·5381	0·73087—1
Kaliumplatinchlorid *) K_2PtCl_6	Kaliumoxyd K_2O	0·1930	0·28556—1
Kaliumsulfat K_2SO_4	Kaliumoxyd K_2O	0·5406	0·73285—1
Bariumsulfat $BaSO_4$	Kaliumsulfat K_2SO_4	0·7465	0·87304—1

Kohlenstoff:

Gefunden	Gesucht	Faktor	log
Bariumcarbonat $BaCO_3$	Kohlendioxyd CO_2	0·2229	0·34817—1
Calciumcarbonat $CaCO_3$	Kohlendioxyd CO_2	0·4397	0·64314—1
Calciumoxyd CaO	Kohlendioxyd CO_2	0·7848	0·89477—1
Kohlendioxyd CO_2	Kohlenstoff C	0·2727	0·43573—1

Kupfer:

Gefunden	Gesucht	Faktor	log
Kupferoxyd CuO	Kupfer Cu	0·7989	0·90250—1
Kupfersulfür Cu_2S	Kupfer Cu	0·7986	0·90231—1
	Kupferoxyd CuO	0·9996	0·99981—1
Kupfer Cu	Kupferoxyd CuO	1·2517	0·09750

Magnesium:

Gefunden	Gesucht	Faktor	log
Magnesiumpyrophosphat $Mg_2P_2O_7$	Magnesiumoxyd MgO	0·3621	0·55883—1
Magnesiumsulfat $MgSO_4$	Magnesiumoxyd MgO	0·3349	0·52493—1

---

*) Hier sind die in Staßfurt angenommenen Reduktionsfaktoren zugrunde gelegt.

Gefunden	Gesucht	Faktor	log
Mangan:			
Manganoxyduloxyd Mn_3O_4	Mangan Mn	0·7203	0·85749—1
Mangansulfür MnS	{ Mangan Mn	0·6314	0·80029—1
	Manganoxydul MnO	0·8153	0·91131—1
Natrium:			
Natriumsulfat Na_2SO_4	Natriumoxyd Na_2O	0·4364	0·63989—1
Natriumcarbonat Na_2CO_3	Natriumoxyd Na_2O	0·5849	0·76708—1
Natriumchlorid NaCl	Natriumoxyd Na_2O	0·5303	0·72450—1
Bariumsulfat $BaSO_4$	Natriumsulfat Na_2SO_4	0·6086	0·78431—1
Phosphor:			
Magnesiumpyrophospat $Mg_2P_2O_7$	{ Phosphor P	0·2787	0·44519—1
	Phosphorpentoxyd P_2O_5	0·6379	0·80477—1
Ammonphosphormolybdat $(NH_4)_3PO_4, 12MoO_3$	Phosphorpentoxyd P_2O_5	0·0376	0·57462—2
Schwefel:			
Bariumsulfat $BaSO_4$	{ Schwefel S	0·1373	0·13780—1
	Schwefeldioxyd SO_2	0·2744	0·43843—1
	Schwefeltrioxyd SO_3	0·3430	0·53526—1
	Schwefelsäure H_2SO_4	0·4202	0·62342—1
Silicium:			
Siliciumdioxyd SiO_2	Silicium Si	0·4693	0·67147—1
Stickstoff:			
Nitronnitrat $C_{20}H_{16}N_4HNO_3$	Salpetersäure HNO_3	0·1679	0·22511—1
Wasserstoff:			
Wasser H_2O	Wasserstoff H	0·1119	0·04884—1
Zink:			
Zinkoxyd ZnO	Zink Zn	0·8034	0·90492—1
Zinksulfid ZnS	{ Zink Zn	0·6710	0·82669—1
	Zinkoxyd ZnO	0·8352	0·92177—1
Zinkpyrophosphat $Zn_2P_2O_7$	{ Zink Zn	0·4289	0·63237—1
	Zinkoxyd ZnO	0·5339	0·72745—1
Zinkammonphosphat $ZnNH_4PO_4$	Zink Zn	0·3663	0·56386—1

4. Physikalische und chemische Konstanten von Gasen und Dämpfen.

Ein Gramm-Mol eines vollkommenen Gases = 22·412 Liter. Ein Liter eines vollkommenen Gases = 0·04462 × seinem Molekulargewichte. Spez. Gewicht der Gase bezogen auf Luft als Einheit

$$= \frac{\text{Molekulargewicht}}{28 \cdot 945} = 0 \cdot 03455 \times \text{Molekulargewicht.}$$

	A	B	C	D	E	F	G	H	I	K	L
	Molekulargewicht	Beobachtete Dichte 0° 760 mm Luft = 1	Molvolumen berechnet auf Grund der beobachteten Dichte	Beobachtetes Gewicht von 1 l Gas bei 0° 760 mm	1 kg Gas entspricht Liter Gas 0° 760 mm	Spez. Gew. des flüssigen Gases bei 15°, Wasser von 4° = 1	Dampfdruck des flüssigen Gases bei 15° in Atm. abs.	Siedepunkt bei 760 mm °C	Schmelzpunkt °C	Krit. Temperatur °C	Krit. Druck Atm.
Acetylen C_2H_2	26·026	0·91204	22070	1·1791	848	0·420	37·9	— 84	— 82	37	62
Äthan .C_2H_6	30·06	1·049	22160	1·356	737	0·466	32·3	— 84	—172	32	49
Äthylen C_2H_4	28·04	0·9754	22230	1·2609	793	0·310	46 (6°)	—105	—169	10	51
Ammoniak NH_3	17·03	0·5962	22094	0·7708	1297	0·6138	7·14	— 38·5	— 75	131	113
Brom Br_2	159·84	·5·5243 bei 228°	—	7·1418	140	3·13	0·19	58·6	— 7·3	—	302
Bromwasserstoff HBr	80·93	2·797	22370	3·6167	276	—	—	— 68·7	— 87	91	—
Chlor Cl_2	70·92	2·491	22032	3·2191	311	1·4273	5·75	— 33·6	—102	146	94
Chlorkohlenoxyd $COCl_2$	98·93	3·505	21830	4·531	221	1·392	1·35	—	—	—	—
Chlorwasserstoff HCl	36·47	1·2681	22246	1·6394	610	—	40	— 83	—111	51	83
Formaldehyd HCHO	30·02	1·04 (ber.)	—	1·34 (ber.)	745 (ber.)	—	—	— 21	— 92	—	—
Kohlendioxyd CO_2	44·005	1·52908	22258	1·9768	506	0·814	52·17	— 78	— 65	31	73
Kohlenoxyd CO	28·005	0·9673	22395	1·2507	800	—	—	—190	—207	—140	36
Luft	—	1·0000	—	1·2928	773	—	—	—	—	—	—
Methan CH_4	16·037	0·5545	22363	0·7168	1395	—	—	—164	—184	— 82	55

	A	B	C	D	E	F	G	H	I	K	L
	Molekular-gewicht	Beobachtete Dichte o° 760 mm Luft = 1	Molvolumen berechnet auf Grund der beobachteten Dichte	Beobachtetes Gewicht von 1 l Gas bei o° 760 mm	1 kg Gas entspricht Liter Gas o° 760 mm	Spez. Gew. des flüssigen Gases bei 15°, Wasser von 4° = 1	Dampfdruck des flüssigen Gases bei 15° in Atm. abs.	Siedepunkt bei 760 mm °C	Schmelzpunkt °C	Krit. Temperatur °C	Krit. Druck Atm.
Nitrosylchlorid NOCl	65·47	2·314	21880	2·9919	334	—	1·17 (0°)	— 5·5	— 65	167	—
Ozon O₃	48·00	1·624	22860	2·100	476	—	—	—119	—	—	—
Phosgen s. Chlorkohlenoxyd.											
Sauerstoff O₂	32·00	1·1055	22390	1·4292	700	—	—	—183	—227	—119	50·8
Schwefel S₂	64·12	7·937 bei 468°	—	3·78 bei 468°	265 bei 468°	—	1·40 bei 468°	444·5	114 monokl. 119 rhomb.	—	—
Schwefeldioxyd SO₂	64·06	2·2638	21892	2·9266	342	1·3964	2·72	— 10	— 72	157	78
Schwefeltrioxyd SO₃	80·06	2·763 (ber.)	—	3·5722 (ber.)	280 (ber.)	1·94	0·27 (20°)	46	14·8	216	—
Schwefelwasserstoff H₂S. . .	34·08	1·1906	22148	1·5392	650	—	10·2 (0°)	— 60·2	— 83	100	89
Stickstoff N₂	28·02	0·96727	22407	1·2505	800	—	—	—196	—210	—146	35
Stickoxydul N₂O	44·02	1·5298	22258	1·9777	506	0·800	49·8	— 90	—102	36	72
Stickoxyd NO	30·01	1·0367	22393	1·3402	746	—	—	—154	—167	— 94	71
Stickstoffperoxyd NO₂ . . .	46·01	1·589 (ber.)	—	2·055	487	—	—	—	—	—	—
,, N₂O₄ . . .	92·02	3·181	22370	4·1126	243	1·451	0·76	26	— 9·6	158	—
Stickstofftrioxyd N₂O₃ . . .	76·02	3·18 (ber.)	—	4·1 (ber.)	244	1·44	0·83 (0°)	2	--111	—	—
Wasser H₂O	18·016	0·6219 (ber.)	—	0·8040 (ber.)	1243	0·99913	0·017	100	0	365	200
Wasserstoff H.	2·016	0·06952	22433	0·08987	11125	—	—	—253	—258	—242	14

5. Berechnung der bei gasvolumetrischen Arbeiten abgelesenen ccm auf mg der gesuchten Substanz.

Als Grundlage dienen nicht die theoretischen Dichten, sondern die beobachteten (s. Tabelle 4).

ccm bei 0° und 760 mm	1	log	2	3	4	5	6	7	8	9
CO_2 = mg CO_2	1·9768	0·29597	3·9536	5·9304	7·9072	9·8840	11·8608	13·8376	15·8144	17·7912
CO_2 = mg $CaCO_3$	4·4968	0·65290	8·9936	13·4904	17·9872	22·4840	26·9808	31·4776	35·9744	40·4712
O = mg O	1·4292	0·15509	2·8584	4·2876	5·7168	7·1460	8·5752	10·0044	11·4336	12·8628
(O = mg O) [1])	0·7146	0·85406 − 1	1·4292	2·1437	2·8584	3·5730	4·2876	5·0022	5·7168	6·4314
O = mg MnO_2	3·8825	0·58912	7·7650	11·6475	15·5300	19·4125	23·2950	27·1775	31·0600	34·9625
O = mg Cl	3·1675	0·50072	6·3350	9·5025	12·6700	15·8375	19·0050	22·1725	25·3400	28·5085
N = mg N	1·2505	0·09709	2·5010	3·7515	5·0020	6·2525	7·5030	8·7535	10·0040	11·2545
N = mg NH_3	1·5200	0·18184	3·0400	4·5600	6·0800	7·6000	9·1200	10·6400	12·1600	13·6800
(N = mg N) [2])	1·2818	0·10782	2·5636	38454	5·1272	6·4090	7·6908	8·9726	10·2544	11·5362
(N = mg NH_3) [2])	1·5582	0·19263	3·1164	4·6746	6·2328	7·7910	9·3492	10·9074	12·4656	14·0238
NO = mg N	0·6256	0·79633 − 1	1·2513	1·8769	2·5024	3·1280	3·7536	4·3792	5·0048	5·6304
NO = mg NO	1·3402	0·12717	2·6804	4·0206	5·3608	6·7010	8·0412	9·3814	10·7216	12·0618
NO = mg N_2O_3	1·6974	0·22979	3·3948	5·0922	6·7896	8·4870	10·1846	11·8818	13·5792	15·2766
NO = mg HNO_3	2·8143	0·44937	5·6286	8·4429	11·2572	14·0715	16·8858	19·7001	22·5144	25·3287
NO = mg $NaNO_3$	3·7963	0·57936	7·5926	11·3889	15·1852	18·9815	22·7778	26·5741	30·3704	34·1874
NO = mg KNO_3	4·5152	0·65468	9·0304	13·5456	18·0608	22·5760	27·091	31·606	36·121	40·637
NO = mg NH_4NO_3 [3]) . . .	3·5748	0·55325	7·1496	10·7244	14·2992	17·8740	21·4488	25·0236	28·5984	32·1732
NO = mg $NaNO_2$	3·0818	0·48880	6·1636	9·2454	12·3272	15·4090	18·4908	21·573	24·654	27·736
NO = mg KNO_2	3·8008	0·57987	7·6016	11·4024	15·2032	19·0040	22·8048	26·606	30·406	34·207
Cl = mg Cl	3·2191	0·50773	6·4382	9·6573	12·8764	16·0955	19·3146	22·5337	25·7528	28·9719
H_2S = mg H_2S	1·5392	0·18730	3·0784	4·6176	6·1568	7·6960	9·2352	10·7744	12·3136	13·8528

[1]) Bei den Wasserstoffsuperoxydmethoden, wo nur die Hälfte des ausgeschiedenen Sauerstoffs aus der Substanz stammt.
[2]) Bei den azotometrischen Methoden, wo die Kaliumbromatmethode 2·5 % zu wenig ergibt.
[3]) Bei der nitrometrischen Methode.

6. Löslichkeit verschiedener Salze in Wasser.

Der Gehalt ist in wasserfreiem Salz in 100 g Wasser (nicht in 100 g Lösung) angegeben. Zur Umrechnung auf Gewichtsprozente dient die beigefügte Doppelskala S. 21.

	Molekulargewicht	100 g Wasser lösen bei							Volumgewicht der gesätt. Lösung bei 15°
		$0°$	$15°$	$30°$	$50°$	$100°$	über 100°. Meist Siedetemp.	Beobachtete Temp.	
Aluminiumammonsulfat (Ammoniakalaun $Al_2(NH_4)_2(SO_4)_4$	474·6	2·60	5·32	9·1	15·9	122	208	110·6	—
Aluminiumkaliumsulfat (Kalialaun) $Al_2K_2(SO_4)_4$	516·7	2·95	5·04	8·5	17·4	154	212	111·9	1·045 bei 18,7°
Aluminiumsulfat $Al_2(SO_4)_3$	342·4	31·3	34·6	40·4	52·1	89·1	—	—	1·264
Ammonbikarbonat NH_4HCO_3	79·0	11·9	17·3	27	—	—	—	—	—
Ammonchlorid NH_4Cl	53·5	29·7	35·1	41·4	50·4	77·3	87	114·8	1·073
Ammonnitrat NH_4NO_3	80·1	118	163	240	268	870	∞	240	1·292
Ammonsulfat $(NH_4)_2SO_4$	132·1	70·6	74·2	78	84	103	115	108	1·244
Bariumchlorid $BaCl_2$	208·3	31·6	34·2	38·1	44	59	60	104	1·277
Bariumnitrat $Ba(NO_3)_2$	261·4	5·0	7·8	11·6	17·1	34	35	102	1·061
Bariumsulfat $BaSO_4$	233·4	0·0002		—	—	—	—	—	—
Bariumoxyd BaO	153·4	1·5	2·9	5·0	11·7	130	160	109	1·030
Brom Br_2	159·8	2·36	3·6	3·4	3·5	—	—	—	1·024
Bleiazetat $Pb(C_2H_3O_2)_2$	325·3	—	50	— bei 25°		200	—	—	—
Bleichlorid $PbCl_2$	278·1	0·64	0·92	1·2	1·7	3·3	—	—	—
Bleinitrat $Pb(NO_3)_2$	331·1	36·4	48·1	61	79	127	131	105	1·373
Bleisulfat $PbSO_4$	303·3	0·004	—	—	—	—	—	—	—
Borsäure H_3BO_3	62·0	2·7	4·3	6·7	11·5	39·5	58	107·5	1·025
Calciumcarbonat $CaCO_3$	100·1	—	0·0013	—	—	0·002	—	—	—

Calciumchlorid CaCl₂	111·0	59·5	68	102·7	134	159	305	178	1·413
Calciumnitrat Ca(NO₃)₂	164·1	93	113	—	—	—	363	151	1·49
Calciumoxyd CaO	56·1	0·131	0·129	0·113	0·096	0·05	0·03	120	—
Calciumsulfat CaSO₄	136·1	0·176	0·199	0·21	0·207	0·17	0·05	150	—
Cuprinitrat Cu(NO₃)₂	187·6	82	108	163	170	260	350	114·5	1·68
Cuprisulfat CuSO₄	159·6	14·8	19·3	25	33·5	73·5	78	104	1·185
Ferrochlorid FeCl₂	126·7	—	67	71	82	106	—	—	1·47
Ferrichlorid Fe₂Cl₆	324·5	75	87	107	315	530	—	—	1·508
Ferrosulfat FeSO₄	151·9	15·7	24·2	32·9	48	—	37	90	1·208
Kaliumbichromat K₂Cr₂O₇	294·2	5·0	9·1	18·2	36	102	105	103	1·062
Kaliumchromat K₂CrO₄	194·2	59	62	65	69	79	91	107	1·380
Kaliumcarbonat K₂CO₃	138·2	105	110	114	121	156	202	133·5	1·569
Kaliumchlorat KClO₄	138·6	3·3	5·9	10·1	19·7	56	69·2	104	1·037
Kaliumperchlorat KClO₄	138·6	0·71	1·45	2·2	5·35	18·8	—	—	—
Kaliumchlorid KCl	74·6	28·5	32·6	37·3	42·9	56·6	57·4	109	1·167
Kaliumferricyanid K₃Fe(CN)₆	329·2	—	41	—	—	78	82·5	104	1·17
Kaliumferrocyanür k₄Fe(CN)₆	368·3	14·5	20·5	30	40	73	—	—	1·141
Kaliumhydroxyd KOH	56·1	97	107	126	140	178	312	143	1·560
Kaliumjodid KJ	166·0	126	140	152	168	208	234	118	1·705
Kaliumnitrat KNO₃	101·1	13·3	25·7	45·9	85·5	246	338	115	1·138
Kaliumoxalat (saures) KHC₂O₄	128·0	—	2·6	—	—	11·1	—	—	—
Kaliumpermanganat KMnO₄	158·0	2·8	5·2	9·1	16·8	—	25·0	65	1·036
Kaliumsulfat K₂SO₄	174·3	7·4	10·2	13·0	16·5	24·1	31·6	102	1·076
Kaliumthiosulfat K₂S₂O₃	190·3	96·1	140	170	215	—	305	89	—
Magnesiumcarbonat MgCO₃	84·3	—	0·1	—	—	—	—	—	—
Magnesiumchlorid MgCl₂	125·9	52·8	54	56	60	73	85	117	1·333
Magnesiumhydroxyd Mg(OH)₂	58·3	—	0·028	—	—	0·004	—	—	—
Magnesiumsulfat MgSO₄	120·4	26·0	33·2	40·9	50·4	68·5	41·4	164	1·281
Manganchlorid MnCl₂	125·9	—	67	80·8	98	116	121	140	1·441
Manganosulfat MnSO₄	151·0	53·1	61·0	65·0	59·5	33·2	10·5	140	1·465
Natriumacetat NaC₂H₃O₂	100·1	—	43	—	60	—	208	124	1·158
Natriumbicarbonat NaHCO₃	84·0	6·9	8·9	11·1	14·5	—	16·4	60	—
Natriumbichromat Na₂Cr₂O₇	262·0	163	174	197	248	—	332	98	—
Natriumbromid NaBr	102·9	79·5	85	96	116	121	125	121	1·506
Natriumcarbonat Na₂CO₃	106·0	7·1	16	40·9	47·5	45·1	45·0	105	1·148
Natriumchromat Na₂CrO₄	162·1	31·7	61	88	105	126	—	—	—

	Molekulargewicht	100 g Wasser lösen bei						Beobachtete Temp.	Volumgewicht der gesätt. Lösung bei 15°
		0°	15°	30°	50°	100°	über 100° Meist Siedetemp.		
Natriumchlorat $NaClO_3$	106·5	82	91	111	135	204	333	120	—
Natriumchlorid $NaCl$	58·5	35·63	35·75	36·03	36·67	39·12	40·7	108·8	1·203
Natriumhydroxyd $NaOH$	40·0	42	63·5	119	145	340	357	110	1·423
Natriumnitrat $NaNO_3$	85·0	73	84·2	96·2	114	175·5	222	120	1·377
Natriumoxalat $Na_2C_2O_4$	134·0	—	3·2	—	—	6·3	—	—	—
Natriumphosphat Na_2HPO_4	142	2·5	4·3	23·8	82	98	79	106	1·06
Natriumsulfit Na_2SO_3	126·1	14·2	23	—	28	33	—	—	—
Natriumsulfat Na_2SO_4	142·1	5·0	13·2	40	46·8	42·7	41·8	120	1·108
Natriumsulfid Na_2S	78·1	—	16·7	22·5	36·4	—	61·3	92	1·16
Natriumtetraborat (Borax) $Na_2B_4O_7$	202·0	1·1	1·9	3·9	10·5	52·3	—	—	1·020
Natriumthiosulfat $Na_2S_2O_3$	158·1	52·5	65·5	84·7	170	266	—	—	1·377
Oxalsäure $(COOH)_2$	90·0	3·6	7·7	15·9	32·1	—	120	90	1·038
Quecksilberchlorid $HgCl_2$	271·5	4·3	7·0	7·8	13·6	54·1	—	—	1·056
Strontiumchlorid $SrCl_2$	158·6	44·1	51	60	75	102	116	119	1·417
Strontiumnitrat $Sr(NO)_2$	211·7	39·5	61	87·6	92·7	101	103	108	1·386
Strontiumoxyd SrO	103·6	0·35	0·59	1·0	2·2	24·2	—	—	—
Weinsäure $(CHOH \cdot COOH)_2$	150·1	115	132	156	195	343	—	—	—
Zinkchlorid $ZnCl_2$	136·3	208	350	435	470	615	—	—	1·746 150/100g
Zinksulfat $ZnSO_4$	161·4	41·9	50·9	62	76·8	78·5	70	120	1·44
Zinnchlorür $SnCl_2$	189·6	83·8	270	—	—	—	—	—	2·09

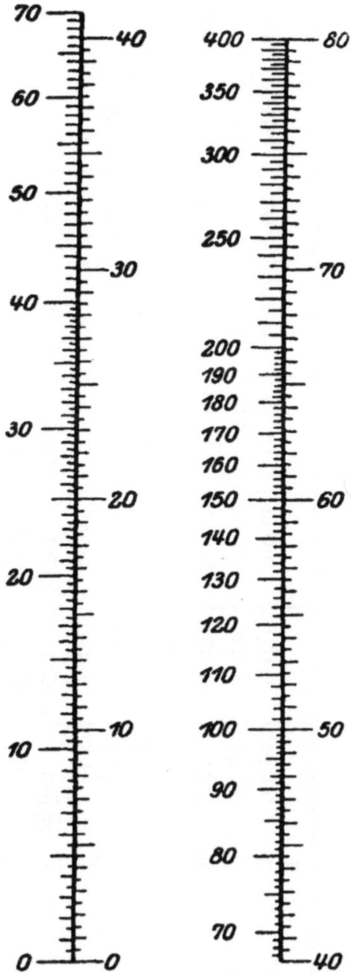

Zur Umwandlung der Tabellenwerte (S. 18 bis 20) in Gehaltsangaben für 100 g Lösung sind die beiden graphischen Doppelskalen zu verwenden. Den linksstehenden Teilungen entsprechen Angaben in g pro 100 g Wasser, den rechtsstehenden Teilungen solche in g pro 100 g Lösung.

Beispiel: 100 g Wasser lösen bei 100⁰ 122 g Aluminiumammonsulfat.

Die linke Teilung der rechtsstehenden Doppelskala ergibt bei Teilstrich 122 die Ablesung rechts 54,9. 100 Gewichtsteile der Lösung enthalten bei 100⁰ demnach 54,9 Gewichtsteile Aluminiumammoniumsulfat.

7. Löslichkeit von Gasen in Wasser.

Der Absorptionskoeffizient α ist das von einem Volum des Lösungsmittels bei der betreffenden Temperatur aufgenommene Volumen eines Gases (red. auf 0^0 und 760 mm Druck), wenn der Teildruck des Gases 760 mm Hg beträgt.

Beobachter: W. = Winkler; B. u. B = Bohr u. Bock; F. = Fauser; R = Raoult; S. = Schönfeld.

Absorptionskoeffizient α	0^0	10^0	15^0	20^0	25^0	30^0	50^0	100^0
Sauerstoff (W.)	0·049	0,038	0·034	0·031	0·028	0·026	0·021	0·017
Wasserstoff (W.)	0·021	0·020	0·019	0·018	0·018	0·017	0·016	0·016
Stickstoff (B. u. B.)	0·024	0·020	0·018	0·016	0·015	0·014	0·011	0·010
Chlor (W.)	—	3·095	2·635	2·260	1·985	1·769	1·204	0·000
Kohlenoxyd (W.)	0·035	0·028	0·025	0·023	0·021	0·020	0·016	0·014
Kohlendioxyd (B. u. B.)	1·713	1·194	1·019	0·878	0·759	0·665	0·044	—
Schwefelwasserstoff (F.)	4·686	3·520	3·056	2·672	—	—	—	—
Ammoniak (R.)	1298·9	910·4	802·4	710·6	634·6	—	—	—
Schwefeldioxyd (S.)	79·789	56·65	47·28	39·37	32·79	27·16	—	—
Methan (W.)	0·056	0·042	0·037	0·033	0·030	0·028	0·021	0·017
Äthylen (W.)	0·226	0·162	0·139	0·122	0·108	0·098	—	—
Propylen (W.)	—	0·280	0·237	0·221	—	—	—	—
Acetylen (W.)	1·73	1·31	1·15	1·03	0·93	0·84	—	—
Luft (W.)	0·029	0·023	0·020	0·019	0·017	0·016	0·013	0·011

8. Spezifische Gewichte
verschiedener fester Körper.
(Gewichte eines Kubikdezimeters in kg.)

Ahornholz. lufttr.	0·53—0·81	Blutlaugensalz,	
Alaun, Kali-	1·724	gelb	1·832
„ , Ammoniak-	1·626	Boracit	2·9
Aluminium	2·66	Borax, krist.	1·692
Ammonchlorid	1·53	Borsäure, krist.	1·479
Ammonnitrat	1·725	„ geschm.	1·830
Ammonsulfat	1·77	Braunkohle	1·2—1·4
Anhydrit	2·96	Braunstein	3·7—4·6
Anthracit	1·4—1·7	Bronze	8·7
Antimon	6.7	Buchenholz, lu:ttr.	0·7—0·8
Arsen	5·73	Cadmium	8·6
Arsenige Säure	3·8	Calcium	1·57
Arsensäure	4·09	Calciumcarbonat	2·7
Asbest	2·51	Calciumchlorid,	
Asphalt	1·1—1·2	krist.	1·654
Bariumoxyd	5·0	Calciumchlorid,	
Bariumcarbonat	4·36	geschm.	2·15
Bariumchlorid,		Calciumoxyd	3·15
krist.	3·10	Calciumphosphat	3·18
Bariumsulfat,		Calciumsilicat	2·9
gefällt	4·25	Calciumsulfat,	
Barythydrat, krist.	1·66	wasserfrei	2·97
Basalt	2·8—3·2	Campher	0·99
Bausteine, im Mitt.	2·5	Cannelkohle	1·16—1·27
Bergkristall	2·68	Cellulose	1·52
Beton	1·8—2·4	Cement	2·7—3·05
Birkenholz, lufttr.	0·7—0·8	Chamottesteine	1.85—2·2
Bittersalz, krist.	1·751	Chrom	6·92
Blei, gegossen	11·35	Diamant	3·52
Bleiacetat, krist.	2·4	Eichenholz, lufttr.	0·69—1·03
Bleicarbonat	6·43	Eis (0⁰)	0·917
Bleichlorid	5·80	Eisen, geschmiedet	7·8—7·9
Bleichromat	6·12	„ graues Roh-	7·0—7·13
Bleiglätte	9·41	„ weißes Roh-	7·6—7·7
Bleiglanz	7·6	Eisenoxyd	5·22
Bleinitrat	4·41	Eisenoxydhydrat	3·94
Bleisulfid	7·65	Eisenoxyduloxyd	5·4
Bleisulfat	6·23	Eisenoxydul, koh-	
Bleiweiß	5·5—6·4	lensaures	3·87
Bleizucker	2·395	Eisenvitriol	1·904
Blende	3·9—4·2	Elfenbein	1·83—1·92

Material	Wert	Material	Wert
Erde	1·6—2·0	Kalkspat	2·72
Erlenholz, lufttr.	0·42—0·68	Kalkstein	2·6—2·8
Erlenholz, „	0·5—0·6	Kaolin	2·21
Eschenholz, „	0·57—0·94	Kautschuk (nicht	
Feldspat	2·5—2·6	vulk.)	0·93
Fett, tierisches	0·92	Kieternholz	0.6
Feuerstein	2·7	Kieselsäure	2·65
Fichtenholz, trock.	0·35—0·60	Knochen	1·8—2·0
Flußspat	3·15	Kobalt	8·6
Föhrenholz, lufttr.	0·31—0·76	Kochsalz	2·078
Galmei	4·1—4·5	Kohle, organ., ca.	1·57
Gips, gebrannt	1·81	Koks, poröser	0·4
„ gegossen,		Kork	0·24
trocken	0·97	Kreide	1·8—2·7
Glas, grünes	2·642	Kryolith	2·90
„ Spiegel-	2·450	Kupfer, gegossen	8·3—8·9
„ Kristall-		„ gehämmert	
(böhm.)	2·9—3·0	u. elektrolyt.	8·94
„ Flint- (engl.)	3·4—3·44	Kupferkies	4·1—4·3
Glaubersalz, krist.	1.52	Kupferoxyd	6·43
„ wasserfr.	2·63	Kupfersulfid	5·58
Gold	19·3	Kupfervitriol	2·27
Granit	2·5—2·9	Larchenholz	0·44—0·5
Graphit	2·33	Lehm	1·5—2·8
Gummi arabicum	1·31—1·45	Lindenholz	0·32—0·59
Guttapercha	0·96—0·98	Magnesia, gebrannt	3·2
Harz, Fichten-	1·07	„ kohlensaure	2·94
Holz, Laubh. trock.		Magnesit	2·9—3·1
im Mittel	0·66	Magnesium	1·74
Holz, Laubh. naß	1·1	Magnesiumcarbo-	
„ Nadelh. trock.	0·45	nat (Magnesit)	3·04
„ Nadelh. naß	0·84	Magnesiumchlorid,	
Holzkohle (m. Por.)	0·3—0·5	krist.	1·562
Horn	1·69—1·83	Mangan	7·39
Iridium	22·4	Mangansuperoxyd	2·94
Jod	4·942	Marmor	2·5—2·8
Kaliumcarbonat	2·29	Mauerwerk, Bruch-	
Kaliumchlorat	2·34	stein	2·4
Kaliumchlorid	1·98	Mauerwerk, Sand-	
Kaliumchromat	2·7	stein	2·1
Kaliumhydroxyd	2·044	Mauerwerk, Ziegel-	
Kaliumnitrat	2·1	stein	1·5—1·7
Kaliumsulfat	2·67	Mauersteine, ca.	2·0
Kaliumsulfat, saur.	2·36	Mennige	8·62
Kalkmörtel	1·64—1·86	Mergel	2·6

Messing	8·4—8·7	Schwerspat	4·3—4·48
Natrium	0·97	Silber	10·50
Natriumcarbonat	2·476	Silberchlorid	5·5
Natriumcarbonat, krist.	1·458	Silicium	2·34
		Spateisenstein	3·87
Natriumhydroxyd	2·130	Stahl	7·80
Natriumnitrat	2·26	„ Guß-	7·92
Natriumsulfid	2·47	„ „ gehärtet	7·66
Natriumsulfat	2·655	Stärkemehl	1·53
„ krist.	1.462	Steinkohle	1·16—1·63
Natriumthiosulfat	1·736	Steinsalz	2·1—2·2
Nickel	8·8	Strahlkies	4·65—4·88
Osmium	22·48	Tannenholz, weißes	0.55
Palladium	11·5	„ rotes	0·5
Pappelholz	0·38	Ton	1·8—2·6
Pflanzenfaser	1·51	Tonerde (wasserfr.)	4·15
Phosphor, weiß	1·83	„ schwefel-	
„ rot	2·20	saur., krist.	1·569
Platin	21·4	Tonschiefer	2·8
Pockholz	1·263	Torf, trocken	0·51
Porphyr	2·8	Ulmenholz	0·56—0·82
Porzellan	2·1—2·5	Wachs (Bienen)	0·96
Pottasche	2·3	Weidenholz	0·5—0·58
Quarz	2·7	Wismut	9·85
Quecksilber (0⁰)	13·596	Witherit	4·30
Salmiak	1·528	Wolfram	19·1
Salpeters. Kali und Natron		Ziegelstein, gew.	1·4—2·2
		„ Klinker	1·5—2·3
Sand, trocken	1·4—1·6	Zink, gegossen	7·1
„ feucht	1·9—2·0	„ gewalzt	7·2
Sandstein	1·9—2·5	Zinkblende	3·9—4·2
Schiefer	2·7	Zinkoxyd	5·73
Schwefel, gediegen	2·069	Zinksulfid	3·92
„ Stangen frisch	1·98	Zinkvitriol	2·036
„ „ alt	2·05	Zinn, gegossen	7·21—7·4
„ weicher, amorph.	1·92	„ gehämmert	7·475
		Zinnchlorid	2·23
„ flüssig (113⁰)	1·81	Zinnchlorür, krist.	2·70
Schwefelkies	5·18	Zinnober	8·10
Schwefelsäurean- hydrid	1·97	Zucker	1·61

9. Gewichte von geschichteten Körpern.

1) 1 Kubikmeter wiegt Kilogramm:

Eichenholz i.Scheit.	420	Kohle	770—860
Buchenholz i. ,,	400	Feuchter Flußsand	1770
Weißtannenholz ,,	340	Lehm,frisch gegrab.	1650
Fichtenholz in ,,	320	,, trocken	1507
Cement, aufgesch.	1200	Mörtel aus Kalk u.	
Gebrannter Kalk	1000	Sand	1800
Trockner Sand und		Ziegelsteine	1375-1500
Schutt	1330	Bruch-u.Kalksteine	2000
Kohlenasche	740	Gesumpfter Kalk	1177
Basalt	3200		
Beton (Granit-			
brocken)	2200		

2) 1 Hektoliter wiegt Kilogramm:

Zwickauer Kohle	77	Zechenkoks	38—45
Saarkohle	87	Holzkohlen (weich.	
Ibbenbürener Kohle	91	Holz)	15
Oberschlesische ,,	82	Holzkohlen (hartes	
Niederschlesische		Holz)	22
Kohle	91	Böhmische Braun-	
Ruhrkohle	98	kohlen	60—65
Gaskoks	30—35	Zeitzer Braunkohl.	80
Schmelzkoks	43—45	Meuselwitzer ,,	74

3) 1 Ladung à 10 000 kg enthält Kubikmeter:

Zwickauer Kohle	13·00	Trockner Sand	7·52
Ruhrkohle	10·20	Feuchter Flußsand	5·65
Gaskoks	30·30	Lehm, frisch gegr.	6·06
Zechenkoks	23·81	Bruch-u.Kalksteine	5.00
Holzkohle, weiches		Ziegelsteine	4,76
Holz	66·66	Kalk, gebrannt	7·7—8·4
Holzkohle, hartes		Mörtel	5.8
Holz	45·45	Schwefelkies	3—4
Braunkohle	12·8—15·4	Steinsalz, gemahlen	8
Torf, lufttrocken	24·4—30·8		

4) Materialien von Schwefelsäure- und Sodafabriken.

1 Kubikmeter wiegt Kilogramm:

Schwefelkies,		Kristallsoda	1010
„ Stücke	2500	Bicarbonat (trocke-	
„ Schliech	2340	nes, gemahlen)	986
„ Abbrände	1520	Bicarbonat (feuch-	
Natronsalpeter	1310	tes, von Ammo-	
Bisulfat (sogen.)	1335	niaksoda)	1100
Kochsalz(Siedesalz)	689	Ätzkalk (kleine	
Steinsalz, grob gem.	1220 1350	Stücke)	1058
„ fein gem.	1126	Gesiebtes Kalk-	
Sulfat	1180	hydrat (f. Chlor-	
Kalkstein (Grus)	1400	kalk)	497—593
Rohsoda (Blöcke)	962	Chlorkalk	721—834
Sodarückstand		Braunstein (Erz)	2210
(feucht)	1268	Kalkstein, feinge-	
Sodarohsalz		mahlen	1550
(Na_2CO_3, H_2O),		Koks f. Kokstürme	417—534
abgetropft	810	Kiesel für „	1600
Calcinierte Leblanc-		Kohlenasche	738
Soda (ungemahl.)	1195		
Ammoniaksoda			
(Thelenöfen)	750—850		

10. Spezifische Gewichte von Flüssigkeiten.

Vorbemerkung über Aräometer.

In den folgenden Tabellen sind die spezifischen Gewichte von Flüssgkeiten (einschl. der Lösungen) in der in der Wissenschaft ausschließlich angewendeten Art angegeben, d. h. Wasser von 4^0 C ist $= 1$ gesetzt. In der Fabrikpraxis wendet man fast immer andere Aräometer-Skalen an. Die in England allgemein gebräuchliche Skala ist die von Twaddell, bei der n Grad $= 1 + n\ 0{\cdot}005$ bedeuten. Ebenso rationell ist die in Deutschland hin und wieder angewendete Skala von Fleischer, der sein Aräometer als „Densimeter" bezeichnete und bei dem n Grad $= 1 + n\ 0{\cdot}01$ sind. Fast allgemein aber wird in Deutschland, Frankreich und vielen anderen Ländern mit „Baumé-Graden" gearbeitet. Das Baumé-Aärometer ist eine von o bis 66 in 66 gleiche Teile geteilte Spindel. Nicht nur bedeuten darin die einzelnen Grade ganz verschiedene Intervalle der spezifischen Gewichte, sondern auch der absolute Wert der Grade wird an verschiedenen Orten ganz verschieden angenommen. Immerhin ist am verbreitetsten das „rationelle" Baumé-Aräometer, bei dem Wasser von $15^0 = 0^0$ und das spez. Gewicht 1·842 bei $15^0 = 66^0$ gesetzt ist und die Grade nach

der Formel $d = \dfrac{144\,3}{144\cdot3 - n}$ fortschreiten. Für Flüssigkeiten

von geringerem spezifischem Gewichte als Wasser gilt die

Beziehung $d = \dfrac{144\cdot3}{144\cdot3 + n}$.

Eine Tabelle zur Vergleichung dieser drei Aräometer untereinander und mit den spezifischen Gewichten ist (zur Bequemlichkeit für den praktischen Gebrauch) an den Schluß dieses Werkes (S. 321) gesetzt worden.

11. Mischungsberechnungen.

(Nach M a g e r, Chem. Ztg. **34**, 865; 1910.) Die bei Mischungen von Lösungen häufig eintretenden Kontraktionen sind hier nicht berücksichtigt.)

I. Es soll ein bestimmtes Quantum einer Flüssigkeit von bestimmtem Gehalt aus einer stärkeren Lösung und einer gleichartigen schwächeren Lösung (bzw. Wasser) hergestellt werden.

Benötigte Menge der Mischung = M (kg oder l).
Benötigter Prozentgehalt der Mischung = c.
Gegebener Prozentgehalt der stärkeren Flüssigkeit = a.
Gegebener Prozentgehalt der schwächeren Flüssigkeit = b.
Gesuchte Menge der stärkeren Flüssigkeit = x.
Gesuchte Menge der schwächeren Flüssigkeit = M — x.

$$x = \frac{M(c-b)}{a-b} .$$

II. Es soll eine schwächere Flüssigkeit durch eine stärkere, gleichartige auf einen bestimmten Gehalt gebracht werden.

Benötigter Prozentgehalt der Mischung = c.
Gegebener Prozentgehalt der stärkeren Flüssigkeit = a.
Gegebener Prozentgehalt der schwächeren Flüssigkeit = b.

Gegebene Menge der schwächeren Flüssigkeit = M.
Gesuchte Menge der stärkeren Flüssigkeit = x.
Resultierende Menge der Mischung = M + x.

$$x = \frac{M\,(c-b)}{a-c}.$$

III. Es sollen **zwei verschiedenartige** Flüssigkeiten so miteinander gemischt werden, daß die benötigte Menge der Mischung die Komponenten in bestimmten Verhältnissen enthält.

Flüssigkeit A hat einen Gehalt von $a^0/_0$.
Flüssigkeit B hat einen Gehalt von $b^0/_0$.
Benötigte Menge der Mischung = M.
Verlangtes Verhältnis der Bestandteile in der Mischung
    = a′; b′.
Gesuchte Menge von A zur Herstellung der Mischung = x.
Gesuchte Menge von B zur Herstellung der Mischung
    = M — x.

$$x = \frac{Ma'b}{a'b + b'a}$$

IV. Es sollen **drei** verschiedenartige Flüssigkeiten unter bestimmtem Mischungsverhältnis gemischt werden.

$$x\,(A) = \frac{Ma'bc}{a'bc + b'ac + c'ab}; \quad x\,(B) = \frac{Mb'ac}{a'bc + b'ac + c'ab}.$$

V. Es sollen **vier** verschiedenartige Flüssigkeiten unter bestimmtem Mischungsverhältnis gemischt werden.

$$x\,(A) = \frac{Ma'bcd}{a'bcd + b'acd + c'abd + d'abc} \quad \text{usw.}$$

(wobei die Zeichen c und d bzw. c′ und d′ analog III Prozentgehalte bzw. das Verhältnis der Komponenten bedeuten).

Über graphische Mischungsberechnungen vgl. man Wa. Ostwald (Chem. Ztg. **43**, 786. 1919 und **44**, 241, 452, 682: 1920, sowie **45**, 207; 1921).

12. Spezifische Gewichte verschiedener Flüssigkeiten.

	Spez. Gew.	bei		Spez. Gew.	bei
Aceton	0·79	20°	Petroleum	0·78—0·81	15°
Acetylentetrachlorid	1·580	20	Quecksilber	13·596	0
Äther	0·723	12·5	Rapsöl	0·9282	15
Alkohol	0·7939	15·5	Rüböl	0·9136	15
Anilin	1·04	0	Schwefelkohlenstoff	1·272	
Baumöl	0·917	15	Schwefeldioxyd	1·45	—20
Benzin	0·85	15·5	Seewasser	1·02—1·04	15
Benzol	0·884		Steinkohlenteer	1·15	
Brom	3·15		Terpentinöl	0·865	15
Essigsäure, Eisessig	1·056	17	Tetrachlorkohlenstoff	1·63	20
Glycerin	1·260	15	Untersalpetersäure	1·45	
Leinöl	0·9347	15	Vulkanöl	0·89—0·925	
Olivenöl s. Baumöl					

13. Lineare Ausdehnung verschiedener Körper

beim Erwärmen von 0—100° C.

Aluminium	0·002180	Kupfer	0·001714
Blei	0·002938	Marmor von Carrara	0·000849
Beton	0·001430	Marmor von St.	
Bronze	0·001820	Beat	0·000418
Eisen, Schmied-	0·001235	Messing	0·001982
Eisen, Guß-	0·001144	Nickel	0·001516
Glas, Flintglas	0·000817	Platin	0·000922
„ weißes	0·000861	Porzellan (Berliner)	0·000336
„ grünes	0·000766	Quecksilber	0·0182
Gold	0·001431	Silber	0·001954
Hartlot	0·002058	Stahl, ungehärtet	0·001079
Kohle von Eichenholz	0·001200	„ gehärtet	0·001240
		Wasser	0·015530
Kohle von Tannenholz	0·001000	Zink	0·001711
		Zinn	0·002703

14. Vergleichung der Temperaturskalen.

A. Celsius-Grade als Einheit —40° bis 100° C.

$$t^0 C = \frac{4}{5}\, t^0 R = \frac{9}{5}\, t + 32^0 F;\quad t^0 R = \frac{5}{4}\, t^0 C = \frac{9}{4}\, t + 32^0 F;\quad t^0 F = \frac{5}{9}(t-32)^0 C = \frac{4}{9}(t-32)^0 R.$$

Réaum.	Cels.	Fahr.	Réaum.	Cels.	Fahr	Réaum.	Cels.	Fahr.	Réaum.	Cels.	Fahr.	Réaum.	Cels.	Fahr.	Réaum.	Cels.	Fahr.
—32	—40	—40	—12.8	—16	+3.2	+6.4	+8	+46.4	+25.6	+32	+89.6	+44	+55	+131	+62.4	+78	+172.4
31.2	39	38.2	12	15	5	7.2	9	48.2	26.4	33	91.4	44.8	56	132.8	63.2	79	174.2
30.4	38	36.4	11.2	14	6.8	8	10	50	27.2	34	93.2	45.6	57	134.6	64	80	176
29.6	37	34.6	10.4	13	8.6	8.8	11	51.8	28	35	95	46.4	58	136.4	64.8	81	177.8
28.8	36	32.8	9.6	12	10.4	9.6	12	53.6	28.8	36	96.8	47.2	59	138.2	65.6	82	179.6
28	35	31	8.8	11	12.2	10.4	13	55.4	29.6	37	98.6	48	60	140	66.4	83	181.4
27.2	34	29.2	8	10	14	11.2	14	57.2	30.4	38	100.4	48.8	61	141.8	67.2	84	183.2
26.4	33	27.4	7.2	9	15.8	12	15	59	31.2	39	102.2	49.6	62	143.6	68	85	185
25.6	32	25.6	6.4	8	17.6	12.8	16	60.8	32	40	104	50.4	63	145.4	68.8	86	186.8
24.8	31	23.8	5.6	7	19.4	13.6	17	62.6	32.8	41	105.8	51.2	64	147.2	69.6	87	188.6
24	30	22	4.8	6	21.2	14.4	18	64.4	33.6	42	107.6	52	65	149	70.4	88	190.4
23.2	29	20.2	4	5	23	15.2	19	66.2	34.4	43	109.4	52.8	66	150.8	71.2	89	192.2
22.4	28	18.4	3.2	4	24.8	16	20	68	35.2	44	111.2	53.6	67	152.6	72	90	194
21.6	27	16.6	2.4	3	26.6	16.8	21	69.8	36	45	113	54.4	68	154.4	72.8	91	195.8
20.8	26	14.8	1.6	2	28.4	17.6	22	71.6	36.8	46	114.8	55.2	69	156.2	73.6	92	197.6
20	25	13	0.8	1	30.2	18.4	23	73.4	37.6	47	116.6	56	70	158	74.4	93	199.4
19.2	24	11.2	0	0	32	19.2	24	75.2	38.4	48	118.4	56.8	71	159.8	75.2	94	201.2
18.4	23	9.4	+0.8	+1	33.8	20	25	77	39.2	49	120.2	57.6	72	161.6	76	95	203
17.6	22	7.6	1.6	2	35.6	20.8	26	78.8	40	50	122	58.4	73	163.4	76.8	96	204.8
16.8	21	5.8	2.4	3	37.4	21.6	27	80.6	40.8	51	123.8	59.2	74	165.2	77.6	97	206.6
16	20	4	3.2	4	39.2	22.4	28	82.4	41.6	52	125.6	60	75	167	78.4	98	208.4
15.2	19	2.2	4	5	41	23.2	29	84.2	42.4	53	127.4	60.8	76	168.8	79.2	99	210.2
14.4	18	0.4	4.8	6	42.8	24	30	86	43.2	54	129.2	61.6	77	170.6	80	100	212
13.6	17	+1.4	5.6	7	44.6	24.8	31	87.8									

B. Fahrenheit-Grade als Einheit, — 40° bis 212° F.

Fahr.	Cels.	Réaum.	Fahr.	Cels.	Réaum	Fahr.	Cels.	Réaum.
—40	—40·0	—32·0	+ 1	—17·2	—13·8	+42	+ 5·6	+ 4·4
39	39·4	31·6	2	16·7	13·3	43	6·1	4·9
38	38·9	31·1	3	16·1	12·9	44	6·7	5·3
37	38·3	30·7	4	15·6	12·4	45	7·2	5·8
36	37·8	30·2	5	15·0	12·0	46	7·8	6·2
35	37·2	29·8	6	14·4	11·6	47	8·3	6·7
34	36·7	29·3	7	13·9	11·1	48	8·9	7·1
33	36·1	28·9	8	13·3	10·7	49	9·4	7·6
32	35·6	28·4	9	12·8	10·2	50	10·0	8·0
31	35·0	28·0	10	12·2	9·8	51	10·6	8·4
30	34·4	27·6	11	11·7	9·3	52	11·1	8·9
29	33·9	27·1	12	11·1	8·9	53	11·7	9·3
28	33·3	26·7	13	10·6	8·4	54	12·2	9·8
27	32·8	26·2	14	10·0	8·0	55	12·8	10·2
26	32·2	25·8	15	9·4	7·6	56	13·3	10·7
25	31·7	25·3	16	8·9	7·1	57	13·9	11·1
24	31·1	24·9	17	8·3	6·7	58	14·4	11·6
23	30·6	24·4	18	7·8	6·2	59	15·0	12·0
22	30·0	24·0	19	7·2	5·8	60	15·6	12·4
21	29·4	23·6	20	6·7	5·3	61	16·1	12·9
20	28·9	23·1	21	6·1	4·9	62	16·7	13·3
19	28·3	22·7	22	5·6	4·4	63	17·2	13·8
18	27·8	22·2	23	5·0	4·0	64	17·8	14·2
17	27·2	21·8	24	4·4	3·6	65	18·3	14·7
16	26·7	21·3	25	3·9	3·1	66	18·9	15·1
15	26·1	20·9	26	3·3	2·7	67	19·4	15·6
14	25·6	20·4	27	2·8	2·2	68	20·0	16·0
13	25·0	20·0	28	2·2	1·8	69	20·6	16·4
12	24·4	19·6	29	1·7	1·3	70	21·1	16·9
11	23·9	19·1	30	1·1	0·9	71	21·7	17·3
10	23·3	18·7	31	0·6	0·4	72	22·2	17·8
9	22·8	18·2	32	+ 0·0	+ 0·0	73	22·8	18·2
8	22·2	17·8	33	0·6	0·4	74	23·3	18·7
7	21·7	17·3	34	1·1	0·9	75	23·9	19·1
6	21·1	16·9	35	1·7	1·3	76	24·4	19·6
5	20·6	16·4	36	2·2	1·8	77	25·0	20·0
4	20·0	16·0	37	2·8	2·2	78	25·6	20·4
3	19·4	15·6	38	3·3	2·7	79	26·1	20·9
2	18·9	15·1	39	3·9	3·1	80	26·7	21·3
1	18·3	14·7	40	4·4	3·6	81	27·2	21·8
0	17·8	14·2	41	5·0	4·0	82	27·8	22·2

Fahr.	Cels.	Réaum.	Fahr.	Cels.	Réaum.	Fahr.	Cels.	Réaum.
+83	+28·3	+22·7	+127	+52·8	+42·2	+170	+76·7	+61·3
84	28·9	23·1	128	53·3	42·7	171	77·2	61·8
85	29·4	23·6	129	53·9	43·1	172	77·8	62·2
86	30·0	24·0	130	54·4	43·6	173	78·3	62·7
87	30·6	24·4	131	55·0	44·0	174	78·9	63·1
88	31·1	24·9	132	55·6	44·4	175	79·4	63·6
89	31·7	25·3	133	56·1	44·9	176	80·0	64·0
90	32·2	25·8	134	56·7	45·3	177	80·6	64·4
91	32·8	26·2	135	57·2	45·8	178	81·1	64·9
92	33·3	26·7	136	57·8	46·2	179	81·7	65·3
93	33·9	27·1	137	58·3	46·7	180	82·2	65·8
94	34·4	27·6	138	58·9	47·1	181	82·8	66·2
95	35·0	28·0	139	59·4	47·6	182	83·3	66·7
96	35·6	28·4	140	60·0	48·0	183	83·9	67·1
97	36·1	28·9	141	60·6	48·4	184	84·4	67·6
98	36·7	29·3	142	61·1	48·9	185	85·0	68·0
99	37·2	29·8	143	61·7	49·3	186	85·6	68·4
100	37·8	30·2	144	62·2	49·8	187	86·1	68·9
101	38·3	30·7	145	62·8	50·2	188	86·7	69·3
102	38·9	31·1	146	63·3	50·7	189	87·2	69·8
103	39·4	31·6	147	63·9	51·1	190	87·8	70·2
104	40·0	32·0	148	64·4	51·6	191	88·3	70·7
105	40·6	32·4	149	65·0	52·0	192	88·9	71·1
106	41·1	32·9	150	65·6	52·4	193	89·4	71·6
107	41·7	33·3	151	66·1	52·9	194	90·0	72·0
108	42·2	33·8	152	66·7	53·3	195	90·6	72·4
109	42·8	34·2	153	67·2	53·8	196	91·1	72·9
110	43·3	34·7	154	67·8	54·2	197	91·7	73·3
111	43·9	35·1	155	68·3	54·7	198	92·2	73·8
112	44·4	35·6	156	68·9	55·1	199	92·8	74·2
113	45·0	36·0	157	69·4	55·6	200	93·3	74·7
114	45·6	36·4	158	70·0	56·0	201	93·9	75·1
115	46·1	36·9	159	70·6	56·4	202	94·4	75·6
116	46·7	37·3	160	71·1	56·9	203	95·0	76·0
117	47·2	37·8	161	71·7	57·3	204	95·6	76·4
118	47·8	38·2	162	72·2	57·8	205	96·1	76·9
119	48·3	38·7	163	72·8	58·2	206	96·7	77·3
120	48·9	39·1	164	73·3	58·7	207	97·2	77·8
121	49·4	39·6	165	73·9	59·1	208	97·8	78·2
122	50·0	40·0	166	74·4	59·6	209	98·3	78·7
123	50·6	40·4	167	75·0	60·0	210	98·9	79·1
124	51·1	40·9	168	75·6	60·4	211	99·4	79·6
125	51·7	41·3	169	76·1	60·9	212	100·0	80·0
126	52·2	41·8						

C. Grade über dem Siedepunkt des Wassers.

F.	C.	F.	C.	F.	C.	F.	C.	F.	C.	F.	C.	F.	C.
220	104	420	216	620	327	820	438	1040	560	1440	782	1840	1004
230	110	430	221	630	332	830	443	1060	571	1460	793	1860	1016
240	116	440	227	640	338	840	449	1080	582	1480	804	1880	1027
250	121	450	232	650	343	850	454	1100	593	1500	816	1900	1038
260	127	460	238	660	349	860	460	1120	604	1520	827	1920	1049
270	132	470	243	670	354	870	466	1140	616	1540	838	1940	1060
280	138	480	249	680	360	880	471	1160	627	1560	849	1960	1071
290	143	490	254	690	366	890	477	1180	639	1580	860	1980	1082
300	149	500	260	700	371	900	482	1200	649	1600	871	2000	1093
310	155	510	266	710	377	910	488	1220	660	1620	882	2100	1149
320	160	520	271	720	382	920	493	1240	671	1640	893	2200	1204
330	166	530	277	730	388	930	499	1260	682	1660	904	2300	1260
340	171	540	282	740	393	940	504	1280	693	1680	916	2400	1315
350	177	550	288	750	399	950	510	1300	704	1700	927	2500	1371
360	182	560	293	760	404	960	516	1320	716	1720	938	2600	1427
370	188	570	299	770	410	970	521	1340	727	1740	949	2700	1482
380	193	580	304	780	416	980	527	1360	738	1760	960	2800	1537
390	199	590	310	790	421	990	532	1380	749	1780	971	2900	1593
400	204	600	316	800	427	1000	538	1400	760	1800	982	3000	1649
410	210	610	321	810	432	1020	549	1420	771	1820	993		

15. Schmelzpunkte (Gefrierpunkte).

Äthylalkohol	—130°	Bronze	900
Ammoniak	—75	Cadmium	320·9
Aluminium	658·7	*Calciumfluorid	1330–1378
Antimon	630	Colophonium	135
Benzol	6	Eisen, Roheisen	
Blei	327	weiß	1075–1135
Bleichlorid	498	Eisen, Roheisen	
Bleiglätte	954	grau	1200–1250
Borsäure	186	Schmiedeisen	1500
Brom	—73	Erdpech	100
Bromwasserstoff	—87	Glas, bleihaltig	1000

*) Für die mit einem * bezeichneten Stoffe gehen die Angaben in der Literatur wesentlich auseinander. Die angegebenen Werte repräsentieren die extremen Angaben.

Glas, bleifrei	1200	Rindstalg	40
Gold	1063	Rosesches Metall	94
Hammeltalg	42	Salpetersäure	—50
Jod	113	Schweinefett	27
Jodwasserstoff	—50	Schwefel	113
Kaliumcarbonat	878—898	Schwefelkohlen-	
Kaliumchlorat	372	stoff	—116
Kaliumchlorid	804	Schwefelsäure s.	
*Kaliumjodid	677—723	spez. Teil	
Kaliumnitrat	336—342	Schwefelwasser-	
*Kaliumsulfat	1058-1076	stoff	—85
Kobalt	1490	Schwefeldioxyd	—72·7
Kohlendioxyd	—79	Schwefeltrioxyd	14·8
Kupfer	1083	Selen	217
Kupferchlorid	498	Silber	960·5
Kupferchlorür	434	Silberchlorid	450
Magnesium	650	Stahl	1375
Messing	900	Stearinsäure	70
Naphthalin	79	*Stickoxyd	—150 bis
Natriumcarbonat	850		—160·6
Natriumchlorat	302	Stickoxydul	—102
Natriumchlorid	800	Stickstofftetroxyd	—11
Natriumnitrat	318	Tantal	2850
Natriumsulfat	884	Thallium	301
Nickel	1452	Wachs (Bienen)	62—70
Palladium	1557	Walrat	45—50
Palmöl	29	Wismut	268
Paraffin	45—60	Wolfram	2900
Pech (hartes Stein-		Woods Metall	70
kohlenpech)	150—200	Xylol, Ortho-	—28
Phosphor	44	Xylol, Meta-	—54
Platin	1764	Zink	419·4
Quecksilber	—38·89	Zinn	231·84
Quecksilberchlorid	288	Zinntetrachlorid	—33

*) Für die mit einem * bezeichneten Stoffe gehen die Angaben in der Literatur wesentlich auseinander. Die angegebenen Werte repräsentieren die extremen Angaben.

16. Gefrierpunktserniedrigung von Lösungen.

	Gefrierpunktserniedrigung pro Proc. gelöster Substanz Grad		Gefrierpunktserniedrigung pro Proc. gelöster Substanz Grad
Ammonnitrat	0·400	Magnesiumsulfat	0·073
Ammonsulfat	0·28	Natriumhydr-	
Bariumchlorid	0·188	oxyd	0·905
Bariumnitrat	0·178	Natriumcarbonat	0·38
Calciumnitrat	0·277	Quecksilber-	
Kaliumhydroxyd	0·399	chlorid	0·048
Kaliumcarbonat	0·317	Silbernitrat	0·175
Lithiumchlorid	0·866		

17. Kältemischungen.

Die niedrigste Temperatur, die eine Kältemischung hervorbringen kann, ist der **Gefrierpunkt** der entstehenden Lösung.

Mischungen	Gewichtsteile	Das Thermometer sinkt von	auf	Mischungen	Gewichtsteile	Das Thermometer sinkt von	auf
Natriumsulfat Ammonnitrat verd. Salpeter-säure	6 5 4	10°	—25°	verd. Salpeter-säure Schnee	1 1	+14°	—35°
Salmiak Salpeter Wasser	5 5 16	10°	—12°	Natriumsulfat Salzsäure	8 5	10°	—18°
Natriumsulfat verd. Salpeter-säure	3 2	10°	-10°	Ammonnitrat Wasser	1 1	10°	—16°
Natriumsulfat Salmiak Salpeter verd. Salpeter-säure	6 4 2 4	10°	—23°	Kaliumhydr-oxyd Schnee	4 3	0°	-37°
Natriumchlo-rid Schnee	1 3	0°	—18°	verd. Salpeter-säure verd.Schwefel-säure Schnee	1 1 2	0°	—40°
Salmiak Salpeter Wasser	1 1 1	8°	-24°	verd.Schwefel-säure Schnee	1 1	+ 5°	—41°
				Calciumchlorid Schnee	3 2	0°	—33°
				Calciumchlorid Schnee	2 1	0°	—42°

18. Siedepunkte.

Aceton	56	Natrium-Carbonat (ges.)	105
Äther	35	„ Chlorid (gesätt.)	108·8
Aldehyd	21	„ Nitrat „	120
Alkohol	78·25	„ Phosphat	106·6
Ammoniak (wasserfrei)	— 33·7	Quecksilber	356·7
Ammonnitrat (gesättigt)	240	Salpetersäure, 100 proz.	83
Bariumchlorid „	104·5	„ sp. G. 1·42	121
Benzol	80·4	Salpetrigsäureanhydrid	3·5
Brom	63	Salzsäure, 20·2 Proz.	110
Chlor	— 33·6	Sauerstoff	—182·9
Calciumchlorid (gesätt.)	260	Schwefel	444·55
„ (66 proz.)	156	Schwefelkohlenstoff	46
„ (33 „)	128	Schwefelsäureanhydrid α	15
Calciumnitrat (gesättigt)	151	Schwefelsäureanhydrid β	50
Holzgeist	60	Schwefelsäurehydrat	326
Jod	184·4	Schwefeldioxyd	— 10
Kalium-Acetat (gesättigt)	161	Stickoxydul	— 88
„ Carbonat „	130	Stickstoff	—195·6
„ Chlorat „	104·2	Stickstofftetroxyd	20
„ Chlorid „	108·5	Terpentinöl	160
„ Nitrat „	114·1	Toluol	111
„ Sulfat „	102·1	Wasserstoff	—252·6
Kohlendioxyd	— 78·2	Xylole	136—141
Naphthalin	218·0	Zink	916
Natrium-Acetat (gesätt.)	125		

19. Schmelzwärme verschiedener Körper in kg-Kalorien.

Blei	5·4	Phosphor	5·0
Cadmium	13·7	Platin	27·2
Eis (Wasser)	80·0	Quecksilber	2·8
Hochofenschlacke	50	Roheisen, grau	23
Kaliumhydroxyd	28·6	„ weiß	33
Kupfer	43·0	Schwefel	9·4
Natriumhydroxyd	40·0	Silber	24·7
Nickel	4·6	Zink	28·1
Paraffin	35·1	Zinn	14·6

20. Wärme-Leitungskoeffizienten für verschiedene Stoffe.

(In Wärmeeinheiten pro Quadratmeter, 1 m Abstand, Stunde und 1° Temperaturdifferenz.)

Aluminium	175	Isolierstoffe	0·03—0·15	Petroleum	0·13
Baumwolle	0·05	Kautschuk	1·7—0·3	Porzellan	0·9
Blei	26—30	Kiefernholz	0·13	Quecksilber	6·5
Bruchstein-		Kork	0·03	Steinkohle	0·11
mauerwerk	1·3—2·1	Kreide	0·80	Stuck	0·68
Cement	0·78	Kupfer	320	Ton-Ziegel	0·45
Eisen	40—70	Luft	0·018—0·02	Wasser	0·5
Eis	1·5	Marmor	2·5	Zink	95
Filz	0·31	Messing	50—100	Zinn	54
Glas	0·8	Olivenöl	0·15		

21. Verdampfungswärme anorganischer und organischer Verbindungen.

Latente Verdampfungswärme: Wärmeaufwand zur Verwandlung von Flüssigkeit in Dampf beim Siedepunkte bei 760 mm Druck.

Totale Verdampfungswärme: Wärmeaufwand zur Verwandlung von Flüssigkeit von 0^0 in Dampf beim Siedepunkte bei 760 mm Druck.

Substanz	Temperatur des Dampfes	Verdampfungswärme			
		latente		totale	
		1 kg	1 g-Mol	1 kg	1 g-Mol
Luft mit 22°/₀ O	—	44·02	—	—	—
„ „ 56°/₀ O	—	50·7	—	—	—
„ „ 72°/₀ O	—	51·7	—	—	—
Schwefel	316	362	11·6	—	—
Ammoniak	17	296·5	5·05	—	—
Kohlendioxyd, fest	—	—	—	138·7	6·1
„ flüssig	0	56·3	2·5	—	—
„ „	22·0	31·8	1·4	—	—
„ „	30·0	11·6	0·51	—	—
Tetrachlorkohlenstoff	0	52·0	8·0	—	—
	76·2	46·3	7·13	62·0	9·5
Salpetersäure, konz., 93 proz.	86·1	115·1	7·25	—	—
Schwefeldioxyd	0	91·7	5·9	—	—
„	30	80·3	5·14	—	—
„	65	68·4	4·42	—	—
„	—10·1	96·2	6·16	—	—
Schwefelkohlenstoff	0	90·0	6·85	—	—
„	46·1	83·8	6·4	94·8	7·2
Schwefelsäure, konz.	326	122·1	12·0	—	—
Stickstoffpentoxyd, flüssig	50	44·8	4·84	—	—
Stickstoffperoxyd	18	93·5	8·66	—	—
Wasser	0	592·7	10·65	592·7	10·65
„	100	536·5	9·65	637·0	11·5
„	200	464·3	8·36	667·5	12·0
Aceton	56·6	125·3	7·3	155·2	9·0
Äthyläther	34·5	88·4	6·5	107·0	7·9
Äthylalkohol	78·1	205·1	9·4	254·7	11·7
Chloroform	60·9	58·5	7·0	72·8	8·7
Essigsäure	118	85	5·1	—	—
Methylalkohol	64·5	267·5	8·6	307	9·8
Anilin	183	104·2	9·7	—	—
Benzol	80·1	92·9	7·25	128	10
Nitrobenzol	151·5	79·2	9·7	—	—
Pyridin	115	104	8·2	—	—
Toluol	110·8	83·6	7·7	—	—
Trichloräthylen	88	58	7·8	—	—

22. Hohe Temperaturen, bestimmt mit dem Pyrometer von Le Chatelier.

(Wenn nicht anders bezeichnet, nach Le Chatelier 1892, 1895 u. 1900.)

	mit blauem Kegel	mit grünem Kegel
Spirituslampe		ca. 800°
Petroleumflamme		ca. 1500
Bunsenbrenner (Lewes):		
Spitze des inneren Kegels	1090	1575°
Mitte des äußeren Kegels	1533	1630
Spitze „ „ „	1175	1545
Rand „ „ „ in der Höhe der inneren Kegelspitze	1333	1511
Schmelzpunkt von weißem schwedischen Roheisen		1135
„ „ grauem Gießerei-Roheisen		1220
„ „ Flußeisen mit 0·31 % C		1475
„ „ „ halbhart 0·3 % C		1455
„ „ Flußstahl 0·9 % C		1410
Bessemer-Converter		1580—1640
Siemens-Martin-Ofen		1420—1550
Siemens-Tiegelgußstahl-Ofen		1600
Rotierender Puddelofen, zuletzt		1330
Hochofen (graues Bessemereisen) gegenüber Düsen		1930
„ Eisen beim Abstich		1400—1520
Glasofen: Hafenofen		1375
Im Hafen beim Läutern		1310
„ „ „ Heißschüren		1045
Wannenofen		1400
„ Glas		1310
Porzellanofen für Hartporzellan, zuletzt		1400
Leuchtgas: Siemensofen oben		1190
„ unten		1045
Retorte zuletzt		975
Rauchgas am Schornstein		680
Ring-Ziegelofen		1100
Elektrische Glühlampen		1800—2100
„ Lichtbogen (abs. Temp.)		4100
Feuerfeste Tone		1670—1700

Segerkegel

Nr.		Nr.		Nr.	
0·22	600	1 a	1100	26	1580
0·21	650	2 a	1120	27	1610
0·20	670	3 a	1140	28	1630
0·19	690	4 a	1160	29	1650
0·18	710	5 a	1180	30	1670
0·17	730	6 a	1200	31	1690
0·16	750	7	1230	32	1710
0·15 a	790	8	1250	33	1730
0·14 a	815	9	1280	34	1750
0·13 a	835	10	1300	35	1770
0·12 a	855	11	1320	36	1790
0·11 a	880	12	1350	37	1825
0·10 a	900	13	1380	38	1850
0·09 a	920	14	1410	39	1880
0·08 a	940	15	1435	40	1920
0·07 a	960	16	1460	41	1960
0·06 a	980	17	1480	42	2000
0·05 a	1000	18	1500		
0·04 a	1020	19	1520		
0·03 a	1040	20	1530		
0·02 a	1060				
0·01 a	1080				

23. Reduktion der Gas-Volumina auf

Allgemeine Formel für trockene Gase. $V_0 = \dfrac{V \times 273\,b}{(273 + t)\,760}$

b = Barometerstand (reduziert auf 0°).   t = Temperatur.

A. Tabelle zur Reduktion der gefundenen

0°	1°	2°	3°	4°	5°	6°	7°	8°	9°	10°	0°
1	0·996	0·993	0·989	0·986	0·982	0·978	0·975	0·972	0·968	0·965	1
2	1·993	1·985	1·978	1·971	1·964	1·957	1·950	1·943	1·936	1·929	2
3	2·989	2·978	2·967	2·957	2·946	2·936	2·925	2·915	2·904	2·894	3
4	3·985	3·971	3·956	3·942	3·928	3·914	3·900	3·886	3·872	3·859	4
5	4·982	4·964	4·946	4·928	4·910	4·893	4·875	4·858	4·841	4·824	5
6	5·978	5·956	5·935	5·913	5·892	5·871	5·850	5·830	5·809	5·788	6
7	6·974	6·949	6·924	6·899	6·874	6·850	6·825	6·801	6·777	6·753	7
8	7·970	7·942	7·913	7·885	7·856	7·828	7·800	7·773	7·745	7·718	8
9	8·967	8·934	8·902	8·870	8·838	8·807	8·775	8·744	8·713	8·682	9
10	9·963	9·927	9·891	9·856	9·820	9·785	9·750	9·716	9·681	9·647	10
11	10·96	10·92	10·88	10·84	10·80	10·76	10·73	10·69	10·65	10·61	11
12	11·96	11·91	11·87	11·83	11·78	11·74	11·70	11·66	11·62	11·57	12
13	12·95	12·91	12·86	12·81	12·76	12·72	12·68	12·63	12·59	12·54	13
14	13·95	13·90	13·85	13·80	13·75	13·70	13·65	13·60	13·55	13·50	14
15	14·95	14·89	14·84	14·78	14·73	14·68	14·63	14·57	14·52	14·47	15
16	15·94	15·88	15·83	15·77	15·71	15·66	15·60	15·55	15·49	15·43	16
17	16·94	16·87	16·82	16·75	16·69	16·64	16·58	16·52	16·46	16·40	17
18	17·93	17·87	17·81	17·74	17·67	17·61	17·55	17·49	17·43	17·36	18
19	18·93	18·86	18·79	18·72	18·65	18·59	18·53	18·46	18·39	18·33	19
20	19·93	19·85	19·78	19·71	19·64	19·57	19·50	19·43	19·36	19·29	20
21	20·93	20·84	20·77	20·69	20·62	20·55	20·48	20·40	20·33	20·26	21
22	21·92	21·84	21·76	21·68	21·60	21·53	21·45	21·37	21·30	21·22	22
23	22·92	22·83	22·75	22·66	22·58	22·51	22·43	22·35	22·26	22·18	23
24	23·92	23·82	23·74	23·65	23·56	23·48	23·40	23·32	23·23	23·15	24
25	24·91	24·81	24·73	24·64	24·55	24·46	24·38	24·29	24·20	24·11	25
26	25·91	25·81	25·72	25·62	25·53	25·44	25·35	25·26	25·17	25·08	26
27	26·90	26·80	26·71	26·61	26·52	26·42	26·33	26·23	26·13	26·04	27
28	27·90	27·79	27·69	27·59	27·50	27·40	27·30	27·20	27·10	27·01	28
29	28·90	28·78	28·68	28·58	28·48	28·38	28·28	28·17	28·07	27·97	29
30	29·89	29·78	29·67	29·57	29·46	29·36	29·25	29·15	29·04	28·94	30
31	30·89	30·77	30·66	30·55	30·44	30·34	30·23	30·12	30·01	29·91	31
32	31·88	31·76	31·65	31·54	31·42	31·32	31·20	31·09	30·98	30·87	32
33	32·88	32·76	32·64	32·52	32·40	32·30	32·18	32·06	31·94	31·84	33
34	33·88	33·75	33·63	33·51	33·38	33·27	33·15	33·03	32·91	32·80	34
35	34·87	34·74	34·62	34·50	34·37	34·25	34·13	34·01	33·88	33·77	35
36	35·87	35·74	35·61	35·48	35·35	35·23	35·10	34·98	34·85	34·73	36
37	36·87	36·73	36·60	36·47	36·33	36·21	36·08	35·95	35·82	35·70	37
38	37·86	37·72	37·59	37·45	37·32	37·19	37·05	36·92	36·79	36·66	38
39	38·86	38·71	38·58	38·44	38·30	38·16	38·03	37·89	37·75	37·62	39
40	39·85	39·71	39·56	39·42	39·28	39·14	39·00	38·86	38·72	38·59	40
41	40·85	40·70	40·55	40·41	40·26	40·12	39·98	39·83	39·69	39·55	41
42	41·85	41·69	41·54	41·39	41·24	41·10	40·95	40·80	40·66	40·52	42
43	42·84	42·68	42·53	42·38	42·22	42·08	41·93	41·78	41·62	41·48	43
44	43·84	43·68	43·52	43·37	43·20	43·05	42·90	42·75	42·59	42·45	44
45	44·84	44·67	44·51	44·35	44·19	44·03	43·88	43·72	43·56	43·41	45
46	45·83	45·66	45·50	45·34	45·17	45·01	44·85	44·69	44·53	44·38	46
47	46·83	46·65	46·49	46·32	46·15	45·99	45·83	45·66	45·50	45·34	47
48	47·83	47·65	47·48	47·31	47·13	46·97	46·80	46·63	46·47	46·31	48
49	48·82	48·64	48·47	48·29	48·12	47·95	47·78	47·60	47·44	47·27	49
50	49·82	49·64	49·46	49·28	49·10	48·93	48·75	48·58	48·41	48·24	50

Normaltemperatur und Druck[1].

für feuchte Gase: $V_0 = \dfrac{V \times 273 \,(b - f)}{(273 + t)\,760}$.

$f =$ Wasserdampfspannung für die Temperatur (vgl. Tabelle 27).

Volume des Gases auf die Temperatur von 0°.

0°	1°	2°	3°	4°	5°	6°	7°	8°	9°	10°	0°
51	50·82	50·63	50·45	50·26	50·08	49·91	49·73	49·55	49·38	49·21	51
52	51·81	51·62	51·44	51·25	51·06	50·89	50·70	50·52	50·35	50·17	52
53	52·81	52·62	52·43	52·24	52·05	51·87	51·68	51·49	51·31	51·13	53
54	53·81	53·61	53·42	53·22	53·03	52·84	52·65	52·46	52·28	52·10	54
55	54·80	54·60	54·41	54·21	54·01	53·82	53·63	53·44	53·25	53·06	55
56	55·80	55·60	55·40	55·19	54·99	54·80	54·60	54·41	54·22	54·03	56
57	56·80	56·59	56·39	56·18	55·97	55·78	55·58	55·38	55·19	54·99	57
58	57·79	57·58	57·37	57·16	56·95	56·76	56·55	56·35	56·15	55·96	58
59	58·79	58·57	58·37	58·15	57·93	57·74	57·53	57·32	57·12	56·92	59
60	59·78	59·56	59·35	59·13	58·92	58·71	58·50	58·30	58·09	57·88	60
61	60·78	60·56	60·34	60·12	59·90	59·69	59·48	59·27	59·06	58·85	61
62	61·78	61·55	61·33	61·10	60·88	60·67	60·45	60·24	60·03	59·81	62
63	62·77	62·54	62·32	62·09	61·86	61·65	61·43	61·21	60·99	60·77	63
64	63·77	63·53	63·31	63·07	62·84	62·63	62·40	62·18	61·96	61·74	64
65	64·76	64·53	64·30	64·06	63·83	63·61	63·38	63·15	62·93	62·70	65
66	65·76	65·52	65·29	65·04	64·81	64·58	64·35	64·13	63·89	63·67	66
67	66·75	66·51	66·27	66·03	65·79	65·56	65·33	65·10	64·86	64·63	67
68	67·75	67·50	67·26	67·02	66·77	66·54	66·30	66·07	65·83	65·60	68
69	68·75	68·50	68·25	68·01	67·75	67·52	67·28	67·04	66·80	66·56	69
70	69·74	69·49	69·24	68·99	68·74	68·50	68·25	68·01	67·77	67·53	70
71	70·74	70·48	70·23	69·98	69·72	69·48	69·23	68·98	68·74	68·49	71
72	71·74	71·48	71·22	70·96	70·70	70·46	70·20	69·95	69·71	69·46	72
73	72·73	72·47	72·21	71·95	71·69	71·44	71·18	70·93	70·67	70·42	73
74	73·73	73·46	73·20	72·93	72·67	72·41	72·15	71·90	71·64	71·39	74
75	74·72	74·45	74·19	73·92	73·65	73·39	73·13	72·87	72·61	72·35	75
76	75·72	75·45	75·18	74·90	74·63	74·37	74·10	73·84	73·58	73·32	76
77	76·72	76·44	76·17	75·89	75·61	75·35	75·08	74·81	74·55	74·28	77
78	77·71	77·43	77·15	76·87	76·59	76·33	76·05	75·78	75·51	75·25	78
79	78·71	78·42	78·14	77·86	77·58	77·31	77·03	76·75	76·48	76·21	79
80	79·70	79·42	79·13	78·85	78·56	78·28	78·00	77·73	77·45	77·18	80
81	80·70	80·41	80·12	79·83	79·54	79·26	78·98	78·70	78·42	78·14	81
82	81·69	81·40	81·11	80·82	80·52	80·24	79·95	79·67	79·39	79·11	82
83	82·69	82·39	82·10	81·81	81·51	81·22	80·93	80·64	80·36	80·07	83
84	83·69	83·39	83·09	82·79	82·49	82·20	81·90	81·61	81·32	81·04	84
85	84·68	84·38	84·08	83·78	83·47	83·17	82·88	82·58	82·29	82·00	85
86	85·68	85·37	85·07	84·76	84·45	84·15	83·85	83·55	83·26	82·97	86
87	86·68	86·37	86·06	85·75	85·43	85·13	84·83	84·53	84·23	83·93	87
88	87·67	87·36	87·05	86·73	86·42	86·11	85·80	85·50	85·20	84·90	88
89	88·67	88·35	88·04	87·72	87·40	87·09	86·78	86·47	86·16	85·86	89
90	89·67	89·34	89·02	88·70	88·38	88·07	87·75	87·44	87·13	86·82	90
91	90·66	90·34	90·01	89·69	89·36	89·05	88·73	88·41	88·10	87·79	91
92	91·66	91·33	91·00	90·67	90·34	90·03	89·70	89·38	89·07	88·75	92
93	92·66	92·32	91·99	91·66	91·33	91·01	90·68	90·36	90·03	89·72	93
94	93·65	93·31	92·98	92·64	92·31	91·98	91·65	91·33	91·00	90·68	94
95	94·65	94·31	93·97	93·63	93·29	92·96	92·63	92·30	91·97	91·65	95
96	95·65	95·30	94·96	94·61	94·27	93·94	93·60	93·27	92·94	92·61	96
97	96·64	96·29	95·95	95·60	95·25	94·92	94·58	94·24	93·91	93·57	97
98	97·64	97·28	96·93	96·58	96·24	95·90	95·55	95·21	94·87	94·54	98
99	98·64	98·27	97·92	97·57	97·22	96·97	96·53	96·18	95·84	95·50	99
100	99·63	99·27	98·91	98·56	98·20	97·95	97·50	97·16	96·81	96·47	100

[1] Vgl. auch graphische Tafel (Anhang)!

A. Tabelle zur Reduktion der gefundenen Volume des

$0°$	$11°$	$12°$	$13°$	$14°$	$15°$	$16°$	$17°$	$18°$	$19°$	$20°$	$0°$
1	0·961	0·958	0·955	0·951	0·948	0·945	0·941	0·938	0·935	0·932	1
2	1·923	1·916	1·909	1·903	1·896	1·889	1·883	1·876	1·869	1·864	2
3	2·884	2·874	2·864	2·854	2·844	2·834	2·824	2·815	2·805	2·795	3
4	3·845	3·832	3·818	3·805	3·792	3·779	3·766	3·753	3·740	3·727	4
5	4·807	4·790	4·773	4·757	4·740	4·724	4·707	4·691	4·675	4·659	5
6	5·768	5·747	5·728	5·708	5·688	5·668	5·648	5·629	5·609	5·591	6
7	6·729	6·705	6·682	6·659	6·636	6·613	6·590	6·567	6·544	6·523	7
8	7·690	7·663	7·637	7·610	7·584	7·558	7·531	7·506	7·479	7·454	8
9	8·652	8·621	8·591	8·562	8·532	8·502	8·472	8·444	8·414	8·386	9
10	9·613	9·579	9·546	9·513	9·480	9·447	9·414	9·382	9·349	9·318	10
11	10·57	10·53	10·50	10·46	10·43	10·39	10·35	10·32	10·28	10·25	11
12	11·53	11·49	11·45	11·42	11·38	11·33	11·30	11·26	11·21	11·18	12
13	12·49	12·45	12·41	12·36	12·32	12·28	12·24	12·20	12·15	12·11	13
14	13·45	13·41	13·36	13·31	13·27	13·22	13·18	13·13	13·08	13·04	14
15	14·42	14·37	14·32	14·27	14·22	14·17	14·12	14·07	14·02	13·97	15
16	15·38	15·32	15·27	15·22	15·17	15·11	15·06	15·01	14·96	14·91	16
17	16·34	16·28	16·23	16·17	16·12	16·06	16·00	15·95	15·89	15·84	17
18	17·30	17·24	17·18	17·12	17·06	17·00	16·94	16·89	16·82	16·76	18
19	18·26	18·20	18·14	18·07	18·01	17·95	17·89	17·83	17·76	17·70	19
20	19·23	19·16	19·09	19·03	18·96	18·89	18·83	18·76	18·69	18·64	20
21	20·19	20·12	20·04	19·98	19·91	19·84	19·77	19·70	19·62	19·57	21
22	21·15	21·08	21·00	20·93	20·86	20·78	20·71	20·64	20·56	20·50	22
23	22·11	22·03	21·95	21·88	21·80	21·73	21·65	21·58	21·50	21·43	23
24	23·07	22·99	22·91	22·83	22·75	22·67	22·59	22·51	22·43	22·37	24
25	24·03	23·95	23·86	23·78	23·70	23·61	23·54	23·45	23·37	23·30	25
26	25·00	24·91	24·81	24·73	24·65	24·56	24·48	24·39	24·30	24·23	26
27	25·96	25·87	25·77	25·69	25·60	25·50	25·42	25·33	25·23	25·16	27
28	26·92	26·82	26·72	26·64	26·54	26·45	26·36	26·25	26·17	26·09	28
29	27·88	27·78	27·68	27·59	27·49	27·39	27·30	27·20	27·10	27·02	29
30	28·84	28·74	28·64	28·54	28·44	28·34	28·24	28·15	28·05	27·95	30
31	29·80	29·70	29·59	29·49	29·39	29·28	29·18	29·09	28·99	28·87	31
32	30·76	30·66	30·55	30·44	30·34	30·23	30·12	30·03	29·92	29·81	32
33	31·72	31·61	31·50	31·39	31·28	31·17	31·06	30·97	30·86	30·74	33
34	32·68	32·57	32·46	32·34	32·23	32·12	32·01	31·90	31·79	31·68	34
35	33·65	33·53	33·41	33·30	33·18	33·06	32·95	32·84	32·73	32·61	35
36	34·61	34·49	34·37	34·25	34·13	34·01	33·89	33·78	33·66	33·54	36
37	35·57	35·45	35·32	35·20	35·08	34·95	34·83	34·72	34·59	34·47	37
38	36·53	36·40	36·28	36·15	36·02	35·90	35·77	35·66	35·53	35·40	38
39	37·49	37·36	37·23	37·10	36·97	36·84	36·71	36·59	36·46	36·34	39
40	38·45	38·32	38·18	38·05	37·92	37·79	37·66	37·53	37·40	37·27	40
41	39·41	39·28	39·14	39·00	38·87	38·73	38·60	38·47	38·34	38·20	41
42	40·37	40·24	40·09	39·95	39·82	39·68	39·54	39·41	39·27	39·13	42
43	41·33	41·19	41·05	40·90	40·76	40·62	40·48	40·35	40·21	40·07	43
44	42·30	42·15	42·00	41·86	41·71	41·57	41·43	41·28	41·14	41·00	44
45	43·26	43·11	42·95	42·81	42·66	42·51	42·37	42·22	42·08	41·93	45
46	44·22	44·07	43·91	43·76	43·61	43·46	43·31	43·16	43·01	42·86	46
47	45·18	45·03	44·86	44·71	44·56	44·40	44·25	44·10	43·94	43·79	47
48	46·14	45·98	45·82	45·66	45·50	45·35	45·19	45·04	44·88	44·72	48
49	47·10	46·94	46·77	46·61	46·45	46·29	46·13	45·97	45·81	45·65	49
50	48·07	47·90	47·73	47·57	47·40	47·24	47·07	46·91	46·75	46·59	50

Gases auf die Temperatur von 0°. (Fortsetzung.)

0°	11°	12°	13°	14°	15°	16°	17°	18°	19°	20°	0°
51	49·03	48·86	48·69	48·52	48·35	48·18	48·01	47·85	47·68	47·52	51
52	49·99	49·82	49·64	49·47	49·30	49·13	48·95	48·79	48·62	48·45	52
53	50·95	50·77	50·59	50·42	50·24	50·07	49·89	49·72	49·55	49·38	53
54	51·91	51·73	51·55	51·37	51·19	51·02	50·84	50·66	50·49	50·32	54
55	52·87	52·69	52·50	52·33	52·14	51·96	51·78	51·60	51·43	51·25	55
56	53·84	53·65	53·46	53·28	53·09	52·91	52·72	52·54	52·36	52·18	56
57	54·80	54·61	54·41	54·23	54·04	53·86	53·66	53·48	53·29	53·11	57
58	55·76	55·56	55·37	55·18	54·98	54·80	54·60	54·42	54·23	54·04	58
59	56·72	56·52	56·32	56·13	55·93	55·74	55·54	55·35	55·16	54·97	59
60	57·68	57·47	57·28	57·08	56·88	56·68	56·48	56·29	56·09	55·91	60
61	58·64	58·43	58·23	58·03	57·83	57·63	57·42	57·23	57·02	56·84	61
62	59·60	59·39	59·19	58·98	58·78	58·57	58·36	58·17	57·96	57·77	62
63	60·56	60·35	60·14	59·93	59·72	59·52	59·30	59·11	58·90	58·71	63
64	61·53	61·31	61·10	60·88	60·67	60·46	60·25	60·04	59·83	59·64	64
65	62·49	62·26	62·05	61·84	61·62	61·40	61·19	60·98	60·77	60·57	65
66	63·45	63·22	63·01	62·79	62·57	62·35	62·13	61·92	61·70	61·50	66
67	64·41	64·18	63·96	63·74	63·52	63·29	63·07	62·86	62·63	62·43	67
68	65·37	65·13	64·92	64·69	64·46	64·23	64·01	63·80	63·57	63·36	68
69	66·33	66·09	65·87	65·64	65·41	65·18	64·95	64·73	64·50	64·30	69
70	67·29	67·05	66·82	66·59	66·36	66·13	65·90	65·67	65·44	65·23	70
71	68·25	68·01	67·77	67·54	67·31	67·07	66·84	66·61	66·38	66·16	71
72	69·21	68·97	68·73	68·49	68·26	68·02	67·78	67·55	67·31	67·09	72
73	70·17	69·92	69·68	69·44	69·20	68·96	68·72	68·49	68·25	68·03	73
74	71·14	70·88	70·64	70·40	70·15	69·91	69·66	69·42	69·18	68·96	74
75	72·10	71·84	71·59	71·35	71·10	70·85	70·61	70·37	70·12	69·89	75
76	73·06	72·80	72·55	72·30	72·05	71·80	71·55	71·30	71·05	70·82	76
77	74·02	73·76	73·51	73·25	73·00	72·74	72·49	72·24	71·98	71·75	77
78	74·98	74·71	74·46	74·20	73·94	73·69	73·43	73·18	72·92	72·68	78
79	75·94	75·67	75·41	75·15	74·89	74·63	74·37	74·11	73·85	73·61	79
80	76·90	76·63	76·37	76·10	75·84	75·58	75·31	75·06	74·79	74·54	80
81	77·86	77·59	77·32	77·05	76·79	76·52	76·25	76·00	75·73	75·47	81
82	78·82	78·55	78·28	78·00	77·74	77·47	77·19	76·94	76·66	76·40	82
83	79·78	79·50	79·23	78·95	78·68	78·41	78·13	77·87	77·60	77·34	83
84	80·75	80·46	80·19	79·91	79·63	79·35	79·08	78·81	78·53	78·27	84
85	81·71	81·42	81·14	80·86	80·58	80·30	80·02	79·75	79·47	79·20	85
86	82·67	82·38	82·10	81·81	81·53	81·24	80·96	80·69	80·40	80·13	86
87	83·63	83·33	83·05	82·76	82·48	82·19	81·90	81·63	81·33	81·06	87
88	84·59	84·29	84·01	83·71	83·42	83·13	82·84	82·57	82·27	81·99	88
89	85·56	85·25	84·96	84·67	84·37	84·08	83·78	83·50	83·22	82·93	89
90	86·52	86·21	85·92	85·62	85·32	85·02	84·72	84·44	84·14	83·86	90
91	87·48	87·17	86·87	86·57	86·27	85·96	85·66	85·38	85·07	84·79	91
92	88·44	88·13	87·83	87·52	87·22	86·91	86·60	86·32	86·01	85·72	92
93	89·40	89·08	88·78	88·47	88·16	87·85	87·54	87·25	86·95	86·66	93
94	90·36	90·04	89·73	89·42	89·11	88·80	88·49	88·19	87·88	87·58	94
95	91·33	91·00	90·68	90·38	90·06	89·74	89·43	89·13	88·82	88·52	95
96	92·29	91·96	91·64	91·33	91·01	90·69	90·37	90·07	89·75	89·45	96
97	93·25	92·92	92·59	92·28	91·96	91·63	91·31	91·00	90·68	90·38	97
98	94·21	93·87	93·55	93·23	92·90	92·58	92·25	91·94	91·62	91·31	98
99	95·17	94·83	94·50	94·18	93·85	93·52	93·19	92·88	92·55	92·24	99
100	96·13	95·79	95·46	95·13	94·80	94·47	94·14	93·82	93·49	93·18	100

A. Tabelle zur Reduktion der gefundenen Volume des

0°	21°	22°	23°	24°	25°	26°	27°	28°	29°	0°
1	0·929	0·926	0·922	0·919	0·916	0·913	0·910	0·907	0·904	1
2	1·857	1·851	1·845	1·839	1·832	1·826	1·820	1·814	1·808	2
3	2·786	2·777	2·767	2·758	2·749	2·739	2·730	2·721	2·712	3
4	3·714	3·702	3·690	3·677	3·665	3·652	3·640	3·628	3·616	4
5	4·643	4·628	4·612	4·597	4·581	4·566	4·551	4·535	4·520	5
6	5·572	5·553	5·534	5·516	5·497	5·479	5·461	5·442	5·424	6
7	6·500	6·479	6·457	6·435	6·413	6·392	6·371	6·349	6·328	7
8	7·429	7·404	7·379	7·354	7·330	7·305	7·281	7·256	7·232	8
9	8·357	8·330	8·302	7·274	8·246	8·218	8·191	8·163	8·136	9
10	9·286	9·255	9·224	9·193	9·162	9·131	9·101	9·070	9·040	10
11	10·21	10·18	10·15	10·11	10·07	10·04	10·01	9·98	9·94	11
12	11·14	11·11	11·07	11·03	10·99	10·96	10·92	10·88	10·85	12
13	12·07	12·03	11·99	11·95	11·91	11·87	11·83	11·79	11·75	13
14	13·00	12·96	12·91	12·87	12·83	12·78	12·74	12·70	12·66	14
15	13·93	13·88	13·84	13·79	13·74	13·70	13·65	13·61	13·56	15
16	14·86	14·81	14·76	14·71	14·66	14·61	14·56	14·51	14·46	16
17	15·79	15·73	15·68	15·63	15·58	15·52	15·47	15·42	15·37	17
18	16·71	16·66	16·60	16·55	16·49	16·44	16·38	16·33	16·27	18
19	17·64	17·58	17·53	17·47	17·41	17·35	17·29	17·23	17·18	19
20	18·57	18·51	18·45	18·39	18·32	18·26	18·20	18·14	18·08	20
21	19·50	19·43	19·37	19·31	19·24	19·17	19·11	19·05	18·98	21
22	20·43	20·36	20·29	20·23	20·15	20·09	20·02	19·95	19·89	22
23	21·36	21·29	21·21	21·15	21·07	21·00	20·93	20·86	20·79	23
24	22·28	22·21	22·14	22·07	21·99	21·91	21·84	21·77	21·70	24
25	23·21	23·14	23·06	22·99	22·90	22·83	22·75	22·68	22·60	25
26	24·14	24·06	23·98	23·91	23·82	23·74	23·66	23·58	23·50	26
27	25·07	24·99	24·90	24·83	24·73	24·65	24·57	24·49	24·41	27
28	26·00	25·91	25·82	25·74	25·65	25·57	25·48	25·40	25·31	28
29	26·93	26·84	26·75	26·67	26·57	26·48	26·39	26·30	26·22	29
30	27·86	27·77	27·67	27·58	27·49	27·39	27·30	27·21	27·12	30
31	28·79	28·70	28·59	28·50	28·41	28·30	28·21	28·12	28·02	31
32	29·72	29·62	29·51	29·42	29·32	29·22	29·12	29·02	28·93	32
33	30·65	30·55	30·44	30·34	30·24	30·13	30·03	29·93	29·83	33
34	31·57	31·47	31·36	31·26	31·16	31·04	30·94	30·84	30·74	34
35	32·50	32·40	32·28	32·18	32·07	31·96	31·85	31·75	31·64	35
36	33·43	33·32	33·20	33·10	32·99	32·87	32·76	32·65	32·54	36
37	34·36	34·25	34·12	34·02	33·90	33·78	33·67	33·56	33·45	37
38	35·29	35·17	35·05	34·93	34·82	34·70	34·58	34·47	34·35	38
39	36·22	36·10	35·97	35·85	35·74	35·61	35·49	35·37	35·26	39
40	37·14	37·02	36·90	36·77	36·65	36·52	36·40	36·28	36·16	40
41	38·07	37·95	37·82	37·69	37·57	37·43	37·31	37·19	37·06	41
42	39·00	38·87	38·74	38·61	38·48	38·35	38·22	38·09	37·97	42
43	39·93	39·80	39·66	39·53	39·40	39·26	39·13	39·00	38·87	43
44	40·85	40·72	40·59	40·45	40·32	40·17	40·04	39·91	39·78	44
45	41·78	41·65	41·51	41·37	41·23	41·09	40·95	40·82	40·68	45
46	42·71	42·57	42·43	42·29	42·15	42·00	41·86	41·72	41·58	46
47	43·64	43·50	43·35	43·21	43·06	42·91	42·77	42·63	42·49	47
48	44·57	44·42	44·27	44·12	43·98	43·83	43·68	43·54	43·39	48
49	45·50	45·35	45·19	45·04	44·89	44·74	44·59	44·44	44·30	49
50	46·43	46·28	46·12	45·97	45·81	45·66	45·51	45·35	45·20	50

Gases auf die Temperatur von o°. (Fortsetzung.)

0°	21°	22°	23°	24°	25°	26°	27°	28°	29°	0°
51	47·36	47·20	47·04	46·89	46·73	46·57	46·42	46·26	46·10	51
52	48·29	48·13	47·96	47·81	47·64	47·49	47·33	47·16	47·01	52
53	49·22	49·06	48·89	48·73	48·56	48·40	48·24	48·07	47·91	53
54	50·14	49·98	49·81	49·65	49·48	49·31	49·15	48·98	48·82	54
55	51·07	50·91	50·73	50·57	50·39	50·23	50·06	49·89	49·72	55
56	52·00	51·83	51·65	51·49	51·31	51·14	50·97	50·79	50·62	56
57	52·93	52·76	52·58	52·41	52·22	52·05	51·88	51·70	51·53	57
58	53·86	53·68	53·50	53·32	53·14	52·97	52·79	52·61	52·43	58
59	54·79	54·61	54·42	54·24	54·06	53·88	53·70	53·51	53·34	59
60	55·72	55·53	55·34	55·16	54·97	54·79	54·61	54·42	54·24	60
61	56·65	56·46	56·26	56·08	55·89	55·70	55·52	55·33	55·14	61
62	57·58	57·38	57·19	57·00	56·80	56·62	56·43	56·23	56·05	62
63	58·51	58·31	58·11	57·92	57·72	57·53	57·34	57·14	56·95	63
64	59·43	59·23	59·03	58·84	58·64	58·44	58·25	58·05	57·86	64
65	60·36	60·16	59·95	59·76	59·55	59·36	59·16	58·96	58·76	65
66	61·29	61·08	60·87	60·68	60·47	60·27	60·07	59·86	59·66	66
67	62·22	62·01	61·79	61·60	61·38	61·18	60·98	60·77	60·57	67
68	63·15	62·93	62·72	62·51	62·30	62·10	61·89	61·68	61·47	68
69	64·08	63·86	63·64	63·43	63·22	63·01	62·80	62·58	62·38	69
70	65·00	64·79	64·57	64·35	64·13	63·92	63·71	63·49	63·28	70
71	65·93	65·71	65·49	65·27	65·05	64·83	64·62	64·40	64·18	71
72	66·86	66·64	66·42	66·19	65·96	65·75	65·53	65·30	65·09	72
73	67·79	67·57	67·34	67·11	66·88	66·66	66·44	66·21	65·99	73
74	68·71	68·49	68·26	68·03	67·80	67·57	67·35	67·12	66·90	74
75	69·64	69·42	69·18	68·95	68·71	68·49	68·26	68·03	67·80	75
76	70·57	70·34	70·10	69·87	69·63	69·40	69·17	68·93	68·70	76
77	71·50	71·27	71·03	70·79	70·54	70·31	70·08	69·84	69·61	77
78	72·43	72·19	71·95	71·70	71·46	71·22	70·99	70·75	70·51	78
79	73·36	73·12	72·87	72·62	72·38	72·14	71·90	71·65	71·42	79
80	74·29	74·04	73·79	73·54	73·30	73·05	72·81	72·56	72·32	80
81	75·22	74·97	74·71	74·46	74·22	73·96	73·72	73·47	73·22	81
82	76·15	75·89	75·63	75·38	75·13	74·88	74·63	74·37	74·13	82
83	77·08	76·82	76·56	76·30	76·05	75·79	75·54	75·28	75·03	83
84	78·00	77·74	77·48	77·22	76·96	76·70	76·45	76·19	75·94	84
85	78·93	78·67	78·40	78·14	77·88	77·62	77·36	77·10	76·84	85
86	79·86	79·59	79·32	79·06	78·80	78·53	78·27	78·00	77·74	86
87	80·79	80·52	80·25	79·98	79·71	79·44	79·18	78·91	78·65	87
88	81·72	81·44	81·17	80·90	80·63	80·36	80·09	79·82	79·55	88
89	82·65	82·37	82·09	81·82	81·55	81·27	81·00	80·72	80·46	89
90	83·57	83·30	83·02	82·74	82·46	82·18	81·91	81·63	81·36	90
91	84·50	84·22	83·94	83·66	83·38	83·09	82·82	82·54	82·26	91
92	85·43	85·15	84·86	84·58	84·29	84·01	83·73	83·44	83·17	92
93	86·36	86·08	85·79	85·50	85·21	84·92	84·64	84·35	84·07	93
94	87·28	87·00	86·71	86·42	86·13	85·83	85·55	85·26	84·98	94
95	88·21	87·93	87·63	87·34	87·04	86·75	86·46	86·17	85·88	95
96	89·14	88·85	88·55	88·26	87·96	87·66	87·37	87·07	86·78	96
97	90·07	89·78	89·48	89·18	88·87	88·57	88·28	87·98	87·69	97
98	91·00	90·70	90·40	90·09	89·79	89·48	89·19	88·89	88·59	98
99	91·93	91·63	91·32	91·01	90·71	90·40	90·10	89·79	89·50	99
100	92·86	92·55	92·24	91·93	91·62	91·31	91·01	90·70	90·40	100

B. Tabelle zur Reduktion der gefundenen Volume

(Die am Barometer abgelesene Zahl ist für Temperaturen von
um 3 mm zu vermindern, um die Aus-

760	680	682	684	686	688	690	692	694	760
1	0·895	0·897	0·900	0·903	0·905	0·908	0·911	0·913	1
2	1·789	1·795	1·800	1·805	1·811	1·816	1·821	1·826	2
3	2·684	2·692	2·700	2·708	2·716	2·724	2·732	2·739	3
4	3·579	3·589	3·600	3·610	3·621	3·632	3·642	3·653	4
5	4·474	4·487	4·500	4·513	4·526	4·539	4·553	4·566	5
6	5·368	5·384	5·400	5·416	5·432	5·448	5·463	5·479	6
7	6·263	6·281	6·300	6·318	6·337	6·355	6·374	6·392	7
8	7·158	7·179	7·200	7·221	7·242	7·263	7·284	7·305	8
9	8·053	8·076	8·100	8·124	8·147	8·171	8·195	8·218	9
10	8·947	8·974	9·000	9·026	9·053	9·079	9·105	9·131	10
11	9·842	9·871	9·900	9·929	9·958	9·987	10·02	10·04	11
12	10·74	10·77	10·80	10·83	10·86	10·89	10·93	10·96	12
13	11·63	11·67	11·70	11·73	11·77	11·80	11·84	11·87	13
14	12·53	12·56	12·60	12·64	12·67	12·71	12·75	12·78	14
15	13·42	13·46	13·50	13·54	13·58	13·62	13·66	13·70	15
16	14·32	14·36	14·40	14·44	14·48	14·53	14·57	14·61	16
17	15·21	15·25	15·30	15·34	15·39	15·43	15·48	15·52	17
18	16·10	16·15	16·20	16·25	16·29	16·34	16·39	16·44	18
19	17·00	17·05	17·10	17·15	17·20	17·25	17·30	17·35	19
20	17·89	17·95	18·00	18·05	18·10	18·16	18·21	18·26	20
21	18·79	18·84	18·90	18·95	19·01	19·07	19·12	19·18	21
22	19·68	19·74	19·80	19·86	19·92	19·97	20·03	20·09	22
23	20·58	20·64	20·70	20·76	20·82	20·88	20·94	21·00	23
24	21·47	21·54	21·60	21·66	21·73	21·79	21·85	21·92	24
25	22·37	22·43	22·50	22·57	22·63	22·70	22·76	22·83	25
26	23·26	23·33	23·40	23·47	23·54	23·60	23·67	23·74	26
27	24·16	24·23	24·30	24·37	24·44	24·51	24·58	24·65	27
28	25·05	25·13	25·20	25·27	25·35	25·42	25·49	25·57	28
29	25·95	26·02	26·10	26·18	26·25	26·33	26·40	26·48	29
30	26·84	26·92	27·00	27·08	27·16	27·24	27·32	27·39	30
31	27·74	27·82	27·90	27·98	28·06	28·14	28·23	28·31	31
32	28·63	28·72	28·80	28·88	28·97	29·05	29·14	29·22	32
33	29·53	29·61	29·70	29·79	29·87	29·96	30·05	30·13	33
34	30·42	30·51	30·60	30·69	30·78	30·87	30·96	31·05	34
35	31·31	31·40	31·50	31·59	31·68	31·78	31·87	31·96	35
36	32·21	32·30	32·40	32·49	32·59	32·68	32·78	32·87	36
37	33·10	33·20	33·30	33·40	33·49	33·59	33·69	33·79	37
38	34·00	34·10	34·20	34·30	34·40	34·50	34·60	34·70	38
39	34·89	35·00	35·10	35·20	35·30	35·41	35·51	35·61	39
40	35·79	35·89	36·00	36·10	36·21	36·32	36·42	36·53	40
41	36·68	36·79	36·90	37·01	37·12	37·22	37·33	37·44	41
42	37·58	37·69	37·80	37·91	38·02	38·13	38·24	38·35	42
43	38·47	38·59	38·70	38·81	38·93	39·04	39·15	39·26	43
44	39·37	39·48	39·60	39·72	39·83	39·95	40·06	40·18	44
45	40·26	40·38	40·50	40·62	40·74	40·85	40·97	41·09	45
46	41·16	41·28	41·40	41·52	41·64	41·76	41·88	42·00	46
47	42·05	42·18	42·30	42·42	42·55	42·67	42·79	42·92	47
48	42·95	43·07	43·20	43·33	43·45	43·58	43·70	43·83	48
49	43·84	43·97	44·10	44·23	44·36	44·49	44·61	44·74	49
50	44·74	44·87	45·00	45·13	45·26	45·39	45·53	45·66	50

des Gases auf einen Barometerstand von 760 mm.

o bis 12⁰ um 1 mm, für 13 bis 19⁰ um 2 mm, für 20 bis 25⁰
dehnung des Quecksilbers zu kompensieren.)

760	696	698	700	702	704	706	708	710	760
1	0·916	0·918	0·921	0·924	0·926	0·929	0·932	0·934	1
2	1·832	1·837	1·842	1·847	1·853	1·858	1·863	1·868	2
3	2·747	2·755	2·763	2·771	2·779	2·787	2·795	2·803	3
4	3·663	3·674	3·684	3·695	3·705	3·716	3·726	3·737	4
5	4·579	4·592	4·605	4·618	4·631	4·645	4·658	4·671	5
6	5·495	5·510	5·526	5·542	5·558	5·574	5·589	5·605	6
7	6·410	6·429	6·447	6·466	6·484	6·503	6·521	6·539	7
8	7·326	7·347	7·368	7·389	7·410	7·431	7·453	7·474	8
9	8·242	8·266	8·289	8·313	8·337	8·360	8·384	8·408	9
10	9·158	9·184	9·210	9·237	9·263	9·289	9·316	9·342	10
11	10·07	10·10	10·13	10·16	10·19	10·22	10·25	10·28	11
12	10·99	11·02	11·05	11·08	11·12	11·15	11·18	11·21	12
13	11·90	11·94	11·97	12·01	12·04	12·08	12·11	12·14	13
14	12·82	12·86	12·89	12·93	12·97	13·00	13·04	13·08	14
15	13·74	13·78	13·82	13·85	13·89	13·93	13·97	14·01	15
16	14·65	14·69	14·74	14·78	14·82	14·86	14·90	14·95	16
17	15·57	15·61	15·66	15·70	15·75	15·79	15·84	15·88	17
18	16·48	16·53	16·58	16·63	16·67	16·72	16·77	16·82	18
19	17·40	17·45	17·50	17·55	17·60	17·65	17·70	17·75	19
20	18·32	18·37	18·42	18·47	18·53	18·58	18·63	18·68	20
21	19·23	19·29	19·34	19·40	19·45	19·51	19·56	19·62	21
22	20·15	20·20	20·26	20·32	20·38	20·44	20·49	20·55	22
23	21·06	21·12	21·18	21·24	21·30	21·37	21·43	21·49	23
24	21·98	22·04	22·10	22·17	22·23	22·29	22·36	22·42	24
25	22·89	22·96	23·03	23·09	23·16	23·22	23·29	23·35	25
26	23·81	23·88	23·95	24·02	24·08	24·15	24·22	24·29	26
27	24·73	24·80	24·87	24·94	25·01	25·08	25·15	25·22	27
28	25·64	25·72	25·79	25·86	25·94	26·01	26·08	26·16	28
29	26·56	26·63	26·71	26·79	26·86	26·94	27·02	27·09	29
30	27·47	27·55	27·63	27·71	27·79	27·87	27·95	28·03	30
31	28·39	28·47	28·55	28·63	28·72	28·80	28·88	28·96	31
32	29·30	29·39	29·47	29·56	29·64	29·73	29·81	29·89	32
33	30·22	30·31	30·39	30·48	30·57	30·65	30·74	30·83	33
34	31·14	31·23	31·32	31·40	31·49	31·58	31·67	31·76	34
35	32·05	32·14	32·24	32·33	32·42	32·51	32·60	32·70	35
36	32·97	33·06	33·16	33·25	33·35	33·44	33·54	33·63	36
37	33·88	33·98	34·08	34·18	34·27	34·37	34·47	34·57	37
38	34·80	34·90	35·00	35·10	35·20	35·30	35·40	35·50	38
39	35·71	35·82	35·92	36·02	36·13	36·23	36·33	36·43	39
40	36·63	36·74	36·84	36·95	37·05	37·16	37·26	37·37	40
41	37·55	37·65	37·76	37·87	37·98	38·09	38·19	38·30	41
42	38·46	38·57	38·68	38·79	38·90	39·01	39·13	39·24	42
43	39·38	39·49	39·60	39·72	39·83	39·94	40·06	40·17	43
44	40·29	40·41	40·53	40·64	40·76	40·87	40·99	41·10	44
45	41·21	41·33	41·45	41·57	41·68	41·80	41·92	42·04	45
46	42·13	42·25	42·37	42·49	42·61	42·73	42·85	42·97	46
47	43·04	43·17	43·29	43·41	43·54	43·66	43·78	43·91	47
48	43·96	44·08	44·21	44·34	44·46	44·59	44·71	44·84	48
49	44·87	45·00	45·13	45·26	45·39	45·52	45·65	45·78	49
50	45·79	45·92	46·05	46·18	46·31	46·45	46·58	46·71	50

B. Tabelle zur Reduktion der gefundenen Volume des

760	680	682	684	686	688	690	692	694	760
51	45·63	45·76	45·90	46·03	46·17	46·30	46·44	46·57	51
52	46·53	46·66	46·80	46·94	47·07	47·21	47·35	47·48	52
53	47·42	47·56	47·70	47·84	47·98	48·12	48·26	48·40	53
54	48·31	48·46	48·60	48·74	48·88	49·03	49·17	49·31	54
55	49·21	49·35	49·50	49·64	49·79	49·93	50·08	50·22	55
56	50·10	50·25	50·40	50·55	50·69	50·84	50·99	51·14	56
57	51·00	51·15	·51·30	51·45	51·60	51·75	51·90	52·05	57
58	51·89	52·05	52·20	52·35	52·50	52·66	52·81	52·96	58
59	52·79	52·94	53·10	53·25	53·41	53·57	53·72	53·88	59
60	53·68	53·84	54·00	54·16	54·32	54·47	54·63	54·79	60
61	54·58	54·74	54·90	55·06	55·22	55·38	55·54	55·70	61
62	55·47	55·64	55·80	55·96	56·13	56·29	56·45	56·61	62
63	56·37	56·53	56·70	56·87	57·03	57·20	57·36	57·53	63
64	57·26	57·43	57·60	57·77	57·94	58·10	58·27	58·44	64
65	58·16	58·33	58·50	58·67	58·84	59·01	59·18	59·35	65
66	59·05	59·23	59·40	59·57	59·75	59·92	60·09	60·27	66
67	59·95	60·12	60·30	60·48	60·65	60·83	61·00	61·18	67
68	60·84	61·02	61·20	61·38	61·56	61·74	61·91	62·09	68
69	61·74	61·92	62·10	62·28	62·46	62·64	62·83	63·01	69
70	62·63	62·81	63·00	63·18	63·37	63·55	63·74	63·92	70
71	63·53	63·71	63·90	64·09	64·27	64·46	64·65	64·83	71
72	64·42	64·61	64·80	64·99	65·18	65·37	65·56	65·75	72
73	65·31	65·51	65·70	65·89	66·08	66·27	66·48	66·66	73
74	66·21	66·40	66·60	66·79	66·98	67·18	67·38	67·57	74
75	67·10	67·30	67·50	67·70	67·89	68·09	68·29	68·49	75
76	68·00	68·20	68·40	68·60	68·80	69·00	69·20	69·40	76
77	68·89	69·10	69·30	69·50	69·70	69·90	70·11	70·31	77
78	69·79	69·99	70·20	70·40	70·61	70·81	71·02	71·23	78
79	70·68	70·89	71·10	71·31	71·51	71·72	71·93	72·14	79
80	71·58	71·79	72·00	72·21	72·42	72·63	72·84	73·05	80
81	72·47	72·69	72·90	73·11	73·33	73·54	73·75	73·96	81
82	73·37	73·58	73·80	74·02	74·23	74·45	74·66	74·88	82
83	74·26	74·48	74·70	74·92	75·14	75·35	75·57	75·79	83
84	75·16	75·38	75·60	75·82	76·04	76·26	76·48	76·70	84
85	76·05	76·28	76·50	76·72	76·95	77·17	77·39	77·62	85
86	76·95	77·17	77·40	77·63	77·85	78·08	78·30	78·53	86
87	77·84	78·07	78·30	78·53	78·76	78·99	79·21	79·44	87
88	78·74	78·97	79·20	79·43	79·66	79·89	80·13	80·36	88
89	79·63	79·86	80·10	80·33	80·57	80·80	81·04	81·27	89
90	80·53	80·76	81·00	81·24	81·47	81·71	81·95	82·18	90
91	81·42	81·66	81·90	82·14	82·38	82·62	82·86	83·10	91
92	82·31	82·56	82·80	83·04	83·28	83·53	83·77	84·01	92
93	83·21	83·45	83·70	83·94	84·19	84·43	84·68	84·92	93
94	84·10	84·35	84·60	84·85	85·09	85·34	85·59	85·84	94
95	85·00	85·25	85·50	85·75	86·00	86·25	86·50	86·75	95
96	85·89	86·15	86·40	86·65	86·90	87·16	87·41	87·66	96
97	86·79	87·04	87·30	87·55	87·81	88·06	88·32	88·58	97
98	87·68	87·94	88·20	88·46	88·71	88·97	89·23	89·49	98
99	88·58	88·84	89·10	89·36	89·62	89·88	90·14	90·40	99
100	89·47	89·74	90·00	90·26	90·53	90·79	91·05	91·31	100

Gases auf einen Barometerstand von 760 mm. (Fortsetzung.)

760	696	698	700	702	704	706	708	710	760
51	46·70	46·84	46·97	47·11	47·24	47·38	47·51	47·64	51
52	47·62	47·76	47·89	48·03	48·17	48·30	48·44	48·58	52
53	48·54	48·68	48·82	48·95	49·09	49·23	49·37	49·51	53
54	49·45	49·59	49·74	49·88	50·02	50·16	50·30	50·45	54
55	50·37	50·51	50·66	50·80	50·95	51·09	51·24	51·38	55
56	51·28	51·43	51·58	51·73	51·87	52·02	52·17	52·32	56
57	52·20	52·35	52·50	52·65	52·80	52·95	53·10	53·25	57
58	53·11	53·27	53·42	53·57	53·73	53·88	54·03	54·18	58
59	54·03	54·19	54·34	54·50	54·65	54·81	54·96	55·12	59
60	54·95	55·10	55·26	55·42	55·58	55·74	55·89	56·05	60
61	55·86	56·02	56·18	56·34	56·50	56·66	56·83	56·99	61
62	56·78	56·94	57·10	57·27	57·43	57·59	57·76	57·92	62
63	57·69	57·86	58·03	58·19	58·36	58·52	58·69	58·85	63
64	58·61	58·78	58·95	59·12	59·28	59·45	59·62	59·79	64
65	59·53	59·70	59·87	60·04	60·21	60·38	60·55	60·72	65
66	60·44	60·62	60·79	60·96	61·14	61·31	61·48	61·66	66
67	61·36	61·53	61·71	61·89	62·06	62·24	62·41	62·59	67
68	62·27	62·45	62·63	62·81	62·99	63·17	63·35	63·53	68
69	63·19	63·37	63·55	63·73	63·91	64·10	64·28	64·46	69
70	64·10	64·29	64·47	64·66	64·84	65·03	65·21	65·39	70
71	65·02	65·21	65·39	65·58	65·77	65·95	66·14	66·33	71
72	65·94	66·13	66·32	66·50	66·69	66·88	67·07	67·26	72
73	66·85	67·04	67·24	67·43	67·62	67·81	68·00	68·20	73
74	67·77	67·96	68·16	68·35	68·55	68·74	68·94	69·13	74
75	68·68	68·88	69·08	69·28	69·47	69·67	69·87	70·07	75
76	69·60	69·80	70·00	70·20	70·40	70·60	70·80	71·00	76
77	70·51	70·72	70·92	71·12	71·33	71·53	71·73	71·93	77
78	71·43	71·64	71·84	72·05	72·25	72·46	72·66	72·87	78
79	72·35	72·55	72·76	72·97	73·18	73·39	73·59	73·80	79
80	73·26	73·47	73·68	73·89	74·10	74·31	74·53	74·74	80
81	74·18	74·39	74·60	74·82	75·03	75·24	75·46	75·67	81
82	75·09	75·31	75·53	75·74	75·96	76·17	76·39	76·60	82
83	76·01	76·23	76·45	76·66	76·88	77·10	77·32	77·54	83
84	76·93	77·15	77·37	77·59	77·81	78·03	78·25	78·47	84
85	77·84	78·07	78·29	78·51	78·74	78·96	79·18	79·41	85
86	78·76	79·98	79·21	79·44	79·66	79·89	80·11	80·34	86
87	79·67	79·90	80·13	80·36	80·59	80·82	81·05	81·28	87
88	80·59	80·82	81·05	81·28	81·51	81·75	81·98	82·21	88
89	81·50	81·74	81·97	82·21	82·44	82·68	82·91	83·14	89
90	82·42	82·66	82·89	83·13	83·37	83·60	83·84	84·08	90
91	83·34	83·58	83·82	84·05	84·29	84·53	84·77	85·01	91
92	84·25	84·49	84·74	84·98	85·22	85·46	85·70	85·95	92
93	85·17	85·41	85·66	85·90	86·15	86·39	86·64	86·88	93
94	86·08	86·33	86·58	86·83	87·07	87·32	87·57	87·82	94
95	87·00	87·25	87·50	87·75	88·00	88·25	88·50	88·75	95
96	87·91	88·17	88·42	88·67	88·93	89·18	89·43	89·68	96
97	88·83	89·09	89·34	89·60	89·85	90·11	90·36	90·62	97
98	89·75	90·00	90·26	90·52	90·78	91·04	91·29	91·55	98
99	90·66	90·92	91·18	91·44	91·70	91·96	92·22	92·49	99
100	91·58	91·84	92·10	92·37	92·63	92·89	93·16	93·42	100

Lunge-Berl, Taschenbuch 6. Aufl.

B. Tabelle zur Reduktion der gefundenen Volume des

(Die am Barometer abgelesene Zahl ist für Temperaturen von
um 3 mm zu

760	710	712	714	716	718	720	722	724	726	728	760
1	0·934	0·937	0·940	0·942	0·945	0·947	0·950	0·953	0·955	0·958	1
2	1·868	1·874	1·879	1·884	1·890	1·895	1·900	1·905	1·911	1·916	2
3	2·803	2·810	2·818	2·826	2·834	2·842	2·850	2·858	2·866	2·874	3
4	3·738	3·747	3·758	3·768	3·779	3·789	3·800	3·810	3·821	3·832	4
5	4·672	4·685	4·697	4·711	4·724	4·736	4·750	4·763	4·777	4·790	5
6	5·607	5·621	5·637	5·653	5·669	5·684	5·700	5·716	5·732	5·747	6
7	6·540	6·558	6·577	6·595	6·614	6·631	6·650	6·668	6·687	6·705	7
8	7·474	7·494	7·516	7·537	7·558	7·578	7·600	7·621	7·642	7·663	8
9	8·409	8·431	8·456	8·479	8·503	8·526	8·550	8·573	8·598	8·621	9
10	9·34	9·37	9·40	9·42	9·45	9·47	9·50	9·53	9·55	9·58	10
11	10·28	10·31	10·34	10·36	10·39	10·42	10·45	10·48	10·51	10·54	11
12	11·21	11·24	11·27	11·30	11·34	11·37	11·40	11·43	11·46	11·50	12
13	12·14	12·18	12·21	12·24	12·28	12·31	12·35	12·38	12·41	12·45	13
14	13·08	13·12	13·16	13·19	13·23	13·26	13·30	13·34	13·37	13·41	14
15	14·02	14·06	14·10	14·13	14·17	14·21	14·25	14·29	14·33	14·37	15
16	14·95	14·99	15·03	15·07	15·11	15·15	15·20	15·24	15·28	15·33	16
17	15·88	15·93	15·98	16·02	16·06	16·10	16·15	16·19	16·23	16·28	17
18	16·82	16·87	16·92	16·96	17·01	17·05	17·10	17·15	17·19	17·24	18
19	17·76	17·81	17·86	17·90	17·95	18·00	18·05	18·10	18·15	18·20	19
20	18·68	18·74	18·79	18·84	18·90	18·95	19·00	19·05	19·11	19·16	20
21	19·62	19·68	19·73	19·78	19·84	19·90	19·95	20·00	20·06	20·12	21
22	20·55	20·61	20·67	20·72	20·78	20·84	20·90	20·96	21·01	21·07	22
23	21·49	21·55	21·61	21·66	21·73	21·79	21·85	21·91	21·97	22·03	23
24	22·43	22·49	22·55	22·61	22·68	22·74	22·80	22·86	22·92	22·99	24
25	23·35	23·42	23·49	23·55	23·62	23·69	23·75	23·81	23·88	23·95	25
26	24·29	24·36	24·43	24·50	24·57	24·64	24·70	24·77	24·83	24·90	26
27	25·23	25·30	25·37	25·44	25·51	25·58	25·65	25·72	25·79	25·86	27
28	26·16	26·23	26·30	26·37	26·45	26·53	26·60	26·67	26·74	26·82	28
29	27·10	27·17	27·24	27·31	27·40	27·48	27·55	27·62	27·70	27·78	29
30	28·03	28·10	28·18	28·26	28·34	28·42	28·50	28·58	28·66	28·74	30
31	28·97	29·04	29·12	29·20	29·29	29·37	29·45	29·53	29·62	29·70	31
32	29·90	29·98	30·06	30·14	30·23	30·32	30·40	30·48	30·57	30·66	32
33	30·83	30·91	31·00	31·08	31·17	31·26	31·35	31·43	31·52	31·61	33
34	31·77	31·85	31·94	32·03	32·12	32·21	32·30	32·39	32·48	32·57	34
35	32·71	32·79	32·88	32·97	33·07	33·16	33·25	33·34	33·44	33·53	35
36	33·64	33·73	33·82	33·91	34·01	34·10	34·20	34·29	34·39	34·49	36
37	34·57	34·66	34·76	34·86	34·96	35·05	35·15	35·25	35·35	35·45	37
38	35·50	35·60	35·70	35·80	35·90	36·00	36·10	36·20	36·30	36·40	38
39	36·44	36·54	36·64	36·74	36·85	36·95	37·05	37·15	37·26	37·36	39
40	37·38	37·48	37·58	37·68	37·79	37·89	38·00	38·10	38·21	38·32	40
41	38·31	38·41	38·52	38·62	38·74	38·84	38·95	39·05	39·17	39·28	41
42	39·24	39·35	39·46	39·57	39·69	39·79	39·90	40·01	40·12	40·23	42
43	40·18	40·29	40·40	40·51	40·62	40·73	40·85	40·96	41·08	41·19	43
44	41·11	41·22	41·34	41·44	41·56	41·68	41·80	41·91	42·03	42·15	44
45	42·05	42·16	42·28	42·39	42·52	42·63	42·75	42·87	42·99	43·11	45
46	42·98	43·10	43·22	43·34	43·46	43·58	43·70	43·82	43·94	44·06	46
47	43·91	44·03	44·15	44·27	44·40	44·52	44·65	44·77	44·90	45·03	47
48	44·84	44·96	45·09	45·22	45·35	45·47	45·60	45·72	45·85	45·98	48
49	45·78	45·91	46·04	46·17	46·30	46·42	46·55	46·67	46·81	46·94	49
50	46·72	46·85	46·97	47·11	47·24	47·36	47·50	47·63	47·77	47·90	50

Gases auf einen Barometerstand von 760 mm. (Fortsetzung.)
o bis 12⁰ um 1 mm, für 13 bis 19⁰ um 2 mm, für 20 bis 25⁰ vermindern.

760	710	712	714	716	718	720	722	724	726	728	760
51	47·65	47·79	47·92	48·05	48·18	48·31	48·45	48·59	48·73	48·86	51
52	48·58	48·72	48·85	48·99	49·13	49·26	49·40	49·54	49·68	49·82	52
53	49·52	49·66	49·79	49·93	50·07	50·21	50·35	50·48	50·64	50·78	53
54	50·45	50·59	50·73	50·87	51·01	51·15	51·30	51·44	51·59	51·73	54
55	51·38	51·53	51·67	51·82	51·96	52·10	52·25	52·39	52·54	52·69	55
56	52·32	52·47	52·61	52·76	52·91	53·05	53·20	53·35	53·50	53·65	56
57	53·25	53·41	53·55	53·70	53·85	54·00	54·15	54·30	54·45	54·60	57
58	54·19	54·34	54·49	54·64	54·79	54·94	55·10	55·25	55·41	55·56	58
59	55·13	55·28	55·43	55·59	55·74	55·89	56·05	56·21	56·37	56·52	59
60	56·07	56·22	56·37	56·53	56·69	56·84	57·00	57·16	57·32	57·47	60
61	57·00	57·15	57·31	57·47	57·63	57·79	57·95	58·11	58·27	58·43	61
62	57·93	58·09	58·25	58·41	58·58	58·74	58·90	59·06	59·23	59·39	62
63	58·87	59·03	59·19	59·35	59·52	59·68	59·85	60·01	60·18	60·35	63
64	59·80	59·96	60·13	60·30	60·47	60·63	60·80	60·97	61·14	61·30	64
65	60·74	60·90	61·07	61·24	61·41	61·58	61·75	61·92	62·09	62·26	65
66	61·67	61·84	62·01	62·18	62·35	62·52	62·70	62·87	63·05	63·22	66
67	62·60	62·77	62·95	63·12	63·30	63·47	63·65	63·82	64·00	64·18	67
68	63·54	63·71	63·89	64·06	64·24	64·42	64·60	64·78	64·96	65·13	68
69	64·47	64·65	64·83	65·01	65·19	65·37	65·55	65·73	65·91	66·09	69
70	65·40	65·58	65·77	65·95	66·14	66·32	66·50	66·68	66·87	67·05	70
71	66·34	66·52	66·71	66·89	67·08	67·26	67·45	67·63	67·82	68·01	71
72	67·27	67·46	67·65	67·83	68·02	68·21	68·40	68·59	68·78	68·97	72
73	68·20	68·39	68·58	68·77	68·97	69·16	69·35	69·54	69·73	69·92	73
74	69·14	69·33	69·53	69·72	69·92	70·11	70·30	70·49	70·69	70·88	74
75	70·07	70·27	70·47	70·66	70·86	71·05	71·25	71·44	71·64	71·84	75
76	71·01	71·21	71·41	71·60	71·80	72·00	72·20	72·40	72·60	72·80	76
77	71·94	72·14	72·34	72·54	72·75	72·95	73·15	73·35	73·55	73·75	77
78	72·87	73·07	73·28	73·48	73·69	73·89	74·10	74·30	74·51	74·71	78
79	73·80	74·01	74·22	74·42	74·63	74·84	75·05	75·25	75·46	75·67	79
80	74·74	74·94	75·16	75·37	75·58	75·78	76·00	76·21	76·42	76·63	80
81	75·67	75·88	76·10	76·31	76·53	76·74	76·95	77·16	77·37	77·58	81
82	76·60	76·82	77·04	77·25	77·47	77·68	77·90	78·11	78·33	78·54	82
83	77·54	77·76	77·98	78·19	78·41	78·63	78·85	79·07	79·28	79·50	83
84	78·47	78·69	78·91	79·13	79·35	79·57	79·80	80·02	80·24	80·46	84
85	79·41	79·63	79·86	80·08	80·31	80·53	80·75	80·97	81·19	81·41	85
86	80·34	80·57	80·80	81·02	81·25	81·47	81·70	81·92	82·15	82·37	86
87	81·28	81·50	81·74	81·96	82·19	82·42	82·65	82·87	83·10	83·33	87
88	82·21	82·44	82·68	82·90	83·13	83·36	83·60	83·83	84·06	84·29	88
89	83·15	83·38	83·62	83·85	84·08	84·31	84·55	84·78	85·02	85·25	89
90	84·09	84·31	84·56	84·79	85·03	85·26	85·50	85·73	85·98	86·21	90
91	85·02	85·25	85·50	85·73	85·98	86·21	86·45	86·69	86·93	87·17	91
92	85·95	86·19	86·44	86·68	86·92	87·16	87·40	87·64	87·89	88·13	92
93	86·89	87·12	87·38	87·62	87·87	88·11	88·35	88·59	88·84	89·08	93
94	87·82	88·06	88·32	88·56	88·81	89·05	89·30	89·54	89·80	90·04	94
95	88·76	89·00	89·26	89·50	89·75	90·00	90·25	90·50	90·75	91·00	95
96	89·69	89·94	90·20	90·45	90·70	90·95	91·20	91·45	91·70	91·95	96
97	90·62	90·87	91·13	91·38	91·64	91·89	92·15	92·40	92·66	92·91	97
98	91·56	91·81	92·07	92·33	92·59	92·84	93·10	93·35	93·62	93·87	98
99	92·49	92·75	93·01	93·26	93·53	93·79	94·05	94·31	94·57	94·83	99
100	93·42	93·68	93·95	94·21	94·47	94·74	95·00	95·26	95·53	95·79	100

4*

B. Tabelle zur Reduktion der gefundenen Volume des

(Die am Barometer abgelesene Zahl ist für Temperaturen von
um 3 mm zu

760	730	732	734	736	738	740	742	744	746	748	760
1	0·961	0·963	0·966	0·968	0·971	0·974	0·976	0·979	0·982	0·984	1
2	1·921	1·926	1·932	1·937	1·942	1·947	1·953	1·958	1·963	1·968	2
3	2·882	2·889	2·898	2·905	2·913	2·921	2·929	2·937	2·945	2·953	3
4	3·842	3·852	3·864	3·874	3·884	3·895	3·905	3·916	3·926	3·937	4
5	4·803	4·816	4·830	4·842	4·855	4·868	4·882	4·895	4·908	4·921	5
6	5·763	5·779	5·796	5·810	5·826	5·842	5·858	5·874	5·890	5·905	6
7	6·724	6·742	6·762	6·779	6·797	6·816	6·834	6·853	6·871	6·889	7
8	7·684	7·705	7·728	7·747	7·768	7·790	7·810	7·832	7·853	7·874	8
9	8·645	8·668	8·693	8·716	8·739	8·763	8·787	8·811	8·834	8·858	9
10	9·61	9·63	9·66	9·68	9·71	9·74	9·76	9·79	9·82	9·84	10
11	10·57	10·59	10·62	10·65	10·68	10·71	10·74	10·77	10·80	10·82	11
12	11·53	11·56	11·59	11·62	11·65	11·68	11·71	11·75	11·78	11·81	12
13	12·49	12·52	12·55	12·59	12·62	12·66	12·69	12·73	12·76	12·79	13
14	13·45	13·48	13·52	13·56	13·59	13·63	13·66	13·71	13·74	13·78	14
15	14·41	14·44	14·48	14·52	14·56	14·60	14·64	14·69	14·73	14·77	15
16	15·37	15·41	15·45	15·49	15·53	15·58	15·62	15·67	15·71	15·75	16
17	16·33	16·37	16·41	16·46	16·50	16·55	16·60	16·65	16·69	16·73	17
18	17·29	17·33	17·38	17·43	17·47	17·52	17·57	17·62	17·67	17·72	18
19	18·25	18·29	18·35	18·40	18·45	18·50	18·55	18·60	18·65	18·70	19
20	19·21	19·26	19·32	19·37	19·42	19·47	19·53	19·58	19·63	19·68	20
21	20·17	20·22	20·28	20·34	20·39	20·44	20·50	20·56	20·61	20·66	21
22	21·13	21·19	21·25	21·31	21·36	21·42	21·48	21·54	21·59	21·65	22
23	22·09	22·15	22·21	22·27	22·33	22·39	22·45	22·52	22·57	22·64	23
24	23·05	23·11	23·18	23·24	23·30	23·36	23·43	23·50	23·56	23·63	24
25	24·01	24·07	24·14	24·21	24·27	24·34	24·41	24·48	24·54	24·61	25
26	24·97	25·04	25·11	25·18	25·24	25·31	25·38	25·45	25·52	25·59	26
27	25·93	26·00	26·07	26·15	26·21	26·28	26·36	26·43	26·50	26·58	27
28	26·89	26·96	27·04	27·12	27·18	27·26	27·33	27·41	27·48	27·56	28
29	27·85	27·92	28·00	28·08	28·15	28·23	28·31	28·39	28·47	28·55	29
30	28·82	28·89	28·97	29·05	29·13	29·21	29·29	29·37	29·45	29·53	30
31	29·78	29·86	29·94	30·02	30·10	30·18	30·26	30·35	30·43	30·51	31
32	30·74	30·82	30·91	30·99	31·07	31·15	31·24	31·33	31·41	31·50	32
33	31·70	31·78	31·87	31·96	32·04	32·13	32·21	32·31	32·39	32·48	33
34	32·66	32·75	32·84	32·93	33·01	33·10	33·19	33·29	33·37	33·46	34
35	33·62	33·71	33·80	33·89	33·98	34·07	34·17	34·27	34·36	34·45	35
36	34·58	34·67	34·77	34·86	34·95	35·05	35·15	35·25	35·34	35·43	36
37	35·54	35·63	35·73	35·83	35·92	36·02	36·12	36·22	36·32	36·42	37
38	36·50	36·60	36·70	36·80	36·90	37·00	37·10	37·20	37·30	37·40	38
39	37·47	37·56	37·67	37·77	37·87	37·97	38·07	38·18	38·28	38·39	39
40	38·42	38·52	38·64	38·74	38·84	38·95	39·05	39·16	39·26	39·37	40
41	39·38	39·48	39·60	39·71	39·81	39·92	40·02	40·14	40·24	40·36	41
42	40·34	40·44	40·56	40·68	40·78	40·89	41·00	41·12	41·22	41·34	42
43	41·30	41·41	41·53	41·65	41·75	41·86	41·97	42·10	42·20	42·32	43
44	42·26	42·38	42·50	42·62	42·73	42·84	42·95	43·08	43·18	43·30	44
45	43·22	43·34	43·46	43·58	43·69	43·81	43·93	44·06	44·17	44·29	45
46	44·18	44·30	44·42	44·55	44·66	44·78	44·90	45·03	45·15	45·27	46
47	45·15	45·26	45·39	45·52	45·64	45·76	45·88	46·01	46·13	46·26	47
48	46·10	46·23	46·36	46·49	46·61	46·73	46·85	46·99	47·12	47·24	48
49	47·06	47·19	47·32	47·45	47·57	47·70	47·83	47·97	48·10	48·23	49
50	48·03	48·16	48·29	48·42	48·54	48·68	48·81	48·95	49·08	49·21	50

Gases auf einen Barometerstand von 760 mm. (Fortsetzung.)

o bis 12⁰ um 1 mm, für 13 bis 19⁰ um 2 mm, für 20 bis 25⁰ vermindern.)

760	730	732	734	736	738	740	742	744	746	748	760
51	48·99	49·12	49·26	49·39	49·52	49·65	49·79	49·93	50·06	50·19	51
52	49·96	50·08	50·22	50·36	50·49	50·63	50·77	50·91	51·04	51·18	52
53	50·91	51·05	51·19	51·33	51·46	51·60	51·75	51·89	52·02	52·16	53
54	51·87	52·01	52·16	52·30	52·44	52·58	52·72	52·87	53·01	53·15	54
55	52·83	52·98	53·13	53·27	53·41	53·55	53·70	53·85	53·99	54·14	55
56	53·79	53·94	54·09	54·23	54·38	54·52	54·68	54·83	54·97	55·12	56
57	54·75	54·90	55·05	55·20	55·35	55·50	55·65	55·80	55·95	56·10	57
58	55·71	55·86	56·02	56·17	56·32	56·47	56·63	56·78	56·93	57·08	58
59	56·67	56·83	56·99	57·14	57·29	57·44	57·60	57·76	57·92	58·07	59
60	57·63	57·79	57·95	58·10	58·26	58·42	58·58	58·74	58·90	59·05	60
61	58·59	58·75	58·91	59·07	59·23	59·39	59·56	59·72	59·88	60·04	61
62	59·55	59·72	59·88	60·04	60·20	60·36	60·53	60·70	60·86	61·02	62
63	60·51	60·68	60·85	61·01	61·17	61·34	61·51	61·68	61·84	62·00	63
64	61·47	61·64	61·81	61·98	62·15	62·31	62·49	62·66	62·82	62·99	64
65	62·43	62·60	62·77	62·94	63·11	63·28	63·46	63·64	63·81	63·98	65
66	63·39	63·57	63·74	63·91	64·08	64·26	64·44	64·62	64·79	64·96	66
67	64·35	64·53	64·71	64·88	65·05	65·23	65·41	65·59	65·77	65·94	67
68	65·31	65·50	65·68	65·85	66·02	66·20	66·38	66·57	66·75	66·92	68
69	66·27	66·46	66·64	66·82	67·00	67·18	67·36	67·55	67·73	67·91	69
70	67·24	67·42	67·61	67·79	67·97	68·16	68·34	68·53	68·71	68·89	70
71	68·20	68·39	68·58	68·76	68·94	69·13	69·32	69·51	69·69	69·88	71
72	69·16	69·35	69·54	69·73	69·91	70·11	70·30	70·49	70·68	70·86	72
73	70·12	70·31	70·51	70·69	70·88	71·08	71·27	71·47	71·66	71·85	73
74	71·08	71·28	71·48	71·66	71·85	72·05	72·25	72·45	72·64	72·83	74
75	72·04	72·24	72·44	72·63	72·82	73·02	73·22	73·42	73·62	73·82	75
76	73·00	73·20	73·40	73·60	73·80	74·00	74·20	74·40	74·60	74·80	76
77	73·96	74·17	74·37	74·57	74·77	74·97	75·18	75·39	75·59	75·79	77
78	74·92	75·13	75·33	75·53	75·74	75·95	76·16	76·37	76·57	76·77	78
79	75·88	76·09	76·30	76·50	76·71	76·92	77·13	77·34	77·55	77·75	79
80	76·84	77·05	77·27	77·47	77·68	77·90	78·10	78·32	78·53	78·74	80
81	77·80	78·02	78·23	78·44	78·65	78·87	79·08	79·30	79·51	79·72	81
82	78·76	78·98	79·20	79·41	79·62	79·84	80·06	80·28	80·50	80·71	82
83	79·72	79·94	80·16	80·38	80·60	80·82	81·04	81·26	81·48	81·69	83
84	80·68	80·90	81·13	81·34	81·56	81·79	82·01	82·24	82·46	82·68	84
85	81·64	81·87	82·10	82·31	82·53	82·76	82·99	83·22	83·44	83·66	85
86	82·60	82·83	83·06	83·28	83·50	83·73	83·97	84·20	84·42	84·64	86
87	83·56	83·79	84·03	84·25	84·48	84·71	84·94	85·17	85·40	85·62	87
88	84·52	84·76	85·00	85·22	85·45	85·68	85·92	86·15	86·38	86·61	88
89	85·48	85·72	85·96	86·19	86·42	86·66	86·89	87·13	87·36	87·59	89
90	86·45	86·68	86·93	87·16	87·39	87·63	87·87	88·11	88·34	88·58	90
91	87·41	87·65	87·89	88·12	88·36	88·61	88·85	89·09	89·33	89·56	91
92	88·37	88·61	88·86	89·09	89·33	89·58	89·82	90·07	90·31	90·55	92
93	89·33	89·57	89·82	90·06	90·30	90·55	90·80	91·05	91·29	91·53	93
94	90·29	90·54	90·79	91·03	91·27	91·53	91·78	92·03	92·27	92·51	94
95	91·25	91·50	91·75	92·00	92·25	92·50	92·75	93·00	93·25	93·50	95
96	92·21	92·46	92·72	92·97	93·22	93·47	93·73	93·98	94·23	94·48	96
97	93·17	93·43	93·68	93·93	94·19	94·45	94·71	94·96	95·22	95·47	97
98	94·13	94·39	94·65	94·90	95·16	95·42	95·68	95·94	96·20	96·45	98
99	95·09	95·35	95·61	95·87	96·13	96·39	96·66	96·92	97·18	97·43	99
100	96·05	96·32	96·58	96·84	97·11	97·37	97·63	97·89	98·16	98·42	100

B. Tabelle zur Reduktion der gefundenen Volume des

(Die am Barometer abgelesene Zahl ist für Temperaturen von
um 3 mm zu

760	750	752	754	756	758	762	764	766	768	770	760
1	0·987	0·989	0·992	0·995	0·997	1·003	1·005	1·008	1·011	1·013	1
2	1·974	1·979	1·984	1·989	1·995	2·005	2·011	2·016	2·021	2·026	2
3	2·960	2·968	2·976	2·984	2·992	3·007	3·016	3·024	3·032	3·039	3
4	3·947	3·958	3·968	3·979	3·990	4·010	4·021	4·032	4·042	4·052	4
5	4·934	4·947	4·960	4·974	4·987	5·013	5·026	5·040	5·053	5·066	5
6	5·921	5·937	5·952	5·968	5·984	6·016	6·032	6·047	6·063	6·079	6
7	6·908	6·926	6·944	6·963	6·982	7·018	7·037	7·055	7·074	7·092	7
8	7·894	7·916	7·936	7·958	7·979	8·021	8·042	8·063	8·084	8·106	8
9	8·881	8·905	8·929	8·952	8·977	9·023	9·048	9·071	9·095	9·119	9
10	9·87	9·89	9·92	9·95	9·97	10·03	10·05	10·08	10·11	10·13	10
11	10·85	10·88	10·91	10·94	10·97	11·03	11·06	11·09	11·12	11·14	11
12	11·84	11·87	11·90	11·94	11·97	12·04	12·07	12·10	12·13	12·16	12
13	12·83	12·86	12·89	12·93	12·96	13·04	13·07	13·10	13·14	13·17	13
14	13·82	13·85	13·88	13·92	13·96	14·04	14·07	14·11	14·15	14·18	14
15	14·81	14·84	14·87	14·92	14·96	15·04	15·08	15·12	15·16	15·19	15
16	15·79	15·83	15·87	15·91	15·95	16·05	16·09	16·13	16·17	16·21	16
17	16·78	16·82	16·86	16·91	16·95	17·05	17·09	17·14	17·18	17·22	17
18	17·77	17·81	17·85	17·90	17·95	18·05	18·10	18·15	18·19	18·23	18
19	18·75	18·80	18·85	18·90	18·95	19·05	19·10	19·15	19·20	19·25	19
20	19·74	19·79	19·84	19·89	19·95	20·05	20·11	20·16	20·21	20·26	20
21	20·72	20·77	20·83	20·89	20·94	21·05	21·11	21·17	21·22	21·27	21
22	21·71	21·76	21·82	21·88	21·94	22·06	22·12	22·18	22·23	22·28	22
23	22·70	22·75	22·81	22·88	22·94	23·06	23·12	23·18	23·24	23·30	23
24	23·69	23·74	23·80	23·87	23·93	24·06	24·13	24·19	24·25	24·31	24
25	24·67	24·73	24·80	24·87	24·93	25·06	25·13	25·20	25·26	25·32	25
26	25·66	25·72	25·79	25·86	25·93	26·06	26·14	26·21	26·27	26·34	26
27	26·65	26·71	26·78	26·86	26·93	27·07	27·15	27·22	27·28	27·35	27
28	27·63	27·70	27·77	27·85	27·92	28·07	28·15	28·23	28·29	28·36	28
29	28·62	28·69	28·76	28·84	28·92	29·07	29·16	29·24	29·30	29·37	29
30	29·60	29·68	29·76	29·84	29·92	30·07	30·16	30·24	30·32	30·39	30
31	30·59	30·67	30·75	30·84	30·92	31·08	31·17	31·25	31·33	31·41	31
32	31·58	31·66	31·74	31·83	31·92	32·08	32·17	32·26	32·34	32·42	32
33	32·56	32·65	32·73	32·82	32·91	33·08	33·18	33·27	33·35	33·43	33
34	33·55	33·64	33·73	33·82	33·91	34·09	34·18	34·28	34·36	34·45	34
35	34·54	34·63	34·72	34·82	34·91	35·09	35·19	35·28	35·37	35·46	35
36	35·52	35·62	35·71	35·81	35·91	36·09	36·19	36·29	36·38	36·47	36
37	36·51	36·61	36·71	36·81	36·90	37·09	37·20	37·30	37·39	37·49	37
38	37·50	37·60	37·70	37·80	37·90	38·10	38·20	38·30	38·40	38·50	38
39	38·49	38·59	38·69	38·80	38·90	39·10	39·21	39·31	39·41	39·51	39
40	39·47	39·58	39·68	39·79	39·90	40·10	40·21	40·32	40·42	40·52	40
41	40·46	40·56	40·67	40·79	40·89	41·11	41·22	41·33	41·43	41·54	41
42	41·44	41·55	41·66	41·78	41·89	42·11	42·22	42·34	42·44	42·55	42
43	42·43	42·54	42·66	42·78	42·89	43·11	43·23	43·35	43·45	43·56	43
44	43·42	43·53	43·65	43·77	43·89	44·12	44·23	44·35	44·46	44·58	44
45	44·40	44·52	44·64	44·76	44·88	45·12	45·24	45·36	45·47	45·59	45
46	45·39	45·51	45·63	45·76	45·88	46·12	46·24	46·36	46·48	46·60	46
47	46·38	46·50	46·63	46·76	46·88	47·12	47·25	47·38	47·49	47·61	47
48	47·36	47·49	47·62	47·75	47·87	48·13	48·25	48·39	48·51	48·63	48
49	48·35	48·48	48·61	48·74	48·87	49·13	49·26	49·40	49·52	49·64	49
50	49·34	49·47	49·60	49·74	49·87	50·13	50·26	50·40	50·53	50·66	50

Gases auf einen Barometerstand von 760 mm. (Fortsetzung.)

o bis 12° um 1 mm, für 13 bis 19° um 2 mm, für 20 bis 25° vermindern.)

760	750	752	754	756	758	762	764	766	768	770	760
51	50·33	50·46	50·60	50·74	50·87	51·14	51·27	51·41	51·54	51·67	51
52	51·32	51·45	51·59	51·73	51·87	52·14	52·28	52·42	52·55	52·68	52
53	52·30	52·44	52·58	52·73	52·87	53·14	53·28	53·42	53·56	53·70	53
54	53·29	53·43	53·57	53·72	53·86	54·14	54·28	54·43	54·57	54·72	54
55	54·28	54·42	54·56	54·71	54·86	55·15	55·29	55·44	55·58	55·73	55
56	55·26	55·41	55·56	55·71	55·86	56·15	56·29	56·45	56·59	56·74	56
57	56·25	56·40	56·55	56·70	56·85	57·15	57·30	57·45	57·60	57·76	57
58	57·24	57·39	57·54	57·69	57·85	58·15	58·30	58·46	58·61	58·77	58
59	58·22	58·38	58·53	58·69	58·85	59·16	59·31	59·47	59·62	59·78	59
60	59·21	59·37	59·52	59·68	59·84	60·16	60·32	60·47	60·63	60·79	60
61	60·20	60·36	60·52	60·68	60·84	61·16	61·32	61·48	61·64	61·81	61
62	61·19	61·35	61·51	61·67	61·84	62·16	62·33	62·49	62·65	62·82	62
63	62·17	62·34	62·50	62·67	62·83	63·17	63·33	63·50	63·67	63·84	63
64	63·16	63·33	63·49	63·66	63·83	64·17	64·34	64·51	64·68	64·85	64
65	64·15	64·32	64·49	64·66	64·83	65·17	65·34	65·51	65·69	65·86	65
66	65·13	65·31	65·48	65·65	65·82	66·17	66·35	66·52	66·70	66·88	66
67	66·12	66·30	66·47	66·64	66·82	67·18	67·35	67·53	67·71	67·89	67
68	67·10	67·29	67·46	67·64	67·82	68·18	68·36	68·54	68·72	68·90	68
69	68·09	68·28	68·45	68·63	68·82	69·18	69·36	69·54	69·73	69·91	69
70	69·08	69·26	69·44	69·63	69·82	70·18	70·37	70·55	70·74	70·92	70
71	70·07	70·25	70·43	70·62	70·81	71·19	71·37	71·56	71·75	71·94	71
72	71·05	71·24	71·43	71·62	71·81	72·19	72·38	72·57	72·76	72·95	72
73	72·04	72·23	72·42	72·61	72·81	73·19	73·38	73·57	73·77	73·97	73
74	73·03	73·22	73·41	73·61	73·80	74·19	74·39	74·58	74·78	74·98	74
75	74·01	74·21	74·40	74·60	74·80	75·20	75·39	75·59	75·79	75·99	75
76	75·00	75·20	75·40	75·60	75·80	76·20	76·40	76·60	76·80	77·01	76
77	75·99	76·19	76·39	76·59	76·79	77·20	77·40	77·60	77·81	78·02	77
78	76·97	77·18	77·38	77·58	77·79	78·20	78·41	78·61	78·82	79·03	78
79	77·96	78·17	78·37	78·58	78·79	79·21	79·41	79·62	79·83	80·04	79
80	78·94	79·16	79·36	79·58	79·79	80·21	80·42	80·63	80·84	81·06	80
81	79·93	80·15	80·35	80·57	80·79	81·21	81·42	81·64	81·85	82·07	81
82	80·92	81·14	81·35	81·56	81·78	82·21	82·43	82·65	82·87	83·09	82
83	81·91	82·13	82·34	82·56	82·78	83·22	83·44	83·66	83·88	84·10	83
84	82·90	83·12	83·34	83·56	83·78	84·22	84·44	84·66	84·89	85·11	84
85	83·88	84·11	84·33	84·55	84·78	85·22	85·45	85·67	85·90	86·13	85
86	84·87	85·10	85·32	85·55	85·78	86·22	86·46	86·67	86·91	87·14	86
87	85·85	86·08	86·31	86·54	86·77	87·23	87·46	87·68	87·92	88·15	87
88	86·84	87·07	87·30	87·54	87·77	88·23	88·47	88·69	88·93	89·17	88
89	87·82	88·06	88·29	88·53	88·77	89·23	89·47	89·70	89·94	90·18	89
90	88·81	89·05	89·29	89·52	89·77	90·23	90·48	90·71	90·95	91·19	90
91	89·80	90·04	90·28	90·52	90·76	91·24	91·48	91·72	91·96	92·21	91
92	90·79	91·03	91·27	91·51	91·76	92·24	92·49	92·73	92·97	93·22	92
93	91·77	92·02	92·26	92·51	92·76	93·24	93·49	93·74	93·98	94·23	93
94	92·76	93·01	93·26	93·50	93·75	94·24	94·49	94·74	94·99	95·24	94
95	93·74	94·00	94·25	94·50	94·75	95·25	95·50	95·75	96·00	96·26	95
96	94·73	94·98	95·24	95·49	95·75	96·25	96·51	96·76	97·01	97·27	96
97	95·72	95·97	96·23	96·49	96·75	97·25	97·51	97·77	98·02	98·29	97
98	96·70	96·96	97·22	97·48	97·74	98·25	98·52	98·77	99·03	99·30	98
99	97·69	97·95	98·21	98·48	98·74	99·26	99·52	99·78	100·04	100·31	99
100	98·68	98·95	99·21	99·47	99·74	100·26	100·53	100·79	101·05	101·32	100

24. Volumina des Wassers
bei verschiedenen Temperaturen (Kopp).

Temp. Cels.		Temp. Cels.		Temp. Cels.	
0	1	14	1·000556	40	1·007531
1	0·999947	15	1·000695	45	1·009541
2	0·999908	16	1·000846	50	1·011766
3	0·999885	17	1·001010	55	1·014100
4	0·999877	18	1·001184	60	1·016590
5	0·999883	19	1·001370	65	1·019302
6	0·999903	20	1·001567	70	1·022246
7	0·999938	21	1·001776	75	1·025440
8	0·999986	22	1·001995	80	1·028581
9	1·000048	23	1·002225	85	1·031894
10	1·000124	24	1·002465	90	1·035397
11	1·000213	25	1·002715	95	1·039094
12	1·000314	30	1·004064	100	1·042986
13	1·000429	35	1·005697		

25. Reduktion von Wasserdruck
auf Quecksilberdruck (in Millimeter).

aq	Hg	aq	Hg	aq	Hg	aq	Hg	aq	Hg	aq	Hg
1	0·07	23	1·70	45	3·32	67	4·94	89	6·57		
2	0·15	24	1·77	46	3·39	68	5·02	90	6·64		
3	0·22	25	1·84	47	3·47	69	5·09	91	6·72		
4	0·30	26	1·92	48	3·54	70	5·17	92	6·79		
5	0·37	27	1·99	49	3·62	71	5·24	93	6·86		
6	0·44	28	2·07	50	3·69	72	5·31	94	6·94		
7	0·52	29	2·14	51	3·76	73	5·39	95	7·01		
8	0·59	30	2·21	52	3·84	74	5·46	96	7·08		
9	0·66	31	2·29	53	3·91	75	5·54	97	7·16		
10	0·74	32	2·36	54	3·99	76	5·61	98	7·23		
11	0·81	33	2·44	55	4·06	77	5·68	99	7·31		
12	0·89	34	2·51	56	4·13	78	5·76	100	7·38		
13	0·96	35	2·58	57	4·21	79	5·83	200	14·76		
14	1·03	36	2·66	58	4·28	80	5·90	300	22·14		
15	1·11	37	2·73	59	4·35	81	5·98	400	29·52		
16	1·18	38	2·80	60	4·43	82	6·05	500	36·90		
17	1·26	39	2·88	61	4·50	83	6·13	600	44·28		
18	1·33	40	2·95	62	4·58	84	6·20	700	51·66		
19	1·40	41	3·03	63	4·65	85	6·27	800	59·04		
20	1·48	42	3·10	64	4·72	86	6·35	900	66·42		
21	1·55	43	3·17	65	4·80	87	6·42	1000	73·80		
22	1·62	44	3·25	66	4·87	88	6·49				

26. Beziehung zwischen Quecksilberdruck, Wasserdruck und Druck von Schwefelsäuren.

1 Atmosphäre $= 760$ mm Hg $= 10{\cdot}328$ m Wassersäule,
$= 6{\cdot}039$ m Schwefelsäure 60^0 B (spez. Gew. $1{\cdot}71$),
$= 5{\cdot}610$ m Schwefelsäure 66^0 B (spez. Gew. $1{\,}84$).

27. Spannkraft und Volumgewicht des Wasserdampfes (über Eis bzw. Wasser) zwischen − 20⁰ und 119⁰.

T	mm	g/cbm	T	mm	g/cbm	T	mm	g/cbm	T	mm	g/cbm
−20	0·96	1·00	15	12·79	12·83	50	92·5	83·2	85	433·8	353
19	1·044	1·09	16	13·64	13·66	51	97·2	87·0	86	451·1	365
18	1·14	1·18	17	14·5	14·5	52	102·1	91·1	87	468·9	377
17	1·23	1·28	18	15·5	15·4	53	107·2	95·3	88	487·3	392
16	1·34	1·38	19	16·5	16·3	54	112·6	99·8	89	506·4	407
15	1·45	1·50	20	17·5	17·3	55	118·1	104·4	90	526·0	422
14	1·57	1·63	21	18·7	18·3	56	123·9	109·1	91	546·3	437
13	1·71	1·76	22	19·8	19·4	57	129·9	114·0	92	567·2	452
12	1·85	1·90	23	21·1	20·6	58	136·2	119·1	93	588·8	467
11	2·00	2·06	24	22·4	21·8	59	142·7	124·6	94	611·0	485
10	2·16	2·22	25	23·8	23·0	60	149·5	130·3	95	634·0	503
9	2·34	2·39	26	25·2	24·4	61	156·5	135·9	96	657·7	520
8	2·52	2·58	27	26·7	25·8	62	163·1	141·1	97	682·1	539
7	2·72	2·78	28	28·3	27·2	63	171·4	147·9	98	707·3	557
6	2·94	3·01	29	30·1	28·7	64	179·4	154·5	99	733·2	577
5	3·17	3·26	30	31·8	30·4	65	187·6	161·3	100	760·0	597
4	3·41	3·55	31	33·7	32·0	66	196·2	168·0	101	787·6	617
3	3·68	3·82	32	35·7	33·8	67	205·1	175·1	102	816·0	638
2	3·96	4·10	33	37·7	35·7	68	214·3	182·4	103	845·3	659
1	4·26	4·40	34	39·9	37·6	69	223·9	190·2	104	875·4	681
0	4·58	4·74	35	42·2	39·6	70	233·8	198·2	105	906·4	704
1	4·92	5·05	36	44·6	41·8	71	244·1	206·3	106	938·3	727
2	5·29	5·41	37	47·1	44·0	72	254·9	214·8	107	971·1	750
3	5·66	5·81	38	49·7	46·3	73	265·9	223·6	108	1004·9	775
4	6·09	6·21	39	52·5	48·8	74	277·4	232·8	109	1039·6	800
5	6·53	6·67	40	55·3	51·2	75	289·3	242·5	110	1075·4	826
6	7·00	7·09	41	58·4	53·8	76	301·7	251·9	111	1112·1	853
7	7·49	7·58	42	61·5	56·5	77	314·4	261·6	112	1149·8	881
8	8·02	8·13	43	64·8	59·5	78	327·6	271·7	113	1188·6	910
9	8·58	8·62	44	68·3	62·5	79	341·3	282·4	114	1228·4	940
10	9·21	9·40	45	71·9	65·5	80	355·5	293·6	115	1269·4	971
11	9·84	10·03	46	75·7	68·5	81	370·1	304·4	116	1311·5	999
12	10·52	10·67	47	79·6	71·9	82	385·3	315·7	117	1354·7	1029
13	11·23	11·38	48	83·7	75·8	83	400·9	327·5	118	1399·0	1059
14	11·99	12·05	49	88·1	79·4	84	417·1	339·8	119	1444·5	1091

28. Spannkraft des Wasserdampfes für Temperaturen von 40° an.

Temperatur	Tension in mm	Druck in Atmosphären	Druck auf 1 qcm in kg
40	55·34	0·073	0·075
45	71·90	0·096	0·097
50	92·54	0·122	0·125
55	118·11	0·155	0·160
60	149·46	0·197	0·203
65	187·64	0·247	0·255
70	233·79	0·308	0·317
75	289·32	0·381	0·393
80	355·47	0·468	0·484
85	433·79	0·571	0·590
90	526·00	0·692	0·715
95	634·01	0·834	0·862
100	760·00	1·000	1·033
105	906·4	1·192	1·231
110	1075·4	1·415	1·462
115	1269·4	1·673	1·725
120	1491	1·962	2·028
125	1744	2·294	2·371
130	2030	2·670	2·759
135	2354	3·097	3·200
140	2718	3·575	3·695
145	3125	4·111	4·247
150	3581	4·712	4·869
155	4088	5·379	5·558
160	4651	6·119	6·323
165	5274	6·939	7·171
170	5961	7·843	8·104
175	6717	8·838	9·133
180	7546	9·929	10·260
185	8453	11·122	11·493
190	9442	12·423	12·837
195	10519	13·840	14·301
200	11688	15·378	15·890
205	12955	17·046	17·613
210	14324	18·847	19·475
215	15800	20·789	21·482
220	17389	22·879	23·642
225	19096	25·125	25·962
230	20925	27·532	28·450
240	25167	33·114	34·207
260	35761	47·05	48·602
280	50597	66·58	68·777

29. Siedetemperatur des Wassers bei verschiedenem Barometerstand.

Barometerstand	Siedepunkt	Barometerstand	Siedepunkt
710	98·11	745	99·44
715	98·30	750	99·63
720	98·49	755	99·82
725	98·69	760	100·00
730	98·88	765	100·18
735	99·07	770	100·37
740	99·26	775	100·55

30. Spezifische Wärme (Wasser = 1)
a) von festen Substanzen.

	Temperatur			Temperatur	
Aluminium ..	100	0·2220	Magnetkies ...	0—100	0·153
Antimon	22—600	0·516	Marmor		
Ammonsulfat .	13—45	0·350	(Kalkstein) .	0—300	0·217
Asbest	20—98	0·195	Messing ...	20—100	0·0917
Asche		0·20	Natriumhydro-		
Bimsstein ...		0·24	xyd	0—98	0·78
Blei ...	18—198	0·0317	Natriumchlorid .	25	0·208
Bleiglanz ..	15—100	0·0557	Natriumsulfat .	28—60	0·229
Borax, $Na_2B_4O_7$	16—98	0·238	Natronsalpeter .	40—98	0·278
Braunstein ...	17—48	0·159	Nickel.....	0—300	0·113
Bronze.....	20—100	0·104	Platin	0—1000	0·0377
Eisen (Gußeisen)	20	0·105	Porzellan....	15—900	0·258
„ (Schmiede-			Pyrit		0·130
eisen)	20	0·108	Quarz	20—100	0·190
Eisen (Schmiede-			„	20—530	0·316
eisen)	0—1000	0·15	Sandstein ...	0—100	0·22
Stahl	20—100	0·119	Silber	0—100	0·0565
Eisenoxyd ...	25	0·160	Schlacke....		0·18
Eisenoxyduloxyd	25—100	0·168	Schwefel....	0—95	0·175
Gips,			„ (flüss.)		0·234
$CaSO_4 \cdot 2\,H_2O$.	16—46	0·259	Schwerspat ..	10—98	0·113
Anhydrit $CaSO_4$.	0—300	0·191	Steinkohle ...	0—12	0·312
Glas	15	0·19	Ton	20—100	0·224
Kohlenstoff			Tonerde	0—100	0·183
(Gaskohle)	50	0·204	Wolle (trocken)		0·393
Kohlenstoff			Zellulose (trock.)		0·366
(Holzkohle)..	25	0·165	Zement		0·19
Kohlenstoff			Ziegel		0·215
(Graphit) ..	10	0·160	Feuerfeste Steine		0·22 bis
Kohlenstoff					0·25
(Graphit) ..	0—2000	0·475	Zinn	0—100	0·0559
Kalisalpeter ..	13—98	0·239	Zink	20—330	0·102
Kork		0·485	Zinkblende ...	0—100	0·115
Kupfer	0—360	0·104		900	0·135
Kupferglanz ..	0—100	0·1432			
	300	0·1690			

b) von Flüssigkeiten und Lösungen.

Ammonsulfat ..	12·8%	0·8789	Aceton	0·528
Calciumchlorid ..	20 „	0·78	Alkohol 0°—15°	0·56
Kaliumhydroxyd .	39 „	0·697	„ 0°—98°	0·68
„ .	21·6„	0·807	Anilin	0·548
„ .	8·1 „	0·900	Äthyläther	0·547
Natriumchlorid .	22·8„	0·786	Benzol	0·407
Natriumhydroxyd	53·0„	0·810	Essigsäure .	0·522
„	25·6„	0·869	Glycerin	0·576
„	4·3„	0·942	„ 50%	0·813
Natriumnitrat ..	46·9„	0·708	Methylalkohol	0·600
Quecksilber		0·0334	Nitrobenzol	0·396
Salpetersäure ..	100 „	0·445	Paraffin (fest)	0·694
„ ..	58·3„	0·655	„ (flüssig)	0·700
„ ..	12·3„	0·875	Petroleum	0·45
Salzsäure	16·8„	0·749	Schwefelkohlenstoff ...	0·240
„ ..	7·5„	0·879	Teeröl	0·60
Schwefelsäure ..	konz.	0·336	Tetrachlorkohlenstoff ...	0·207
„ ..	85·5„	0·406	Toluol	0·437
„ ..	65 „	0·458		
„ ..	50 „	0·593		
„ ..	5·2„	0·959		

31 a. Mittlere spezifische Wärmen und Erhitzungswärmen der Gase und Dämpfe bei konstantem Druck von $0^0 - t^0$ bezogen auf 1 cbm.

Temperatur t^0	Kohlendioxyd; Schwefeldioxyd		Wasserdampf		Sauerstoff; Stickstoff; Luft; Kohlenoxyd; Wasserstoff		Methan [1]	
	Cp	Cal.	Cp	Cal.	Cp	Cal.	Cp	Cal.
0^0	0·397	0	0·372	0	0·312	0	0·439	0·0
100	410	41	373	37	314	31	466	47
200	426	85	375	75	316	63	493	99
300	442	133	376	113	318	95	519	155
400	456	182	378	151	320	128	545	218
500	467	233	380	190	322	161	573	286
600	477	286	383	230	324	190	600	360
700	487	341	385	269	326	228	626	438
800	497	398	389	311	328	262	652	522
900	505	454	394	355	330	297	680	612
1000	511	511	398	398	332	332	707	707
1100	517	569	402	442	334	367	733	807
1200	521	625	407	488	336	403	760	913
1300	526	684	413	537	338	440	788	1024
1400	530	742	418	585	340	476	814	1140
1500	536	804	424	636	342	513	841	1262
1600	541	866	430	688	344	550	868	1389
1700	546	928	438	744	346	588	895	1521
1800	550	990	446	803	348	626	921	1659
1900	554	1050	455	865	350	665	950	1802
2000	556	1110	465	930	352	704	975	1951
2100	558	1170	475	998	354	744		
2200	562	1235	485	1066	356	783		
2300	566	1300	495	1140	358	822		
2400	568	1365	505	1210	360	864		
2500	570	1425	516	1290	362	905		
2600	572	1490	527	1370	364	946		
2700	574	1550	538	1450	366	988		
2800	577	1615	549	1535	368	1030		
2900	579	1680	561	1625	370	1072		
3000	581	1745	573	1720	372	1115		

[1]) Die Angaben über die spezifischen Wärmen des Methans bei verschiedener Temperatur gehen stark auseinander. Die in Tabelle 31 aufgenommenen Werte sind von Mallard und Le Chatelier beigebracht.

31 b. Mittlere spezifische Wärmen und Erhitzungswärmen der Gase und Dämpfe bei konstantem Druck von 0^0—t^0 bezogen auf 1 kg-Mol.

Temperatur	Kohlendioxyd; Schwefeldioxyd		Wasserdampf		Sauerstoff; Stickstoff; Luft; Kohlenoxyd		Wasserstoff		Methan	
	Cp	Cal.	Cp	Cal.	Cp	Cal.	Cp	Cal.	Cp	Cal.
0°	8·90	0	8·34	0	6·99	0	6·94	0	9·8	0
100	9·18	918	8·36	836	7·04	704	6·98	698	10·4	1040
200	9·54	1908	8·40	1680	7·08	1416	7·04	1408	11·0	2200
300	9·90	2970	8·42	2526	7·12	2136	7·08	2124	11·6	3470
400	10·21	4084	8·47	3388	7·17	2870	7·12	2850	12·2	4870
500	10·45	5220	8·52	4260	7·22	3610	7·17	3585	12·8	6390
600	10·68	6410	8·58	5140	7·26	4360	7·22	4330	13·4	8030
700	10·90	7630	8·62	6030	7·30	5110	7·26	5080	14·0	9780
800	11·13	8900	8·72	6970	7·35	5880	7·30	5840	14·6	11660
900	11·31	10170	8·83	7940	7·40	6660	7·35	6620	15·2	13660
1000	11·44	11440	8·92	8920	7·44	7440	7·39	7390	15·8	15780
1100	·1158	12750	9·01	9910	7·48	8230	7·44	8180	16·4	18010
1200	11·66	14000	9·12	10940	7·52	9020	7·48	8980	17·0	20370
1300	11·78	15300	9·25	12020	7·57	9840	7·52	9780	17·6	22850
1400	11·86	16600	9·36	13100	7·62	10660	7·58	10610	18·2	25450
1500	12·00	18000	9·50	14250	7·66	11480	7·62	11420	18·8	28160
1600	12·11	19400	9·63	15400	7·70	12310	7·66	12250	19·4	31000
1700	12·23	20800	9·82	16680	7·75	13160	7·71	13100	20·0	33960
1800	12·31	22150	9·99	17980	7·80	14040	7·75	13950	20·6	37040
1900	12·40	23550	10·19	19360	7·84	14900	7·80	14820	21·2	40230
2000	12·45	24900	10·41	20820	7·88	15750	7·84	15670	21·8	43550
2100	12·50	26250	10·64	22300	7·93	16650	7·89	16560		
2200	12·58	27700	10·86	23900	7·98	17550	7·93	17440		
2300	12·67	29100	11·09	25500	8·02	18450	7·98	18350		
2400	12·72	30500	11·31	27100	8·06	19350	8·02	19250		
2500	12·76	31900	11·56	28900	8·11	20300	8·07	20200		
2600	12·81	33300	11·80	30700	8·16	21200	8·11	21100		
2700	12·85	34700	12·05	32500	8·20	22100	8·16	22000		
2800	12·91	36200	12·30	34500	8·24	23100	8·20	23000		
2900	12·96	37600	12·56	36450	8·29	24000	8·25	23900		
3000	13·01	39100	12·84	38550	8·33	25000	8·30	24900		

31 c. Mittlere spezifische Wärmen und Erhitzungswärmen

bezogen

Tem-pera-tur	Kohlendioxyd		Schwefel-dioxyd		Wasserdampf		Sauerstoff	
	Cp	Cal.	Cp	Cal.	Cp	Cal.	Cp	Cal.
0°	0·202	0	0·139	0	0·462	0	0·218	0
100	209	20·9	145	14·5	464	46·4	219	21·9
200	217	43·4	149	29·8	466	93·2	221	44·2
300	225	67·5	155	46·8	468	140	222	66·6
400	232	92·8	159	63·8	470	188	224	89·6
500	238	119	164	81·8	473	236	225	112·5
600	243	146	167	100	476	285	226	135·6
700	248	174	170	120	479	335	228	160
800	253	202	174	139	484	387	229	183
900	257	231	177	159	490	441	231	208
1000	260	260	179	179	495	495	232	232
1100	263	289	181	199	500	550	234	257
1200	265	318	182	219	507	608	235	282
1300	268	349	184	240	513	667	236	307
1400	270	378	186	260	520	728	238	337
1500	273	410	188	281	527	791	239	359
1600	275	440	189	302	535	856	241	385
1700	278	473	191	325	544	925	242	412
1800	280	504	192	346	554	998	243	438
1900	282	546	194	376	566	1075	245	466
2000	283	566	195	389	578	1156	246	492
2100	284	597	195	410	590	1239	248	522
2200	286	630	196	433	603	1325	249	548
2300	288	663	198	451	616	1415	250	576
2400	289	694	199	477	629	1510	252	605
2500	290	726	199	499	642	1605	253	633
2600	291	757	200	520	655	1700	255	664
2700	293	791	201	544	669	1805	256	692
2800	294	824	202	566	683	1910	257	720
2900	295	856	203	588	698	2025	259	752
3000	296	889	203	612	713	2140	260	780

der Gase und Dämpfe bei konstantem Druck von $0^0—t^0$ auf 1 kg.

Stickstoff; Kohlenoxyd		Luft		Wasserstoff		Methan	
Cp	Cal.	Cp	Cal.	Cp	Cal.	Cp	Cal.
0·249	0	0·241	0	3·445	0	0·61	0
251	25·1	2426	24·3	3·467	345	0·64	64·9
252	50·4	244	48·8	3·490	698	0·68	137
254	76·2	246	73·8	3·512	1 054	0·72	216
255	102	247	98·8	3·534	1 414	0·760	304
257	128	249	124	3·556	1 778	0·796	398
259	155	250	150	3·579	2 147	0·835	501
2606	182·5	252	176	3·601	2 520	0·872	610
262	210	253	202	3·624	2 900	0·910	728
264	238	255	229	3·646	3 280	0·947	852
2656	265·6	2565	257	3·668	3 670	0·985	985
267	294	258	284	3·690	4 060	1·02	1120
269	323	260	312	3·713	4 460	1·06	1270
2706	352	261	340	3·735	4 850	1·10	1430
272	381	263	368	3·758	5 260	1·13	1590
274	411	264	396	3·780	5 670	1·17	1760
2756	441	266	426	3·802	6 080	1·21	1930
277	471	267	454	3·824	6 500	1·25	2120
279	502	269	485	3·847	6 920	1·28	2310
2805	533	2705	514	3·869	7 350	1·32	2510
282	564	272	544	3·891	7 780	1·36	2730
284	597	2736	574	3·914	8 220		
2855	628	275	606	3·936	8 660		
287	660	277	638	3·958	9 110		
289	694	278	668	3·981	9 560		
2905	727	280	700	4·003	10 010		
292	760	281	732	4·025	10 560		
294	794	283	764	4·047	10 920		
2955	828	284	796	4·070	11 400		
297	862	286	830	4·092	11 870		
299	898	288	865	4·115	12 350		

32. Wärmeeinheiten.

1 Kilogramm-Kalorie = 1 W.E. Wärmemenge, die erforderlich ist, um die Temperatur von 1 kg Wasser um 1^0 zu erhöhen.

(Normal-Wärmeeinheit: Wärmemenge, welche 1 kg Wasser von $14 \cdot 5^0$ auf $15 \cdot 5^0$ erhöht.)

1 Gramm-W.E. (1 g-W.E. oder 1 g-cal.) = $0 \cdot 001$ WE.

1 englische Wärmeeinheit (British thermal unit = B.T.U. bezieht sich auf Erhitzung von 1 engl. Pfund ($0 \cdot 4536$ kg) Wasser von 32^0 auf 33^0 F. = 252 Gramm-Kalorien. 1 W.E. = $3 \cdot 968$ B.T.U. 1 B.T.U. pro pound = $0 \cdot 555$ W.E. pro kg (für feste und flüssige Brennstoffe). 1 B.T.U. pro cubicfoot = $8 \cdot 9$ W.E. pro cbm (für gasförmige Brennstoffe).

1 Joule. (j) = 10 Mill. Erg = $0 \cdot 2391$ Gramm-Kalorien.

1 kleine (Gramm-)Kalorie = $4 \cdot 183$ j.

1 J = 1000 j = $239 \cdot 1$ cal. = 10^{10} Erg.

33. Wärmeaufwand zur Erzeugung von Wasserdampf.

Nach Regnault beträgt die Wärmemenge λ, welche man zur Erzeugung von Wasserdampf von der Temperatur t^0 bei konstantem Druck aus Wasser von 0^0 aufwenden muß:

$$\lambda = 606 \cdot 5 + 0 \cdot 305 \; t \; \text{Wärmeeinheiten.}$$

Die Größe λ setzt sich zusammen aus zwei Faktoren, nämlich

1. q = Wärmeaufwand zur Erhitzung des Wassers von 0^0 auf t^0 (kann für Temperaturen unter 100^0 ohne merklichen Fehler = t, für 100—150^0 = $1 \cdot 02$ t gesetzt werden).

2. r = Wärmeaufwand zur Verwandlung des flüssigen Wassers in Dampf von derselben Temperatur („latente Wärme"). wofür man nach Clausius folgende Annäherungsformel setzen kann:

$$r = 607 - 0 \cdot 708 \; t.$$

Die Werte von r und λ sind

		r	λ	
für	0^0	607	607	Wärmeeinheiten
,,	50	$571 \cdot 80$	$621 \cdot 89$	,,
,,	100	$536 \cdot 50$	$637 \cdot 00$	,,
,,	150	$500 \cdot 79$	$652 \cdot 25$	,,
,,	180	$479 \cdot 00$	$661 \cdot 40$	,,
,,	200	$464 \cdot 30$	$667 \cdot 50$	,,

34. Verbrennungswärmen
(bezogen auf 1 kg und flüssiges Wasser).

	Wärme-einheiten		Wärme-einheiten
Äther	8805	Schwefel (S zu SO_2)	2220
Alkohol	7100	Schwefelkohlenstoff .	3400
Benzin (0·69—0·71)	10500 bis 11000	Schwefelwasserstoff .	2470
		Spiritus 95 % . . .	6740
Benzol	10000	Steinkohlen	7900 8700
Braunkohlenbriketts	5000		
Braunkohlenteeröl .	9950	Talg	8370
Holz	4100	Teer	8500
Holzkohle (C zu CO_2)	8000	Terpentinöl	10850
„ (C zu CO)	2470	Toluol	10150
Masut (Petroleum-rückstände) . . .	10500	Wachs	9000
		Xylol	10230
Methylalkohol . . .	5300	Zellulose	4200
Naphthalin	9700	Aluminium	7000
Paraffinöl	9800	Eisen zu FeO . . .	1260
Petroleum	11000	Eisen zu Fe_3O_4 . .	1680
Rüböl, Olivenöl, Leinöl	9300	Silicium	7830
		Zink	1300

35. Flüssige Brennstoffe („Hütte").

	Molekulargewicht	Spez. Gew. bei 15°	Siede-temperatur	Oberer Heizwert für 1 kg	Unterer Heizwert für 1 kg	Zur Verbrennung von 1 kg nötiger Sauerstoff in cbm von 0° und 760 mm	Zur Verbrennung von 1 kg nötige Luftmenge in cbm von 0° und 760 mm	Bei der Verbrennung von 1 kg entsteht Kohlensäure in cbm von 0° und 760 mm	Bei der Verbrennung von 1 kg entsteht Wasserdampf in cbm von 0° und 760 mm	Dasselbe in kg
	a	b	c	d	e	f	g	h	i	k
Alkohol C_2H_6O	46	0·794	78·3	7100	6400	1·73	8·3	1·16	1·73	1·174
Spiritus 95 Gew.-Proz. .	—	0·809	78·5	6740	6000	1·65	7·8	1·10	1·72	1·165
„ 90 „ .	—	0·823	78·7	6390	5630	1·56	7·4	1·04	1·71	1·157
„ 85 „ .	—	0·836	78·9	6030	5240	1·47	7·0	0·985	1·69	1·148
„ 80 „ .	—	0·849	79·2	5680	4860	1·33	6·6	0·926	1·68	1·139
„ 75 „ .	—	0·861	79·6	5320	4470	1·30	6·2	0·818	1·67	1·131
„ 70 „ .	—	0·873	80·0	4970	4080	1·21	5·8	0·810	1·66	1·122
Benzol C_6H_6	78	0·885	80·4	10000	9590	2·56	12·2	2·05	1·05	0·693
Naphthalin $C_{10}H_8$ . . . (Schmelztemp. 80°)	128	0·977 (bei 80°) 1·152 (fest b. 15°)	218	9700	9370	2·50	11·9	2·08	0·83	0·563
Pentan C_5H_{12}	72	0·627	37	11750	10850	2·95	14·1	1·85	2·21	1·500
Hexan C_6H_{14}	86	0·658	69	11550	10670	2·94	14·0	1·86	2·17	1·465
Heptan C_7H_{16}	100	0·683	98	11520	10660	2·93	14·0	1·86	2·12	1·440
Benzin	—	0·69—0·71	80—110	10500 bis 11000	9800 bis 10200	2·9	14·0	1·86	2·12	1·44
Petroleum	—	0·79—0·82	200—250	10500 bis 11000	9800 bis 10200	2·9	14·0	1·89	2·04	1·38

Um die bei 0° und 760 mm angegebenen Werte in solche bei 15° und 1 at umzurechnen, ist ihre Multiplikation mit 0·918 vorzunehmen.

36. Öle für Dieselmaschinen („Hütte").

	Spez. Gew. bei 15°	Unterer Heizwert für 1 kg	Elementaranalyse		
			H Proz.	C Proz.	$12 \cdot \dfrac{H}{C}$ Proz.
Gereinigtes Petroleum .	0·879	10610	14·20	85·10	2·00
Solaröl	0·849	10100	13·30	85·67	1·86
Gasöl	0·865	10000	12·50	84·60	1·77
Braunkohlenrohöl . . .	0·908	9800	12·42	85·64	1·74
Paraffinöl	0·926	9750	11·63	85·98	1·55
Tegernsee-Rohöl . . .	0·868	9940	11·09	86·95	1·53
Anthracenöl	1·091	8960	6·89	89·10	0·92
Kreosotöl	1·050	8970	6·13	91·20	0·81

37. Grenzwerte von Kraftölen („Hütte").

	Deutsche Erdöle	Braunkohlen-Teeröle	Steinkohlen-Teeröle
Spezifisches Gewicht bei 15°	0·725 bis 0·941	0·820 bis 0·957	1·006 bis 1·110
Flammpunkt . . ° C	unter —15° bis 175	56 ,, 116	66 ,, 121
Brennpunkt . . ° C	unter —15° bis 203	71 ,, 154	84 ,, 160
Heizwert des Rohöles WE/kg . . .	8928 bis 10362	9409 ,, 10118	8845 ,, 9125
Kohlenstoff . . %	85·1 ,, 86·8	85·4 ,, 86·7	87·1 ,, 91·4
Wasserstoff . . %	11·6 ,, 14·4	9·8 ,, 12·6	6·0 ,, 7 8
Sauerstoff und Stickstoff . . . . %	0·0 ,, 1·2	0·8 ,, 3·2	1·4 ,, 4·9
Schwefel . . . %	0·1 ,, 1·2	0·4 ,, 1·6	0·4 ,, 0·9
Disponibler Wasserstoff auf 1000 Teile Kohlenstoff } Teile	133 ,, 169	114 ,, 141	62 ,, 83

38. Selbstentzündungstemperaturen.

	Nach Constam und Schläpfer	
	Platintiegel Sauerstoffstrom	Platintiegel Luftstrom
Gasöl . . . . ° C	350	400 bis 460
Steinkohlenteeröl . . . . ° C	550	590 ,, 650
Steinkohlenteer . . . . . . ° C	480 bis 530	600 ,, 630

39. Verbrennung von Gasen und

	Molekulargewicht	Dichte, bezogen auf Luft	Gewicht von 1 cbm bei $0°$ und 760 mm in kg	Zur Verbrennung von 1 cbm nötiger Sauerstoff, cbm	Zur Verbrennung von 1 cbm nötige Luft, cbm
	a	b	c	d	e
Kohlenoxyd CO	28	0·97	1·251	0·5	2·38
Wasserstoff H_2	2	0·07	0·09	0·5	2·38
Methan CH_4	16	0·554	0·717	2	9·52
Äthan C_2H_6	30	1·049	1·356	3·5	16·7
Propan C_3H_8	44	1·52	1·965	5	23·8
Butan C_4H_{10}	58	2·00	2·585	6·5	31·0
Äthylen C_2H_4	28	0·975	1·261	3	14·3
Propylen C_3H_6	42	1·45	1·874	4·5	21·4
Butylen C_4H_8	56	1·935	2·501	6	28·6
Acetylen C_2H_2	26	0·91	1·179	2·5	11·9
Leuchtgas	12·58	0·434	0·56	1·10	5·21
Wassergas	15·66	0·54	0·70	0·45	2·15
Generator(Misch-, Dowson-)gas	24·25	0·84	1·08	0·21	1·00
Gichtgas	28·48	0·98	1·27	0·16	0·76

Mittlere Gaszusammensetzung in Volumprozenten für:

Leuchtgas: 10 CO, 45 H_2, 3 CO_2, 3 N_2, 35 CH_4 4 C_2H_4

Wassergas: 40 CO, 50 H_2, 4 CO_2, 6 N_2

Um die in Spalte g, k, l und m angegebenen Werte Zahlen mit dem Faktor 0·918 zu multiplizieren.

Gasgemischen (teilweise aus „Hütte")

Raumveränderung bei der Verbrennung von 1 cbm Gas f	Gebildetes Wasser für 1 cbm Gas von 0° und 760 mm g	Oberer Heizwert für 1 kg Gas h	Unterer Heizwert für 1 kg Gas i	Oberer Heizwert für 1 cbm Gas von 0° und 760 mm k	Unterer Heizwert für 1 cbm Gas von 0° und 760 mm	Unterer Heizwert für 1 cbm brennbares Luftgemisch mit theoretischem Sauerstoffgehalt bei 0° und 760 mm m
0·5	0	2440	2440	3040	3040	905
0·5	0·81	34100	28700	3050	2590	765
0	1·60	13250	11900	9565	8560	812
—0·5	2·41	12350	11300	16600	15200	861
—1	3·22	12000	11050	23600	21800	885
—1·5	4·02	11800	10900	30600	28200	885
0	1·60	12000	11250	15000	14060	926
—0·5	2·41	11850	11100	22200	20800	926
—1	3·22	11600	10870	29000	27100	916
0·5	0·81	12000	11600	14000	13500	1050
0·275	0·99	9960	8900	5600	5000	800
0·45	0·402	3930	3580	2740	2510	790
0·21	0·145	1180	1100	1280	1200	600
0·16	0·024	768	757	976	963	530

Generatorgas: 24 CO,   18 H_2,   6 CO_2 52 N_2
Gichtgas: 27 CO,   2 H_2,   6 CO_2,   65 N_2

auf 15° und 1 at umzurechnen, sind die dort verzeichneten

40. Verbrennungswärmen von Gasen.

	Mol.-Gew.	Kilogramm-Kalorien pro Mol		Kalorien pro cbm	
		H_2O flüssig	H_2O Dampf	H_2O flüssig	H_2O Dampf
Wasserstoff H_2 .	2	68·44	58·1	3 047	2 590
Methan CH_4 . .	16	213·5	192·1	9 565	8 560
Äthylen C_2H_4 . .	28	337·8	313·4	15 000	14 060
Benzol C_6H_6 . .	78	781·7	755·9	35 302	33 864
Naphthalin $C_{10}H_8$	128	1236·1	1193	56 376	55 131
Kohlenoxyd CO .	28	68·0	68·0	3 040	3 040

41. Tabellen zur Berechnung des Heizwertes von Kraftgas

aus der Gasanalyse, ausgedrückt in Kal. für 1 cbm.

(Wasser als Dampf.)

Kohlenoxyd CO Prozente	0	1	2	3	4	5	6	7	8	9
0	0	30	61	91	122	152	190	213	243	274
10	304	334	365	395	426	456	487	517	547	578
20	608	638	669	699	730	760	790	821	851	882
30	912	942	973	1003	1034	1064	1094	1125	1155	1186
40	1216	1246	1277	1307	1338	1368	1398	1429	1459	1490
50	1520	1550	1581							

Wasserstoff H_2 Prozente	0	1	2	3	4	5	6	7	8	9
0	0	26	52	78	104	129	155	181	207	233
10	259	285	311	337	363	389	414	440	466	492
20	518	544	570	596	622	648	674	700	726	751
30	777	803	829	855	881	907	932	958	984	1010
40	1035	1061	1088	1114	1140	1165	1192	1217	1244	1270
50	1295	1321	1346	1373	1399	1425	1450	1476	1502	1528
60	1554									

Methan CH_4 Prozente	0·0	0·1	0·2	0·3	0·4	0·5	0·6	0·7	0·8	0·9
0	0	9	17	26	34	43	51	60	68	77
1	86	94	103	111	120	128	137	146	154	163
2	171	180	188	197	205	214	223	231	240	248
3	257	265	274	282	291	300	308	317	325	334
4	342	351	360	368	377	385	394	402	411	419
5	428									

42. Explosionsgrenzen verschiedener Gas- und Dampf-Luftmischungen.

Art des Gases	Prozentgehalt der Mischung an brennbarem Gase			Explosionsbereich erstreckt sich über Prozente der möglichen Gasluftmischungen	Selbstentzündung in Luft bei Atmosphärendruck Temp. ° C
	Keine Explosion (untere Explosionsgrenze)	Explosionsbereich in 19 mm Rohr	Keine Explosion (obere Explosionsgrenze)		
Kohlenoxyd	16·4	16·6 bis 74·8	75·1	58·4	—
Wasserstoff	9·4	9·5 ,, 66·3	66·5	57·0	580 bis 590
Wassergas	12·3	12·5 ,, 66·6	66·9	54·3	—
Acetylen	3·2	3·5 ,, 52·2	52·4	49·0	406 bis 440
Leuchtgas	7·8	8·0 ,, 19·0	19·2	11·2	600
Äthylen	4·0	4·2 ,, 14·5	14·7	10·5	542 bis 547
Alkohol	3·9	4·0 ,, 13·6	13·7	9·7	510
Methan	6·0	6·2 ,, 12·7	12·9	6·7	650 bis 750
Äther	2·6	2·9 ,, 7·5	7·9	5·0	400
Benzol	2·6	2·7 ,, 6·3	6·7	3·9	520
Pentan	2·3	2·5 ,, 4·8	5·0	2·5	—
Benzin	2·3	2·5 ,, 4·8	5·0	2·5	415

43. Eigenschaften der im Handel vorkommenden verflüssigten und komprimierten Gase.

Nach Dr. A. Lange, Niederschöneweide.

	Spez. Gewicht			Dampfdruck Atm.			1 kg entspricht bei 0^0 und 760 mm einem Gasvolum von	Kritische Temperatur	Kritischer Druck	Siedepunkt bei 760 mm	Schmelzpunkt	Transportbedingungen für deutsche Eisenbahnen		
												Erforderlicher Gefäßraum für 1 kg Füllung	Amtliche Prüfung der Gefäße auf einen Druck von	Wiederholung der Druckprüfung verlangt in
	0^0	15^0	30^0	0^0	15^0	20^0	Liter	$^\circ$ C	Atm.	$^\circ$ C	$^\circ$ C	Liter	Atm.	Jahren
Stickoxydul . .	0·937	0·870	—	36·1	49·8	68·0	506	35·4	72	—90	—102	1·34	180	4
Kohlendioxyd (CO₂)	0·947	0·864	0·732	36·1	52·2	73·8	506	31·1	73	—78·2	— 65	.1·34	190	4
Schwefeldioxyd (SO₂)	1·435	1·396	1·356	1·5	2·7	4·5	342	157	78	—10·1	— 72	0·8	12	2
Chlor *)	1·469	1·426	1·380	3·7	5·8	8·8	311	146	93·5	—33·6	—102	0·8	22	2
Ammoniak . . .	0·634	0·614	0·592	4·2	7·1	11·5	1297	131	113	—38·5	— 75	1·86	30	4
Phosgen	1·432	—	—	—	—	—	—	—	—	+ 8·2	—	0·8	30	2
Wasserstoff . . .	—	—	—	—	—	—	—	—242	14	—253	—	—	das 1½-fache des Füllungsdruckes	4
Sauerstoff . . .	—	—	—	—	—	—	—	—118	50	—183	—	—		4
Ölgas, verflüssigt	—	—	—	—	—	—	—	—	—	—	—	2·5		—
Stickstofftetroxyd	—	—	—	—	—	—	—	—	—	—	—	0·8		—

¹) Für Chlor vgl. noch die Tabelle von Knietsch im speziellen Teil d. B., S. 211.

44. Elektrische Maße.

1. Einheit der Strommenge, das Coulomb, ist diejenige Strommenge, welche 1·118 mg Silber aus einer Silbernitratlösung abscheidet.

2. Einheit der Stromstärke, das Ampère, ist diejenige Stromstärke, bei welcher in 1 Sekunde 1 Coulomb den Stromkreis durchfließt.

1 Ampèrestunde = Strommenge, welche für 1 Stunde 1 Ampère oder auch für n Stunden $\frac{1}{n}$ Ampère liefert = 3600 Coulomb.

3. Einheit des Widerstandes, das Ohm, gegeben durch den Widerstand eines Quecksilberfadens von 0^0 und 106·3 cm Länge, dessen Masse 14·4521 g, dessen Querschnitt 1 qmm beträgt. Gelegentlich wird benützt das Siemens = 0·944 Ohm und die British Association Unit (B.A.U.) = 0·989 Ohm.

4. Einheit der Spannung, das Volt, ist die Spannung, die in einem Leiter von 1 Ohm Widerstand, die Stromstärke von 1 Ampère ergibt.

Elektromotorische Kraft eines Daniellelementes 1·12 Volt

,,	,,	,,	Bunsenelementes	2	,,
,,	·,	,,	Clarkelementes	1·4328	,,
,,	,,	,,	Westonelementes	1 0186	,,
·,	,,	,,	Bleiakkumulators	2·1—1·9	,,

5. Das Farad ist die Kapazität eines Kondensators, welcher, zum Potential von 1 Volt geladen, 1 Coulomb enthält.

6. Ein Watt oder Volt-Ampère ist die während einer Sekunde von der Stromstärke 1 Ampère unter dem Einflusse der elektromotorischen Kraft 1 Volt erzeugte Arbeit. Sie ist $= \dfrac{1 \text{ Meterkilogramm}}{9·81}$ pro Sekunde = 0·102 mkg; daher 1 Pferdekraft = 735·5 Watt. Die englische Board of Trade Unit = 1000 Stunden-Watt.

Ein Strom von 1 Ampère in einem Widerstande w Ohm entwickelt während t Sekunden die Wärmemenge: 0·239 **wt** Gramm Kalorien. 1 cal = 4·19 Joule.

Das Millionenfache und der millionste Teil der vorstehenden Einheiten wird durch das Vorsetzen der Silben „Mega" und „Mikro", das Tausendfache und der tausendste Teil der Einheiten durch Vorsetzen der Silben „Kilo" und „Milli" bezeichnet, z. B. ein Kilowatt (KW) = 1000 Watt = 1·36 Pferdestärken (PS).

45. Elektrochemische Äquivalente.

Zur Abscheidung eines Grammäquivalentes sind 96 540 Coulomb (= 26·86 Ampèrestunden) erforderlich

Element	Elektro-chemisches Äquivalent	1 Coulomb scheidet aus mg	1 Ampère scheidet stündlich aus g	Element	Elektro-chemisches Äquivalent	1 Coulomb scheidet aus mg	1 Ampère scheidet stündlich aus g
Aluminium . . .	9·03	0·09357	0·3369	Nickel	29·34	0·3039	1·0941
Blei	103·60	1·0731	3·8570	Platin	97·6	1·0110	3·6395
Brom	79·92	0·8278	2·9802	Quecksilber . .	100·3	1·0390	3·7342
Chlor	35·46	0·3673	1·3223	Sauerstoff . . .	8·00	0·0829	0·2983
Gold	65·73	0·6809	2·4512	Silber	107·88	1·1175	4·0228
Kalium	39·10	0·4050	1·4580	Wasserstoff . . .	1·008	0·01044	0·0376
Kupfer	31·79	0·3292	1·1852	Zink	32·69	0·3386	1·2190
Jod	126·92	1·3147	4·7328	Zinn	59·4	0·6153	2·2115
Magnesium . . .	12·16	0·1260	0·4534				

46. Umwandlung von Litern je Sekunde in Litern je Minute und Kubikmeter je Stunde und umgekehrt.

Liter je Sekunde	Liter je Minute	Kubikmeter je Stunde	Liter je Minute	Liter je Sekunde	Kubikmeter je Stunde	Kubikmeter je Stunde	Liter je Minute	Liter je Sekunde
1	60	3·600	1	0·017	0·060	1	16·66	0·277
2	120	7·200	2	0·033	0·120	2	33·33	0·555
3	180	10·800	3	0·050	0·180	3	50·00	0·833
4	240	14·400	4	0·066	0·240	4	66·66	1·111
5	300	18·000	5	0·083	0·300	5	83·33	1·388
6	360	21·600	6	0·100	0·360	6	100·00	1·666
7	420	25·200	7	0·116	0·420	7	116·66	1·944
8	480	28·800	8	0·133	0·480	8	133·33	2·222
9	540	32·400	9	0·150	0·540	9	150·00	2·500
10	600	36·000	10	0·166	0·600	10	166·66	2·777

47. Berechnung von Flüssigkeitsmengen in liegenden Zylindern.

Ist der Inhalt des Zylinders V, der Durchmesser d, die Höhe der Flüssigkeitsschicht h, so ist das Volumen der Flüssigkeit $v = KV$. Die Tabelle ergibt für jedes Verhältnis von $\dfrac{h}{d}$ das zugehörige K.

$\dfrac{h}{d}$	K	$\dfrac{h}{d}$	K	$\dfrac{h}{d}$	K	$\dfrac{h}{d}$	K	$\dfrac{h}{d}$	K
0·01	0·0017	0·21	0·1527	0·41	0·3860	0·61	0·6389	0·81	0·8677
0·02	0·0048	0·22	0·1631	0·42	0·3986	0·62	0·6513	0·82	0·8776
0·03	0·0087	0·23	0·1738	0·43	0·4112	0·63	0·6636	0·83	0·8873
0·04	0·0134	0·24	0·1845	0·44	0·4238	0·64	0·6759	0·84	0·8967
0·05	0·0187	0·25	0·1955	0·45	0·4364	0·65	0·6881	0·85	0·9059
0·06	0·0245	0·26	0·2066	0·46	0·4491	0·66	0·7002	0·86	0·9149
0·07	0·0308	0·27	0·2178	0·47	0·4618	0·67	0·7122	0·87	0·9236
0·08	0·0375	0·28	0·2292	0·48	0·4745	0·68	0·7241	0·88	0·9320
0·09	0·0446	0·29	0·2407	0·49	0·4873	0·69	0·7360	0·89	0·9402
0·10	0·0520	0·30	0·2523	0·50	0·5000	0·70	0·7477	0·90	0·9480
0·11	0·0598	0·31	0·2640	0·51	0·5127	0·71	0·7593	0·91	0·9554
0·12	0·0680	0·32	0·2759	0·52	0·5255	0·72	0·7708	0·92	0·9625
0·13	0·0764	0·33	0·2878	0·53	0·5382	0·73	0·7822	0·93	0·9692
0·14	0·0851	0·34	0·2998	0·54	0·5509	0·74	0·7934	0·94	0·9755
0·15	0·0941	0·35	0·3119	0·55	0·5636	0·75	0·8045	0·95	0·9813
0·16	0·1033	0·36	0·3241	0·56	0·5762	0·76	0·8155	0·96	0·9866
0·17	0·1127	0·37	0·3364	0·57	0·5888	0·77	0·8262	0·97	0·9913
0·18	0·1224	0·38	0·3487	0·58	0·6014	0·78	0·8369	0·98	0·9952
0·19	0·1323	0·39	0·3611	0·59	0·6140	0·79	0·8473	0·99	0·9983
0·20	0·1424	0·40	0·3735	0·60	0·6265	0·80	0·8576	1·00	1·0000

48. Mantissen der Briggs-

N	0	1	2	3	4	5	6	7	8	9
10	00 000	00 432	00 860	01 284	01 703	02 119	02 531	02 938	03 342	03 743
11	04 139	04 532	04 922	05 308	05 690	06 070	06 446	06 819	07 188	07 555
12	07 918	08 279	08 636	08 991	09 342	09 691	10 037	10 380	10 721	11 059
13	11 394	11 727	12 057	12 385	12 710	13 033	13 354	13 672	13 988	14 301
14	14 613	14 922	15 229	15 534	15 836	16 137	16 435	16 732	17 026	17 319
15	17 609	17 898	18 184	18 469	18 752	19 033	19 312	19 590	19 866	20 140
16	20 412	20 683	20 952	21 219	21 484	21 748	22 011	22 272	22 531	22 789
17	23 045	23 300	23 553	23 805	24 055	24 304	24 551	24 797	25 042	25 285
18	25 527	25 768	26 007	26 245	26 482	26 717	26 951	27 184	27 416	27 646
19	27 875	28 103	28 330	28 556	28 780	29 003	29 226	29 447	29 667	29 885
20	30 103	30 320	30 535	30 750	30 963	31 175	31 387	31 597	31 806	32 015
21	32 222	32 428	32 634	32 838	33 041	33 244	33 445	33 646	33 846	34 044
22	34 242	34 439	34 635	34 830	35 025	35 218	35 411	35 603	35 793	35 984
23	36 173	36 361	36 549	36 736	36 922	37 107	37 291	37 475	37 658	37 840
24	38 021	38 202	38 382	38 561	38 739	38 917	39 094	39 270	39 445	39 620
25	39 794	39 967	40 140	40 312	40 483	40 654	40 824	40 993	41 162	41 330
26	41 497	41 664	41 830	41 996	42 160	42 325	42 488	42 651	42 813	42 975
27	43 136	43 297	43 457	43 616	43 775	43 933	44 091	44 248	44 404	44 560
28	44 716	44 871	45 025	45 179	45 332	45 484	45 637	45 788	45 939	46 090
29	46 240	46 389	46 538	46 687	46 835	46 982	47 129	47 276	47 422	47 567
30	47 712	47 857	48 001	48 144	48 287	48 430	48 572	48 714	48 855	48 996
31	49 136	49 276	49 415	49 554	49 693	49 831	49 969	50 106	50 243	50 379
32	50 515	50 651	50 786	50 920	51 055	51 188	51 322	51 455	51 587	51 720
33	51 851	51 983	52 114	52 244	52 375	52 504	52 634	52 763	52 892	53 020
34	53 148	53 275	53 403	53 529	53 656	53 782	53 908	54 033	54 158	54 283
35	54 407	54 531	54 654	54 777	54 900	55 023	55 145	55 267	55 388	55 509
36	55 630	55 751	55 871	55 991	56 110	56 229	56 348	56 467	56 585	56 703
37	56 820	56 937	57 054	57 171	57 287	57 403	57 519	57 634	57 749	57 864
38	57 978	58 092	58 206	58 320	58 433	58 546	58 659	58 771	58 883	58 995
39	59 106	59 218	59 329	59 439	59 550	59 660	59 770	59 879	59 988	60 097
40	60 206	60 314	60 423	60 531	60 638	60 746	60 853	60 959	61 066	61 172
41	61 278	61 384	61 490	61 595	61 700	61 805	61 909	62 014	62 118	62 221
42	62 325	62 428	62 531	62 634	62 737	62 839	62 941	63 043	63 144	63 246
43	63 347	63 448	63 548	63 649	63 749	63 849	63 949	64 048	64 147	64 246
44	64 345	64 444	64 542	64 640	64 738	64 836	64 933	65 031	65 128	65 225
45	65 321	65 418	65 514	65 610	65 706	65 801	65 896	65 992	66 087	66 181
46	66 276	66 370	66 464	66 558	66 652	66 745	66 839	66 932	67 025	67 117
47	67 210	67 302	67 394	67 486	67 578	67 669	67 761	67 852	67 943	68 034
48	68 124	68 215	68 305	68 395	68 485	68 574	68 664	68 753	68 842	68 931
49	69 020	69 108	69 197	69 285	69 373	69 461	69 548	69 636	69 723	69 810
50	69 897	69 984	70 070	70 157	70 243	70 329	70 415	70 501	70 586	70 672
51	70 757	70 842	70 927	71 012	71 096	71 181	71 265	71 349	71 433	71 517
52	71 600	71 684	71 767	71 850	71 933	72 016	72 099	72 181	72 263	72 346
53	72 428	72 509	72 591	72 673	72 754	72 835	72 916	72 997	73 078	73 159
54	73 239	73 320	73 400	73 480	73 560	73 640	73 719	73 799	73 878	73 957

schen Logarithmen.

N	0	1	2	3	4	5	6	7	8	9
55	74 036	74 115	74 194	74 273	74 351	74 429	74 507	74 586	74 663	74 741
56	74 819	74 896	74 974	75 051	75 128	75 205	75 282	75 358	75 435	75 511
57	75 587	75 664	75 740	75 815	75 891	75 967	76 042	76 118	76 193	76 268
58	76 343	76 418	76 492	76 567	76 641	76 716	76 790	76 864	76 938	77 012
59	77 085	77 159	77 232	77 305	77 379	77 452	77 525	77 597	77 670	77 743
60	77 815	77 887	77 960	78 032	78 104	78 176	78 247	78 319	78 390	78 462
61	78 533	78 604	78 675	78 746	78 817	78 888	78 958	79 029	79 099	79 169
62	79 239	79 309	79 379	79 449	79 518	79 588	79 657	79 727	79 796	79 865
63	79 934	80 003	80 072	80 140	80 209	80 277	80 346	80 414	80 482	80 550
64	80 618	80 686	80 754	80 821	80 889	80 956	81 023	81 090	81 158	81 224
65	81 291	81 358	81 425	81 491	81 558	81 624	81 690	81 757	81 823	81 889
66	81 954	82 020	82 086	82 151	82 217	82 282	82 347	82 413	82 478	82 543
67	82 607	82 672	82 737	82 802	82 866	82 930	82 995	83 059	83 123	83 187
68	83 251	83 315	83 378	83 442	83 506	83 569	83 632	83 696	83 759	83 822
69	83 885	83 948	84 011	84 073	84 136	84 198	84 261	84 323	84 386	84 448
70	84 510	84 572	84 634	84 696	84 757	84 819	84 880	84 942	85 003	85 065
71	85 126	85 187	85 248	85 309	85 370	85 431	85 491	85 552	85 612	85 673
72	85 733	85 794	85 854	85 914	85 974	86 034	86 094	86 153	86 213	86 273
73	86 332	86 392	86 451	86 510	86 570	86 629	86 688	86 747	86 806	86 864
74	86 923	86 982	87 040	87 099	87 157	87 216	87 274	87 332	87 390	87 448
75	87 506	87 564	87 622	87 679	87 737	87 795	87 852	87 910	87 967	88 024
76	88 081	88 138	88 195	88 252	88 309	88 366	88 423	88 480	88 536	88 593
77	88 649	88 705	88 762	88 818	88 874	88 930	88 986	89 042	89 098	89 154
78	89 209	89 265	89 321	89 376	89 432	89 487	89 542	89 597	89 653	89 708
79	89 763	89 818	89 873	89 927	89 982	90 037	90 091	90 146	90 200	90 255
80	90 309	90 363	90 417	90 472	90 526	90 580	90 634	90 687	90 741	90 795
81	90 849	90 902	90 956	91 009	91 062	91 116	91 169	91 222	91 275	91 328
82	91 381	91 434	91 487	91 540	91 593	91 645	91 698	91 751	91 803	91 855
83	91 908	91 960	92 012	92 065	92 117	92 169	92 221	92 273	92 324	92 376
84	92 428	92 480	92 531	92 583	92 634	92 686	92 737	92 788	92 840	92 891
85	92 942	92 993	93 044	93 095	93 146	93 197	93 247	93 298	93 349	93 399
86	93 450	93 500	93 551	93 601	93 651	93 702	93 752	93 802	93 852	93 902
87	93 952	94 002	94 052	94 101	94 151	94 201	94 250	94 300	94 349	94 399
88	94 448	94 498	94 547	94 596	94 645	94 694	94 743	94 792	94 841	94 890
89	94 939	94 988	95 036	95 085	95 134	95 182	95 231	95 279	95 328	95 376
90	95 424	95 472	95 521	95 569	95 617	95 665	95 713	95 761	95 809	95 856
91	95 904	95 952	95 999	96 047	96 095	96 142	96 190	96 237	96 284	96 332
92	96 379	96 426	96 473	96 520	96 567	96 614	96 661	96 708	96 755	96 802
93	96 848	96 895	96 942	96 988	97 035	97 081	97 128	97 174	97 220	97 267
94	97 313	97 359	97 405	97 451	97 497	97 543	97 589	97 635	97 681	97 727
95	97 772	97 818	97 864	97 909	97 955	98 000	98 046	98 091	98 137	98 182
96	98 227	98 272	98 318	98 363	98 408	98 453	98 498	98 543	98 588	98 632
97	98 677	98 722	98 767	98 811	98 856	98 900	98 945	98 989	99 034	99 078
98	99 123	99 167	99 211	99 255	99 300	99 344	99 388	99 432	99 476	99 520
99	99 564	99 607	99 651	99 695	99 739	99 782	99 826	99 870	99 913	99 957

49. Mathematische Tabellen.

Kreisumfänge und -Inhalte, Quadrate, Kuben, Quadrat- und Kubikwurzeln.

n	πn ◯	$\pi\dfrac{n^2}{4}$ ●	n^2	n^3	$\sqrt{n}$	$\sqrt[3]{n}$
1·0	3·142	0·7854	1·000	1·000	1·0000	1·0000
1·1	3·456	0·9503	1·210	1·331	1·0488	1·0323
1·2	3·770	1·1310	1·440	1·728	1·0955	1·0627
1·3	4·084	1·3273	1·690	2·197	1·1402	1·0914
1·4	4·398	1·5394	1·960	2·744	1·1832	1·1187
1·5	4·712	1·7672	2·250	3·375	1·2247	1·1447
1·6	5·027	2·0106	2·560	4·096	1·2649	1·1696
1·7	5·341	2·2698	2·890	4·913	1·3038	1·1935
1·8	5·655	2·5447	3·240	5·832	1·3416	1·2164
1·9	5·969	2·8353	3·610	6·859	1·3784	1·2386
2·0	6·283	3·1416	4·000	8·000	1·4142	1·2599
2·1	6·597	3·4636	4·410	9·261	1·4491	1·2806
2·2	6·912	3·8013	4·840	10·648	1·4832	1·3006
2·3	7·226	4·1548	5·290	12·167	1·5166	1·3200
2·4	7·540	4·5239	6·760	13·824	1·5492	1·3389
2·5	7·854	4·9087	6·250	15·625	1·5811	1·3572
2·6	8·168	5·3093	6·760	17·576	1·6125	1·3751
2·7	8·482	5·7256	7·290	19·683	1·6432	1·3925
2·8	8·797	6·1575	7·840	21·952	1·6733	1·4095
2·9	9·111	6·6052	8·410	24·389	1·7029	1·4260
3·0	9·425	7·0686	9·00	27·000	1·7321	1·4422
3·1	9·739	7·5477	9·61	29·791	1·7607	1·4581
3·2	10·053	8·0425	10·24	32·768	1·7889	1·4736
3·3	10·367	8·5530	10·89	35·937	1·8166	1·4888
3·4	10·681	9·0792	11·56	39·304	1·8439	1·5037
3·5	10·996	9·6211	12·25	42·875	1·8708	1·5183
3·6	11·310	10·179	12·96	46·656	1·8974	1·5326
3·7	11·624	10·752	13·69	50·653	1·9235	1·5467
3·8	11·938	11·341	14·44	54·872	1·9494	1·5605
3·9	12·252	11·946	15·21	59·319	1·9748	1·5741
4·0	12·566	12·566	16·00	64·000	2·0000	1.5874
4·1	12·881	13·203	68·81	68·921	2·0249	1·6005
4·2	13·195	13·854	17·64	74·088	2·0494	1·6134
4·3	13·509	14·522	18·49	79·507	2·0736	1·6261
4·4	13·823	15·205	19·36	85·184	2·0976	1·6386

n	πn ○	$\pi \dfrac{n^2}{4}$ ●	n^2	n^3	$\sqrt{n}$	$\sqrt[3]{n}$
4·5	14·137	15·904	20·25	91·125	2·1213	1·6510
4·6	14·451	16·619	21·16	97·336	2·1448	1·6631
4·7	14·765	17·349	22·09	103·823	2·1680	1·6751
4·8	15·080	18·096	23·04	110·592	2·1909	1·6869
4·9	15·394	18·857	24·01	117·649	2·2136	1·6985
5·0	15·708	19·635	25·00	125·000	2·2361	1·7100
5·1	16·022	20·428	26·01	132·651	2·2583	1·7213
5·2	16·336	21·237	27·04	140·608	2·2804	1·7325
5·3	16·650	22·062	28·09	148·877	2·3022	1·7435
5·4	16·965	22·902	29·16	157·464	2·3238	1·7544
5·5	17·279	23·758	30·25	166·375	2·3452	1·7652
5·6	17·593	24·630	31·36	175·616	2·3664	1·7758
5·7	17·907	25·518	32·49	185·193	2·3875	1.7863
5·8	18·221	26·421	33·64	195·112	2·4083	1·7967
5·9	18·535	27·340	34·81	205·379	2·4290	1·8070
6·0	18·850	28·274	36·00	216·000	2·4495	1·8171
6·1	19·164	29·225	37·21	226·981	2·4698	1·8272
6·2	19·478	30·191	38·44	238·328	2·4900	1·8371
6·3	19·792	31·173	39·69	250·047	2·5100	1·8469
6·4	20·106	32·170	40·96	262·144	2·5298	1·8566
6·5	20·420	33·183	42·25	274·625	2·5495	1·8663
6·6	20·735	34·212	43·56	287·496	2·5691	1·8758
6·7	21·049	35·257	44·89	300·763	2·5884	1·8852
6·8	21·363	36·317	46·24	314·432	2·6077	1·8945
6·9	21·677	37·393	47·61	328·509	2·6268	1·9038
7·0	21·991	38·485	49·00	343·000	2·6458	1·9129
7·1	22·305	39·592	50·41	357·911	2·6646	1·9220
7·2	22·619	40·715	51·84	373·248	2·6833	1·9310
7·3	22·934	41·854	53·29	389·017	2·7019	1·9399
7·4	23·248	43·008	54·76	405·224	2·7203	1·9487
7·5	23·562	44·179	56·25	421·875	2·7386	1·9574
7·6	23·876	45·365	57·76	438·976	2·7568	1·9661
7·7	24·190	46·566	59·29	456·533	2·7749	1·9747
7·8	24·504	47·784	60·84	474·552	2·7929	1·9832
7·9	24·819	49·017	62·41	493·039	2·8107	1·9916
8·0	25·133	50·266	64·00	512·000	2·8284	2·0000
8·1	25·447	51·530	65·61	531·441	2·8461	2·0083
8·2	25·761	52·810	67·24	551·368	2·8636	2·0165
8·3	26·075	54·106	68·89	571·787	2·8810	2·0247
8·4	26·389	55·418	70·56	592·704	2·8983	2·0328

n	πn ○	$\pi \frac{n^2}{4}$ ◉	n^2	n^3	$\sqrt{n}$	$\sqrt[3]{n}$
8·5	26·704	56·745	72·25	614·125	2·9155	2·0408
8·6	27·018	58·088	73·96	636·056	2·9326	2·0488
8·7	27·332	59·447	75·69	658·503	2·9496	2·0567
8·8	27·646	60·821	77·44	681·472	2·9665	2·0646
8·9	27·960	62·211	79·21	704·969	2·9833	2.0724
9·0	28·274	63·617	81·00	729·000	3·0000	2·0801
9·1	28·588	65·039	82·81	753·571	3·0166	2·0878
9·2	28·903	66·476	84·64	778·688	3·0332	2·0954
9·3	29·217	67·929	86·49	804·357	3·0496	2·1029
9·4	29·531	69·398	88·36	830·584	3·0659	2·1105
9·5	29·845	70·882	90·25	857·375	3·0822	2·1179
9·6	30·159	72·382	92·16	884·736	3·0984	2·1253
9·7	30·473	73·898	94·09	912·673	3·1145	2·1327
9·8	30·788	75·430	96·04	941·192	3·1305	2·1400
9·9	31·102	76·977	98·01	970·299	3·1464	2·1472
10·0	31·416	78·540	100·00	1000·000	3·1623	2·1544
10·1	31·730	80·119	102·01	1030·301	3·1780	2·1616
10·2	32·044	81·713	104·04	1061·208	3·1937	2·1687
10·3	32·358	83·323	106·09	1092·727	3·2094	2·1757
10·4	32·673	84·949	108·16	1124·864	3·2249	2·1828
10·5	32·987	86·590	110·25	1157·625	3·2404	2·1897
10·6	33·301	88·247	112·36	1191·016	3·2558	2·1967
10·7	33·615	89·920	114·49	1225·043	3·2711	2·2036
10·8	33·929	91·609	116·64	1259·712	3·2863	2·2104
10·9	34·243	93·313	118·81	1295·029	3·3015	2·2172
11·0	34·558	95·033	121·00	1331·000	3·3166	2·2239
11·1	34·872	96·769	123·21	1367·631	3·3317	2·2307
11·2	35·186	98·520	125·44	1404·928	3·3466	2·2374
11·3	35·500	100·29	127·69	1442·897	3·3615	2·2441
11·4	35·814	102·07	129·96	1481·544	3·3764	2·2506
11·5	36·128	103·87	132·25	1520·875	3·3912	2·2572
11·6	36·442	105·68	134·56	1560·896	3·4059	2·2637
11·7	36·757	107·51	136·89	1601·613	3·4205	2·2702
11·8	37·071	109·36	139·24	1643·032	3·4351	2·2766
11·9	37·385	111·22	141·61	1685·159	3·4496	2·2831
12·0	37·699	113·10	144·00	1728·000	3·4641	2·2894
12·1	38·013	114·99	146·41	1771·561	3·4785	2·2957
12·2	38·327	116·90	148·84	1815·848	3·4928	2·3021
12·3	38·642	118·82	151·29	1860·867	3·5071	2·3084
12·4	38·956	120·76	153·76	1906·624	3·5214	2·3146

n	πn $\bigcirc$	$\pi \dfrac{n^2}{4}$ ◉	n^2	n^3	$\sqrt{n}$	$\sqrt[3]{n}$
12·5	39·270	122·72	156·25	1953·125	3·5355	2·3208
12·6	39·584	124·69	158·76	2000·376	3·5496	2·3270
12·7	39·898	126·68	161·29	2048·383	3·5637	2·3331
12·8	40·212	128·68	163·84	2097·152	3·5777	2·3392
12·9	40·527	130·70	166·41	2146·689	3·5917	2·3453
13·0	40·841	132·73	169·00	2197·000	3·6056	2·3513
13·1	41·155	134·78	171·61	2248·091	3·6104	2·3573
13·2	41·469	136·85	174·24	2299·968	3·6332	2·3633
13·3	41·783	138·93	176·89	2352·637	3·6469	2·3693
13·4	42·097	141·03	179·56	2406·104	3·6606	2·3752
13·5	42·412	143·14	182·25	2460·375	3·6742	2·3811
13·6	42·726	145·27	184·96	2515·456	3·6878	2·3870
13·7	43·040	147·41	187·69	2571·353	3·7013	2·3928
13·8	43·354	149·57	190·44	2628·072	3·7148	2·3986
13·9	43·668	151·75	193·21	2685·619	3·7283	2·4044
14·0	43·982	153·94	196·00	2744·000	3·7417	2·4101
14·1	44·296	156·15	198·81	2803·221	3·7550	2·4159
14·2	44·611	158·37	201·64	2863·288	3·7683	2·4216
14·3	44·925	160·61	204·49	2924·207	3·7815	2·4272
14·4	45·239	162·86	207·36	2085·984	3·7947	2·4329
14·5	45·553	165·13	210·25	3048·625	3·8079	2·4385
14·6	45·867	167·42	213·16	3112·136	3·8210	2·4441
14·7	46·181	169·72	216·09	3176·523	3·8341	2·4497
14·8	46·496	172·03	219·04	3241·792	3·8471	2·4552
14·9	46·810	174·37	222·01	3307·949	3·8600	2·4607
15·0	47·124	176·72	225·00	3375·000	3·8730	2·4662
15·1	47·438	179·08	228·01	3442·951	3·8859	2·4717
15·2	47·752	181·46	231·04	3511·808	3·8987	2·4772
15·3	48·066	183·85	234·09	3581·577	3·9115	2·4825
15·4	48·381	186·27	237·16	3652·264	3·9243	2·4879
15·5	48·695	188·69	240·25	3723·875	3·9370	2·4933
15·6	49·009	191·13	243·36	3796·416	3·9497	2·4986
15·7	49·323	193·59	246·49	3869·893	3·9623	2·5039
15·8	49·637	196·07	249·64	3944·312	3·9749	2·5092
15·9	49·951	198·56	252·81	4019·679	3·9875	2·5146
16·0	50·265	201·06	256·00	4096·000	4·0000	2·5198
16·1	50·580	203·58	259·21	4173·281	4·0125	2·5251
16·2	50·894	206·13	262·44	4251·528	4·0249	2·5303
16·3	51·208	208·67	265·69	4330·747	4·0373	2·5355
16·4	51·522	211·24	268·96	4410·944	4·0497	2·5406

n	πn $\bigcirc$	$\pi \dfrac{n^2}{4}$ $\bullet$	n^2	n^3	$\sqrt{n}$	$\sqrt[3]{n}$
16·5	51·836	213·83	272·25	4492·125	4·0620	2·5458
16·6	52·150	216·42	275·56	4574·296	4·0743	2·5509
16·7	52·465	219·04	278·89	4657·463	4·0866	2·5561
16·8	52·779	221·67	282·24	4741·632	4·0988	2·5612
16·9	53·093	224·32	285·61	4826·809	4·1110	2·5663
17·0	53·407	226·98	289·00	4913·000	4·1231	2·5713
17·1	53·721	229·66	292·41	5000·211	4·1352	2·5763
17·2	54·035	232·35	295·84	5088·448	4·1473	2·5813
17·3	54·350	235·06	229·29	5177·717	4·1593	2·5863
17·4	54·664	237·79	302·76	5268·024	4·1713	2·5913
17·5	54·978	240·53	306·25	5359·375	4·1833	2·5963
17·6	55·292	243·29	309·76	5451·776	4·1952	2·6012
17·7	55·606	246·06	313·29	5545·233	4·2071	2·6061
17·8	55·920	248·85	316·84	5639·752	4·2190	2·6109
17·9	56·235	251·65	320·41	5735·339	4·2308	2·6158
18·0	56·549	254·47	324·00	5832·000	4·2426	2·6207
18·1	56·863	257·30	327·61	5929·741	4·2544	2·6256
18·2	57·177	260·16	331·24	6028·568	4·2661	2·6304
18·3	57·491	263·02	334·89	6128·487	4·2778	2·6352
18·4	57·805	265·90	338·56	6229·504	4·2895	2·6400
18·5	58·119	268·80	342·25	6331·625	4·3012	2·6448
18·6	58·434	271·72	345·96	6434·856	4·3128	2·6495
18·7	58·748	274·65	349·69	6539·203	4·3243	2·6543
18·8	59·062	277·59	353·44	6644·672	4·3359	2·6590
18·9	59·376	280·55	357·21	6751·269	4·3474	2·6637
19·0	59·690	283·53	361·00	6859·000	4·3589	2·6684
19·1	60·004	286·52	364·81	6967·871	4·3703	2·6731
19·2	60·319	289·53	368·64	7077·888	4·3818	2·6777
19·3	60·633	292·55	372·49	7189·057	4·3932	2·6824
19·4	60·947	295·59	376·36	7301·384	4·4045	2·6869
19·5	61·261	298·65	380·25	7414·875	4·4159	2·6916
19·6	61·575	301·72	384·16	7529·536	4·4272	2·6962
19·7	61·889	304·81	388·09	7645·373	4·4385	2·7008
19·8	62·204	307·91	392·04	7762·392	4·4497	2·7053
19·9	62·518	311·03	396·01	7880·599	4·4609	2·7098
20·0	62·832	314·16	400·00	8000·000	4·4721	2·7144
20·1	63·146	317·31	404·01	8120·601	4·4833	2·7189
20·2	63·460	320·47	408·04	8242·408	4·4944	2·7234
20·3	63·774	323·66	412·09	8365·427	4·5055	2·7279
20·4	64·088	326·85	416·16	8489·664	4·5166	2·7324

n	πn $\bigcirc$	$\pi \dfrac{n^2}{4}$ $\bullet$	n^2	n^3	$\sqrt{n}$	$\sqrt[3]{n}$
20·5	64·403	330·06	420·25	8615·125	4·5277	2·7368
20·6	64·717	333·29	424·36	8741·816	4·5387	2·7413
20·7	65·031	336·54	428·49	8869·743	4·5497	2·7457
20·8	65·345	339·80	432·64	8998·912	4·5607	2·7502
20·9	65·659	343·07	436·81	9129·329	4·5716	2·7545
21·0	65·973	346·36	441·00	9261·000	4·5826	2·7589
21·1	66·288	349·67	445·21	9393·931	4·5935	2·7633
21·2	66·602	352·99	449·44	9528·128	4·6043	2·7676
21·3	66·916	356·33	453·69	9663·597	4·6152	2·7720
21·4	67·230	359·68	457·96	9800·344	4·6260	2·7763
21·5	67·544	363·05	462·25	9938·375	4·6368	2·7806
21·6	67·858	366·44	466·56	10077·696	4·6476	2·7849
21·7	68·173	369·84	470·89	10218·313	4·6583	2·7893
21·8	68·487	373·25	475·24	10360·232	4·6690	2·7935
21·9	68·801	376·69	479·61	10503·459	4·6797	2·7978
22·0	69·115	380·13	484·00	10648·000	4·6904	2·8021
22·1	69·429	383·60	488·41	10793·861	4·7011	2·8063
22·2	69·743	387·08	492·84	10941·048	4·7117	2·8105
22·3	70·058	390·57	497·29	11089·567	4·7223	2·8147
22·4	70·372	394·08	501·76	11239·424	4·7329	2·8189
22·5	70·686	397·61	506·25	11390·625	4·7434	2·8231
22·6	71·000	401·15	510·76	11543·176	4·7539	2·8273
22·7	71·314	404·71	515·29	11697·083	4·7644	2·8314
22·8	71·628	408·28	519·84	11852·352	4·7749	2·8356
22·9	71·942	411·87	524·41	12008·989	4·7854	2·8397
23·0	72·257	415·48	529·00	12167·000	4·7958	2·8438
23·1	72·571	419·10	533·61	12326·391	4·8062	2·8479
23·2	72·885	422·73	538·24	12487·168	4·8166	2·8521
23·3	73·199	426·39	542·89	12649·337	4·8270	2·8562
23·4	73·513	430·05	547·56	12812·904	4·8373	2·8603
23·5	73·827	433·74	552·25	12977·875	4·8477	2·8643
23·6	74·142	437·44	556·96	13144·256	4·8580	2·8684
23·7	74·456	441·15	561·69	13312·053	4·8683	2·8724
23·8	74·770	444·88	566·44	13481·272	4·8785	2·8765
23·9	75·084	448·63	571·21	13651·919	4·8888	2·8805
24·0	75·398	452·39	576·00	13824·000	4·8990	2·8845
24·1	75·712	456·17	580·81	13997·521	4·9092	2·8885
24·2	76·027	459·96	585·64	14172·488	4·9193	2·8925
24·3	76·341	463·77	590·49	14348·907	4·9295	2·8965
24·4	76·655	467·60	595·36	14526·784	4·9396	2·9004

n	πn ◯	$\pi\dfrac{n^2}{4}$ ◉	n^2	n^3	$\sqrt{n}$	$\sqrt[3]{n}$
24·5	76·969	471·44	600·25	14706·125	4·9497	2·9044
24·6	77·283	475·29	605·16	14886·936	4·9598	2·9083
24·7	77·597	479·16	610·09	15069·223	4·9699	2·9123
24·8	77·911	483·05	615·04	15252·992	4·9799	2·9162
24·9	78·226	486·96	620·01	15438·249	4·9899	2·9201
25·0	78·540	490·87	625·00	15625·000	5·0000	2·9241
25·1	78·854	494·81	630·01	15813·251	5·0099	2·9279
25·2	79·168	498·76	635·04	16003·008	5·0199	2·9318
25·3	79·482	502·73	640·09	16194·277	5·0299	2·9356
25·4	79·796	506·71	645·16	16387·064	5·0398	2·9395
25·5	80·111	510·71	650·25	16581·375	5·0497	2·9434
25·6	80·425	514·72	655·36	16777·216	5·0596	2·9472
25·7	80·739	518·75	660·49	16974·593	5·0695	2·9510
25·8	81·053	522·79	665·64	17173·512	5·0793	5·9549
25·9	81·367	526·85	670·81	17373·979	5·0892	2·9586
26·0	81·681	530·93	676·00	17576·000	5·0990	2·9624
26·1	81·996	535·02	681·21	17779·581	5·1088	2·9662
26·2	82·310	539·13	686·44	17984·728	5·1185	2·9701
26·3	82·624	543·25	691·69	18191·447	5·1283	2·9738
26·4	82·938	547·39	696·96	18399·744	5·1380	2·9776
26·5	83·252	551·55	702·25	18609·625	5·1478	2·9814
26·6	83·566	555·72	707·56	18821·096	5·1575	2·9851
26·7	83·881	559·90	712·89	19034·163	5·1672	2·9888
26·8	84·195	564·10	718·24	19248·832	5·1768	2·9926
26·9	84·509	568·32	723·61	19465·109	5·1865	2·9963
27·0	84·823	572·56	729·00	19683·000	5·1962	3·0000
27·1	85·137	576·80	734·41	19902·511	5·2057	3·0037
27·2	85·451	581·07	739·84	20123·648	5·2153	3·0074
27·3	85·765	585·35	745·29	20346·417	5·2249	3·0111
27·4	86·080	589·65	750·76	20570·824	5·2345	3·0174
27·5	86·394	593·96	756·25	20796·875	5·2440	3·0184
27·6	86·708	598·29	761·76	21024·576	5·2535	3·0221
27·7	87·022	602·63	767·29	21253·933	5·2630	3·0257
27·8	87·336	606·99	772·84	21484·952	5·2725	3·0293
27·9	87·650	611·36	778·41	21717·639	5·2820	3·0330
28·0	87·965	615·75	784·00	21952·000	5·2915	3·0366
28·1	88·279	620·16	789·61	22188·041	5·3009	3·0402
28·2	88·593	624·58	795·24	22425·768	5·3103	3·0438
28·3	88·907	629·02	800·89	22665·187	5·3197	3·0474
28·4	89·221	633·47	806·56	22906·304	5·3291	3·0510

n	πn ◯	$\pi \dfrac{n^2}{4}$ ◉	n^2	n^3	$\sqrt{n}$	$\sqrt[3]{n}$
28·5	89·535	637·94	812·25	23149·125	5·3385	3·0546
28·6	89·850	642·42	817·96	23393·656	5·3478	3·0581
28·7	90·164	646·93	823·69	23639·903	5·3572	3·0617
28·8	90·478	651·44	829·44	23887·872	5·3665	3·0652
28·9	90·792	655·97	835·21	24137·569	5·3758	3·0688
29·0	91·106	660·52	841·00	24389·000	5·3852	3·0723
29·1	91·420	665·08	846·81	24642·171	5·3944	3·0758
29·2	91·735	669·66	852·64	24897·088	5·4037	3·0794
29·3	92·049	674·26	858·49	25153·757	5·4129	3·0829
29·4	92·363	678·87	864·36	25412·184	5·4221	3·0864
29·5	92·677	683·49	870·25	25672·375	5·4313	3·0899
29·6	92·991	688·13	876·16	25934·336	5·4405	3·0934
29·7	93·305	692·79	882·09	26198·073	5·4497	3·0968
29·8	93·619	697·47	888·04	26463·592	5·4589	3·1003
29·9	93·934	702·15	894·01	26730·899	5·4680	3·1038
30·0	94·248	706·86	900·00	27000·000	5·4772	3·1072
30·1	94·562	711·58	906·01	27270·901	5·4863	3·1107
30·2	94·876	716·32	912·04	27543·608	5·4954	3·1141
30·3	95·190	721·07	918·09	27818·127	5·5045	3·1176
30·4	95·504	725·83	924·16	28094·464	5·5136	3·1210
30·5	95·819	730·62	930·25	28372·625	5·5226	3·1244
30·6	96·133	735·42	936·36	28652·616	5·5317	3·1278
30·7	96·447	740·23	942·49	28934·443	5·5407	3·1312
30·8	96·761	745·06	948·64	29218·112	5·5497	3·1346
30·9	97·075	749·91	954·81	29503·629	5·5587	3·1380
31·0	97·389	754·77	961·00	29791·000	5·5678	3·1414
31·1	97·704	759·65	967·21	30080·231	5·5767	3·1448
31·2	98·018	764·54	973·44	30371·328	5·5857	3·1481
31·3	98·332	769·45	979·69	30664·297	5·5946	3·1515
31·4	98·646	774·37	985·96	30959·144	5·6035	3·1548
31·5	98·960	779·31	992·25	31255·875	5·6124	3·1582
31·6	99·274	784·27	998·56	31554·496	5·6213	3·1615
31·7	99·588	789·24	1004·89	31855·013	5·6302	3·1648
31·8	99·903	794·23	1011·24	32157·432	5·6391	3·1681
31·9	100·22	799·23	1017·61	32461·759	5·6480	3·1715
32·0	100·53	804·25	1024·00	32768·000	5·6569	3·1748
32·1	100·85	809·28	1030·41	33076·161	5·6656	3·1781
32·2	101·16	814·33	1036·84	33386·248	5·6745	3·1814
32·3	101·47	819·40	1043·29	33698·267	5·6833	3·1847
32·4	101·79	824·48	1049·76	34012·224	5·6921	3·1880

n	πn	$\pi \dfrac{n^2}{4}$	n^2	n^3	$\sqrt{n}$	$\sqrt[3]{n}$
32·5	102·10	829·58	1056·25	34328·125	5·7008	3·1913
32·6	102·42	834·69	1062·76	34645·976	5·7096	3·1945
32·7	102·73	839·82	1069·29	34965·783	5·7183	3·1978
32·8	103·04	844·96	1075·84	35287·552	5·7271	3·2010
32·9	103·36	850·12	1082·41	35611·289	5·7358	3·2043
33·0	103·67	855·30	1089·00	35937·000	5·7446	3·2075
33·1	103·99	860·49	1095·61	36264·691	5·7532	3·2108
33·2	104·30	865·70	1102·24	36594·368	5·7619	3·2140
33·3	104·62	870·92	1108·89	36926·037	5·7706	3·2172
33·4	104·93	876·16	1115·56	37259·704	5·7792	3·2204
33·5	105·24	881·41	1122·25	37595·375	5·7879	3·2237
33·6	105·56	886·68	1128·96	37933·056	5·7965	3·2269
33·7	105·87	891·97	1135·69	38272·753	5·8051	3·2301
33·8	106·19	897·27	1142·44	38614·472	5·8137	3·2332
33·9	106·50	902·59	1149·21	38958·219	5·8223	3·2364
34·0	106·81	907·92	1156·00	39304·000	5·8310	3·2396
34·1	107·13	913·27	1162·81	39651·821	5·8395	3·2428
34·2	107·44	918·63	1169·64	40001·688	5·8480	3·2460
34·3	107·76	924·01	1176·49	40353·607	5·8566	3·2491
34·4	108·07	929·41	1183·36	40707·584	5·8651	3·2522
34·5	108·38	934·82	1190·25	41063·625	5·8736	3·2554
34·6	108·70	940·25	1197·16	41421·736	5·8821	3·2586
34·7	109·01	945·69	1204·09	41781·923	5·8906	3·2617
34·8	109·33	951·15	1211·04	42144·192	5·8991	3·2648
34·9	109·64	956·62	1218·01	42508·549	5·9076	3·2679
35·0	109·96	962·11	1225·00	42875·000	5·9161	3·2710
35·1	110·27	967·62	1232·01	43243·551	5·9245	3·2742
35·2	110·58	973·14	1239·04	43614·208	5·9329	3·2773
35·3	110·90	978·68	1246·09	43986·977	5·9413	3·2804
35·4	111·21	984·23	1253·16	44361·864	5·9497	3·2835
35·5	111·53	989·80	1260·25	44738·875	5·9581	3·2866
35·6	111·84	995·38	1267·36	45118·016	5·9665	3·2897
35·7	112·15	1000·98	1274·49	45499·293	5·9749	3·2927
35·8	112·47	1006·60	1281·64	45882·712	5·9833	3·2958
35·9	112·78	1012·23	1288·81	46268·279	5·9916	3·2989
36·0	113·10	1017·88	1296·00	46656·000	6·0000	3·3019
36·1	113·41	1023·54	1303·21	47045·881	6·0083	3·3050
36·2	113·73	1029·22	1310·44	47437·928	6·0166	3·3080
36·3	114·04	1034·91	1317·69	47832·147	6·0249	3·3111
36·4	114·35	1040·62	1324·96	48228·544	6·0332	3·3141

n	πn $\bigcirc$	$\pi \dfrac{n^2}{4}$ $\bullet$	n^2	n^3	$\sqrt{n}$	$\sqrt[3]{n}$
36·5	114·67	1046·35	1332·25	48627·125	6·0415	3·3171
36·6	114·98	1052·09	1339·56	49027·896	6·0497	3·3202
36·7	115·30	1057·84	1346·89	49430·863	6·0580	3·3232
36·8	115·61	1063·62	1354·24	49836·032	6·0663	3·3262
36·9	115·92	1069·41	1361·61	50243·409	6·0745	3·3292
37·0	116·24	1075·21	1369·00	50653·000	6·0827	3·3322
37·1	116·55	1081·03	1376·41	51064·811	6·0909	3·3352
37·2	116·87	1086·87	1383·84	51478·848	6·0991	3·3382
37·3	117·18	1092·72	1391·29	51895·117	6·1073	3·3412
37·4	117·50	1098·58	1398·76	52313·624	6·1155	3·3442
37·5	117·81	1104·47	1406·25	52734·375	6·1237	3·3472
37·6	118·12	1110·36	1413·76	53157·376	6·1318	3·3501
37·7	118·44	1116·28	1421·29	53582·633	6·1400	3·3531
37·8	118·75	1122·21	1428·84	54010·152	6·1481	3·3561
37·9	119·07	1128·15	1436·41	54439·939	6·1563	3·3590
38·0	119·38	1134·11	1444·00	54872·000	6·1644	3·3620
38·1	119·69	1140·09	1451·61	55306·341	6·1725	3·3649
38·2	120·01	1146·08	1459·24	55742·968	6·1806	3·3679
38·3	120·32	1152·09	1466·89	56181·887	6·1887	3·3708
38·4	120·64	1158·12	1474·56	56623·104	6·1967	3·3737
38·5	120·95	1164·16	1482·25	57066·625	6·2048	3·3767
38·6	121·27	1170·21	1489·96	57512·456	6·2129	3·3796
38·7	121·58	1176·28	1497·69	57960·603	6·2209	3·3825
38·8	121·89	1182·37	1505·44	58411·072	6·2289	3·3854
38·9	122·21	1188·47	1513·21	58863·869	6·2370	3·3883
39·0	122·52	1194·59	1521·00	59319·000	6·2450	3·3912
39·1	122·84	1200·72	1528·81	59776·471	6·2530	3·3941
39·2	123·15	1206·87	1536·64	60236·288	6·2610	3·3970
39·3	123·46	1213·04	1544·49	60698·457	6·2689	3·3999
39·4	123·78	1219·22	1552·36	61162·984	6·2769	3·4028
39·5	124·09	1225·42	1560·25	61629·875	6·2849	3·4056
39·6	124·41	1231·63	1568·16	62099·136	6·2928	3·4085
39·7	124·72	1237·86	1576·09	62570·773	6·3008	3·4114
39·8	125·04	1244·10	1584·04	63044·792	6·3087	3·4142
39·9	125·35	1250·36	1592·01	63521·199	6·3166	3·4171
40·0	125·66	1256·64	1600·00	64000·000	6·3245	3·4200
40·1	125·98	1262·93	1608·01	64481·201	6·3325	3·4228
40·2	126·29	1269·23	1616·04	64964·808	6·3404	3·4256
40·3	126·61	1275·56	1624·09	65450·827	6·3482	3·4285
40·4	126·92	1281·90	1632·16	65939·264	6·3561	3·4313

n	πn $\bigcirc$	$\pi\frac{n^2}{4}$ ●	n^2	n^3	$\sqrt{n}$	$\sqrt[3]{n}$
40·5	127·23	1288·25	1640·25	66430·125	6·3639	3·4341
40·6	127·55	1294·62	1648·36	66923·416	6·3718	3·4370
40·7	127·86	1301·00	1656·49	67419·143	6·3796	3·4398
40·8	128·18	1307·41	1664·64	67917·312	6·3875	3·4426
40·9	128·49	1313·82	1672·81	68417·929	6·3953	3·4454
41·0	128·81	1320·25	1681·00	68921·000	6·4031	3·4482
41·1	129·12	1326·70	1689·21	69426·531	6·4109	3·4510
41·2	129·43	1333·17	1697·44	69934·528	6·4187	3·4538
41·3	129·75	1339·65	1705·69	70444·997	6·4265	3·4566
41·4	130·06	1346·14	1713·96	70957·944	6·4343	3·4594
41·5	130·38	1352·65	1722·25	71473·375	6·4421	3·4622
41·6	130·69	1359·18	1730·56	71991·296	6·4498	3·4650
41·7	131·00	1365·72	1738·89	72511·713	6·4575	3·4677
41·8	131·32	1372·28	1747·24	73034·632	6·4653	3·4705
41·9	131·63	1378·85	1755·61	73560·059	6·4730	3·4733
42·0	131·95	1385·44	1764·00	74088·000	6·4807	3·4760
42·1	132·26	1392·05	1772·41	74618·461	6·4884	3·4788
42·2	132·58	1398·67	1780·84	75151·448	6·4961	3·4815
42·3	132·89	1405·31	1789·29	75686·967	6·5038	3·4843
42·4	133·20	1411·96	1797·76	76225·024	6·5115	3·4870
42·5	133·52	1418·63	1806·25	76765·625	6·5192	3·4898
42·6	133·83	1425·31	1814·76	77308·776	6·5268	3·4925
42·7	134·15	1432·01	1823·29	77854·483	6·5345	3·4952
42·8	134·46	1438·72	1831·84	78402·752	6·5422	3·4980
42·9	134·77	1445·45	1840·41	78953·589	6·5498	3·5007
43·0	135·09	1452·20	1849·00	79507·000	6·5574	3·5034
43·1	135·40	1458·96	1857·61	80062·991	6·5651	3·5061
43·2	135·72	1465·74	1866·24	80621·568	6·5727	3·5088
43·3	136·03	1472·54	1874·89	81182·737	6·5803	3·5115
43·4	136·35	1479·34	1883·56	81746·504	6·5879	3·5142
43·5	136·66	1486·17	1892·25	82312·875	6·5954	3·5169
43·6	136·97	1493·01	1900·96	82881·856	6·6030	3·5196
43·7	137·29	1499·87	1909·69	83453·453	6·6106	3·5223
43·8	137·60	1506·74	1918·44	84027·672	6·6182	3·5250
43·9	137·92	1513·63	1927·21	84604·519	6·6257	3·5277
44·0	138·23	1520·53	1936·00	85184·000	6·6333	3·5303
44·1	138·54	1527·45	1944·81	85766·121	6·6408	3·5330
44·2	138·86	1534·39	1953·64	86350·888	6·6483	3·5357
44·3	139·17	1541·34	1962·49	86938·307	6·6558	3·5384
44·4	139·49	1548·30	1971·36	87528·384	6·6633	3·5410

n	πn	$\pi \dfrac{n^2}{4}$	n^2	n^3	$\sqrt{n}$	$\sqrt[3]{n}$
44·5	139·80	1555·28	1980·25	88121·125	6·6708	3·5437
44·6	140·12	1562·28	1989·16	88716·536	6·6783	3·5463
44·7	140·43	1569·30	1998·09	89314·623	6·6858	3·5490
44·8	140·74	1576·33	2007·04	89915·392	6·6933	3·5516
44·9	141·06	1583·37	2016·01	90518·849	6·7007	3·5543
45·0	141·37	1590·43	2025·00	91125·000	6·7082	3·5569
45·1	141·69	1597·51	2034·01	91733·851	6·7156	3·5595
45·2	142·00	1604·60	2043·04	92345·408	6·7231	3·5621
45·3	142·31	1611·71	2052·09	92959·677	6·7305	3·5648
45·4	142·63	1618·83	2061·16	93576·664	6·7379	3·5674
45·5	142·94	1625·97	2070·25	94196·375	6·7454	3·5700
45·6	143·26	1633·13	2079·36	94818·816	6·7528	3·5726
45·7	143·57	1640·30	2088·49	95443·993	6·7602	3·5752
45·8	143·88	1647·48	2097·64	96071·912	6·7676	3·5778
45·9	144·20	1654·68	2106·81	96702·579	6·7749	3·5805
46·0	144·51	1661·90	2116·00	97336·000	6·7823	3·5830
46·1	144·83	1669·14	2125·21	97972·181	6·7897	3·5856
46·2	145·14	1676·39	2134·44	98611·128	6·7971	3·5882
46·3	145·46	1683·65	2143·69	99252·847	6·8044	3·5908
46·4	145·77	1690·93	2152·96	99897·344	6·8117	3·5934
46·5	146·08	1698·23	2162·25	100544·625	6·8191	3·5960
46·6	146·40	1705·54	2171·56	101194·696	6·8264	3·5986
46·7	146·71	1712·87	2180·89	101847·563	6·8337	3·6011
46·8	147·03	1720·21	2190·24	102503·232	6·8410	3·6037
46·9	147·34	1727·57	2199·61	103161·709	6·8484	3·6063
47·0	147·65	1734·94	2209·00	103823·000	6·8556	3·6088
47·1	147·97	1742·34	2218·41	104487·111	6·8629	3·6114
47·2	148·28	1749·74	2227·84	105154·048	6·8702	3·6139
47·3	148·60	1757·16	2237·29	105823·817	6·8775	3·6165
47·4	148·91	1764·60	2246·76	106496·424	6·8847	3·6190
47·5	149·23	1772·05	2256·25	107171·875	6·8920	3·6216
47·6	149·54	1779·52	2265·76	107850·176	6·8993	3·6241
47·7	149·85	1787·01	2275·29	108531·333	6·9065	3·6267
47·8	150·17	1794·51	2284·84	109215·352	6·9137	3·6292
47·9	150·48	1802·03	2294·41	109902·339	6·9209	3·6317
48·0	150·80	1809·56	2304·00	110592·000	6·9282	3·6342
48·1	151·11	1817·11	2313·61	111284·641	6·9354	3·6368
48·2	151·42	1824·67	2323·24	111980·168	6·9426	3·6393
48·3	151·74	1832·25	2332·89	112678·587	6·9498	3·6418
48·4	152·05	1839·84	2342·56	113379·904	6·9570	3·6443

n	πn	$\pi\dfrac{n^2}{4}$	n^2	n^3	$\sqrt{n}$	$\sqrt[3]{n}$
48·5	152·37	1847·45	2352·25	114084·125	6·9642	3·6468
48·6	152·68	1855·08	2361·96	114791·256	6·9714	3·6493
48·7	153·00	1862·72	2371·69	115501·303	6·9785	3·6518
48·8	153·31	1870·38	2381·44	116214·272	6·9857	3·6543
48·9	153·62	1878·05	2391·21	116930·169	6·9928	3·6568
49·0	153·94	1885·74	2401·00	117649·000	7·0000	3·6593
49·1	154·25	1893·45	2410·81	118370·771	7·0071	3·6618
49·2	154·57	1901·17	2420·64	119095·488	7·0143	3·6643
49·3	154·88	1908·90	2430·49	119823·157	7·0214	3·6668
49·4	155·19	1916·65	2440·36	120553·784	7·0285	3·6692
49·5	155·51	1924·42	2450·25	121287·375	7·0356	3·6717
49·6	155·82	1932·21	2460·16	122023·936	7·0427	3·6742
49·7	156·14	1940·00	2470·09	122763·473	7·0498	3·6767
49·8	156·45	1947·82	2480·04	123505·992	7·0569	3·6791
49·9	156·77	1955·65	2490·01	124251·499	7·0640	3·6816
50·0	157·08	1963·50	2500·00	125000·000	7·0711	3·6840
51·0	160·22	2042·82	2601·00	132651·000	7·1414	3·7084
52·0	163·36	2123·72	2704·00	140608·000	7·2111	3·7325
53·0	166·50	2206·19	2809·00	148877·000	7·2801	3·7563
54·0	169·64	2290·22	2916·00	157464·000	7·3485	3·7798
55·0	172·78	2375·83	3025·00	166375·000	7·4162	3·8030
56·0	175·93	2463·01	3136·00	175616·000	7·4833	3·8259
57·0	179·07	2551·76	3249·00	185193·000	7·5498	3·8485
58·0	182·21	2642·08	3364·00	195112·000	7·6158	3·8709
59·0	185·35	2733·97	3481·00	205379·000	7·6811	3·8930
60·0	188·49	2827·44	3600·00	216000·000	7·7460	3·9149
61·0	191·63	2922·47	3721·00	226981·000	7·8102	3·9365
62·0	194·77	3019·07	3844·00	238328·000	7·8740	3·9579
63·0	197·92	3117·25	3969·00	250047·000	7·9373	3·9791
64·0	201·06	3216·99	4096·00	262144·000	8·0000	4·0000
65·0	204·20	3318·31	4225·00	274625·000	8·0623	4·0207
66·0	207·34	3421·20	4356·00	287496·000	8·1240	4·0412
67·0	210·48	3525·66	4489·00	300763·000	8·1854	4·0615
68·0	213·63	3631·69	4624·00	314432·000	8·2462	4·0817
69·0	216·77	3739·29	4761·00	328509·000	8·3066	4·1016
70·0	219·91	3848·46	4900·00	343000·000	8·3666	4·1213
71·0	223·05	3959·20	5041·00	357911·000	8·4261	4·1408
72·0	226·19	4071·51	5184·00	373248·000	8·4853	4·1602
73·0	229·22	4185·39	5329·00	389017·000	8·5440	4·1793
74·0	232·47	4300·85	5476·00	405224·000	8·6023	4·1983

n	πn	$\pi\dfrac{n^2}{4}$	n^2	n^3	$\sqrt{n}$	$\sqrt[3]{n}$
75·0	235·62	4417·87	5625·00	421875·000	8·6603	4·2172
76·0	238·76	4536·47	5776·00	438976·000	8·7178	4·2358
77·0	241·90	4656·63	5929·00	456533·000	8·7750	4·2543
78·0	245·04	4778·37	6084·00	474552·000	8·8318	4·2727
79·0	248·18	4901·68	6241·00	493039·000	8·8882	4·2908
80·0	251·32	5026·56	6400·00	512000·000	8·9443	4·3089
81·0	254·47	5153·01	6561·00	531441·000	9·0000	4·3267
82·0	257·61	5281·03	6724·00	551368·000	9·0554	4·3445
83·0	260·75	5410·62	6889·00	571787·000	9·1104	4·3621
84·0	263·89	5541·78	7056·00	592704·000	9·1652	4·3795
85·0	267·03	5674·50	7225·00	614125·000	9·2195	4·3968
86·0	270·17	5808·81	7396·00	636056·000	9·2736	4·4140
87·0	273·32	5944·69	7569·00	658503·000	9·3274	4·4310
88·0	276·46	6082·13	7744·00	681472·000	9·3808	4·4480
89·0	279·60	6221·13	7921·00	704969·000	9·4340	4·4647
90·0	282·74	6361·74	8100·00	729000·000	9·4868	4·4814
91·0	285·88	6503·89	8281·00	753571·000	9·5394	4·4979
92·0	289·02	6647·62	8464·00	778688·000	9·5917	4·5144
93·0	292·17	6792·92	8649·00	804357·000	9·6437	4·5307
94·0	295·31	6939·78	8836·00	830584·000	9·6954	4·5468
95·0	298·45	7088·23	9025·00	857375·000	9·7468	4·5629
96·0	301·59	7238·24	9216·00	884736·000	9·7980	4·5789
97·0	304·73	7389·83	9409·00	912673·000	9·8489	4·5947
98·0	307·87	7542·98	9604·00	941192·000	9·8995	4·6104
99·0	311·02	7697·68	9801·00	970299·000	9·9499	4·6261
100·0	314·16	7854·00	10000·00	1000000·000	10·0000	4·6416

Annähernd ist

$$\sqrt{a^2 \pm b} = a \pm \frac{b}{2a} \quad \text{und} \quad \sqrt[3]{a^3 \pm b} = a \pm \frac{b}{3a^2}.$$

50. Ausmessung einiger Flächen und Körper.

1. Dreieck.

$$\text{Inhalt} = \frac{1}{2}\text{ Grundlinie} \times \text{Höhe.}$$

Wenn die Seiten a, b, c bekannt sind und s deren halbe Summe bedeutet, so ist der Inhalt =

$$\sqrt{s(s-a)(s-b)(s-c)}.$$

2. Kreis.

Wenn d der Durchmesser oder r der Radius ist:

$$\text{Umfang} = \pi d = 3{\cdot}14159d = 2r\pi = 3{\cdot}14159 \times 2r.$$

$$\text{Inhalt } F = 0{\cdot}7854d^2 = 3{\cdot}14159r^2.$$

$$d = 1{\cdot}12838\sqrt{F}.$$

Inhalt des Kreisausschnitts (Sektors) mit dem Zentriwinkel α^0: $\dfrac{\alpha}{360}\,3{\cdot}14159r^2$.

3. Kegel und Pyramide.

$$\text{Inhalt} = \frac{1}{3}\text{ Grundfläche} \times \text{Höhe.}$$

Mantel des graden Kegels = πrs, wenn $s = \sqrt{r^2 + h^2}$ die Seite ist.

4. Zylinder.

$$\text{Mantel } F = 2\pi rh.$$

$$\text{Inhalt } I = \text{Grundfläche} \times \text{Höhe.}$$

5. Kugel.

$$\text{Kugeloberfläche } F = 4\pi r^2 = 12{\cdot}56636r^2.$$

$$\text{Oberfläche der Kalotte oder Zone } F = 2\pi rh.$$

Kugelinhalt $J = \dfrac{4}{3} \pi r^3 = 4 \cdot 1888 \, r^3$

$$= \dfrac{1}{6} \pi d^3 = 0 \cdot 5236 \, d^3$$

Radius $r = 0 \cdot 62035 \sqrt[3]{J}$.

Inhalt des Kugelabschnitts $J = \dfrac{1}{6} \pi h \, (3 a^3 + h^2)$

$$= \dfrac{1}{3} \pi h^2 \, (3 r - h), \quad \text{wenn}$$

der Radius der Kugel, a der der Schnittfläche und h die Höhe des Abschnitts.

Inhalt der Kugelzone $J = \dfrac{1}{6} \pi h \, (3 a^3 + 3 b^2 + h^2)$, wenn a und b die Radien der Endflächen.

Inhalt des Kugelausschnitts: $J = \dfrac{2}{3} \pi r^2 h$, wenn h die Höhe der entsprechenden Kalotte ist.

6. Faß.

D der Durchmesser am Spund,
d der Bodendurchmesser,
h die Höhe.

Inhalt $= \frac{1}{12} \pi h \, (2 D^2 + d^2)$ angenähert für kreisförmige Dauben.

Inhalt $= \frac{1}{15} \pi h (2 D^2 + D d + \frac{3}{4} d^2)$ genau für parabolische Dauben.

51. Amtliche Bezeichnung
der Münzen, Maße und Gewichte in Deutschland.

Münze:

1 Mark . . . . 1 M
1 Pfennig . . . . . . 1 Pf

Gewicht:

1 Gramm (1·0 g) . . 1 g
1 Dezigramm (0·1 g) . 1 dg
1 Zentigramm (0·01 g) 1 cg
1 Milligramm (0·001 g) 1 mg
1 Hektogramm (100 g) 1 hg
1 Kilogramm (1000 g). 1 kg
1 Tonne (1000 kg) . . 1 t

Maß:

1 Meter (1·0 m) . . . 1 m
1 Dezimeter (0.1 m) . 1 dm
1 Zentimeter (0·01 m) 1 cm
1 Millimeter (0·001 m) 1 mm
1 Hektometer (100 m) 1 hm

1 Kilometer (1000 m) 1 km
1 Quadratmeter . . 1 qm
1 Quadratzentimeter 1 qcm
1 Quadratmillimeter. 1 qmm
1 Quadratkilometer . 1 qkm
1 Kubikmeter . . . 1 cbm
1 Kubikzentimeter . 1 ccm
1 Kubikmillimeter . 1 cmm
1 Liter (1000 ccm) . 1 l
1 Deziliter (0·1 l) . . 1 dl
1 Hektoliter (100 l) .. 1 hl
1 Ar (100 qm) . . . 1 a
1 Hektar (100 a) . . 1 ha
1 Meterkilogramm. . 1 mkg
1 Pferdestärke (75 mkg)
   oder 1 P.S. . . 1 e
1 Atmosphäre . . . 1 at
1 Calorie . . . . . 1 c

52. Maße und Gewichte verschiedener Länder.

1. **Metrisches System** (gültig in Deutschland, Österreich, Frankreich, den Niederlanden, Belgien, Luxemburg, der Schweiz, Italien, Griechenland, der Türkei, Rumänien, Spanien, Portugal, den meisten südamerikanischen Republiken; fakultativ in Großbritannien, Rußland und Nordamerika).

1 Meter (m) = 443·296 Pariser Linien = 3·1862 rheinl. Fuß = 3·281 engl. Fuß = 1·000 003 01 mètre de archives.

1 Faden (Marine) = 1·829 m.

1 Kilometer (km) = 10 Hektometer (hm) = 0·1328 preuß. Meilen = 0·6214 engl. Meilen = 0·9375 russ. Werst = 0·5390 Seemeilen = 0·1347 geogr. Meilen (15 = 1 Längengrad).

1 deutsche Meile = 7½ km = 0·996 preuß. Meile = 4·66 engl. Meilen = 7·031 russ. Werst.

1 französ. Meile (lieue) = 1 Myriameter = 10 km.

1 Hektar (ha) = 100 Ar (a) = 10 000 qm = 0·01 qkm = 3·9166 preuß. Morgen = 2·471 engl. Acres.

1 Liter (l) = 0·001 cbm = 1000 ccm = 2 Schoppen = 0·87334 preuß. Quart = 0·2201 engl. Gallone = 0·6667 bad. Maß = 0·9354 bayer. Maß = 1·0688 sächs. Kanne.

1 Hektoliter (hl) = 0·1 cbm = 100 l = 1·8195 preuß. Scheffel = 87·334 pr. Quart = 22·01 engl. Gallonen.

1 Kilogramm (kg) = 1000 g = 2 Pfund = Gewicht eines l

Wasser bei $+ 4^0 = 0.999\,999\,842$ Kilogramme prototype $= 2.2046$ engl. Handelspfund $= 1.7857$ österr. Pfund $= 2.3511$ schwed. Pfund $= 2.4419$ russ. Pfund.

1 Dekagramm = 1 Neulot = 10 g.

1 Gramm (g) = 15.432 engl. Grains.

1 Zentner = 50 kg = 100 Pfund = 0.9842 eng. Zentner = 0.8928 Wiener Zentner.

1 Meterzentner (Doppelzentner, Quintal) = 100 kg.

1 Tonne (t) = 1000 kg = 0.9842 engl. Ton = 1.1023 amerikanische short Ton (à 2000 lbs).

1 quintal = 2 Zentner = 100 kg.

1 Ster = 10 hl = 1 cbm.

Dänemark u. Norwegen haben den rheinl. Fuß als Maßeinheit, das metrische System für Gewicht.

Frankreich (altes System). 1 Pariser Fuß = 144 Linien = 0.3248 m.

1 Toise = 6 Fuß. 1 Arpent = 34.188 a.

1 livre = 489.506 g.

Großbritannien. 1 Fuß (foot) = 12 Zoll (inches) = 0.3048 m.

1 Zoll = 25.3995 mm.

1 Yard = 3 Fuß = 0.9144 m. 1 Faden (fathom) = 2 yards.

1 Rod (pole, perch) = $5^1/_2$ yards = 5.0291 m.

1 Meile (statute mile) = 8 furlongs = 320 poles = 1760 yards = 5280 feet = 1.6093 km.

1 Seemeile (nautical mile) = $^1/_{10}$ Äq. Grad = 6082.66 Fuß = 1854.96 m.

1 Acre = 4 roods = 160 poles = 43560 Quadratfuß = 0.40467 ha.

1 Quadratmeile = 640 acres = 258.989 ha.

1 Gallon = 4 quarts = 8 pints = 277.274 cubic inches = 4.536 l.

1 Kubikfuß = 1728 Kubikzoll = 28.315 l; 1 Kubikzoll = 16.386 ccm.

1 Quarter = 8 bushels = 32 pecks = 64 gallons = 2.903 hl.

1 Bushel = 8 gallons = 0.3628 hl.

1 Fluid ounce = $^1/_{20}$ pint = 28.35 ccm.

1 Handelspfund (pound avoirdupois) = 16 ounces (oz) = 7000 grains = 0.4536 kg.

1 Ounce avoirdupois (d. i. gewöhnliches Handelsgewicht; abgekürzt: oz.) = $437^1/_2$ grains = 28.35 g.

1 Gallon = 10 Pfund Wasser = 70 000 grains = 4.536 kg Wasser.

1 Zentner (hundredweight; abgek. cwt.) = 4 quarters (qrs) = 8 stones = 112 pounds (lbs) = 50.8024 kg.

1 Ton = 20 cwt = 2240 lbs = 1016.648 kg.

Apothekergewicht. 1 pound troy = 12 ounces troy = 96 drams = 288 scruples = 5760 grains = 373.242 g.

1 ounce troy = 8 drams = 24 scruples = 480 grains = 31·1035 g.

Gold- und Edelsteingewicht. 1 pound troy = 12 ounces troy.

1 ounce troy = 20 pennyweights (abg. dwt) = 480 grains = 31·1035 g.

1 pennyweight (dwt) = 1·5552 g.

1 Grain (gemeinsam für troy und avoirdupois) = 0·0648 g.

Österreich (alte Maße und Gewichte).

1 Fuß = 0·3161 m à 12 Linien.

3 Ruten = 5 Klafter = 30 Fuß = 360 Zoll.

1 Meile = 4000 Klafter = 7586·455 m.

1 Maß = 1·415 l.   1 Eimer = 40 Maß = 160 Seidel = 320 Pfiff.

1 Metze = 61·4995 l.

1 Wiener Pfund = 560·012 g.

1 Zentner = 5 Stein = 100 Pfund = 3200 Lot.

Preußen (altes System).   1 Fuß = 12 Zoll = 144 Linien = 0·3139 m.

1 Elle = $25^1/_2$ Zoll = 0·6669 m.   1 Lachter = 80 Zoll = 2·0924 m.

1 Rute = 12 Fuß = 3·7662 m.   1 Meile = 24 000 Fuß = 7532·5 m.

1 Morgen = 180 Quadratruten = 0·2553 ha.

1 Quart = 64 Kub.-Zoll = $^1/_{27}$ Kub.-Fuß = 1·14503 l.

1 Scheffel = 16 Metzen = 48 Quart = 0·5496 hl.

1 Tonne = 4 Scheffel = 2·1985 hl.

1 Klafter = 108 Kub.-Fuß = 3·3389 cbm.   1 Schachtrute = 144 Kub.-Fuß = 4·4519 cbm.

1 Pfund = 30 Lot à 10 Quentchen = 500 g.   1 Zentner = 100 Pfund = 50 kg. (1 altes Pfund = 32 Lot = 467·711 g; 1 alter Zentner = 110 Pfund.)

Rußland.   1 Fuß = 1 engl. Fuß.   1 Saschehn = 7 h Fuß = 3 Arschin = 12 Tschetwert = 48 Werschoc = 2·1336 m.

1 Werst = 500 Saschehn = 1066·78 m.

1 Dessätine = 2400 Quadrat-Saschehn = 10 925 qm.

1 Wedro = 10 Kruschky (Stoof) = 12·299 l.

1 Tschetwert=2 Osmini=4 Pajock=8 Tschetwerik=209·9 l.

1 Tschetwerik = 4 Tschetwerka = 8 Garnez = 26·2376 l.

1 Pfund = 32 Lot = 96 Solotnik = 9216 Doli = 409·531 g = 0·9028 engl. Pfund.

1 Berkowitz (Schiffspfund)=10 Pud=400 Pfund=163·81 kg.

1 Pud = 40 Pfund = 16·3805 kg = 36·112 engl. Pfund.

Schweden.   1 Fuß à 10 Zoll à 10 Linien = 0·2969 m.

1 Faden (famm) = 3 Ellen (alnar) = 6 Fuß = 1·7814 m.

1 Meile = 6000 Faden = 10·6884 km.

1 Kanne = 100 Kub.-Zoll = 2·617 l.

1 Skålpund = 100 Korn (à 100 Art) = 425·3395 g. 1 Zentner = 100 Skålpund. 1 Schiffspfund = 20 Liespund = 400 Skålpund.

Schweiz. Seit 1878 metrisches System; doch noch zuweilen angewendet 1 Fuß = 0,3000 m. 1 Juchart = 36 a. 1 Maß = 1,51 l. 1 Saum = 100 Maß = 151 l.

Vereinigte Staaten. Maß und Gewicht wie in Großbritannien, doch kommt neben der „long ton" von 2240 lbs noch häufiger als diese die „short ton" oder „net ton" von 2000 lbs = 0·89285 long ton = 907·1852 kg vor.

Die U. S. gallon ist verschieden von der englischen und entspricht nur 3·7854 l.

Für Holz ist das Maß der Cord = 4 × 4 × 8 Fuß = 128 Kubikfuß = etwa $2^1/_2$ Festmeter.

Quadratfuße, Quadratmeter.

1 qm = 10·008 Quadratfuß österr. = 10·152 Quadratfuß preuß. und dänisch = 10·764 Quadratfuß engl. und russ. = 11·344 Quadratfuß schwedisch.

1 Quadratfuß österr. = 0·0992 qm.
1   „   preuß. und dän. = 0·0985 qm.
1   „   engl. und russ. = 0·0929 qm.
1   „   schwedisch 0·0882 qm.

Kubikfuße, Kubikmeter.

1 cbm = 31·66 Kubikf. österr.	1 Kubikf. = 0·03159 cbm:
1 „ = 32·346 „ preuß. (dän.)	1 „ = 0·03092 „
1 „ = 35·316 „ engl. (russ.)	1 „ = 0·02832 „
1 „ = 38·209 „ schwed.	1 „ = 0·02617 „

1 Kilogramm pro laufenden Meter

= 0·7443 russ. Pfund pro lauf. Fuß,
= 0.6980 schwed. Pfund pro lauf. Fuß,
= 0.6719 engl.   „   „   „   „
= 0·6277 preuß.   „   „   „   „
= 0·6322 Zollpfund   „   österr. Fuß.

1 engl. Pfund pro 1 engl. Fuß = 1·4882 kg pro lauf. Meter.

1 Kilogramm pro Quadrat-Zentimeter

= 13·681 preuß. Pfund pro Quadratzoll,
= 13·878 Zollpfund   „   österr. Quadratzoll,
= 14·223 engl. Pfund   „   Quadratzoll,
= 15·753 russ.   „   „   „
= 20·725 schwed.   „   „   „

1 Kilogramm pro Quadratmeter = 0·2048 engl. Pfund pro Quadratfuß.

1 Engl. Pfund pro Quadratfuß = 4·883 kg pro qm.

1 „   „   „ Quadratzoll = 0·07031 kg pro qcm

1 „   ton pro Quadratzoll = 158 kg pro qcm.

1 „   Pfund pro Kubikfuß = 16·02 g pro Liter.

1 Grain (engl.) **pro Gallon** = 0·01429 g pro Liter

1 g pro Liter = 70 Grains pro Gallon = 0·06243 engl. Pfund pro Kubikfuß.

1 Grain (engl.) **pro engl. Kubikfuß** = 2·287 g pro cbm.

1 Gramm pro Kubikmeter = 0·4372 engl. Grain pro Kubikfuß.

1 Meterkilogramm = 7·235 engl. Fußpfund.

1 engl. Fußpfund = 0·1382 mkg.

1 engl. Fußpfund pro Kubikfuß = 4·8807 mkg pro cbm

Pferdestärken.

kg·m	Österreich Fuß-Pfund	Preußen Fuß-Pfund	England Fuß-Pfund	Schweden Fuß-Pfund	Rußland Fuß-Pfund
75	474·53	477·93	542·47	593·90	600·85
76·041	481·11	484·56	**550**	602·14	609·19

53. Reduktionstabellen zwischen englischen und Meter-Maßen und -Gewichten.

Reduktion des Metermaßes auf engl. Maß.

Meter Quadr.-M. Kubik-M.	Fuß	Zoll	Quadrat-Fuß	Quadrat-Fuß	Kubik-Fuß	Kubik-Zoll
1	3·2809	39·3706	10·7642	1550·05	35·3161	61026·2
2	6·5618	78·7412	21·5284	3100·09	70·6322	122052·4
3	9·8427	118·1118	32·2926	4650·13	105·9483	183078·6
4	13·1235	157·4824	43·0568	6200·18	141·2644	244104·9
5	16·4044	196·8530	53·8210	7750·23	176·5805	305131·1
6	19·6853	236·2237	64·5852	9300·27	211·8966	366157·3
7	22·9662	275·5943	75·3494	10850·31	247·2126	427183·5
8	26·2471	314·9649	86·1136	12400·36	282·5287	488209·7
9	29·5280	354·3355	96·8778	13950·40	317·8448	549235·9

$1/_{64}$ Zoll = 0·39 mm; $1/_{32}$ Zoll = 0·79 mm; $1/_{16}$ Zoll = 1.59 mm.
$1/_8$ Zoll = 3.17 mm; $1/_4$ Zoll = 6·35 mm; $1/_2$ Zoll = 12·70 mm.

Reduktion des englischen Maßes auf Metermaß.

Fuß Quadratfuß Kubikfuß	Meter	Quadrat-meter	Kubik-meter	Zoll Quadratzoll Kubikzoll	Zentimeter	Quadrat-zentimeter	Kubik-zentimeter
1	0·3048	0·0929	0·0283	1	2·5400	6·4514	16·386
2	0·6096	0·1858	0·0566	2	5·0799	12·9028	32·772
3	0·9144	0·2787	0·0849	3	7·6199	19·3542	49·159
4	1·2192	0·3716	0·1133	4	10·1598	25·8055	65·545
5	1·5240	0·4645	0·1416	5	12·6998	32·2569	81·931
6	1·8288	0·5574	0·1699	6	15·2397	38·9083	98·317
7	2·1336	0·6503	0·1982	7	17·7797	45·1597	114·703
8	2·4384	0·7432	0·2265	8	20·3196	51·6111	131·089
9	2·7432	0·8361	0·2548	9	22·8596	58·0625	147·476

7*

Englische Zolle = Millimeter.

Ganze, halbe, Viertel-, Achtel- und Sechzehntel-Zoll = Millimeter.

1 engl. Zoll = 25·3995 mm.

Zoll	0	1/16	1/8	3/16	1/4	5/16	3/8	7/16	1/2	9/16	5/8	11/16	3/4	13/16	7/8	15/16	Zoll
0	0·000	1·587	3·175	4·762	6·350	7·937	9·525	11·112	12·700	14·287	15·875	17·462	19·050	20·637	22·225	23·812	0
1	25·400	26·987	28·574	30·162	31·749	33·337	34·924	36·512	38·099	39·687	41·274	42·862	44·449	46·037	47·624	49·212	1
2	50·799	52·387	53·974	55·561	57·149	58·736	60·324	61·911	63·499	65·086	66·674	68·261	69·849	71·436	73·024	74·611	2
3	76·199	77·786	79·374	80·961	82·549	84·136	85·723	87·311	88·898	90·486	92·073	93·661	95·248	96·836	98·423	100·01	3
4	101·60	103·19	104·77	106·36	107·95	109·54	111·12	112·71	114·30	115·89	117·47	119·06	120·65	122·24	123·82	125·41	4
5	127·00	128·59	130·17	131·76	133·35	134·94	136·52	138·11	139·70	141·28	142·87	144·46	146·05	147·63	149·22	150·81	5
6	152·40	153·98	155·57	157·16	158·75	160·33	161·92	163·51	165·10	166·68	168·27	169·86	171·45	173·03	174·62	176·21	6
7	177·80	178·39	180·97	182·56	184·15	185·73	187·32	188·91	190·50	192·08	193·67	195·26	196·85	198·43	200·02	201·61	7
8	203·20	204·78	206·37	207·96	209·55	211·13	212·72	214·31	215·90	217·48	219·07	220·66	222·25	223·83	225·42	227·01	8
9	228·60	230·18	231·77	233·36	234·95	236·53	238·12	239·71	241·30	242·88	244·47	246·06	247·65	249·23	250·82	252·41	9

Englische Pfunde = Kilogramm

Pfd.	0	1	2	3	4	5	6	7	8	9
0	0·0000	0·4536	0·9072	1·3608	1·8144	2·2680	2·7216	3·1751	3·6287	4·0823
10	4·5359	4·9895	5·4431	5·8967	6·3503	6·8039	7·2575	7·7111	8·1647	8·6183
20	9·0719	9·5254	9·9790	10·433	10·886	11·340	11·793	12·247	12·701	13·154
30	13·608	14·061	14·515	14·969	15·422	15·876	16·329	16·783	17·237	17·690
40	18·144	18·597	19·051	19·504	19·958	20·412	20·865	21·319	21·772	22·226
50	22·680	23·133	23·587	24·040	24·494	24·948	25·401	25·855	26·308	26·762
60	27·216	27·669	28·123	28·576	29·030	29·484	29·937	30·391	30·844	31·296
70	31·751	32·205	32·659	33·112	33·566	34·019	34·473	34·927	35·380	35·834
80	36·287	36·741	37·195	37·648	38·102	38·555	39·009	39·463	39·916	40·370
90	40·823	41·277	41·731	42·184	42·638	43·091	43·545	43·998	44·452	44·906

Englische Tons = Kilogramm.

Tons	0	1	2	3	4	5	6	7	8	9
0	00000	1016	2032	3048	4064	5080	6096	7112	8129	9145
10	10161	11177	12193	13209	14225	15241	16257	17273	18289	19305
20	20321	21337	22353	23369	24386	25402	26418	27434	28450	29466
30	30482	31498	32514	33530	34546	35562	36578	37594	38610	39627
40	40643	41659	42675	43691	44707	45723	46739	47755	48771	49787
50	50803	51819	52835	53851	54868	55884	56900	57916	58932	59948
60	60964	61980	62996	64012	65028	66044	67060	68076	69092	70108
70	71125	72141	73157	74173	75189	76205	77221	78237	79253	80269
80	81285	82302	83317	84333	85349	86366	87382	88398	89414	90430
90	91446	92462	93478	94494	95510	96526	97542	98558	99574	100590

Englische Grains = Gramm.

Grains	0 g	1 g	2 g	3 g	4 g	5 g	6 g	7 g	8 g	9 g
0	0·000	0·065	0·130	0·194	0·259	0·324	0·389	0·454	0·518	0·583
10	0·648	0·713	0·778	0·842	0·907	0·972	1·037	1·102	1·166	1·231
20	1·296	1·361	1·426	1·490	1·555	1·620	1·685	1·749	1·814	1·879
30	1·944	2·009	2·074	2·138	2·203	2·268	2·333	2·397	2·462	2·527
40	2·592	2·657	2·721	2·786	2·851	2·916	2·981	3·045	3·110	3·175
50	3·240	3·305	3·369	3·434	3·499	3·564	3·629	3·693	3·758	3·823
60	3·888	3·953	4·018	4·082	4·147	4·212	4·277	4·341	4·406	4·471
70	4·536	4·601	4·666	4·730	4·795	4·860	4·925	4·989	5·054	5·119
80	5·184	5·249	5·314	5·378	5·443	5·508	5·573	5·637	5·702	5·767
90	5·832	5·897	5·962	6·026	6·091	6·156	6·221	6·286	6·350	6·415

Gramm = Englische Grains.

Grm.	0 grain	0·1 grain	0·2 grain	0·3 grain	0·4 grain	0·5 grain	0·6 grain	0·7 grain	0·8 grain	0·9 grain
0	0·000	1·543	3·086	4·629	6·172	7·716	9·259	10·802	12·345	13·808
1	15·432	16·975	18·518	20·061	21·604	23·148	24·691	26·234	27·777	29·320
2	30·864	32·407	33·950	35·493	37·036	38·580	40·123	41·666	43·209	44·752
3	46·296	47·839	49·382	50·925	52·468	54·012	55·555	57·098	58·641	60·184
4	61·728	63·271	64·814	66·375	67·900	69·444	70·987	72·530	74·073	75·616
5	77·160	78·703	80·246	81·789	83·332	84·876	86·419	87·962	89·505	91·048

54. Werte der Nummern von Drahtgewebe und Siebgaze.

Als Grundlage für die Nummernbezeichnung bei Messing-
und Eisendrahtgeweben, sowie bei der stärkeren Gries-
Gaze dient die Anzahl der Fäden pro Zoll des Landesmaßes,
welcher in mm beträgt:

$$
\begin{aligned}
&1 \text{ Zoll engl.} &&= 25\cdot4 \text{ mm,}\\
&1 \text{ Pariser Zoll} &&= 27.1 \quad ,,\\
&1 \text{ Wiener Zoll} &&= 26\cdot3 \quad ,,\\
&1 \text{ rhein. Zoll} &&= 26\cdot15 \quad ,,
\end{aligned}
$$

Bei den französischen und schweizerischen Fabri-
katen bezeichnen die Nummern in jenen Fällen immer die
Zahl der Fäden pro Pariser Zoll, d. i. 2·71 cm, und erhält
man die Zahl der Fäden pro cm durch Division der Sieb-
nummer durch 2·7. Die Griesgaze jedoch wird in der
Schweiz nach dem Wiener Zoll = 26·3 mm numeriert.
Die deutschen und englischen Nummern richten sich
nach dem rheinischen bzw. englischen Zoll; zuweilen wird
auch noch der Zoll von 30 mm zugrunde gelegt.

Von Ratazzi & May, Roswags Nachfolger, Metallge-
webefabrik, Frankfurt a. M.-Bockenheim ist folgende Ver-
gleichstabelle der Gewebe-Nummern der verschiedenen
Maße zueinander und der Maschenanzahl auf dem Quadratzentimeter zusammengestellt worden.

Per Pariser Zoll 27 mm		Per Rhein. Zoll		Per Engl. Zoll		Per 30 mm Zoll		Per 10 mm		Maschen pro □ cm
Nr.	4	Nr.	3½	Nr.	3½	Nr.	4,4	Nr.	1,4	2
,,	5	,,	4½	,,	4½	,,	5,5	,,	1,8	3
,,	6	,,	5½	,,	5½	,,	6,6	,,	2,2	4
,,	7	,,	6½	,,	6½	,,	7,7	,,	2,5	6
,,	8	,,	7½	,,	7½	,,	8,8	,,	2,9	8
,,	9	,,	8½	,,	8	,,	10	,,	3,5	11
,,	10	,,	9½	,,	9½	,,	11,1	,,	3,7	14
,,	12	,,	11	,,	11	,,	13,3	,,	4,4	19
,,	14	,,	13½	,,	13	,,	15,5	,,	5,2	27
,,	15	,,	14	,,	14	,,	16,6	,,	5,5	30
,,	16	,,	15	,,	15	,,	17,7	,,	5,9	35
,,	18	,,	17	,,	17	,,	20	,,	6,6	42

Per Pariser Zoll 27 mm	Per Rhein. Zoll	Per Engl. Zoll	Per 30 mm Zoll	Per 10 mm	Maschen pro □ cm
Nr. 20	Nr. 19	Nr. 19	Nr. 22,2	Nr. 7,4	53
,, 21	,, 20	,, 20	,, 23,4	,, 7,8	60
,, 22	,, 21	,, 20½	,, 24,4	,, 8,1	66
,, 24	,, 23	,, 22	,, 26,6	,, 8,8	77
,, 25	,, 24	,, 23½	,, 27,7	,, 9,2	85
,, 26	,, 25	,, 24	,, 28,8	,, 9,6	93
,, 27	,, 26	,, 25	,, 30	,, 10	100
,, 28	,, 27	,, 26	,, 31,1	,, 10,4	106
,, 30	,, 29	,, 28	,, 33,3	,, 11,1	123
,, 32	,, 31	,, 30	,, 35,5	,, 11,8	140
,, 35	,, 33	,, 33	,, 38,8	,, 12,9	166
,, 36	,, 35	,, 34	,, 40,2	,, 13,4	180
,, 40	,, 38	,, 37½	,, 44,4	,, 14,8	219
,, 42	,, 40	,, 39	,, 46,5	,, 15,5	240
,, 43	,, 41½	,, 40½	,, 48	,, 16	256
,, 45	,, 43	,, 42	,, 50	,, 16,7	280
,, 48	,, 47	,, 46	,, 54	,, 18	324
,, 50	,, 48	,, 47	,, 55,5	,, 18,5	342
,, 54	, 52	,, 51	,, 60	,, 20	400
,, 55	,, 53	,, 51½	,, 61,1	,, 20,3	412
,, 58	,, 56	,, 54½	,, 64,4	,, 21,4	458
,, 60	,, 58	,, 56½	,, 66,6	,, 22,2	493
,, 63	,, 61	,, 59	,, 70	,, 23,3	543
,, 65	,, 62	,, 61	,, 72,2	,, 24	576
,, 66	,, 64	,, 62	,, 73,5	,, 24,5	600
,, 67	,, 64½	,, 63	,, 74,4	,, 24,8	615
,, 70	,, 67	,, 66	,, 77,7	,, 25,9	670
,, 72	,, 69	,, 67½	,, 80	,, 26,6	707
,, 75	,, 72	,, 70½	,, 83,3	,, 27,8	773
,, 80	,, 77	,, 75	,, 88,8	,, 29,6	876
,, 81	,, 78	,, 76	,, 90	,, 30	900
,, 85	,, 82	,, 80	,, 94,4	,, 31,5	990
,, 86	,, 82½	,, 80½	,, 95,1	,, 31,7	1000
,, 90	,, 86½	,, 84½	,, 100	,, 33,3	1109
,, 95	,, 91	,, 89	,, 105,5	,, 35,1	1232
,, 100	,, 96	,, 94	,, 111,1	,, 37	1370
,, 105	,, 100	,, 99	,, 116,1	,, 38,7	1500
,, 108	,, 104	,, 101½	,, 120	,, 40	1600
,, 110	,, 106	,, 103½	,, 122,2	,, 40,7	1656
,, 120	,, 115	,, 113	,, 133,3	,, 44,4	1970
,, 130	,, 125	,, 122	,, 144,4	,, 48,1	2310

Per Pariser Zoll 27 mm	Per Rhein. Zoll	Per Engl. Zoll	Per 30 mm Zoll	Per 10 mm	Maschen pro ☐cm
Nr. 135	Nr. 130	Nr. 127	Nr. 150	Nr. 50	2500
„ 140	„ 135	„ 131½	„ 155·5	„ 51·8	2685
„ 150	„ 144	„ 141	„ 166·6	„ 55·5	3080
„ 160	„ 154	„ 150	„ 177·6	„ 59·2	3505
„ 180	„ 173	„ 169	„ 200	„ 66·6	4435
„ 191	„ 184	„ 179½	„ 212·1	„ 70·7	5000
„ 200	„ 192	„ 188	„ 222·2	„ 74	5480
„ 240	„ 231	„ 225½	„ 266·6	„ 88·8	7890
„ 250	„ 240	„ 235	„ 277·7	„ 92·6	8575
„ 270	„ 260	„ 254	„ 300	„ 100	10000

Die Nummer, welche jede Sorte Gewebe bezeichnet, bedeutet die Anzahl der Maschen, welche der Raum von 1 Zoll enthält, sowohl in Länge als in der Breite.

Die Numerierung der gewöhnlichen schweizerischen Rohseide-Zylindergaze (für langsam gehende Siebapparate und feinere Mahlprodukte) ist eine willkürliche und steht in folgendem Verhältnisse zu den anderen Nummern, deren Bedeutung oben erklärt ist und wobei auch die verschiedene Dicke der Fäden in Betracht fällt.

Nr. von gew. schweiz. Gaze	0000	000	00	0	1	2	3	4	5	6	7
Nr. von Griesgaze	16	20	26	34	44	50	56	60	66		
Nr.v.französ. Gaze (Draht)	15	25	35	40	50	60	70	80	90		
Fäden pr. lauf. cm	7	9½	12	15½	19½	22	23	24½	26	29½	32½

Nr. von gew. schweiz. Gaze	8	9	10	11	12	13	14	15¾	16	17	18	19	20	21	25
Fäden pr. lauf. cm	34	38½	43	46	50	52	55	59	62	64	66	67	68	70	77

55. Gewicht von 1 Quadratmeter Blech in Kilogrammen.

Dicke in mm	Schmiedeeisen	Gußeisen	Gußstahl	Kupfer	Messing	Zink	Blei	Aluminium
½	3·74	3·62	3·93	4·45	4·27	3·45	5·7	1·33
1	7·48	7·25	7·87	8·90	8·55	6·90	11·4	2·66
2	15·56	14·50	15·74	17·80	17·10	13·80	22·8	5·32
3	23·34	21·75	23·61	26·70	25·65	20·70	34·2	7·98
4	31·12	29·00	31·48	35·60	34·20	27·60	45·6	10·64
5	38·90	36·25	39·35	44·50	42·75	34·50	57·0	13·30
6	46·68	43·50	47·22	53·40	51·30	41·40	68·4	15·96
7	54·46	50·75	55·09	62·30	59·85	48·30	79·8	18·62
8	62·24	58·00	62·96	71·20	68·40	55·20	91·2	21·28
9	70·02	65·25	70·83	80·10	76·95	62·10	102·6	23·94
10	77·80	72·50	78·70	89·00	85·50	69·00	114·0	26·60
11	85·58	79·75	86·57	97·90	94·05	75·90	125·4	29·26
12	93·36	87·00	94·44	106·80	102·60	82·80	136·8	31·92
13	101·14	94·25	102·31	115·70	111·15	89·70	148·2	34·58
14	108·92	101·50	110·18	124·60	119·70	96·60	159·6	37·24
15	116·70	108·75	118·05	133·50	128·25	103·50	171·0	39·90
16	124·48	116·00	125·92	142·40	136·80	110·40	182·4	42·56
17	132·26	123·25	133·79	151·30	145·35	117·30	193·8	45·22
18	140·04	130·50	141·66	160·20	153·90	124·20	205·2	47·88
19	147·82	137·75	149·53	169·10	162·45	131·10	216·6	50·54
20	155·60	145·00	157·40	178·00	171·00	138·00	228·0	53·20

Anm. Wiegt 1 Vol. Gußeisen = 1, so wiegt dasselbe Vol. Walzeisen = 1·07; Stahl = 1·09; Messing = 1·18; Kupfer = 1·23; Blei = 1·57; Aluminium = 0·367.

56. Quadrat- und Rundeisen. (1 lfd. m wiegt kg.)

Dicke resp. Durchm. Millim.	Eisen □	Eisen ○	Dicke resp. Durchm. Millim.	Eisen □	Eisen ○	Dicke resp. Durchm. Millim.	Eisen □	Eisen ○	Dicke resp. Durchm. Millim.	Eisen □	Eisen ○
5	0·195	0·153	29	6·543	5·139	56	24·40	19·16	140	152·5	119·8
6	0·280	0·220	30	7·002	5·499	58	26·17	20·56	145	163·6	128·5
7	0·381	0·299	31	7·477	5·872	60	28·01	22·00	150	175·1	137·5
8	0·498	0·391	32	7·967	6·257	62	29·91	23·49	155	186·9	146·8
9	0·630	0·495	33	8·382	6·654	64	31·87	25·03	160	199·2	156·4
10	0·778	0·611	34	8·994	7·064	66	33·53	26·62	165	209·6	166·6
11	0·941	0·739	35	9·531	7·485	68	35·98	28·26	170	224·8	176·1
12	1·120	0·880	36	10·08	7·919	70	38·12	29·94	175	238·3	187·4
13	1·315	1·033	37	10·65	8·365	72	40·32	31·68	180	252·1	198·0
14	1·525	1·198	38	11·23	8·823	74	42·60	33·46	185	266·3	209·1
15	1·751	1·375	39	11·83	9·294	76	44·92	35·29	190	280·9	220·6
16	1·992	1·564	40	12·45	9·776	78	47·32	37·18	195	295·9	232·3
17	2·248	1·766	41	13·08	10·27	80	49·79	39·11	200	311·2	244·3
18	2·521	1·980	42	13·69	10·78	85	56·21	44·15	205	327·0	256·7
19	2·809	2·206	43	14·39	11·30	90	63·02	49·49	210	343·1	269·3
20	3·112	2·444	44	14·90	11·83	95	70·21	55·15	215	359·6	282·3
21	3·422	2·695	45	15·75	12·37	100	77·80	61·16	220	376·6	295·6
22	3·726	2·957	46	16·46	12·93	105	85·55	67·37	225	393·9	309·2
23	4·116	3·232	47	17·19	13·50	110	94·14	73·94	230	411·6	323·1
24	4·481	3·520	48	17·93	14·08	115	102·9	80·81	235	429·7	337·1
25	4·863	3·819	49	18·68	14·67	120	112·0	88·00	240	448·1	351·8
26	5·259	4·131	50	19·45	15·28	125	121·6	95·48	245	467·0	366·6
27	5·672	4·455	52	21·04	16·52	130	131·5	103·3	250	486·3	381·7
28	6·100	4·791	54	22·69	17·82	135	141·8	111·4	255	505·9	397·1

57. Gewicht von Flacheisen pro laufenden m in kg.

Dicke in mm	Breite in mm														
	10	15	20	25	30	35	40	45	50	55	60	65	70	75	80
4	0·312	0·467	0·623	0·779	0·935	1·091	1·249	1·402	1·558	1·714	1·870	2·025	2·181	2·337	2·493
5	0·390	0·584	0·789	0·974	1·169	1·363	1·558	1·753	1·948	2·142	2·337	2·532	2·727	2·921	3·116
6	0·467	0·701	0·935	1·169	1·402	1·636	1·870	2·103	2·337	2·571	2·804	3·038	3·272	3·506	3·739
7	0·545	0·818	1·091	1·363	1·636	1·909	2·181	2·454	2·727	2·999	3·272	3·544	3·817	4·090	4·362
8	0·623	0·935	1·246	1·558	1·870	2·181	2·943	2·804	3·116	3·428	3·739	4·051	4·362	4·674	4·986
9	0·701	1·051	1·402	1·753	2·103	2·454	2·804	3·155	3·506	3·856	4·207	4·557	4·908	5·258	5·609
10	0·779	1·169	1·558	1·948	2·337	2·727	3·116	3·506	3·895	4·285	4·674	5·064	5·453	5·843	6·232
11	0·857	1·285	1·714	2·142	2·571	2·999	3·428	3·856	4·285	4·713	5·141	5·570	5·998	6·427	6·855
12	0·935	1·402	1·870	2·337	2·804	3·272	3·739	4·207	4·674	5·141	5·609	6·076	6·544	7·011	7·478
13	1·013	1·519	2·025	2·532	3·038	3·544	4·051	4·557	5·064	5·570	6·076	6·583	7·089	7·595	8·102
14	1·091	1·636	2·181	2·727	3·270	3·817	4·362	4·908	5·453	5·998	6·544	7·089	7·634	8·180	8·725
15	1·169	1·753	2·337	2·921	3·506	4·090	4·674	5·258	5·843	6·420	7·011	7·595	8·180	8·764	9·348
16	1·246	1·870	2·493	3·116	3·739	4·362	4·986	5·609	6·232	6·855	7·478	8·102	8·725	9·348	9·971
17	1·324	1·986	2·649	3·311	3·973	4·635	5·297	5·959	6·622	7·284	7·946	8·608	9·270	9·932	10·59
18	1·402	2·103	2·804	3·506	4·207	4·908	5·609	6·310	7·011	7·712	8·141	9·114	9·815	10·52	11·22
19	1·480	2·220	2·960	3·700	4·440	5·180	5·920	6·660	7·401	8·141	8·88	9·62	10·36	11·10	11·84
20	1·558	2·337	3·116	3·895	4·674	5·453	6·232	7·011	7·790	8·569	9·35	10·13	10·91	11·69	12·46
25	1·948	2·931	3·895	4·869	5·843	6·816	7·790	8·764	9·738	10·71	11·69	12·66	13·63	14·61	15·58
30	2·337	3·506	4·674	5·843	7·011	8·180	9·348	10·52	11·69	12·86	14·02	15·19	16·36	17·53	18·70

Dicke in mm	Breite in mm													
	85	90	95	100	110	120	130	140	150	160	170	180	190	200
4	2·649	2·804	2·960	3·116	3·428	3·739	4·051	4·362	4·674	4·986	5·297	5·609	5·920	6·23
5	3·311	3·506	3·700	3·895	4·285	4·674	5·064	5·453	5·843	6·232	6·622	7·011	7·401	7·78
6	3·973	4·207	4·440	4·674	5·141	5·609	6·076	6·544	7·011	7·478	7·946	8·413	8·881	9·34
7	4·635	4·908	5·180	5·453	5·998	6·544	7·089	7·634	8·180	8·725	9·270	9·815	10·36	10·90
8	5·297	5·609	5·920	6·232	6·855	7·478	8·102	8·725	9·348	9·971	10·59	11·22	11·84	12·5
9	5·959	6·310	6·660	7·011	7·712	8·413	9·114	9·815	10·52	11·22	11·92	12·62	13·32	14·0
10	6·622	7·001	7·401	7·790	8·569	9·348	10·13	10·91	11·69	12·46	13·24	14·02	14·80	15·6
11	7·284	7·712	8·141	8·569	9·426	10·28	11·14	12·00	12·85	13·71	14·57	15·42	16·28	17·1
12	7·946	8·413	8·881	9·348	10·28	11·22	12·15	13·09	14·02	14·96	15·89	16·83	17·76	18·7
13	8·608	9·114	9·621	10·13	11·14	12·15	13·17	14·18	15·19	16·20	17·22	18·23	19·24	20·2
14	9·270	9·815	10·36	10·91	12·00	13·09	14·18	15·27	16·36	17·45	18·54	19·63	20·72	21·8
15	9·932	10·52	11·10	11·69	12·85	14·02	15·19	16·36	17·53	18·70	19·86	21·03	22·20	23·4
16	10·59	11·22	11·84	12·46	13·71	14·96	16·20	17·45	18·70	19·94	21·19	22·44	23·68	24·9
17	11·26	11·92	12·58	13·24	14·75	15·89	17·22	18·54	19·86	21·19	22·51	23·84	25·16	26·4
18	11·92	12·62	13·32	14·02	15·42	16·83	18·23	19·63	21·03	22·44	23·84	25·24	26·64	28·0
19	12·58	13·32	14·06	14·80	16·28	17·76	19·24	20·72	22·20	23·68	25·16	26·64	28·12	29·6
20	13·24	14·02	14·80	15·58	17·14	18·70	20·25	21·81	23·37	24·93	26·49	28·04	29·60	31·2
25	16·55	17·53	18·50	19·48	21·42	23·37	25·32	27·27	29·21	31·16	33·11	35·06	37·00	38·9
30	19·86	21·03	22·20	23·37	25·71	28·04	30·38	32·72	35·06	37·39	39·73	42·07	44·40	46·7

58. Gewicht von ⊥-Eisen.

Profil-Nr.	Höhe	Flanschbreite	Stegdicke	Gewicht	Profil-Nr.	Höhe	Flanschbreite	Stegdicke	Gewicht
	mm			kg/m		mm			kg/m
8	80	42	3·9	5·95	25	250	110	9·0	39·01
9	90	46	4·2	7·06	26	260	113	9·4	41·84
10	100	50	4·5	8·33	27	270	116	9·7	44·82
11	110	54	4·8	9·65	28	280	119	10·1	47·89
12	120	58	5·1	11·15	29	290	122	10·4	50·87
13	130	62	5·4	12·64	30	300	125	10·8	54·17
14	140	66	5·7	14·29	32	320	131	11·5	60·99
15	150	70	6·0	16·01	34	340	137	12·2	68·06
16	160	74	6·3	17·90	36	360	143	13·0	76·15
17	170	78	6·6	19·78	38	380	149	13·7	84·00
18	180	82	6·9	21·90	40	400	155	14·4	92·63
19	190	86	7·2	23·94	42½	425	163	15·3	103·62
20	200	90	7·5	26·22	45	450	170	16·2	115·40
21	210	94	7·8	28·50	47½	475	178	17·1	127·96
22	220	98	8·1	31·01	50	500	185	18·0	140·52
23	230	102	8·4	33·40	55	550	200	19·0	166·42
24	240	106	8·7	36·19					

59. Gewicht von ⊏-Eisen.

Profil Nr.	Höhe	Flanschbreite	Eisendicke	Gewicht	Profil-Nr.	Höhe	Flanschbreite	Eisendicke	Gewicht
	mm			kg/m		mm			kg/m
3	30	33	5	4·27	16	160	65	7·5	18·84
4	40	35	5	4·88	18	180	70	8	21·98
5	50	38	5	5·59	20	200	75	8·5	25·28
6½	65	42	5·5	7·10	22	220	80	9	29·36
8	80	45	6	8·66	24	240	85	9·5	33·21
10	100	50	6	10·60	26	260	90	10	37·92
12	120	55	7	13·35	28	280	95	10	41·84
14	140	60	7	16·01	30	300	100	10	45·16

60. Deutsche Rohr-Normalien für gußeiserne Muffenrohre.

Abmessungen in mm								in m	Gewicht in kg			
Lichter Rohrdurchmesser	Normale Wandstärke	Äußerer Rohrdurchmesser	Stärke der Dichtungsfuge	Innere Muffenweite	Innere Muffentiefe	Dichtungstiefe	Äußerer Muffendurchmesser	Übliche Nutzlänge	eines Rohres	pro lfd. m Rohr	der Muffe	eines glatten Rohrstückes von 1 m Länge
40	8	56	7·0	70	74	62	116	2	20·18	10·09	2·68	8·75
50	8	66	7·5	81	77	65	127	2	24·28	12·14	3·14	10·57
60	8·5	77	7·5	92	80	67	140	2	30·41	15·21	3·89	13·26
70	8·5	87	7·5	102	82	69	150	3	49·95	16·65	4·35	15·20
80	9	98	7·5	113	84	70	163	3	59·81	19·94	5·09	18·24
90	9	108	7·5	123	86	72	173	3	66·57	22·19	5·70	20·29
100	9	118	7·5	133	88	74	183	3	73·22	24·41	6·20	22·34
125	9·5	144	7·5	159	91	77	211	3	94·94	31·65	7·64	29·10
150	10	170	7·5	185	94	79	239	3	119·21	39·74	9·89	36·44
175	10·5	196	7·5	211	97	81	267	3	145·08	48·36	12·00	44·36
200	11	222	8·0	238	100	83	296	3	172·99	57·66	14·41	52·86
225	11·5	248	8·0	264	100	83	324	3	202·71	67·57	16·89	61·95
250	12	274	8·5	291	103	84	353	4	306·05	76·51	19·61	71·61
275	12·5	300	8·5	317	103	84	381	4	349·91	87·48	22·51	81·85
300	13	326	8·5	343	105	85	409	4	396·50	99·13	25·78	92·68
325	13·5	352	8·5	369	105	85	437	4	445·15	111·29	28·83	104·08
350	14	378	8·0	395	107	86	465	4	496·51	124·13	32·23	116·07
375	14	403	9·0	421	107	86	491	4	530·43	132·61	34·27	124·04
400	14·5	429	9·5	448	110	88	520	4	586·71	146·68	39·15	136·89
425	14·5	454	9·5	473	110	88	545	4	621·82	155·46	41·26	145·15
450	15	480	9·5	499	112	89	573	4	680·38	170·10	44·90	158·87
475	15·5	506	9·5	525	112	89	601	4	741·65	185·41	48·97	173·17
500	16	532	10·0	552	115	91	630	4	806·64	201·66	54·48	188·04

61. Deutsche Rohr-Normalien für gußeiserne Flanschenrohre.

| Lichter Rohr-durch-messer | Normale Wand-stärke | Flansch | | Dichtungsleiste | | Loch-kreis-durch-messer | Schrauben | | | Durch-messer d. Schrau-benloches | in m Üb-liche Bau-länge | Gewicht in kg | | |
		Durch-messer	Dicke	Breite	Höhe		An-zahl	Stärke in engl. Zoll	Länge			eines Rohres	pro lfd. m Rohr	eines Flansch nebst Anschl.
40	8	140	18	25	3	110	4	$1/2$	70	15	2	21·28	10·64	1·89
50	8	160	18	25	3	125	4	$5/8$	70	15	2	25·96	12·98	2·41
60	8·5	175	19	25	3	135	4	$5/8$	75	17	2	32·44	16·22	2·96
70	8·5	185	19	25	3	145	4	$5/8$	75	17	3	52·02	17·34	3·21
80	9	200	20	25	3	160	4	$5/8$	75	17	3	62·40	20·80	3·84
90	9	215	20	25	3	170	4	$5/8$	75	17	3	69·61	23·20	4·37
100	9	230	20	28	3	180	4	$3/4$	85	21	3	76·94	25·65	4·96
125	9·5	260	21	28	3	210	6	$3/4$	85	21	3	99·82	33·27	6·26
150	10	290	22	28	3	240	6	$3/4$	85	21	3	124·70	41·57	7·69
175	10·5	320	22	30	3	270	6	$3/4$	85	21	3	151·00	50·33	8·96
200	11	350	23	30	3	300	6	$3/4$	85	21	3	180·00	60·00	10·71
225	11·5	370	23	30	3	320	6	$3/4$	85	21	3	207·89	69·30	11·02
250	12	400	24	30	3	350	8	$3/4$	100	21	3	240·79	80·26	12·98
275	12·5	425	25	30	3	375	8	$3/4$	100	21	3	274·37	91·46	14·41
300	13	450	25	30	3	400	8	$3/4$	100	21	3	308·68	102·89	15·32
325	13·5	490	26	35	4	435	10	$7/8$	105	25	3	351·20	117·07	19·48
350	14	520	26	35	4	465	10	$7/8$	105	25	3	390·79	130·26	21·29
375	14	550	27	35	4	495	10	$7/8$	105	25	3	420·70	140·23	24·29
400	14·5	575	27	35	4	520	10	$7/8$	105	25	3	461·55	153·85	25·44
425	14·5	600	28	35	4	545	12	$7/8$	105	25	3	490·73	163·58	27·64
450	15	630	28	35	4	570	12	$8/8$	105	25	3	536·39	178·80	29·89
475	15·5	655	29	40	4	600	12	$7/8$	105	25	3	584·33	194·78	32·41
500	16	680	30	40	4	625	12	$7/8$	105	25	3	633·50	211·17	34·69

62. Weichbleirohre.

Lichter Durchmesser	Wandstärke	Gew. von 1 m Rohr	Zulässiger innerer Druck	Lichter Durchmesser	Wandstärke	Gew. von 1 m Rohr	Zulässiger innerer Druck
mm	mm	kg	at	mm	mm	kg	at
6	2·0	0·6	16	35	4·0	5·6	5·5
10	2·0	0·9	10	40	4·5	7·0	5·5
12	4·0	2·3	16	50	5·0	9·8	5
18	3·0	2·3	8	60	5·5	12·8	4·5
24	3·0	3·0	6	70	6·5	17·7	4·5
30	3·5	4·2	6				

63. Wanddicken und Durchmesser von Kesseln.

Hamburger Normen.

a) Mit einreihiger Längsnaht (Überlappungs-Nietung).

Unter Zugrundelegung einer Längsnahtfestigkeit von $56\,^0/_0$ und einer Zugspannung des Bleches von 7 5/9 kg/qmm = 1/4,5 einer Material-Zugfestigkeit von 34 kg/qmm.

Blechdicke in mm	Dampfüberdruck in Atmosphären														
	1	2	3	4	5	6	7	8	9	10	11	12	13	14	15
	Größter zulässiger Durchmesser in Millimetern														
7	5924	2962	1975	1481	1185	987	846	740	658	592	539	494	456	423	395
8	—	3385	2257	1692	1354	1128	967	846	752	677	615	564	521	484	451
9	—	3808	2539	1904	1523	1269	1088	952	846	762	692	635	586	544	508
10	—	4231	2821	2116	1692	1410	1209	1058	940	846	769	705	651	604	564
11	—	4654	3103	2327	1862	1551	1330	1164	1034	931	846	776	716	665	621
12	—	5077	3385	2539	2031	1692	1451	1269	1128	1015	923	846	781	760	740
13	—	5500	3667	2750	2200	1833	1572	1375	1222	1100	1000	917	846	775	883
14	—	—	3949	2962	2369	1975	1692	1481	1316	1185	1077	987	911	826	796

b) mit doppelreihiger Längsnaht (Überlappungs-Nietung).

Unter Zugrundelegung einer Längsnahtfestigkeit von $70^0/_0$ und einer Zugspannung des Bleches von 7 5/9 kg/qmm $= 1/4,5$ einer Materialzugfestigkeit von 34 kg/qmm.

Blechdicke in mm	Dampfüberdruck in Atmosphären														
	1	2	3	4	5	6	7	8	9	10	11	12	13	14	15
	Größter zulässiger Durchmesser in Millimetern														
7	7404	3702	2468	1851	1481	1234	1058	926	823	740	673	617	570	529	494
8	—	4231	2821	2116	1692	1410	1209	1058	940	846	769	705	651	604	564
9	—	4760	3173	2380	1904	1587	1360	1190	1058	952	865	793	732	680	635
10	—	5289	3526	2644	2116	1763	1511	1322	1175	1058	962	881	814	756	705
11	—	5818	3879	2909	2327	1939	1662	1454	1293	1164	1058	970	895	831	776
12	—	6347	4231	3173	2539	2116	1813	1587	1410	1269	1154	1058	976	907	846
13	—	—	4584	3438	2750	2292	1964	1719	1528	1375	1250	1146	1058	982	917
14	—	—	4936	3702	2962	2468	2116	1851	1645	1481	1346	1234	1139	1058	987
15	—	—	5289	3967	3173	2644	2267	1983	1763	1587	1442	1322	1221	1133	1058
16	—	—	5641	4231	3385	2821	2418	2116	1880	1692	1539	1410	1302	1209	1128
17	—	—	5994	4496	3596	2997	2569	2248	1998	1798	1635	1499	1383	1284	1199
18	—	—	6347	4760	3808	3173	2720	2380	2116	1904	1731	1587	1465	1360	1269
19	—	—	—	5024	4020	3350	2871	2512	2233	2010	1827	1675	1546	1436	1340
20	—	—	—	5289	4231	3526	3022	2644	2351	2116	1923	1763	1627	1511	1410
21	—	—	—	5553	4443	3702	3173	2777	2468	2221	2019	1851	1709	1587	1481

64. Von der Aufnahme einer Münztabelle sowie der Zusammenstellung wichtiger Bestimmungen der Patent- und Warenzeichengesetze des In- und Auslandes wurde für diese Auflage abgesehen.

Spezieller Teil

1. Brennmaterialien, Feuerungen, Dampfkessel.

A. Brennmaterialien.

1. Feste Brennstoffe.

Über Probeziehung, Zerkleinerung und Reduktion der Probe auf ein kleines Volumen vgl. den Anhang.

1. **Feuchtigkeit.** Diese wird in einer möglichst wenig der Luft ausgesetzt gewesenen, schnell bis auf Bohnengröße zerkleinerten Durchschnittsprobe bestimmt. Bei Steinkohlen erhitzt man 100—200 g in einem Trockenschrank zwei Stunden lang bei ganz langsamem Luftwechsel auf 110°, nicht darüber, weil sonst flüchtige Bestandteile entweichen und andererseits Gewichtszunahme durch Oxydation eintreten kann. Bei Braunkohle, Torf und Holz nimmt man die Trocknung in einem Vakuumtrockenschrank vor, oder man trocknet im Kohlendioxydstrom bei 105° und ermittelt das ausgetriebene Wasser durch Gewichtszunahme eines vorher mit Kohlendioxyd und dann mit trockener Luft behandelten Chlorcalciumrohrs.

Die übrigen Untersuchungen werden mit dem **lufttrockenen** Material ausgeführt. Die Durchschnittsprobe wird vor der Herstellung der Analysenprobe gewogen, 48 Stunden an trockener Luft ausgebreitet liegen gelassen und der Gewichtsverlust durch Zurückwägen bestimmt. („Grobe Feuchtigkeit".) Die mit der lufttrockenen Probe enthaltenen Resultate sind auf die ursprüngliche (feuchte) Kohle umzurechnen.

2. **Bestimmung des Koksrückstandes,** d. i. der nicht vergasbaren Bestandteile nach der in Deutschland am meisten angewandten **Bochumer** Methode. Man erhitzt 1 g der ungetrockneten, gepulverten Kohle in einem mittelgroßen Platintiegel (von 22 mm/35 mm aufwärts) mit übergreifendem Deckel, der in der Mitte eine Öffnung von ca. 2 mm Durch-

Charakteristika verschiedener Steinkohlen.

	Koks- rückstand Proz.	Verwendung
Gasreiche (junge) Steinkohle	55 — 50	Flammenfeuerung
Gasreiche (junge) Sinterkohle	60 — 55	,,
Gasreiche (junge) Backkohle	66·5 — 60	Gaskohle
Gasarme (alte) Backkohle . .	85 — 66·5	Bis 80 Proz. Schmiede- und Kokskohle; unter 80 Proz. Flammenfeuerung
Gasarme (alte) Sinterkohle .	90 — 85	Dampfkesselfeuerung; mit gasreichen Sorten zusammen zum Verkoken
Gasarme (alte) Sandkohle oder Anthrazit	95 — 90	Hausbrand und Schachtofenfeuerung

messer besitzt. Das Erhitzen erfolgt so, daß der Tiegelboden bei einer totalen Flammenhöhe von 18 cm sich ungefähr 6 cm über der Brennerröhre befindet. Man hört mit dem Erhitzen auf, wenn sich über der Öffnung des Tiegeldeckels kein Flämmchen mehr zeigt. Für die Beurteilung ist nicht nur die zahlenmäßig ermittelte Koksausbeute, sondern auch die Beschaffenheit des Kokses und die Art der Flamme heranzuziehen.

Um vergleichbare Resultate zu erhalten, muß man sie auf aschenfreie Kohle oder Koks beziehen. Gute Flammofenkohle soll 60—70 $^0/_0$ Koksausbeute ergeben.

3. **Aschenbestimmung.** Bei Braunkohle und Torf sehr einfach. Koks erfordert sehr hohe Temperatur; am schwersten ist die Veraschung bei backender Steinkohle, welche man sehr fein pulvern und ganz langsam anwärmen muß, damit die flüchtigen Bestandteile entweichen, ohne daß das Pulver zu Koks zusammenbäckt.

Wenn nur hin und wieder eine Aschenbestimmung zu machen ist, so erhitzt man 2—5 g der feinst gepulverten Kohle in einem Platintiegel, der in ein Loch einer etwas schief gestellten Platte von Asbestpappe paßt und auch in diesem wieder möglichst schräg gestellt ist, um den Eintritt von frischer Luft zu erleichtern (Fig. 1). Hierdurch wird die zur Oxydation dienende Luft von den Flammengasen getrennt gehalten und die Verbrennung beschleunigt. In 2 Stunden ist die Veraschung beendet, welche sonst selbst nach 8 bis 10 Stunden noch unvollständig bleibt.

Fig. 1. Veraschung fester Brennstoffe.

Anwendung eines Gebläses ist nicht anzuraten, weil durch Verflüchtigung von Aschenbestandteilen Fehler entstehen können.

Zweckmäßiger als ein gewöhnlicher Platintiegel ist ein Platinkästchen von 3×5 cm Grundfläche und 1 cm Höhe, das zuerst mit einem Glimmerblatt bedeckt und von einer Seite beginnend erhitzt wird. Nach beendeter Entgasung entfernt man das Glimmerblättchen und glüht kräftig, bis keine schwarzen Punkte mehr sichtbar sind und das Gewicht konstant bleibt.

Wenn öftere Proben zu machen sind, ist es vorzuziehen, die Einäscherung mittels einer Muffel in einer Platinschale oder Quarzglasschale vorzunehmen, wo man gleich mehrere Proben auf einmal machen kann.

Von Wichtigkeit ist das Aussehen der Aschen, ob geschmolzen, gesintert oder pulverig, da von der Schmelzbarkeit der Asche der Feuerungsbetrieb beeinflußt wird.

4. Gesamt-Schwefel (nach Eschka). 0·5—1 g der feingepulverten Kohle werden mit der 1½ fachen Menge eines innigen Gemenges von 2 Teilen gut gebrannter Magnesia und 1 Teil Soda (die zur Vermeidung von Klumpenbildung vor dem Versuch gut entwässert werden muß) im Platintiegel mittels eines Glasstabes gemengt und der unbedeckte Tiegel in schiefer Lage erhitzt, so daß nur die untere Hälfte ins Glühen kommt (am besten in der ausgeschnittenen Asbestpappe, Fig. 1). Die durch öfteres Umrühren mittels eines starken Platindrahtes zu unterstützende Verbrennung des Schwefels zu Sulfaten wird kaum länger als eine Stunde dauern, wobei die graue Farbe des Gemenges meist in gelb, rötlich oder bräunlich übergeht. Man übergießt die Masse mit heißem Wasser, setzt so lange Bromwasser zu, bis die Flüssigkeit schwach gelblich erscheint, kocht, dekantiert durch ein Filter und wäscht mit heißem Wasser aus. Der wässerige Auszug wird mit Salzsäure angesäuert, gekocht bis alles Brom entfernt und die Flüssigkeit farblos geworden ist und mit Bariumchlorid tropfenweise in der Siedehitze gefällt. Wenn die Magnesia oder Soda nicht sulfatfrei sind, muß man den Schwefelsäuregehalt der Mischung bestimmen und in Rechnung ziehen. Selbst wenn das Leuchtgas stark schwefelhaltig ist, genügt die Abhaltung der Verbrennungsprodukte durch die Asbestpappe, Fig. 1. 1 T. $BaSO_4$ entspricht 0·1373 T. S. (log = 0·13780 — 1).

In vielen Fällen ist die Bestimmung des flüchtigen Schwefels erforderlich (vgl. S. 288 C. T. U. Bd. I).

5. Die Bestimmung des Stickstoffs erfolgt nach dem Verfahren von Kjeldahl. Man kocht 1 g des Brennstoffs mit 20 ccm konzentrierter stickstofffreier Schwefelsäure und 10 g Kaliumsulfat durch 3—4 Stunden. Die Schwefelsäure wird in einem Destillationskolben vorsichtig mit stickstofffreier Natronlauge neutraliert, ein Überschuß hiervon zugesetzt und das Ammoniak durch Erhitzen in $^1/_5$ N-Schwefelsäure überdestilliert und der unverbrauchte Rest durch $^1/_5$ N-Natronlauge unter Anwendung von Methylorange oder Methylrot als Indikator ermittelt. 1 ccm $^1/_5$ N-H_2SO_4 entspricht 0·002802 (log = 0·44747 — 3) g Stickstoff.

Die Kjeldahlmethode gibt bei Koks und bei geologisch älteren Steinkohlen vielfach viel zu niedere Stickstoffwerte an. Sie muß bei diesen Brennstoffen durch die Verbrennungsmethode nach Dumas-Simmersbach ersetzt werden.

6. Die Bestimmung der Heizkraft kann nach der (modifizierten) Formel von Dulong durch elementaranalytische Bestimmung des Kohlenstoffs und Wasserstoffs ge-

schehen; bei Kohle wird auch der flüchtige (d. h. der durch
Verbrennen im Sauerstoffstrome und Auffangen des Gases in
neutralisiertem Wasserstoffsuperoxyd in Schwefelsäure um-
gewandelte und als solche azidimetrisch bestimmte) Schwefel
einbezogen. Kennt man den Prozentgehalt an diesen drei
Elementen C, H, S, denjenigen an Feuchtigkeit W, so hinter-
bleibt für O ein Prozentgehalt von $100 - (C+H+S+W$
$+Asche)$. Den Stickstoffgehalt kann man vernachlässigen.
Der Heizwert der Kohle wird dann annähernd ausgedrückt in
Gramm-Kalorien durch die Formel:

$$81\ C + 290\left(H - \frac{O}{8}\right) + 25\ S - 6\ W.$$

Kalorimetrische Bestimmung des Heizwertes und
Ermittlung des Schwefelgehaltes.

a) In der Bombe. 1 g des Brennstoffes wird in der Bombe,
die mit Sauerstoff bis zum Drucke von 25 Atmosphären gefüllt
ist, verbrannt. Die Zündung erfolgt durch einen feinen Eisendraht, der durch elektrische Wärmewirkung durchgeschmolzen
wird. (Hierzu können 2—4 hintereinander geschaltete kleine
Akkumulatoren verwendet werden.) Das Ablesen des Thermometers beginnt ca. 5 Minuten nach dem Einsetzen der Bombe
in das Kalorimeter; die Temperaturänderungen werden von
Minute zu Minute beobachtet. Der Versuch gliedert sich in
den „Vorversuch", den „Hauptversuch" und den „Nachversuch". Vor- und Nachversuch dienen zur Korrektur der durch
die Verbrennung verursachten Temperaturdifferenz infolge
Ein- oder Abströmen von Wärme (Korrektion $= n v' + \dfrac{v+v'}{2}$;
n...Anzahl der Minuten des Hauptversuches, v...Temperatur-
änderung pro Minute beim Vorversuch, v ..Temperaturänderung
pro Minute beim Nachversuch; v und v' positiv zu rechnen,
wenn das Thermometer fällt, negativ — wenn es steigt). Nach
entsprechender Korrektur der Temperaturdifferenz zwischen
Beginn und Ende des Hauptversuches wird diese Differenz
mit dem Wasserwert des Kalorimeters [1]) (d. h. der Anzahl
der Kalorien, die zur Erwärmung des Kalorimeters samt
Bombe um 1^0 erforderlich sind) multipliziert und auf diese
Weise die gesamte Wärmemenge ermittelt. Von dieser sind
abzuziehen: a) die zum Zünden eingeführte Wärme (ca. 10 cal.),
b) die bei der Verbrennung des Schwefels zu Schwefelsäure
entwickelte Wärme, für 1 mg $H_2SO_4 = 0.735$ cal., c) die bei

---

[1]) Zur Wasserwertsbestimmung eignen sich folgende Körper, deren
Verbrennungswärme pro g in cal. beträgt:

Rohrzucker	 3943	Benzoësäure	 6320
Salicylsäure	 5269	Benzoïn	 7883
Phthalsäureanhydrid	5300	Kampher	 9292

der Verbrennung des Stickstoffs zu Salpetersäure entwickelte Wärme (für 1 mg HNO_3 = 0·227 cal., für normale Füllung des Kalorimeters 8—10 cal.). Die Menge der gebildeten Säuren wird durch Titration des Bombeninhaltes ermittelt. Die Menge der erzeugten Schwefelsäure wird durch Fällung als Bariumsulfat bestimmt (1 T. $BaSO_4$ = 0·4202 (log = 0·62342 — 1) Tl. H_2SO_4). d) Die Verdampfungswärme des bei der Verbrennung entstehenden + der des hygroskopischen Wassers (= 600 cal. pro g H_2O für gewöhnl. Temperatur), da das Wasser in der Bombe flüssig, bei Feuerungen aber dampfförmig erscheint.

Die gebräuchlichsten Kalorimeter sind die von Mahler, von Hempel und von Kroecker (bei jeder Apparatenhandlung).

b) Im Kalorimeter von Junkers.

Das Kalorimeter von Junkers ist zur Ermittlung des Heizwertes von gasförmigen Brennstoffen und von solchen flüssigen Brennstoffen, die bis 250⁰ C vollständig verdampfen, anwendbar. Den Apparaten von Junkers, die auch als registrierende Instrumente gebaut werden, sind Gebrauchsanweisungen beigefügt.

2. Flüssige Brennstoffe.

1. Spezifisches Gewicht. Seine Bestimmung erfolgt mit dem Aräometer oder der Mohr-Westfalschen Wage oder dem Pyknometer. Für Mineralöle gilt folgende Korrekturtabelle:

Spezifisches Gewicht	Korrektur pro 1⁰ Temperaturunterschied gegen 15⁰ C
von 0·700—0·830	0·0008
„ 0·830—0·895	0·0007
„ 0·895—0·920	0·0006

2. Wasserbestimmung. a) In Teer. Nach Beck (Chem.-Ztg. **33**, 951; 1909) wird eine gewogene Menge Teer in auf 160⁰ erhitztes, wasserfreies Anthracenöl eingetropft und das verdampfte Wasser durch einen Kühler kondensiert und gemessen.

b) Flüssige Brennstoffe außer Teer. Man mischt 100—200 ccm der Substanz mit dem gleichen Volumen von mit Wasser gesättigtem Xylol (gegebenenfalls Benzin oder

Äthyläther) und destilliert nach Zugabe von Bimssteinstückchen so lange ab, bis das übergehende und durch einen Kühler gekühlte Destillat nicht mehr trübe übergeht. Das Destillat wird in einen Meßzylinder aufgefangen und die Menge des übergegangenen Wassers abgelesen (Methode von Hofmann-Marcusson).

3. Aschenbestimmung. 10—20 g Öl werden vorsichtig im Porzellantiegel so lange erhitzt, bis das Öl bei Annäherung eines kleinen Flämmchens zu brennen beginnt und das Erhitzen so lange fortgesetzt, bis alles Flüssige verbrannt ist. Die Veraschung des kohligen Rückstandes erfolgt wie bei festen Brennstoffen (S. 115).

4. Viskositäts- oder Zähflüssigkeitsbestimmung. Die Bestimmung wird in dem Viskosimeter von Engler vorgenommen.

5. Siedeanalyse. Der Apparat von Engler-Ubbelohde[1]) besteht aus einem Engler-Kolben (Fig. 2), der mit einem Kühler und einer Anzahl von graduierten Vorlagen, die auf einem Gestelle drehbar angeordnet sind, verbunden ist (Fig. 3). Der Kolben steht in einem Luftbad, das die erzeugte Wärme gleichmäßig auf den Kolbeninhalt verteilt. Zur Erhitzung wird ein mit Feineinstellung versehener Bunsenbrenner verwendet. Für die Bestimmung werden 100 ccm (für hochsiedende Öle 80 ccm) in den Kolben eingefüllt, dann die Flamme entzündet und die Flüssigkeit langsam auf Siedetemperatur gebracht. Sobald der erste Tropfen vom Kühlerende abfällt, wird das Thermometer am Engler-Kolben, dessen Stellung genau der Figur entsprechen muß, abgelesen und diese Temperatur als Siedebeginn notiert. Die Destillation wird so geleitet, daß in der Sekunde 2 Tropfen des Destillats resultieren. Das am Apparat angebrachte $^{1}/_{2}$ Sekunde schlagende Pendel c erleichtert die Regulierung der Destillationsgeschwindigkeit. Die Vorlagen werden bei höher siedenden Flüssigkeiten gewechselt bei Erreichung der Temperaturen von 150, 200, 250,

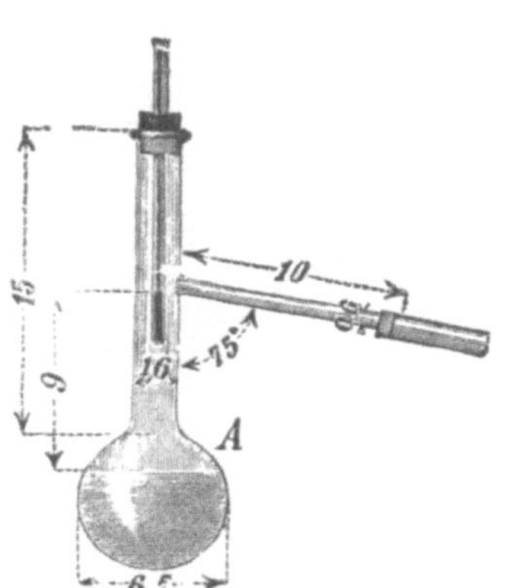

Fig. 2. Engler-Kolben.

---

[1]) Verfertiger Sommer & Runge, Berlin, Wilhelmsstr. 22.

275 und 300⁰. Die erzielten Destillationsmengen werden abgelesen. Bei wasserhaltigen Ölen muß zuerst eine Entwässerung
mit Chlorcalcium der Siedeanalyse vorangehen, da sonst heftiges
Stoßen und Überschäumen auftritt.

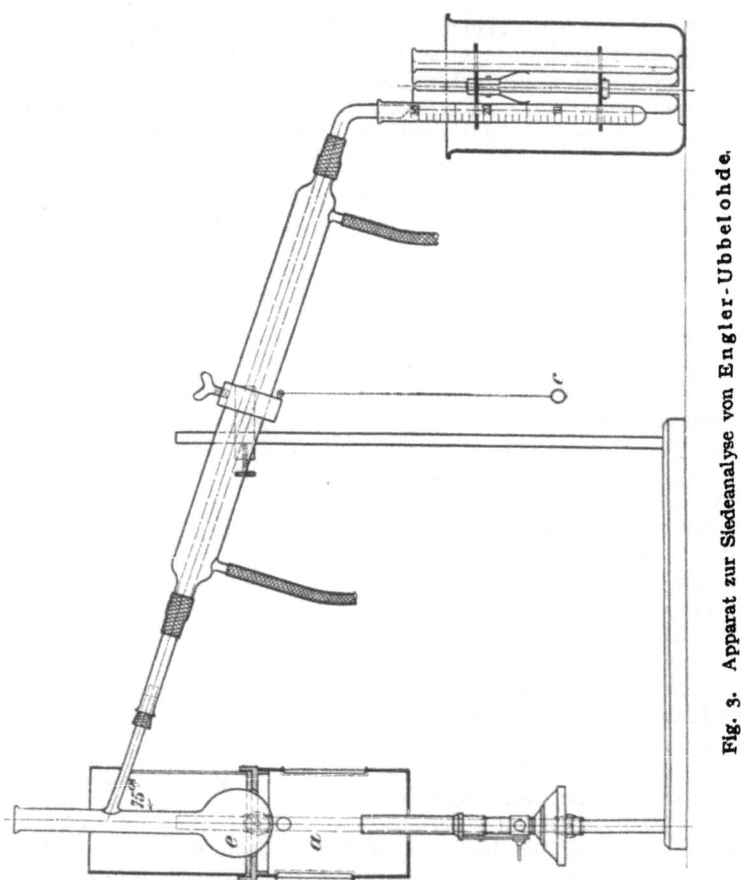

Fig. 3. Apparat zur Siedeanalyse von Engler-Ubbelohde.

Für Siedeanalysen von Teer wird vielfach der Apparat
von Senger (Journ. f. Gasbel. **45**, 841, 1902), für Siedeanalysen
von Benzol und von Teerölen der Apparat von Krämer und
Spilker (Muspratts Chemie, 4. Aufl., Band **8**, Seite **34**) verwendet.

6. Flammpunkt und Brennpunkt. Für zollamtliche Untersuchungen ist der Apparat von **Abel** vorgeschrieben (Fig. 4). Er besteht aus einem Wasserbad W, dem zur Aufnahme der Flüssigkeit dienenden Gefäße G, dem Verschlußdeckel S, welcher ein Thermometer und das Zündflämmchen trägt.

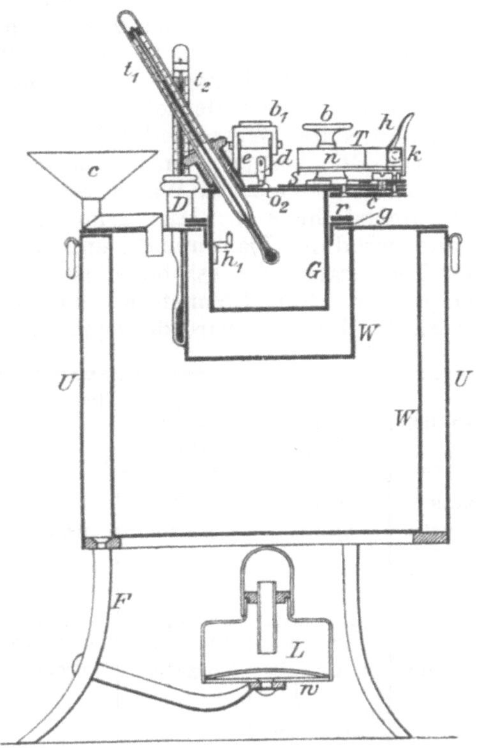

Fig. 4. Petroleumprober von **Abel**.

Das Gefäß G wird aus dem Apparat herausgenommen, nach Entfernung des Deckels bis zur Marke h_1 mit dem zu untersuchenden flüssigen Brennstoffe gefüllt, ohne daß die oberhalb der Marke befindlichen Gefäßwandungen von der Flüssigkeit benetzt werden. Bei Prüfung von Petroleum vom Flammpunkt mindestens 21° wird das Wasserbad W durch Eingießen von heißem Wasser auf eine Temperatur von 55° C, bei Prüfung von Ölen mit einem Flammpunkt von 50^0 C wird das Wasserbad auf 85^0 erhitzt und die Temperaturen während der Dauer des Versuches mit Hilfe des Spiritusflämmchens L aufrecht erhalten. Das Zündflämmchen wird nunmehr entzündet und durch das Triebwerk jedesmal, wenn das Thermometer um einen $^1/_2$ Grad gestiegen ist, 2 Sekunden lang in den mit Dampfluftgemisch gefüllten Raum oberhalb der Marke h_1 getaucht. Als Flammpunkt gilt derjenige Punkt, bei dem das blitzartige Auftreten einer größeren blauen Flamme, welche sich über die ganze freie Fläche des Petroleums ausdehnt, erfolgt. Für genaue Bestimmungen ist die Berücksichtigung des Barometerstandes erforderlich. Bei Brennstoffen, die unter 21^0 C entflammen (Benzin, Benzol usw.), muß das Gefäß G durch Einsetzen in kaltes Wasser oder Eiskochsalzmischung abgekühlt werden. Bei über 50^0 C entflammenden Substanzen füllt man den Luftraum zwischen Wasserbad und Petroleumbehälter mit Mineralschmieröl. Man ermittelt durch einen Vorversuch annähernd den Flammpunkt und hält das Wasserbad auf einer Temperatur, die 15^0 höher ist, als diese so ermittelte Temperatur. Für Brennstoffe, die einen höheren Flammpunkt als 80^0 besitzen, wird der Apparat von Pensky-

Spezifische Reaktion	Steinkohlen-teeröl (St)	Braun-kohlen-teeröl (B)	Petroleum-gasöl (P)	Nachweis bzw. Unterscheidung von
Diazobenzolreaktion	positiv	positiv	negativ	St und B / P
Kreosote: volumetrischer (quantitativer) Nachweis mit NaOH	positiv	positiv	negativ	St und B / P
Löslichkeit in Dimethylsulfat	quantitativ löslich	wenig löslich	fast unlöslich	St / B und P
Liebermannsche Anthrachinon-Reaktion	positiv, besonders in den hochsiedenden Anteilen	negativ	negativ	St / B und P
Feste Abscheidungen bei der Destillation	Naphthalin um 220^0 Anthracen um 300^0	Paraffin um 300^0	Keine	Indentifizierung der Abscheidungen
Stockpunkt	—	über minus 15^0	minus 15^0 od. niedriger	B / P
Schwefelgehalt	$>0.75^0$	$>1.0\%$	$<0.75\%$	B / P
Jodzahl (ungesättigte Verbindungen)	—	relativ hoch (50—70)	niedrig[1])	B / P

[1]) Ausgenommen Krackprodukte, die an dem niedrigen Flammpunkt zu erkennen sind.

Martens angewendet oder die Prüfung im offenen Tiegel vorgenommen.

Der Brennpunkt liegt 20—60⁰ oberhalb der Temperatur des Flammpunktes.

7. Schwefelgehalt. Die Ermittlung des Schwefelgehaltes kann durch Bestimmung der Schwefelsäure bei der Heizwertbestimmung in der kalorimetrischen Bombe erfolgen (S. 117). Bei flüssigen Brennstoffen, die auf einer Lampe mit Docht brennen, wird nach Heußler-Engler in einer geeigneten Lampe eine bestimmte Menge verbrannt, die Verbrennungsgase mit Bromlösung oder alkalischer Wasserstoffperoxydlösung (schwefelsäurefrei!) oxydiert und die gebildete Schwefelsäure bestimmt.

8. Untersuchung von Brennstoffgemischen. In vorstehender Tabelle (S. 122) sind nach Aufhäuser die einzelnen Unterscheidungsreaktionen zusammengestellt.

B. Feuerungen[1]).

1 kg Brennstoff von der Zusammensetzung Kohlenstoff = c, Wasserstoff = h, Sauerstoff = o, Wasser = w in Gewichtsteilen braucht zu seiner vollkommenen Verbrennung an Sauerstoff[2]) mindestens:

$$S_{min} = \frac{1}{12}\left[c + 3\left(h - \frac{o}{8}\right)\right] \text{ in Mol.}$$

Dieser Wert ist mit 24,4 oder 22,4 zu multiplizieren, um die Sauerstoffmenge in Kubikmeter von 15⁰ und 1 Atm. oder in Kubikmeter von 0⁰ und 760 mm zu erhalten.

An Luft ist der $\dfrac{1}{0,21}$ (4·76)fache Betrag nötig.

$$L_{min} = 9·7\left[c + 3\left(h - \frac{o}{8}\right)\right] \text{ in cbm von } 15^0 \text{ und 1 Atm.}$$

$$L_{min} = 8·9\left[c + 3\left(h - \frac{o}{8}\right)\right] \text{ in cbm von } 0^0 \text{ und 760 mm.}$$

In der Praxis wird stets mehr Luft zugeführt als für die Verbrennung nötig. Das Verhältnis $\lambda = \dfrac{L}{L_{min}}$ der zugeführten

---

[1]) Hauptsächlich nach „Hütte" und Wa. Ostwald, „Stahl und Eisen", **40**, 546; 1920.

[2]) Zusammensetzung der Luft:

	Gew.-Teile	Raumteile	
Sauerstoff, O_2	23·1	20·90	rund 21
Stickstoff, N_2	75·55	78·13	
Argon, Ar	1·3	0·94	} rund 79
Kohlendioxyd, CO_2	0·05	0·03	

Dazu kommt noch der nach Temperatur und Feuchtigkeitsgrad sehr verschiedene Wasserdampfgehalt (vgl. Tab. S. 57).

zur Mindestluftmenge nennt man den **Luftüberschuß**. Der **Luftfaktor L** bezeichnet das Verhältnis:

$$\frac{\text{theoretisch notwendige Luftmenge}}{\text{praktisch verwendete Luftmenge.}}$$

Verbrennungsgleichungen (alle Raumeinheiten sind auf 0^0 und 760 mm bezogen):

$$\left.\begin{array}{l} 12 \text{ kg} = \\ 1 \text{ Mol} \end{array}\right\} \quad C + 1 \text{ Mol } O_2 = 1 \text{ Mol } CO_2 + 97\,700 \text{ W.E.},$$

$$0\cdot 536 \text{ kg } C + 1 \text{ cbm } O_2 = 1 \text{ cbm } CO_2 + 4360 \text{ W.E.},$$

$$\left.\begin{array}{l} 12 \text{ kg} = \\ 1 \text{ Mol} \end{array}\right\} \quad C + \frac{1}{2} \text{ Mol } O_2 = 1 \text{ Mol } CO + 29\,300 \text{ W.E.},$$

$$0\cdot 536 \text{ kg } C + \frac{1}{2} \text{ cbm } O_2 = 1 \text{ cbm } CO + 1310 \text{ W.E.},$$

$$\left.\begin{array}{l} 28 \text{ kg} = \\ 1 \text{ Mol} \end{array}\right\} \quad CO + \tfrac{1}{2} \text{ Mol } O_2 = 1 \text{ Mol } CO_2 + 68\,400 \text{ W.E.},$$

$$\left.\begin{array}{l} 1\cdot 250 \text{ kg} \\ \text{oder 1 cbm} \end{array}\right\} \quad CO + \tfrac{1}{2} \text{ cbm } O_2 = 1 \text{ cbm } CO_2 + 3050 \text{ W.E.},$$

$$\left.\begin{array}{l} 2 \text{ kg} = \\ 1 \text{ Mol} \end{array}\right\} \quad H_2 + \frac{1}{2} \text{ Mol } O_2 = 1 \text{ Mol } H_2O \text{ flüssig} + 68200 \text{ W.E.},$$

$$\left.\begin{array}{l} 2 \text{ kg} = \\ 1 \text{ Mol} \end{array}\right\} \quad H_2 + \frac{1}{2} \text{ Mol } O_2 = 1 \text{ Mol } H_2O \text{ Dampf} + 57400 \text{ W.E.},$$

$$\left.\begin{array}{l} 0\cdot 0900 \text{ kg} \\ \text{oder 1 cbm} \end{array}\right\} \quad H_2 + \frac{1}{2} \text{ cbm } O_2 = 1 \text{ cbm } H_2O \text{ flüssig} + 3040 \text{ W.E.},$$

$$\left.\begin{array}{l} 0\cdot 0900 \text{ kg} = \\ \text{oder 1 cbm} \end{array}\right\} \quad H_2 + \frac{1}{2} \text{ cbm } O_2 = 1 \text{ cbm } H_2O \text{ Dampf} + 2560 \text{ W.E.}$$

1 **kg Brennstoff gibt Verbrennungserzeugnisse:**

in Mol: $\quad CO_2 = \dfrac{c}{12},\ H_2O = \dfrac{h}{2} + \dfrac{w}{18};$

in Kubikmeter:

bei 0^0 und 760 mm: $CO_2 = 1\cdot 865$ c, $H_2O = 11{,}2$ h $+ 1\cdot 243$ w.

bei 15^0 und 1 Atm.: $CO_2 = 2\cdot 035$ c, $H_2O = 12\cdot 2$ h $+ 1\cdot 355$ w,

Außerdem enthalten die Verbrennungsgase den Stickstoff der Luft und den überschüssigen Sauerstoff, und **zwar** beträgt für 1 **kg** Brennstoff in Kubikmeter:

$$\frac{\begin{array}{l} O_2 = 0{,}21 \ L_{min} \ (\lambda - 1) \\ N_2 = 0{,}79 \ L_{min} \ \lambda \end{array}}{O_2 + N_2 = L_{min} \ (\lambda - 0\cdot 21)}$$

Das Verhältnis der Menge der **trockenen Rauchgase** (ohne Wasser) zu der zugeführten Luftmenge beträgt, wenn man

$$\frac{h - \dfrac{o}{8}}{c} = \frac{h \text{ disponibel}}{c} = a \textbf{ setzt};$$

$$\frac{\text{Rauchgase}}{\text{Luft}} = 1 - \frac{0 \cdot 21}{\lambda} \left(\frac{a}{a+1} \right).$$

Die Zusammensetzung der trockenen Rauchgase nach Raumteilen beträgt bei vollkommener Verbrennung:

$$CO_2 = \frac{21}{\lambda + 3 \, (\lambda - 0 \cdot 21) \, a}; \quad CO_2 + O_2 = 21 \, \frac{\lambda + 3 \, (\lambda - 1) \, a}{\lambda + 3 \, (\lambda - 0 \cdot 21) \, a};$$

$$O_2 = \frac{21 \, (\lambda - 1) \, (1 + 3 \, a)}{\lambda + 3 \, (\lambda - 0 \cdot 21) \, a}; \quad N_2 = \frac{79 \, \lambda \, (1 + 3 \, a)}{\lambda + 3 \, (\lambda - 0 \cdot 21) \, a}.$$

Für einen Brennstoff, der nur Kohlenstoff enthält, beträgt der $CO_2 + O_2$-Gehalt der Rauchgase stets 21 Raumteile; je mehr Wasserstoff der Brennstoff enthält, desto mehr sinkt der $CO_2 + O_2$-Gehalt.

Der Kohlendioxydgehalt der Rauchgase hängt in erster Linie vom Luftüberschusse ab; für Brennstoffe, die nur Kohlenstoff enthalten (Koks), beträgt CO_2 in den Rauchgasen:

$$CO_2 = \frac{21}{\lambda}.$$

Die zur vollkommenen Verbrennung von festen Brennstoffen tatsächlich erforderliche Luftmenge schwankt in großen Grenzen. Bei einem von de Grahl durchgeführten Versuch war der mittlere Luftüberschuß 80 Proz. Erst bei 200 Proz. Luftüberschuß konnten von brennbaren Gasen freie Rauchgase erzielt werden. Bei Gasfeuerungen (und bei Verwendung flüssiger Brennstoffe) erniedrigt sich der Luftüberschuß auf 15—20 Proz. Automobilmotoren arbeiten oft mit unvollständiger Verbrennung, so daß sich mehr als 10 Proz. unverbranntes Kohlenoxyd in den Auspuffgasen findet.

Aus dem bei vollständiger Verbrennung durch Analyse bestimmten Kohlendioxydgehalt der Rauchgase läßt sich bei bekannter Zusammensetzung des Brennstoffes der Luftüberschuß berechnen; es ist:

$$\lambda = 0 \cdot 21 \, \frac{\dfrac{1}{CO_2} + 3 \, a}{1 + 3 \, a}$$

oder bei unbekannter Zusammensetzung, wenn außer dem Kohlendioxyd noch der Sauerstoff bestimmt wird:

$$\lambda = 1 + \frac{0 \cdot 79}{0 \cdot 21 \, \dfrac{1 - CO_2}{O_2} - 1}.$$

Wenn der Kohlenstoff nicht vollständig zu CO_2, sondern zum Teil zu Kohlenoxyd verbrennt, so bedeutet dies einen Verlust, der sich wie folgt berechnet:

$$\text{Verlust durch unvollkommenes Verbrennen} =$$

$$\frac{\text{Heizwert des gebildeten Kohlenoxyds}}{\text{Heizwert des Brennstoffes}} = \frac{\dfrac{CO}{CO_2 + CO}}{5 \cdot 04 \, (0 \cdot 285 + a)}$$

CO_2 und CO bedeuten die Raumteile dieser Gase in den trockenen Rauchgasen.

Wärmeverlust durch die Verbrennungsgase (vgl. auch S. 129). Dadurch, daß die Verbrennungsgase einer Feuerung mit einer höheren als der Umgebungstemperatur in den Schornstein abziehen, entsteht ein Verlust. Dieser Schornsteinverlust ist gleich:

$$\frac{\text{Wärmeinhalt der abziehenden Gase}}{\text{Heizwert des Brennstoffes}} .$$

In der folgenden Tafel (S. 127) sind Beispiele für typische Brennstoffe, verschiedene Abgastemperaturen und verschiedenen Luftüberschuß angegeben. Als Umgebungstemperatur ist 20^0 angenommen.

Ergibt die Abgasanalyse an Kohlendioxyd CO_2-Proz., an Kohlenoxyd CO-Proz., an Sauerstoff O_2-Proz., an Stickstoff N_2-Proz., so ergibt sich der prozentische **Luftüberschuß**

$$\text{nach } 100 \cdot \frac{O_2 - \dfrac{CO}{2}}{CO_2 + CO} \text{ und die Prozente des halbverbrann-}$$

ten (zu Kohlenoxyd) **Kohlenstoffs** $= 100 \cdot \dfrac{CO}{CO_2 + CO}$.

Der Sauerstoffüberschuß (Menge des Sauerstoffs, die über die zur Verbrennung alles im Rauchgase vorhandenen Kohlenoxyds hinaus vorhanden ist) ist $O_2 - \dfrac{CO}{2}$.

Demnach ist bei unvollständiger Verbrennung zur Beurteilung der Rauchgaskontrolle (wenn, wie in den meisten Fällen die Zusammensetzung des Brennstoffes nicht bekannt ist) neben der Kohlendioxyd- und Sauerstoffbestimmung eine Kohlenoxydbestimmung durchzuführen. Aus den Zahlen für den prozentischen Luftüberschuß und für den halbverbrannten Kohlenstoff (Kohlenoxyd im Rauchgas) lassen sich die für den Betrieb erforderlichen Maßnahmen ableiten.

1. **Analyse der Rauchgase.** Man bestimmt darin CO_2, O_2, CO und N_2 (letzteren durch Differenz) am bequemsten mit dem **Orsat-Apparat** (Fig. 5). Dieser (von jeder Apparatenhandlung zu beziehen) besteht aus einer Gasbürette A, welche mit der mit angesäuertem Wasser gefüllten Niveauflasche B verbunden ist; durch Heben von B wird A mit Wasser bis zum Nullpunkt der Teilung gefüllt, durch Senken von B Gas aus dem

Wärmeverluste bei verschiedenen Abgastemperaturen ("Hütte").

Vielfaches der theoretischen Luftmenge	CO$_2$-Gehalt der Heizgase aus der Analyse Vol.-Proz.	Verbrennungs-Temperatur ° C	Wärmeverlust in Prozenten des Heizwertes für eine Abgastemperatur von ° C				
			500	400	300	200	100

Kohlenstoff. Heizwert = 8140 Kal.

Vielfaches der theoretischen Luftmenge	CO$_2$-Gehalt	Verbrennungs-Temperatur	500	400	300	200	100
1·0	21·0	2330	18·1	14·2	10·3	6·6	2·9
1·25	16·7	1965	22·2	17·5	12·7	8·1	3·6
1·5	13·9	1690	26·3	20·7	15·1	9·6	4·2
2·0	10·5	1340	34·6	27·3	19·9	12·7	5·5
2·5	8·4	1105	42·8	33·8	24·7	15·8	6·8
3·0	7·0	945	51·1	40·3	29·5	18·8	8·2

Steinkohle. 75 Proz. C, 5 Proz. H$_2$, 3 Proz. H$_2$O. Unterer Heizwert = 7500 Kal.

Vielfaches der theoretischen Luftmenge	CO$_2$-Gehalt	Verbrennungs-Temperatur	500	400	300	200	100
1,0	18·1	2185	19·3	15·1	11·0	7·0	3·1
1·25	14·4	1855	23·6	18·4	13·4	8·5	3·8
1·5	12·0	1620	27·8	21·7	15·8	10·1	4·5
2·0	8·9	1285	36·3	28·4	20·7	13·1	5·8
2·5	7·1	1065	44·8	35·1	25·5	16·3	7·2
3·0	5·9	910	53·4	41·9	30·4	19·4	8·6

Braunkohle. 40 Proz. C, 3 Proz. H$_2$, 36 Proz. H$_2$O. Unterer Heizwert = 3600 Kal.

Vielfaches der theoretischen Luftmenge	CO$_2$-Gehalt	Verbrennungs-Temperatur	500	400	300	200	100
1·0	—	1920	23·1	18·3	13·6	8·9	4·5
1·5	—	1450	32·3	35·6	19·0	12·5	6·2
2·0	—	1170	41·4	32·8	24·4	16·1	8·0
2·5	—	980	50·5	40·1	29·8	19·7	9·8
3·0	—	850	59·6	47·3	35·2	23·2	11·3

Gichtgas. 3 Proz. H$_2$+29 Proz. CO+8 Proz. CO$_2$+60 Proz. N$_2$. Unterer Heizwert = 880 Kal.

Vielfaches der theoretischen Luftmenge	CO$_2$-Gehalt	Verbrennungs-Temperatur	500	400	300	200	100
1·0	23·6	1595	27·9	21·8	15·8	10·1	4·4
1·5	19·0	1350	33·9	26·5	19·2	12·2	5·3
2·0	15·9	1170	39·9	31·2	22·7	14·4	6·3
2 5	13·7	1040	45·9	35·8	26·1	16·6	7·2
3·0	12·1	930	51·8	40·1	29·5	18·7	8·2

Eintrittsrohr C oder einem der Absorptionsgefäße D, E, F angesaugt, durch abermaliges Heben von B unter Öffnung des betreffenden Hahnes das Gas nach D, E oder F übergeführt usw. Behufs der Ablesung wird die Niveauflasche B immer so gehalten, daß das Wasser in ihr und in A gleich hoch steht. Füllung der Absorptionsgefäße: für CO_2 mit 110 ccm Kalilauge von 1·20 bis 1·28 spez. Gewicht (kann sehr lange vorhalten). Für O_2 mit

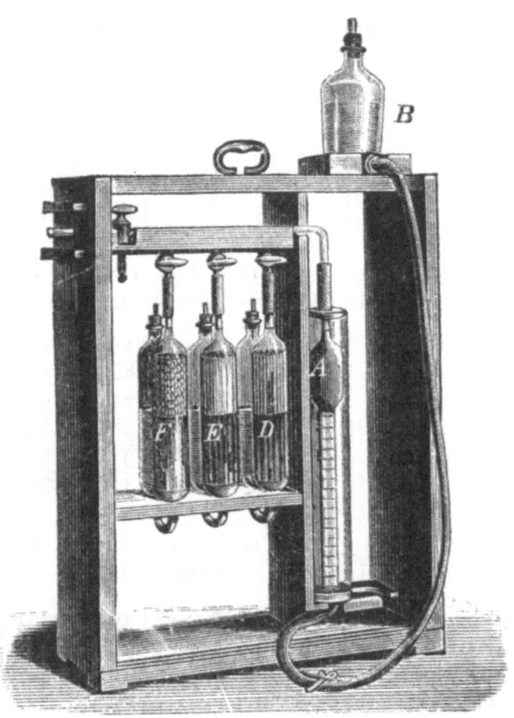

Fig. 5. Orsat-Apparat.

ganz dünnen Phosphorstängelchen, unter Wasser und durch Umhüllung des Gefäßes mit schwarzem Papier vor Licht geschützt zu halten; Verunreinigung durch teerige Bestandteile u. dgl. macht den Phosphor unwirksam (zu verhüten durch Filtration des Gases vor dem Eintritt in C durch Asbest, Watte u. dgl.); auch geht die Sauerstoffabsorption erst von 16° oder besser 18° an vor sich und muß daher im Falle einer niedrigeren Temperatur das Gefäß mittels einer Spiritusflamme vorsichtig erwärmt werden. An Stelle von Phosphor können alkalische

Pyrogallollösung (1 Vol. wässerige Lösung aus 1 T. Pyrogallussäure und 3 Tln. Wasser mit 5 Vol. Kalilauge aus 3 Tln. nicht mit Alkohol gereinigtem Kaliumhydroxyd und 2 Tln. Wasser) oder Natriumhydrosulfit (50 g Natriumhydrosulfit in 250 ccm Wasser), hierzu 40 ccm Natronlauge (500 g Natriumhydroxyd in 700 ccm Wasser) verwendet werden. Für CO dient Kupferchlorürlösung, dargestellt durch Schütteln von 250 g käuflichem Kupferchlorür mit einer Lösung von 250 g Salmiak in 750 ccm Wasser in einer verschlossenen Flasche, in die später eine bis zum Halse reichende Kupferspirale eingesetzt wird. Vor dem Einfüllen in das Absorptionsgefäß werden je 3 Volum dieser Lösung mit 1 Volum Ammoniakflüssigkeit von 0·905 spez. Gewicht versetzt. 1 ccm der ammoniakhaltigen Lösung soll 16 ccm CO absorbieren; doch erfolgt eine vollständige Absorption nur nach längerem Schütteln. Man muß das Reagens oft erneuern, da es sonst umgekehrt CO an ein daran armes Gas abgeben kann. Auch ist nicht zu übersehen, daß es auch Äthylen absorbiert, welches jedoch bei Rauchgasanalysen nicht vorkommt. Da das Reagens auch den Sauerstoff aufnimmt, so darf es immer nur nach Entfernung desselben angewendet werden.

Für die tägliche Kontrolle der Feuerung genügt bei Abwesenheit von Kohlenoxyd, Methan und Wasserstoff in den Rauchgasen, von der man sich zu überzeugen hat, die Bestimmung des Kohlendioxyds allein. Nach der von Lunge (Zeitschr. f. angew. Chemie **2**, 240; 1889) gegebenen Entwickelung kann man mittels dieser Bestimmung und gleichzeitiger Beobachtung eines im Rauchkanale befindlichen Thermometers (mit so langer Skala, daß sie außen abgelesen werden kann) den durch die Rauchgase verursachten Wärmeverlust genügend genau berechnen und dadurch sowohl die Funktion einer Feuerungseinrichtung im allgemeinen, als auch die tägliche Arbeit des Heizers im einzelnen kontrollieren. Wenn n die Volumprozente CO_2 im Rauchgase, t die Temperatur der äußeren Luft, t' diejenige der Rauchgase, c spezifische Wärme eines cbm CO_2 (s. u.), c' spez. Wärme eines cbm O oder N (als konstant = 0·31 anzunehmen) bedeuten, so ist das Gesamtvolum der Rauchgase für je 1 kg verbrannten Kohlenstoffs, ausgedrückt in cbm =

$$= 1·854 + 1·854 \left(\frac{100 - n}{n} \right);$$

der Wärmeverlust durch das Rauchgas = WV, ausgedrückt in Kalorien:

$$WV = 1·854 \, (t'-t) \, c + 1·854 \, (t' - t) \left(\frac{100 - n}{n} \right) c'$$

und ausgedrückt in Prozenten der theoretisch vom Kohlenstoff abgegebenen Wärme:

$$\frac{100\,WV}{8080}.$$

Der Wert für c' ist für alle Temperaturen genügend genau $= 0.31$ anzunehmen; c dagegen variiert nach der Temperatur und ist zu setzen:

wenn t' bis $\quad\quad$ 150^0 ist, $c = 0.41$,
,, $\quad t'$ zwischen 150—$200^0 = 0.42$
,, $\quad$,, $\quad\quad$,, $\quad\quad$ 200—$250^0 = 0.43$
,, $\quad$,, $\quad\quad$,, $\quad\quad$ 250—$300^0 = 0.44$
,, $\quad$,, $\quad\quad$,, $\quad\quad$ 300—$350^0 = 0.45$

N B. Die Beobachtungen für n und t' müssen mehrmals hintereinander gemacht und das Mittel daraus gezogen werden. Für genauere Untersuchungen sind mehrere Versuchsreihen zu verschiedenen Tageszeiten anzustellen.

Die obige von Lunge gegebene Formel zur Berechnung des Wärmeverlustes ist nur für Kohlenstoff-, höchstens noch für Koksfeuerung anwendbar; für Kohlen- oder Gasfeuerung ist die Berechnung eine umständlichere (vgl. auch Tabelle S. 127).

Eine ständige Kontrolle des Kohlendioxydgehaltes der Rauchgase kann man vermittels schnell und automatisch wirkender Analysenapparate ausführen (vgl. C. T. U. Bd. I).

2. Analyse der Generatorgase. Gewöhnliche, nur unbedeutende Mengen von Wasserstoff enthaltende Generatorgase kann man genügend genau mit dem S. 128 beschriebenen Orsat-Apparate durch Bestimmung von CO_2 und CO untersuchen, wobei die vorhandenen geringen Mengen von schweren Kohlenwasserstoffen ebenfalls durch das Kupferchlorür absorbiert und als CO verrechnet werden. Für an Wasserstoff reichere Gase (Halbwassergas und Wassergas) dient der Orsat-Lungesche Apparat, Fig. 6 (zu beziehen von allen chemischen Apparathandlungen). Die Buchstaben A bis F haben hier dieselbe Bedeutung wie in Fig. 5; G ist ein mit reinem Wasser gefülltes U-Rohr, H eine mit Platinasbest oder Palladiumasbest beschickte „Verbrennungskapillare", I ein leicht zur Seite zu schiebendes Spirituslämpchen. Das in D, E und F von CO_2, O und CO befreite Gas wird mit so viel Luft gemengt, als die Meßröhre A noch zu fassen vermag, was bis zu einem Wasserstoffgehalte ausreicht, welcher $4/_{10}$ des angewendeten Luftvolums (entsprechend 2 mal dem darin enthaltenen Sauerstoff) beträgt. Bei höherem Wasserstoffgehalt, wie er aber kaum anders als bei wirklichem „Wassergas" vorkommt, muß man entweder von vorneherein weniger Gas (etwa nur 50 ccm) zur Analyse verwenden oder statt Luft reinen Sauerstoff zu-

mengen. Man erwärmt die Verbrennungskapillare H ganz gelinde mittels der Weingeistlampe I und führt das Gasgemenge in ziemlich raschem Strome einmal nach G hinüber und wieder nach A zurück, wobei ein Ende des Platinasbest-Pfropfes ins Glühen kommen soll. Das rückbleibende Gas wird

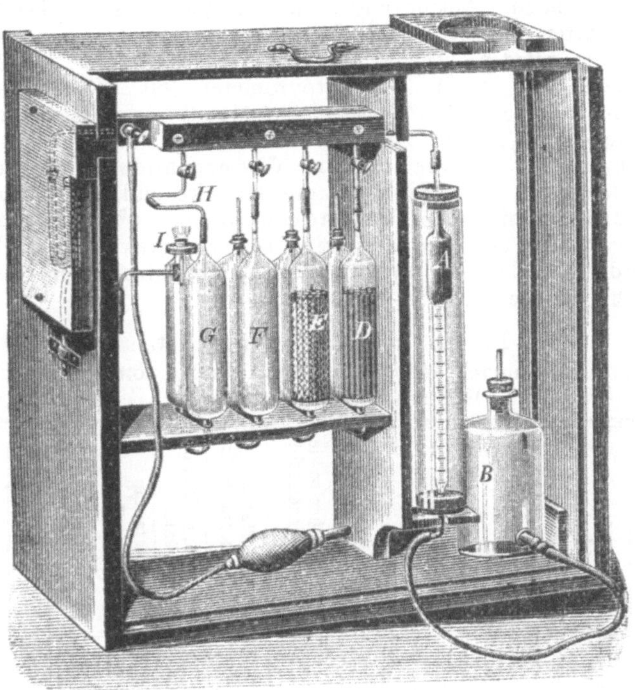

Fig. 6. Apparat von Orsat-Lunge.

wieder gemessen und $^2/_3$ der bei der Verbrennung gefundenen Kontraktion = H angesetzt.

Hierbei ist allerdings keine Rücksicht auf das in Generatorgas oder Wassergas in sehr geringer Menge vorkommende Methan genommen, welches nach allen beschriebenen Operationen unverändert bleibt und mit dem Stickstoff gemessen wird. Die technische Bestimmung des Methans ist nicht so leicht wie diejenige von CO_2, O, CO und H auszuführen; sie geschieht durch Verbrennung mit glühendem Kupferoxyd, durch Explosion mit Sauerstoff, durch eine stark glühende Platinkapillare usw.; vgl. unter „Leuchtgasfabrikation".

9*

3. Heizwertbestimmung. Vgl. S. 118.

4. Zugmessung geschieht am besten (auch für den Betrieb der Bleikammern usw.) mittels eines Differentialanemometers, z. B. derjenigen von Péclet, Seger, König (bei H. Geißlers Nachfolger [Franz Müller] in Bonn) oder Verbeeck (bei Willy Manger, Ingenieurgesellschaft m. b. H., Dresden-A. 21).

Temperaturmessung. Quecksilberthermometer können für gewöhnliche Ausführungsform bis 300^0, als Stickstoffthermometer bis 550^0, als Quarzglasthermometer bis 750^0 verwendet werden. Weiter sind noch im Gebrauch: Metallpyrometer (bis 900^0), Graphitpyrometer (bis 1200^0), Talpotasimeter (von -65^0 bis 750^0), Metall-Legierungen von Prinsep, Segersche Tonkegel (s. S. 39). Weitgehendste Anwendung finden elektrische Widerstandspyrometer (von Heraeus, sowie Siemens und Halske und Hartmann und Braun) mit einem Meßbereiche von -200^0 bis $+900^0$, dann vor allem thermoelektrische Pyrometer. In nachfolgender Tabelle sind die zur Messung vorteilhaftesten Meßbereiche angegeben.

Thermokräfte in Millivolt.

(Für Metalllegierungen hängen die Thermokräfte von der jeweiligen Drahtzusammensetzung ab.)

Element-Kombination t° C	Palladium-Platin	Iridium-Platin	Rhodium-Platin	Konstantan-Kupfer	Nickel-Silber sowie Nickel-Nickelstahl	90 Platin, 10 Rhodium-Platin	90 Platin, 10 Iridium-Platin	Konstantan-Silber	Kohle-Nickel	Eisen-Konstantan	Nickel-Chromnickel
− 185°	+ 0·77	− 0·28	− 0·24	+ 5·30	—	—	—	—	—	—	—
− 100°	—	—	—	+ 3·10	—	—	—	—	—	—	—
− 80°	+ 0·39	− 0·32	− 0·31	—	+ 1·68	—	—	—	—	—	—
+ 100°	− 0·56	+ 0·65	+ 0·65	− 4·1	− 2·18	0·7	1·2	3·7	1·9	5·3	3·8
200	1·2	1·5	1·5	9·0	4·96	1·50	2·6	8·4	3·8	10·7	7·6
300	2·0	2·5	2·6	14·00	7·5	2·29	4·0	13·8	5·8	16·3	11·5
400	2·8	3·6	3·7	19·7	9·8	3·22	5·6	18·4	7·9	21·8	15·4
500	3·8	4·8	5·1	25·6	12·0	4·19	7·4	25·4	10·0	27·4	19·4
600	4·9	6·1	6·5	—	14·5	5·19	9·0	31·6	12·3	32·2	23·4
700	6·3	7·6	8·1	—	17·3	6·23	10·7	—	15·0	39·1	27·3
800	7·9	9·1	9·9	—	20·7	7·30	12·4	—	17·9	45·2	31·2
900	9·6	10·8	11·7	—	24·2	8·40	14·0	—	20·7	51·3	35·0
1000	11·5	12·6	13·7	—	—	9·54	15·7	—	24·0	—	39·0
1100	13·5	14·5	15·8	—	—	10·72	17·3	—	28·0	—	42·3
1200	—	—	—	—	—	11·88	—	—	32·0	—	—
1300	—	—	—	—	—	13·04	—	—	—	—	—
1400	—	—	—	—	—	14·18	—	—	—	—	—
1500	—	—	—	—	—	15·3	—	—	—	—	—
1600	—	—	—	—	—	16·4	—	—	—	—	—
1700	—	—	—	—	—	17·5	—	—	—	—	—

Die Pyrometer werden mit der ungeschützten oder geschützten Lötstelle der zu untersuchenden Wärmequelle ausgesetzt. Die freien Enden der Meßdrähte sollen Zimmertemperatur besitzen. Als Schutzrohrmaterialien kommen in Betracht: Eisen, Stahl, Nickel, Porzellan, Quarzglas, Silit und Graphit. Die thermoelektrische Kraft wird an vor Erschütterungen geschützt aufgestellten Galvanometern mit vertikaler oder horizontaler Zeigerstellung abgelesen. Die Instrumente tragen auch Skalen mit Temperatureinteilung. Diese letzteren Skalen gelten nur für ein bestimmtes Metallpaar, da andere Kombinationen für die gleichen Temperaturen andere Spannungen bzw. bei gleicher Spannungsangabe andere Temperaturangaben ergeben.

Für sehr hohe Temperaturen, dann für Temperaturmessungen an schwer zugänglichen Stellen kommen die optischen Pyrometer in Betracht. Das optische Pyrometer von Wanner (bei Dr. R. Hase, Hannover, Josephstr. 26) hat einen Meßbereich von 650^0 bis 4000^0, das von Holborn und Kurlbaum (bei Siemens und Halske) von 600^0 bis 2900^0. (Ausführlicheres über Temperaturmessungen s. C. T. U. Bd. I.)

Über billigere Thermoelemente und solche für Messung tiefer Temperaturen siehe C. T. U. I.

C. Speisewasser für Dampfkessel und Fabrikationswasser.

1. **Härtegrade.** Die deutschen Härtegrade bedeuten je 1 Teil CaO oder dessen Äquivalent an MgO auf 100 000 Teile Wasser, die französischen je 1 Teil $CaCO_3$ ($MgCO_3$) auf 100 000 Wasser; die englischen je 1 Teil $CaCO_3$ ($MgCO_3$) auf 70 000 Wasser.

Die nachfolgende Tabelle enthält die einem deutschen Härtegrad (= 10 mg CaO in 1 l Wasser) entsprechenden Gehalte an Härtebildnern und Reinigungsmitteln:

1 deutschen Härtegrad = 10 mg CaO in 1 l H_2O entsprechen:

von MgO	7·19 mg	von Na_2CO_3	18·9 mg
„ CO_2	7·85 „	„ NaOH	14·27 „
„ SO_3	14·28 „	„ $BaCO_3$	35·2 „
„ Cl	12·65 „	„ $Ba(OH)_2$	30·56 „
„ N_2O_5	19·26 „	„ $BaCl_2$	37·14 „
„ SiO_2	10·75 „	„ $CaCl_2$	19·79 „

Die Bestimmung der Härte erfolgte früher stets nach dem Clarkschen Seifenverfahren. Einfacher und dabei genauer sind folgende Bestimmungen:

2. **Karbonathärte** (Alkalinität, vorübergehende Härte). Man titriert 200 ccm des Wassers bei gewöhnlicher Temperatur mit Methylorange und $^1/_5$ Normal-Salzsäure bis zum Auftreten des ersten rötlichen Scheines. Jeder verbrauchte Kubikzentimeter der $n/_5$-Säure zeigt dann $0 \cdot 02804$ (log = $0 \cdot 44770$—2) g CaO oder $0 \cdot 05004$ (log = $0 \cdot 69932$—2) g $CaCO_3$ oder dessen Äquivalent an MgO bzw. $MgCO_3$ im Liter. Durch Multiplikation der verbrauchten Zahl von Kubikzentimetern Säure mit $2 \cdot 8$ erfährt man die deutschen, mit 5 die französischen, mit $3 \cdot 5$ die englischen Härtegrade; diese zeigen aber nur die „vorübergehende" Härte, d. h. diejenige, welche bei anhaltendem Kochen verschwindet, an. Zur Erzeugung des Farbenumschlages wird Säure verbraucht. Dieser Mehrverbrauch entspricht $0 \cdot 15$ deutschen Härtegraden, die vom Titrationsergebnis abzuziehen sind.

Bei mit Soda gereinigten Speisewässern kann überschüssiges Na_2CO_3 vorhanden sein, welches die Härte zu hoch erscheinen läßt. Man bestimmt diesen Überschuß durch anhaltendes Kochen von 200 ccm Wasser in einer Porzellanschale, Abfiltrieren der dabei ausfallenden Karbonate der Erdalkalien und Titrieren des Filtrats wie oben. Die jetzt angezeigte Alkalinität rührt von Na_2CO_3 (mit nur wenig $MgCO_3$) her.

3. **Gesamthärte.** Man übersättigt 200 ccm des Wassers mit Salzsäure in geringem Überschuß, kocht auf etwa 50 ccm ein, spült in einem 100 ccm-Kolben, neutralisiert genau mit Natronlauge (Indikator: Methylorange), setzt 20 ccm eines Gemisches von gleichen Volumen $n/_5$-Ätznatron und $n/_5$-Sodalösung zu, kocht auf, läßt abkühlen, füllt mit destilliertem Wasser bis zur 100 ccm-Marke auf, gießt durch ein trockenes Faltenfilter, verwirft die ersten durchlaufenden Anteile und bestimmt in 50 ccm des Filtrates das unverbrauchte Alkali mit $n/_5$-Salzsäure und Methylorange. Die zum Rücktitrieren verbrauchte Zahl Kubikzentimeter der Säure, multipliziert mit 2, wird von 20 abgezogen; der Rest a zeigt das zur Ausfällung der Erdalkalien in 200 ccm des Wassers verbrauchte Alkali, also ist die Gesamthärte in deutschen Graden = $a \times 2 \cdot 8$, in französischen = $a \times 5$. Dieses Verfahren gibt auch bei Anwesenheit von Magnesia richtige Resultate. Bei größeren Gehalten an Magnesia muß der Gehalt an Ätznatron im Alkaligemisch erhöht werden. Bei unbekannten Wässern empfiehlt sich, zwei Bestimmungen mit verschiedenen Mengen Ätznatron und Soda auszuführen und die Filtrate auf Ca- und Mg-Ionen zu prüfen. Jedenfalls muß mit genügendem Überschuß von Soda und Ätznatron gearbeitet werden.

Wenn man von der Gesamthärte die nach 2. ermittelte Karbonathärte abzieht, so erhält man die **Nichtkarbonat**härte („bleibende"), d. h. die durch $CaSO_4$ verursachte Härte, ausgedrückt in Teilen CaO auf 100 000 Wasser. Die Resultate sind gewöhnlich um 0·1 bis 0·5 Härtegrade zu niedrig.

Wasser unter 6 deutschen Härtegraden gilt als weiches, von 6—12° als mittelhart, über 12° als hart.

Über das Titrationsverfahren von Blacher mit palmitinsaurem Kali vgl. C. T. U. Bd. I.

4. Zur Kontrolle der Größen: „Alkalinität + bleibende Härte" kann man den Abdampfrückstand bestimmen, durch Eindampfen von 500 ccm bis zur Trockne, Erhitzen bis zum Verglühen der organischen Substanz, Anfeuchten mit CO_2-haltigem Wasser und Trocknen bei 110°. Bei stärkerem Magnesiagehalt wird natürlich keine genauere Übereinstimmung mit der Summe beider Härten bestehen, da diese auf Kalksalze bezogen sind.

A. Berechnung der Zusätze aus der Analyse (vgl. Hundeshagen, Zeitschr. f. öffentl. Chem. 1907, 23). Bedeuten in deutschen Härtegraden angegeben (vgl. S. 133):

K die Kalkhärte,

M die Magnesiahärte,

C der Härtegleichwert der gebundenen Kohlensäure,

S „ „ „ „ Schwefelsäure,

c „ „ „ freien Kohlensäure,

so ergeben sich in Grammen pro Kubikmeter folgende Zusätze bei verschiedenen Reinigungsverfahren:

I. $K+M > C$: Nichtalkalische Wässer.

a) Reinigung mit Kalk und Soda.

Bedarf an CaO = 10·0 $(M+C+c)$.

„ „ Na_2CO_3 = 18·93 $(K+M—C)$.

b) $K < 2C+c$: Reinigung mit Kalk und Ätznatron.

Bedarf an CaO = 10·0 $(2C+c—K)$.

„ „ NaOH = 14·3 $(K+M—C)$.

c) $K > 2C+c$: Reinigung mit Ätznatron und Soda.

Bedarf an NaOH = 14·3 $(M+C+c)$.

„ „ Na_2CO_3 = 18·93 $(K—[2C+c])$.

II. $K+M < C$: Alkalische Wässer.

Reinigung mit Kalk und Calciumchlorid.

Bedarf an CaO = 10·0 $(M+C+c)$.

„ „ $CaCl_2$ = 19·64 $(C—[K+M])$.

Bezeichnen P die in deutschen Graden angegebene Phenolphthaleïnalkalinität, M die Methylorangealkalinität, H die Gesamthärte, so ergeben sich für die Überwachung der Wasserreinigung folgende Feststellungen:

Ist $M < H$ . . . . Mangel an Soda,

„ $M > H$ . . . . Überschuß an Soda,

„ $P < \dfrac{M}{2}$ . . . . Mangel an Kalk,

Ist $P > \dfrac{M}{2}$ . . . . Überschuß an Kalk.

B. Bestimmung der zur Reinigung des Wassers erforderlichen Chemikalien: Kalkwasser und Soda. a) Man versetzt 500 ccm Wasser mit 10 ccm $n/_5$-Na_2CO_3-Lösung, verdampft zur Trockne, nimmt den Rückstand mit wenig Wasser auf, filtriert durch ein kleines Filter, wäscht bis zum Aufhören der alkalischen Reaktion und bestimmt im Filtrat +Waschwasser die verbrauchte Soda = a ccm durch Rücktitrieren mit Methylorange und $n/_5$-Salzsäure. Die Zahl $2a \times 0 \cdot 0106$ zeigt die g Soda pro l des Wassers, die zur Entfernung des Gipses (der bleibenden Härte) erforderlich sind.

Den Verbrauch an Kalkwasser zur Beseitigung der vorübergehenden Härte erfährt man durch Versetzen von 500 ccm Wasser mit 100 ccm klarem Kalkwasser, dessen CaO-Gehalt man vorher durch Titrieren mit $n/_5$-Salzsäure und Phenolphthalein [1]) ermittelt hat, ½ stündiges Erwärmen zur Abhaltung von CO_2 im bedeckten Gefäße, Abkühlen, Durchgießen durch ein trockenes Faltenfilter und sofortiges Titrieren von 500 ccm des Filtrats. Die jetzt verbrauchte HCl, vermehrt um $^1/_5$ (wegen der vorherigen Verdünnung der 500 ccm auf 600), zeigt die Menge des unverbrauchten Kalkwassers oder durch Abzug von der ursprünglich in 100 ccm Kalkwasser enthaltenen Menge CaO die zur Reinigung von Erdalkalikarbonat erforderliche Menge von CaO für ½ l des Rohwassers.

Ein mit Kalk und Soda gereinigtes Kesselspeisewasser soll klar sein, eine Gesamthärte von etwa 3 deutschen Graden und einen auf Soda berechneten Alkaliüberschuß von 10 bis 20 g im Kubikmeter, von dem ein Teil kaustisch sein muß, aufweisen. Überschuß an Ätzkalk ist zu vermeiden.

6. Kieselsäure. 500—1000 ccm Wasser werden unter Zusatz von Salzsäure zur Trockne verdampft, der Rückstand mehrere Male mit Salzsäure benetzt, jedesmal am Wasserbade eingetrocknet, dann nach Zusatz von Salzsäure mit heißem Wasser aufgenommen und die Kieselsäure abfiltriert.

7. Chloride. Man dampft 250 bis 1000 ccm Wasser auf 100 bis 200 ccm ein und bestimmt in der schwach alkalischen Flüssigkeit das Chlorion nach Volhard durch Zusatz von etwas Salpetersäure und überschüssiger $^1/_{10}$ N-Silbernitratlösung. Der Überschuß wird mit $^1/_{10}$ N-Rhodanammonlösung und Eisenalaunlösung als Indikator zurücktitriert. Bei Anwesenheit organischer Substanzen sind diese

---

[1]) In diesem Falle ist Phenolphthalein, nicht Methylorange, als Indikator anzuwenden, weil letzteres das in kleinen Mengen neben dem $Ba(OH)_2$ aufgelöste $CaCO_3$ mit anzeigt während man doch nur den Gehalt an wirklichem $Ca(OH)_2$ wissen will.

durch Kochen mit überschüssigem Permanganat zu zerstören. Der Überschuß des Permanganats wird durch tropfenweisen Zusatz von Alkohol entfernt und vor dem Titrieren mit Silberlösung die abgeschiedenen Manganverbindungen durch Filtrieren entfernt.

8. **Kohlensäure** (nach **Trillich**). Man wählt einen mit Glasstöpsel verschließbaren Meßkolben von 100 ccm, dessen Marke sich möglichst tief unten am Halse befindet und füllt denselben, indem man das zu untersuchende Wasser längere Zeit durchleitet, damit das anfänglich mit der Luft in Berührung gewesene, durch Gasaustausch kohlensäureärmer gewordene Wasser verdrängt werde. Nachdem man das über der Marke stehende Wasser mit einer Pipette entfernt hat, gibt man 10 Tropfen alkoholische Phenolphthaleinlösung hinzu und tröpfelt nach und nach zur Flüssigkeit so viel $^1/_{10}$ N-Natriumkarbonatlösung, bis sie eine blaß rosenrote Färbung angenommen hat, welche nach einigemaligem behutsamen Umwenden der zugestöpselten Flasche selbst nach 5 Minuten nicht mehr verschwindet. Jedes Kubikzentimeter verbrauchter Natriumkarbonatlösung entspricht 1·113 ccm oder 2·2 mg CO_2.

9. **Angreifende (aggressive) Kohlensäure** (nach **L. W. Winkler**). Eine frischgeschöpfte klare Wasserprobe von etwa 100 ccm wird mit 2 Tropfen (0·1 ccm) Kupfervitriollösung (10·0 g $CuSO_4$, 5 H_2O in dest. Wasser auf 1co ccm gelöst) gemengt. Das Wasser enthält keine oder nur in sehr geringer Menge angreifende Kohlensäure, wenn die Trübung bei einem Wasser von 5—20⁰ Carbonathärte innerhalb einer halben Minute eben sichtbar wird.

Bei **s e h r w e i c h e n** Wässern mengt man zur Wasserprobe von 100 ccm 10 Tropfen weingeistige Alizarinlösung (1 g trockenes Alizarin + 100 ccm starker Alkohol öfters durchgeschüttelt und später filtriert) und beobachtet die Farbe der Flüssigkeit:

Färbung:	Angreifende Kohlensäure:
Bläulichrot	keine
Kupferrot	geringe Menge
Rötlichgelb	ziemlich viel
Reingelb	reichlich.

10. **Gelöster Sauerstoff** (nach **L. W. Winkler**). Erforderliche Lösungen: a) Manganochloridlösung. 40 g $MnCl_2$. 4 H_2O mit Wasser auf 100 ccm. Das Salz muß eisenfrei sein und aus Kaliumjodidlösung darf es nur Jodspuren ausscheiden.

b) Konzentrierte Natronlauge. 1 Teil nitritfreies reines Natriumhydroxyd wird in 2 Teilen Wasser gelöst. In einem Teil der Lauge löst man 10 °/₀ Kaliumjodid.

Die Bestimmungen führt man in starkwandigen, mit gut eingeschliffenen Glasstöpseln versehenen, ungefähr 250 ccm fassenden Flaschen aus, deren Inhalt man genau bestimmt hat. Die Flasche füllt man vollständig mit dem zu untersuchenden Wasser an, am besten durch längeres Durchleiten. Die Reagenzien sind sogleich in die Flasche einzuführen. Man benutzt hierzu mit langen engen Stielen versehene Pipetten von 1 ccm Inhalt, welche man in das Wasser bis nahe an den Boden des Gefäßes einsenkt. Vorerst trägt man einen Kubikzentimeter von der kaliumjodidhaltigen Natronlauge ein, darauf einen von der Manganosalzlösung. Man verschließt die Flasche mit der Vorsicht, daß keine Luftblasen in ihr zurückbleiben. Die Flasche wendet man nun einige Male heftig um, um ihren Inhalt zu mischen. Schon nach einigen Minuten setzt sich der flockige Niederschlag, und die Flüssigkeit wird in dem oberen Teil der Flasche fast völlig klar. Wenn der Niederschlag sich so weit gesetzt hat, daß der obere Teil der Flüssigkeit in der Flasche klar erscheint, so öffnet man dieselbe und trägt mit einer langstieligen, vorher mit Wasser angefeuchteten Pipette ungefähr 5 ccm rauchende Salzsäure ein. Man verschließt die Flasche abermals und mischt ihren Inhalt; der Niederschlag löst sich rasch, und man erhält eine von Jod gelb gefärbte Flüssigkeit, in welcher das Jod in bekannter Weise mit Natriumthiosulfatlösung gemessen wird. In der Praxis wird eine $^1/_{100}$ normale Thiosulfatlösung am zweckmäßigsten sein; einem jeden Kubikzentimeter entsprechen 0·0560 ccm Sauerstoff (bei 0⁰ und 760 mm Druck).

11. Organische Substanzen. Oxydierbarkeit. 100 ccm des Wassers werden mit 10 ccm $^1/_{100}$ N-Permanganatlösung (0·8 g $KMnO_4$, 50 g NaOH, 500 ccm H_2O) versetzt, die Lösung zum Sieden erhitzt und 10 Minuten im Kochen erhalten. Der Kochbecher wird von der Flamme entfernt, unter Schwenken erst 10 ccm verdünnte Schwefelsäure (1 : 3, durch Permanganat eben rosarot gefärbt) und 10 ccm $^1/_{100}$-N-Oxalsäure zugefügt. Nach Farbloswerden wird von der alkalischen $^1/_{100}$ N-$KMnO_4$ tropfenweise so viel zugefügt, bis die Flüssigkeit eben rosarot geworden ist. Als Korrektur werden 0·3 ccm $^1/_{100}$ N-$KMnO_4$, dann vom Gesamtpermanganatverbrauch die angewandten 10 ccm $^1/_{100}$ N-Oxalsäure in Abzug gebracht.

12. Eisen. Wird kolorimetrisch nach Lunge (Zeitschr. f. angew. Chem. **9**, 3; 1896) ermittelt (s. S. 186).

13. Kalk und Magnesia. a) In 100 ccm Wasser werden die Eisen- und Aluminiumsalze durch Ammoniak abgeschieden. Das Calciumoxalat wird durch Zusatz von Ammonchlorid und Ammonoxalat in der Siedehitze gefällt, nach halbstündigem Stehen über kleiner Flamme am Büchnertrichter abfiltriert

und mit ammonchloridhaltigem heißen Wasser ausgewaschen. Der Niederschlag wird durch verdünnte Schwefelsäure am Filter zersetzt und die in Lösung gegangene Oxalsäure mit $^1/_{10}$ N-Permanganat bestimmt. 1 ccm $^1/_{10}$ N-KMnO$_4$-Lösung entspricht 0·002804 (log = 0·44770—3) g CaO.

b) Magnesia läßt sich aus der Differenz der Gesamthärte und dem ermittelten Gehalt an Kalksalz errechnen. Diese Differenz ergibt sich bei Angabe in deutschen Härtegraden als CaO und wird in MgO durch Multiplikation mit $\dfrac{40}{56} = 0·7143$ (log = 0·85387—1) umgerechnet. Zur direkten Bestimmung der Magnesia werden 100 ccm Wasser angesäuert, auf 30 ccm eingedampft und hierauf in einen 100-ccm-Maßzylinder mit Stopfen nach erfolgter genauer Neutralisierung mit 10 ccm $^1/_{10}$ N-Natronlauge versetzt und auf 100 ccm aufgefüllt und verschlossen. Nach zwei Stunden werden 50 ccm der über dem Magnesiumhydroxyd stehenden klaren Flüssigkeit mit $^1/_{10}$ N-Salzsäure titriert. 1 ccm $^1/_{10}$ NaOH entspricht 0·002016 (log = 0·30449—3) MgO.

14. Ölgehalt (in Kondenswasser) wird durch mehrmaliges Ausschütteln mit Äther, Entwässerung des ätherischen Extraktes und Wägen des nach dem Verdunsten des Äthers verbleibenden Rückstandes ermittelt.

II. Schwefelsäurefabrikation.

A. Schwefel (Rohschwefel)[1].

1. Feuchtigkeit. Um Verdunstung von Wasser während des Zerreibens zu verhüten, trocknet man eine unzerriebene, allenfalls rasch grob zerkleinerte Durchschnittsprobe von 100 g nicht zu lange bei höchstens 70⁰ im Trockenschrank oder auf dem Wasserbade.

2. Bituminöse Substanzen. Man vertreibt den Schwefel durch mehrstündiges Verdampfen bei wenig über 200⁰ (wobei er nicht anbrennen soll!), wägt den Rückstand und zieht davon die nach 3. gefundene Asche ab.

3. Aschengehalt. Man verbrennt 10 g in einer tarierten Porzellanschale und wägt den Rückstand. Zuweilen kommt im Rohschwefel Kohle vor. In diesem (leicht äußerlich erkennbaren) Falle muß man sofort nach dem Verjagen des Schwefels

---

[1] Vgl. H. Fresenius, Zeitschr. f. anal. Chem. 45, 760; 1906.

den Brenner entfernen, damit nicht auch die Kohle verbrannt und als Schwefel berechet werde.

4. Arsen. Man behandelt 10 g Schwefel mit verdünntem Ammoniak bei 70—80⁰, wodurch As_2S_3 in Lösung geht, filtriert, neutralisiert genau mit verdünnter Salpetersäure und titriert mit $^1/_{10}$ N-Silbernitrat, bis ein Tropfen der Lösung mit neutralem Kaliumchromat eine braune Fällung gibt. Jeder Kubikzentimeter des Silbernitrats zeigt 0·041 Proz. As_2S_3 an. (Für die kolorimetrische Prüfung auf Arsen wird die erwähnte salpetersaure Lösung zur Trockene gebracht, der Rückstand in 8—10 ccm reiner, arsenfreier Schwefelsäure gelöst und auf das Arsen nach der Gutzeitschen Methode geprüft. Das durch Zufügung von reinem Zink zur Lösung (die in einem Reagenzrohr sich befindet) entwickelte Gas wird durch Baumwolle durchgeleitet und auf Filtrierpapier aufströmen gelassen, das mit konzentrierter Silbernitratlösung getränkt ist. Bei Anwesenheit von Arsen ergibt sich eine mehr oder minder starke zitronengelbe Färbung, die auf Zusatz von Wasser schwarz wird.) Wenn das Arsen als arsenigsaures Eisen oder Kalk vorhanden ist (was bei aus Sodarückständen wiedergewonnenem Schwefel, aber nicht bei gediegenem Schwefel vorkommt), so muß man mit Schwefelkohlenstoff extrahieren, den Rückstand mit Königswasser oxydieren und wie bei der Pyritanalyse (s. u. S. 147) verfahren.

5. Direkte Bestimmung des Schwefels[1]). Man löst 50 g des feingepulverten Rohschwefels durch Digestion mit 200 g Schwefelkohlenstoff in einer verschlossenen Flasche bei gewöhnlicher Temperatur und bestimmt die Temperatur t und das spezifische Gewicht der Lösung = s, welches vermittels folgender Formel (gültig bis 25⁰ C) auf das spezifische Gewicht bei 15⁰ = S reduziert wird: $S = s + 0·0014 \, (t — 15⁰)$.

Aus der Zahl S ermittelt man mittels der folgenden Tabelle den Prozentgehalt der Lösung an Schwefel, welcher, mit 4 multipliziert, den Prozentgehalt des Rohschwefels an Reinschwefel angibt.

Die direkte Bestimmung kann durch vorsichtige Oxydation mit rauchender Salpetersäure oder durch vorsichtiges Erhitzen mit einem Gemisch von Kaliumnitrat und Soda und Bestimmung der gebildeten Schwefelsäure als Bariumsulfat erfolgen.

---

[1]) Nach Macagno, Chem. News **43**, 192; 1881 und Pfeiffer Zeitschr. f. anorg. Chem. **15**, 194; 1897.

Tabelle.

Spezifische Gewichte der Lösungen von Schwefel in Schwefelkohlenstoff mit den entsprechenden Gewichtsmengen Schwefel,
welche von je 100 Gewichtsteilen reinem Schwefelkohlenstoff
bei 15^0 C (bezogen auf Wasser von 4^0 C) gelöst werden.

Spez. Gewicht	100 CS_2 hat gelöst S	Spez. Gewicht	100 CS_2 hat gelöst S	Spez. Gewicht	100 CS_2 hat gelöst S	Spez. Gewicht	100 CS_2 hat gelöst S
1·2708	0·0	1·2999	6·4	1·3263	12·8	1·3507	19·2
1·2717	0·2	1·3007	6·6	1·3271	13·0	1·3514	19·4
1·2726	0·4	1·3016	6·8	1·3279	13·2	1·3521	19·6
1·2736	0·6	1·3024	7·0	1·3287	13·4	1·3529	19·8
1·2745	0·8	1·3032	7·2	1·3295	13·6	1·3536	20·0
1·2754	1·0	1·3041	7·4	1·3303	13·8	1·3543	20·2
1·2763	1·2	1·3050	7·6	1·3311	14·0	1·3550	20·4
1·2772	1·4	1·3058	7·8	1·3319	14·2	1·3557	20·6
1·2782	1·6	1·3066	8·0	1·3326	14·4	1 3564	20·8
1 2791	1·8	1·3074	8·2	1·3334	14·6	1·3571	21·0
1·2800	2·0	1·3083	8·4	1·3342	14·8	1·3577	21·2
1·2809	2·2	1·3091	8·6	1·3350	15·0	1·3584	21·4
1·2819	2·4	1·3100	8·8	1·3357	15·2	1 3591	21·6
1·2828	2·6	1·3108	9·0	1·3365	15·4	1·3598	21·8
1·2838	2·8	1·3116	9·2	1·3373	15·6	1·3605	22·0
1·2847	3·0	1·3125	9·4	1·3380	15·8	1·3612	22·2
1·2856	3·2	1·3133	9·6	1·3388	16·0	1·3619	22·4
1·2866	3·4	1·3142	9·8	1·3396	16·2	1·3626	22·6
1·2875	3·6	1·3150	10·0	1·3403	16·4	1·3633	22·8
1·2885	3·8	1·3158	10·2	1·3411	16·6	1·3640	23·0
1·2894	4·0	1·3166	10·4	1·3418	16·8	1·3646	23·2
1·2903	4·2	1·3174	10·6	1·3426	17·0	1·3653	23·4
1·2912	4·4	1·3182	10·8	1·3433	17·2	1·3660	23·6
1·2920	4·6	1·3190	11·0	1·3441	17·4	1·3667	23·8
1·2929	4·8	1·3199	11·2	1·3448	17·6	1·3674	24·0
1·2938	5·0	1·3207	11·4	1·3456	17·8	1·3681	24·2
1·2947	5·2	1·3215	11·6	1·3463	18·0	1·3688	24·4
1·2956	5·4	1·3223	11·8	1·3470	18·2	1·3695	24·6
1·2964	5·6	1·3231	12·0	1·3478	18·4	1·3702	24·8
1·2973	5·8	1·3239	12·2	1·3485·	18·6	1·3709	25·0
1·2982	6·0	1·3247	12·4	1·3492	18·8		
1·2990	6·2	1·3255	12·6	1·3500	19·0		

6. **Selen** wird nachgewiesen durch Verpuffen mit Sal
peter, Lösen der Schmelze in Salzsäure und Behandlung mit
schwefliger Säure, wobei das Selen als Pulver ausfällt.

Der Feinheitsgrad des gemahlenen Schwefels wird mit dem Sulfurimeter von Chancel bestimmt. Die Dimensionen des Apparates sind folgende: Gehalt bis zu Marke 100 bei 17·5⁰ C (unterer Meniskus) 25 ccm, Länge des Rohres bis zum Teilstrich 100 = 175 mm, Durchmesser des geraden Rohres 12½ mm, Arbeitstemperatur 17½⁰. Das zu untersuchende Schwefelpulver wird durch ein Sieb von 1 qmm Maschenweite durchgetrieben, 5 g der nach dem Durchsieben gutgemischten Probe werden in das Sulfurimeter gebracht, dann das Instrument mit chemisch reinem Äther bis ungefähr zur Hälfte angefüllt und durch gelindes Klopfen die Luft aus dem Schwefelpulver entfernt. Hierauf wird der Apparat bis etwa 1 cm über den Teilstrich 100 mit Äther angefüllt und 1 Minute stark durchgeschüttelt. Nunmehr wird neuerdings genau 30 Sekunden in senkrechter Richtung kräftig durchgeschüttelt, das Instrument genau senkrecht eingespannt und in ein mit Wasser von 17½⁰ C gefülltes Becherglas eingesenkt, ohne daß eine Berührung der Wandungen erfolgt. (Zwei Grade Temperaturdifferenz oberhalb 17·5⁰ C erhöhen die Angaben des Instrumentes um ungefähr 1⁰.) Wenn die Höhe der Schwefelschicht sich nicht mehr ändert, wird der Stand des Schwefels an der Skala abgelesen. Das Resultat der ersten Schüttelung wird dann in der gleichen Weise jedesmal 30 Sekunden lang und noch 4 mal wiederholt. Das Mittel aus den 4 letzten Ablesungen ist als Feinheitsgrad des Schwefelpulvers in Graden Chancel anzunehmen. Bei der Bestimmung des Feinheitsgrades ist ein Analysenspielraum von 5⁰ Chancel zu gewähren. Die Angaben des Instrumentes von Chancel werden durch Verunreinigungen wie Tannin, Seife, Bitumen u. dgl. wesentlich beeinflußt (vgl. C. T. U. Bd. I).

B. Gasschwefel. S. bei Leuchtgas.

C. Schwefelkies (Kiese überhaupt)[1].

1. **Feuchtigkeit.** Man trocknet den grobgepulverten Kies bei 105⁰, bis das Gewicht konstant bleibt. Für die folgenden Proben wird nicht getrockneter Kies, sondern das fein gepulverte und in gut verschlossener Flasche aufbewahrte Durchschnittsmuster direkt verwendet. Über das Ziehen eines Durchschnittsmusters und dessen Zerkleinerung vgl. den Anhang.

Die Analysen-Resultate werden auf den trockenen Kies berechnet, zu welchem Zwecke eine besondere Wasserbestimmung für das Durchschnittsmuster vorgenommen wird.

---

[1] Vgl. C. T. U. I.

2. **Schwefel** (Methode von **Lunge**). Man schließt etwa
0·5 g des im Achatmörser feinst gepulverten und gebeutelten
Kieses mit ca. 10 ccm einer Mischung von 3 Volum Salpetersäure von 1·4 spezifischem Gewicht und 1 Volum rauchender
Salzsäure (beide auf völlige Abwesenheit von Schwefelsäure
zu prüfen) auf, unter Vermeidung alles Spritzens und mit ge-
legentlicher Erwärmung. In seltenen Ausnahmefällen wird
etwas freier Schwefel ausgeschieden, den man durch vorsichtigen
Zusatz einer Messerspitze von Kaliumchlorat zur Oxydation
bringen kann. Man verdampft im Wasserbad zur Trockne,
wiederholt dies nach Zusatz von 5 ccm Salzsäure (wobei keine
salpetrigen Dämpfe mehr entweichen sollen), erwärmt den
Rückstand mit 1 ccm konzentrierter Salzsäure, bis alles außer
der Gangart in Lösung gegangen ist, setzt dann ca. 1 ccm
konzentrierte Salzsäure und 100 ccm heißes Wasser hinzu,
filtriert durch ein kleines Filter und wäscht heiß aus. Den unlöslichen Rückstand kann man trocknen, glühen und wägen;
er kann neben Kieselsäure und Silikaten auch die Sulfate von
Barium, Blei, möglicherweise auch Calcium enthalten, deren
gebundene Schwefelsäure, weil völlig unnütz, absichtlich
vernachlässigt wird. Bei geringeren Mengen von Rückstand
braucht man ihn gar nicht abzufiltrieren und schreitet sofort
zur Fällung mit Ammoniak.

Das Filtrat mit den Waschwässern wird mit Ammoniak
(spez. Gewicht 0·91) neutralisiert, noch 5 ccm dieser Ammoniakflüssigkeit im Überschuß zugesetzt, und die Flüssigkeit 10 bis
15 Minuten auf 60—70⁰ erwärmt, aber nicht zum Kochen
erhitzt; sie muß noch immer ganz deutlich nach NH_3 riechen
(andernfalls enthält der Niederschlag etwas basisches Ferri-
sulfat). Das Eisenhydroxyd wird nun abfiltriert und ausgewaschen. Man kann dies in kurzer Zeit (½—1 Stunde) beendigen, wenn man folgende Vorsichtsmaßregeln anwendet:
1. Heißes Filtrieren und Auswaschen auf dem Filter mit heißem
Wasser, unter Vermeidung von Kanälen im Niederschlage, in
der Weise, daß der ganze Niederschlag jedesmal mittels der
Spritzflasche gründlich aufgerührt wird (bei Dekantieren würden
zu viel Waschwässer entstehen); 2. Anwendung eines hinreichend dichten, aber schnell filtrierenden Papieres; 3. Anwendung von genau richtig konstruierten Trichtern im Winkel
von 60⁰, deren Rohr von der Flüssigkeit vollkommen erfüllt
wird. Auch kann man eine Filterpumpe anwenden.

Man wäscht aus, bis ca. 1 ccm des Waschwassers bei Zusatz von Bariumchlorid auch nach einigen Minuten nicht ge-
trübt wird. (In irgend zweifelhaften Fällen ist es rätlich, sich
später von der völligen Abwesenheit basischer Sulfate zu überzeugen, indem man den Eisenhydroxydniederschlag trocknet,
mit etwas reiner Soda schmilzt und die wässerige Lösung der

Schmelze auf Schwefelsäure prüft.) Filtrat und Waschwässer zusammen sollten das Volum von 300 ccm nicht wesentlich übersteigen und sind andernfalls durch Abdampfen zu konzentrieren. Man neutralisiert mit reiner Salzsäure bis zur Rötung von Methylorange, setzt noch 1 ccm konzentrierte Salzsäure hinzu, erhitzt zum vollen Kochen, entfernt die Lampe und gießt eine vorher ebenfalls zum Kochen erhitzte Lösung von Bariumchlorid schnell in einem Gusse hinzu (hierdurch entsteht allerdings ein kleiner Fehler durch Mitreißen von Bariumchlorid in den Niederschlag, der aber den entgegengesetzten Fehler der nicht völligen Unlöslichkeit des Bariumsulfats in der sauren und salmiakhaltigen Flüssigkeit gerade kompensiert). Bei einer 10proz. $BaCl_2$-Lösung wird man auf ½ g Pyrit mit 20 ccm davon stets mehr als ausreichen, die man in einem mit Marke versehenen Reagierzylinder abmißt und gleich darin erhitzt. Ein irgend größerer Überschuß von $BaCl_2$ muß vermieden werden, weil sonst die Resultate zu hoch ausfallen. Nach dem Fällen läßt man ½ Stunde stehen, worauf die Flüssigkeit sich völlig geklärt haben soll und gleich noch heiß weiter behandelt werden kann. (Es ist völlig unnötig, längere Zeit, etwa gar über Nacht, stehen zu lassen, was durch das Erkalten die Arbeit nur erschwert.) Das Klare wird möglichst gut durch ein Filter oder einen Gooch-Neubauer-Tiegel dekantiert, und 100 ccm siedendes Wasser auf den Niederschlag gegossen und umgerührt, worauf schon nach 2—3 Minuten die Flüssigkeit sich wieder geklärt hat und dekantiert werden kann. Man wiederholt das Übergießen mit siedendem Wasser und Dekantieren 3—4mal, bis die Flüssigkeit nicht mehr sauer reagiert, spritzt den Niederschlag auf das Filter resp. den Tiegel, trocknet und glüht ihn. Er soll völlig weiß sein und nicht zusammenbacken. Bei Graufärbung fügt man wenige Tropfen Salpetersäure an, erwärmt, fügt nach dem Erkalten 2—3 Tropfen Schwefelsäure zu und erhitzt bis zu deren völliger Vertreibung. 1 Teil $BaSO_4$ = 0·1373 (log = 0·13780 — 1) Teil Schwefel.

3. Kupfer (nach dem in der Duisburger Kupferhütte im Jahre 1887 von Scheid ausgearbeiteten und von Mengler, Chem.-Ztg. **43**, 729; 1919 modifizierten Verfahren; vgl. Müller, ebenda **45**, 135; 1921).

Von dem fein pulverisierten und bei 100⁰ getrockneten Kies werden 5 g in einen schräg gestellten Erlenmeyerkolben mit 50 ccm Salpetersäure von 1,2 spezifischem Gewicht allmählich in Lösung gebracht. Sobald die heftige Reaktion vorbei ist, wird der Kolben erhitzt und abgedampft, bis Schwefelsäuredämpfe entweichen. Der trockene Salzrückstand wird in 50 ccm Salzsäure von 1·19 spezifischem Gewicht aufgelöst. Zur Reduktion des Eisenchlorids und Entfernung des Arsens wird

Natriumhypophosphit (2 g NaH_2PO_2, aufgelöst in 5 ccm Wasser) zugegeben und bei 110 bis 120⁰ C zur völligen Reduktion und Entfernung des Arsens zur Trocknung gebracht. Nach Zusatz von 7 ccm konzentrierter Schwefelsäure und etwas Salpetersäure. wird bis zum Entweichen von Schwefelsäuredämpfen erhitzt, die trockene Salzmasse mit heißem Wasser aufgenommen, nach dem Erkalten das Bleisulfat und sonstige Rückstände filtriert und mit schwefelsäurehaltigem Wasser ausgewaschen. Das Filtrat wird, mit einer Lösung von 1 g Citronensäure und 2 g Ammonnitrat versetzt, auf ca. 200 ccm verdünnt, und das Kupfer auf einen Platinzylinder von etwa 200 qcm Oberfläche kathodisch mit schwachem Strom von 0·3 bis 0·4 Amp. niedergeschlagen. Vorhandenes Blei scheidet sich teilweise mit dem Kupfer, teilweise anodisch als Superoxyd ab. Für Schiedsanalysen und Kaufanalysen ist eine nochmalige Fällung erforderlich, für Betriebsanalysen kann in der Regel davon abgesehen werden. Das niedergeschlagene Kupfer wird in verdünnter, heißer Salpetersäure gelöst, die erkaltete Lösung mit etwas Schwefelsäure versetzt und mit 0·25 Amp. das Kupfer ausgeschieden. Arsen- und bleifreie Kiese (5 g) werden direkt in 50 ccm Salpetersäure (spez. Gewicht 1·2) und 20 ccm 50proz. Schwefelsäure gelöst, zur Trockne verdampft, mit Wasser aufgenommen, filtriert und nach Zusatz von Citronensäure und Ammonnitrat einmal elektrolysiert.

4. **Blei** bleibt im Rückstande von der nach Nr. 2 mit Königswasser oder nach Nr. 3 mit Salpetersäure gemachten Aufschließung in Form von Sulfat. Man extrahiert dieses aus dem Rückstande (am besten von Nr. 3) durch Erwärmen mit einer konzentrierten Lösung von Ammonacetat, dampft die Lösung unter Zusatz von etwas reiner Schwefelsäure ein, schließlich in einem Porzellanschälchen oder -Tiegel, trocknet und glüht. 1 Teil $PbSO_4$ = 0·6832 (log = 0·83457 — 1) Pb.

5. **Zink**[1]) wird bisweilen im Schwefelkies bestimmt, weil der an Zink gebundene Schwefel kaum zu gewinnen ist. Das Prinzip der auf S. 151 bei „Zinkblende" beschriebenen **Schaffnerschen** Methode kann auch hier angewendet werden, wenn man das Eisen vorher nach dem **Rotheschen** Ätherverfahren abscheidet. Man löst 1·25 g Kies nach S. 143 in Königswasser, verjagt die Salpetersäure, nimmt den Rückstand in ca. 20 ccm HCl von 1·105 spezifischem Gewicht auf, filtriert in einen Scheidetrichter von ca. 200 ccm Inhalt und wäscht mit der gleichen Säure nach. Das Filtrat soll 60 ccm nicht übersteigen. Hierauf fügt man 60—70 ccm Äther zu, schüttelt (Kühlung

---

[1]) Mitgeteilt von V. **Haßreidter.**

angezeigt), überläßt der Ruhe und fängt die im unteren Teil des Scheidetrichters befindliche zinkhaltige Lösung in einem Erlenmeyerkolben auf. Diese wird schwach erwärmt, dann zur Trockne verdampft. Der Abdampfungsrückstand wird in 10 ccm HCl (spez. Gewicht 1·105) aufgenommen, mit etwas Wasser verdünnt und zur Abscheidung von Blei, Arsen, Kupfer mit H_2S behandelt. Nach dem Abfiltrieren der Schwefelmetalle wird die Lösung kochend mittels 2—3 ccm HNO_3 (spez. Gewicht 1·4) oxydiert und in einen 250 ccm-Kolben übergeführt; nach dem Erkalten gibt man 25 ccm NH_3 (spez. Gewicht 0·915) hinzu, füllt bis zur Marke auf, schüttelt, filtriert und verwendet 200 ccm (= 1 g Substanz)+100 ccm Wasser zur Titration mittels Schwefelnatriumlösung (1 ccm = 0·005 g Zink anzeigend). Die Titerflüssigkeit wird in analoger Weise hergestellt, indem man eine entsprechende Menge reinen Zinks in 5 ccm Salzsäure (spez. Gewicht 1·19) löst, 1—2 ccm Salpetersäure, Wasser und 25 ccm Salmiakgeist zufügt, auf 250 ccm auffüllt und 200 ccm hiervon, vorher mit 100 ccm Wasser verdünnt, gleichzeitig mit der Analysenlösung titriert.

In Ermangelung von Äther wird die salzsaure Lösung des Kieses durch Abrauchen mittels Schwefelsäure in eine schwefelsaure Lösung übergeführt, diese auf 50—60 ccm verdünnt und Kupfer, Arsen usw. eventuell nach vorhergehender Reduktion mittels Natriumhypophosphit durch Schwefelwasserstoff abgeschieden. Das durch Kochen von diesem Gas befreite Filtrat wird abgekühlt und genau neutralisiert. Auf 500 ccm desselben werden 3—4 Tropfen $n/_2$-Schwefelsäure (spez. Gewicht 1·12) zugefügt, erwärmt und andauernd Schwefelwasserstoff eingeleitet, bis die Flüssigkeit erkaltet ist. Der leicht filtrierbare Zinksulfidniederschlag wird mittels schwach angesäuertem Wasser zuletzt mit etwas ammonnitrathaltigem Wasser eisenfrei ausgewaschen und nach dem Trocknen durch Erhitzen unter Luftzutritt verascht, bei ungefähr 900° C bis zur Gewichtskonstanz geglüht, hierdurch in Zinkoxyd übergeführt und als solches gewogen. 1 Teil ZnO = 0·8034 (log = 0·90492 — 1) Zink.

6. **Kohlensaure Erden** werden bisweilen bestimmt, weil sie Schwefel als Sulfate binden. Da ihre Menge stets gering ist, so bestimmt man die Kohlensäure nicht durch Gewichtsverlust u. dgl., sondern direkt nach Austreibung mittels starker Säuren entweder dem Gewichte nach, durch Auffangen in Natronkalk, oder aber schneller und sicherer dem Volumen nach durch das Verfahren von **Lunge** und **Rittener** (Zeitschr. f. angew. Chem. **19**, 1849; 1906), welches S. 217 bei der Analyse der karbonatierten Sodalauge beschrieben ist.

7. **Arsen** (nach **Fischer-Hufschmidt**, Ann. **208,** 182; 1881 und Ber. **17**, 2245; 1884).

5 g feinstgepulverter Kies werden in einem hohen Becherglase mit 50 ccm Salpetersäure (spez. Gewicht 1·4) in kleinen Anteilen nach und nach übergossen, bis die stürmische Reaktion nachgelassen hat. Dann erhitzt man ca. ¼ Stunde über ganz kleiner Flamme, bis keine braunen Dämpfe mehr entweichen, spült den Inhalt des Glases in eine geräumige Porzellanschale, setzt nach und nach während des Eindampfens insgesamt 100 ccm 20proz. Schwefelsäure zu und erhitzt schließlich auf dem Luft- oder Sandbade, bis weiße Dämpfe von Schwefelsäure entweichen. Nach dem Erkalten rührt man den Inhalt der Schale mit möglichst wenig Salzsäure (1 : 1) eben an und bringt ihn mit möglichst wenig Salzsäure derselben Konzentration in einen Destillationskolben, setzt 2—3 g Kochsalz, 20 ccm konzentrierte Eisenchlorürlösung und 150 ccm Salzsäure (spez. Gewicht 1·19) zu (die Salzsäure muß vollkommen arsenfrei sein) und destilliert am absteigenden Kühler [1]). Das Destillat fängt man in einer mit Wasser beschickten Vorlage, welche gut abgekühlt wird, auf. Man destilliert, bis der Inhalt des Kolbens zu stoßen beginnt. Das Destillat wird mit Wasser auf das doppelte Volumen gebracht und Schwefelwasserstoff eingeleitet. Den entstehenden Niederschlag von Arsentrisulfid läßt man gut absitzen und filtriert ihn durch ein gewogenes Filter oder Goochtiegel. Zum Schluß wäscht man mit etwas Alkohol, dann mit Schwefelkohlenstoff und dann nochmals mit Alkohol aus und trocknet bei 110° C bis zur Gewichtskonstanz. — Ist der Arsengehalt der Kiese sehr gering, so wendet man zweckmäßig eine Einwage von 10 g an.

8. **Selen.** **Klason** und **Mellquist** (Hauptversammlungsbericht des Vereins der Zellstoff- und Papierchemiker **1911**, 81) lösen den Kies (20—30 g) in Salzsäure (spez. Gewicht 1·19) und Kaliumchlorat, filtrieren nach erfolgter Lösung die Gangart, setzen zur sauren Lösung Zink bis zur völligen Reduktion des Ferrichlorids hinzu, säuern weiter mit Salzsäure an und fällen das Selen mit Zinnchlorür. Behufs Trennung von Arsenverbindungen wird die über Asbest filtrierte Fällung mit Zyankalilösung behandelt und aus der Lösung das Selen durch Salzsäure ausgefällt. Das Selen wird in eine schwer schmelzbare Glasröhre zwischen zwei Asbestpfropfen gebracht und im Sauerstoffstrom zu seleniger Säure verbrannt. Man wiederholt das Erhitzen und Sauerstoffeinleiten, aber jedesmal in entgegengesetztem Sinne, um sicher alles Selen zu seleniger Säure zu verbrennen. Die selenige Säure wird in Wasser gelöst und nach Zusatz von wenigen Tropfen Salzsäure und Verdrängen der

---

[1]) Bisweilen entsteht im Kühlerrohr ein gelber Anflug, der aus Arsentrisulfid besteht. Man spült alsdann nach beendigter Destillation den Kühler mit etwas verdünnter, 40—50° heißer Kalilauge aus und läßt diese Flüssigkeit zu dem Destillat laufen.

Luft durch Kohlendioxyd einige Gramm reines Kaliumjodid zugesetzt. Nach einstündigem Stehen des verschlossenen Kolbens im Dunkeln wird das abgeschiedene Jod mit Thiosulfat und Stärkelösung zurücktitriert. 1 ccm $^1/_{10}$ N-$Na_2S_2O_3$ entspricht 0·00198 (log = 0·29667 — 3) g Se.

D. Abbrände von Kiesen.

1. Schwefel. Genau 2 g Natriumbikarbonat von bekanntem alkalimetrischem Titer werden in einem Nickeltiegel von 20—30 ccm Inhalt mittels eines abgeplatteten Glasstabes innigst mit 3·206 g der gepulverten Abbrände (bei zinkreichen Schwefelkiesabbränden werden dem Gemisch noch ca. 2 g gepulvertes Kaliumchlorat zugefügt, vgl. S. 155) gemischt, 10 Minuten über einer kleinen Gasflamme erhitzt, deren Spitze eben bis zum Boden des Tiegels reicht, wieder umgerührt und 15 Minuten über einer stärkeren Flamme, aber nicht bis zum Schmelzen, erhitzt. Der Tiegel muß während des Erhitzens bedeckt sein und es darf kein Umrühren darin stattfinden, weil sonst das entweichende Kohlendioxyd Verstäuben veranlaßt. Der Inhalt des Tiegels wird in eine Porzellanschale entleert und mit Wasser nachgewaschen, 10 Minuten lang gekocht unter Zusatz von konzentrierter, völlig neutraler und von Magnesiumchlorid völlig freier Kochsalzlösung (ohne diesen Zusatz ist es schwer zu vermeiden, daß später etwas Eisenoxyd durchs Filter geht), dann das Unlösliche abfiltriert und bis zum Verschwinden der alkalischen Reaktion ausgewaschen, die Lösung abgekühlt und mit Methylorange und Normalsalzsäure, von der jeder Kubikzentimeter 0·05300 g Na_2CO_3 = 0·01603 g (log = 0·20493 — 2) S anzeigt, titriert. Wenn 2 g Bikarbonat a ccm und die Lösung beim Rücktitrieren b ccm der Salzsäure braucht, so ist der Prozentgehalt an Schwefel $= \dfrac{a - b}{2}$. (Die Duisburger Kupferhütte und andere Fabriken bestimmen auch hier den Schwefel nach S. 143; man löst aber die Abbrände in Salpetersäure mit Zusatz weniger Tropfen von Salzsäure, weil bei mehr Salzsäure H_2S entweichen kann). Näheres siehe C. T. U. I.

2. Kupfer wird nach Koelsch (Chem.-Ztg. **37**, 753; 1913) durch Erhitzen zum Sieden von 10 g gepulverten Abbrand mit 6—7 g festem Natriumhypophosphit ($NaH_2PO_2 \cdot$ aq) und 40 ccm Salzsäure (spez. Gewicht 1·16) ermittelt. Die Bestimmung des Kupfers kann nunmehr elektrolytisch oder titrimetrisch erfolgen (vgl. S. 144). Man kann aber auch den Abbrand direkt in Salzsäure lösen und mit der Lösung nach Nr. 3, S. 144 weiter verfahren.

3. **Eisen** [1]). Man wiegt zwei oder mehrere Proben des getrockneten Materials und glüht sie in einem anfangs bedeckten, später offenen Porzellantiegel, um organische Substanzen zu zerstören. Nach dem Erkalten bringt man den Tiegelinhalt in einen 4—500 ccm fassenden Erlenmeyerkolben, befeuchtet mit 1—2 ccm Wasser und gibt 100 ccm Salzsäure von 1·19 spezifischem Gewicht zu. Der Kolben wird alsdann mindestens 3 Stunden mit einem Uhrglas oder einer Glaskugel bedeckt, bei 60⁰ C digeriert und dann der Inhalt bis zum Kochen erhitzt. Nach Zugabe von 150 ccm Wasser wird der verbleibende Rückstand unter Dekantation filtriert und die Lösung in einem 500 ccm-Kolben aufgefangen. Der Rückstand wird nach dem Auswaschen im Platintiegel verascht und mit Flußsäure und Schwefelsäure abgeraucht, ohne ihn jedoch festzubrennen. Der Rückstand löst sich dann in Salzsäure und Wasser. Diese Lösung wird nach dem Oxydieren mit Natronlauge gefällt und das abgeschiedene Eisenoxydhydrat gelöst und zur Hauptlösung gebracht.

Nach dem Auffüllen der Hauptlösung auf die Marke werden aus dem Kolben 100 ccm abgemessen (Pipette und Kolben müssen aufeinander eingestellt sein). Diese 100 ccm werden auf 50 ccm eingedampft und heiß mit Zinnchlorürlösung (120 g Bankazinn in 500 ccm Salzsäure von 1·124 spezifischem Gewicht gelöst, werden in eine Mischung von 1 Liter dieser Salzsäure und 2 Liter Wasser gegossen) reduziert, bis die gelbe Farbe verschwunden ist; man gibt dann noch 1—2 Tropfen Zinnchlorürlösung zu, kühlt ab und versetzt die kalte Lösung mit 25 ccm einer 5 proz. Quecksilberchloridlösung, läßt wenigstens 2 Minuten stehen und gießt dann unter Nachspülen in zwei Liter Leitungswasser, das mit 60 ccm Mangansulfat-Phosphorsäurelösung versetzt und mit Permanganat eben angerötet ist. Die Mangansulfat-Phosphorsäurelösung wird bereitet, indem man 200 g kristallisiertes Mangansulfat in 1 Liter destillierten Wasser löst und diese Lösung in eine Mischung von 1 Liter Phosphorsäure (spez. Gewicht 1·300), 600 ccm Wasser und 400 ccm konzentrierter Schwefelsäure gießt. Die Permanganatlösung soll 5·66 g $KMnO_4$ im Liter enthalten (s. Bereitung der Normallösungen S. 312).

Dann wird die Erzlösung mit Permanganat (1 ccm = 0·01 g Fe) austitriert. Zur Titration benutzt man zweckmäßig eine Bürette von 75 ccm Inhalt in $^1/_{10}$ ccm geteilt (Lieferant Geißler, Bonn), damit man mit dem Inhalt einer einzigen Bürettenfüllung ausreicht.

---

[1]) Vgl. Bericht der Unterkommission des Vereins deutscher Chemiker Zeitschr. f. angew. Chem. **24**, 1118; 1911; **26**, 512; 1913 und **27**, 9, 331; 1914.

Zur Einstellung der Permanganatlösung dient das von E. Merck, Darmstadt, nach Angaben von L. Brandt dargestellte Eisenoxyd (s. S. 313); dieses Präparat ist in bei 120^0 C getrocknetem Zustand zur Anwendung zu bringen; nebenbei wird eine Glühverlustprobe angestellt. 1 Teil Fe_2O_3 = 0.6994 (log = 0·84473 —1) Teile Fe.

Eine Abscheidung des Kupfers erscheint für die laufenden Analysen nicht erforderlich, solange nicht neue Untersuchungen zu einer anderweitigen Regelung veranlassen. Bei kontradiktorischen Analysen ist vorher über diesen Punkt eine Einigung erforderlich. Wird das Kupfer mittels Schwefelwasserstoff abgeschieden, so muß auch das Titermaterial in gleicher Weise behandelt werden, um den Grundsatz zu wahren, daß Titerstellung und Untersuchung unter möglichst gleichen Umständen erfolgen.

E. Zinkblende.

1. **Gesamtschwefel.** Man schmilzt in einem kleinen Eisentiegel 0·625 g des feingepulverten Musters, gemengt mit etwa 6—8 g Natriumsuperoxyd (schwefelsäurefrei) zuerst bei schwacher Flamme, zuletzt stärker, bis die Masse dünnflüssig geworden ist, läßt erkalten und übergießt den Tiegel samt Inhalt in einem Becherglase mit kaltem Wasser. Wenn keine Reaktion mehr stattfindet, spült man die Flüssigkeit mit dem suspendierten Eisenoxyd in einen 250 ccm-Kolben, wäscht nach, läßt erkalten, füllt bis zur Marke auf, mischt und gießt das Ganze in einen trockenen Meßzylinder von gleichem Inhalt. Nachdem das Eisenoxyd sich möglichst gut abgesetzt hat, entnimmt man 200 ccm der klaren Flüssigkeit, neutralisiert (Methylorange als Indikator), versetzt mit noch 2—3 ccm Salzsäure im Überschuß und kocht bis zum Verschwinden des auftretenden Chlors. Hierauf läßt man in einem Guß in die kochende Flüssigkeit eine ebenfalls kochende Lösung von Bariumchlorid (15 ccm einer 10proz. Lösung auf 100 ccm verdünnt) zufließen, kocht noch eine Minute und läßt in der Wärme absetzen. Der Niederschlag wird dreimal durch Dekantation mit ca. 100 ccm heißem Wasser, später noch auf dem Filter gewaschen, getrocknet, geglüht und gewogen. 1 T.$BaSO_4$ = 0·1373 g (log = 0·13780 — 1) S.

Bei bleireichen Blenden ist auf das Auswaschen des Bariumsulfates besondere Sorgfalt zu verwenden, und es ist dasselbe so lange fortzusetzen, bis eine Probe des Filtrates keine Reaktion mehr auf Blei gibt.

(Vgl. Schwefelbestimmung in stark zinkhaltigen Produkten: Lunge und Stierlin, Bericht der internat. Analysen-Kommission 1906, S. 398 u. Zeitschr. f. angew. Chem. **19,** 23; 1906.)

2. **Zink.** Normal-Schaffner-Methode [1]).

Prinzip:

1. Das Zinkerz wird derartig mit Säuren aufgeschlossen, daß ein zinkfreier Rückstand bleibt.

2. Es wird eine ammoniakalische Zinklösung hergestellt, welche frei ist von Bestandteilen, die bei der Titration mit Schwefelnatrium stören.

3. Eisen wird nur einmal gefällt.

4. Der durch die einmalige Eisenfällung bedingte Zinkverlust wird durch Zusatz von Eisen zum Titer ausgeglichen.

5. Titer und Probe werden gleichzeitig nebeneinander titriert.

Bereitung der Erzlösung: 1,25 g des feingepulverten und bei 100^0 getrockneten Erzes werden zuerst mit Königwasser aufgeschlossen und dann mit 5 ccm Schwefelsäure (1 : 1 Vol.) eingedampft, bis keine Schwefelsäuredämpfe mehr entweichen. Den Trockenrückstand nimmt man mit 10 ccm konzentrierter HCl (spez. Gew. 1·09) und 20—30 ccm H_2O auf, erwärmt, bis die Salze gelöst sind und fügt nun starkes H_2S-Wasser hinzu, um Cu, Pb usw. auszufällen. Von gutem H_2S-Wasser genügen hierzu ca. 100 ccm. Man läßt bei gelinder Wärme, ohne aber zu kochen, einige Zeit stehen, bis die Fällung sich zusammengeballt hat und filtriert damit durch ein glattes Filter in einen geeichten 500 ccm-Meßkolben. Den H_2S-Niederschlag wäscht man mit einer lauwarmen Mischung von 10 ccm konzentrierter HCl (spez. Gew. 1·09) und 100 ccm Wasser, dem man etwas H_2S-Wasser zugefügt hat, aus, worauf man den Kolbeninhalt zum Kochen bringt (unter Zusatz von Siedesteinchen), um den H_2S zu verjagen. Zu der noch heißen Lösung fügt man 10 ccm konzentrierte HCl (spez. Gew. 1·09) und 5 ccm konzentrierte HNO_3 (spez. Gew. 1·4) hinzu, um das Eisen zu oxydieren. Hierauf stellt man kalt. Nach dem Erkalten fügt man unter Umschütteln nach und nach 60 ccm konzentriertes NH_3 (spez. Gew. 0·91) hinzu und, falls Mangan vorhanden, 5—10 ccm 3proz. Wasserstoffsuperoxyd. Man läßt über Nacht stehen. Bei manganfreien Erzen unterlasse man den H_2O_2-Zusatz. Anderen Tages füllt man bis zur Marke auf, mischt und filtriert 200 ccm = 0·5 g Einwage durch ein Faltenfilter ab, bringt die Lösung in ein Titrierglas und spült den Meßkolben mit 100 ccm Wasser nach.

Bereitung der Titerlösung. Der annähernde Zinkgehalt ist in der Regel bekannt, wenn dies ausnahmsweise

---

[1]) Mitgeteilt von Dr. F. Bullnheimer, von dem Chemiker-Fachausschuß des Vereins Deutscher Metallhütten- und Bergleute angenommene Schiedsmethode.

nicht der Fall ist, so muß er durch eine Vorprobe festgestellt werden. Man wiegt so viel chemisch reines Zink ab, daß Erzlösung und Titerlösung nicht mehr als 3 Proz. im Zn-Gehalt verschieden ausfallen, ferner eine dem Gehalt des Erzes an Eisen, Mangan und Tonerde entsprechende Menge Eisendraht, berechnet die für das Lösen von Zn und Fe annähernd nötige Menge an Säure, fügt diese, sowie das gleiche Quantum Säure, das bei der Erzbehandlung gebraucht wurde, hinzu, verdünnt nach dem Auflösen und fällt mit 60 ccm konzentriertem NH_3. Ist das Gewicht der Summe von Fe_2O_3, Mn_3O_4 und Al_2O_3, die bei der NH_3-Fällung entstehen, nicht bekannt, so muß man es durch eine Vorprobe ermitteln. Ein H_2O_2-Zusatz ist hier nicht nötig. Die Titerflüssigkeit wird dann genau wie die Erzlösung behandelt, so daß schließlich ebenfalls 200 ccm und 100 ccm Spülflüssigkeit in ein Titerglas gebracht werden.

Titration. Man titriert Titer und Probe mit 2 geeichten Büretten nebeneinander unter Verwendung von glänzendem Bleipapier als Indikator, wobei das Tüpfeln gleichzeitig auf demselben Streifen des Reagenzpapieres vorgenommen wird. Man läßt die Tropfen ca. 10 Sekunden auf das Papier einwirken, dann spült man ab und setzt die Titration fort, bis die Flecken von Titer und Probe gleich starke Färbung aufweisen. Nach dem Ablesen überzeugt man sich von der Gleichwertigkeit von Titer- und Probelösung dadurch, daß man einseitig 0·2 ccm Na_2S-Lösung hinzufügt, wodurch eine Übertitration der anderen Lösung gegenüber sich bemerkbar machen muß. Die Schwefelnatriumlösung wird in solcher Stärke hergestellt, daß 1 ccm ca. 0·005 g Zink = 1% entspricht.

Bei Erzen von bekannter Herkunft und im wesentlichen sich gleichbleibender Zusammensetzung kann zwischen den beiden Parteien eine Korrektur vereinbart werden, welche den Eisenzusatz zum Titer erspart. So betrug z. B. für australische Zinkkonzentrate mit ca. 45 Proz. Zink das durch die einfache Eisenfällung bedingte Minus an Zink 0·35 Proz.

Jensch (Zeitschr. f. angew. Chem. 7, 155; 1894) macht darauf aufmerksam, daß bisweilen silikathaltige Blenden vorkommen, die den gewöhnlichen Untersuchungsmethoden hartnäckig widerstehen.

3. Blei[1]). Im ersten Stadium der Röstung bildet sich $6\,PbO \cdot 5\,SO_3$, das sich erst bei annähernd 1000° in $PbO + SO_3$ umsetzt [2]). Diese Umsetzung wird durch die Anwesenheit von Quarz in der Blende begünstigt. Über das Verhältnis

---

[1]) Nr. 3—7 mitgeteilt von V. Haßreidter.
[2]) Sprechsaalkalender 1918, 162.

von PbO und $PbSO_4$, die sich bei der Röstung bilden, läßt sich keine allgemein gültige Regel aufstellen.

Zur Bestimmung des Bleis werden die bei der Zinkbestimmung erhaltenen Schwefelmetalle mit ziemlich konzentrierter Schwefelnatriumlösung gekocht; dann wird verdünnt, filtriert und ausgewaschen. Man löst das auf dem Filter Verbliebene durch einen Strahl heißer Salpetersäure (spez. Gew. 1·20) (etwa im Rückstand verbliebenes Bleisulfat geht hierdurch auch in Lösung), filtriert, dampft mit etwas überschüssiger Schwefelsäure ein und bestimmt als Sulfat · 1 Teil $PbSO_4$ = 0·6832 (log = 0·83457 — 1) Teil Pb.

4. Kalk und Baryt (selten Strontium) werden stets bestimmt, da sie beim Rösten Schwefel binden. Man löst 2·5 g Blende, wie bei Zink (S. 151) angegeben. Der Abdampfungsrückstand wird in wenig verdünnter Salzsäure und Wasser aufgenommen und diese Lösung mit 1—2 g Chlorammon versetzt, um das gebildete $CaSO_4$ sicher in Lösung zu bringen. Man filtriert (Filtrat A), wäscht den Rückstand, spritzt ihn vom Filter ab und extrahiert ihn mit ammoniakalischem Ammontartrat, um das $PbSO_4$ zu entfernen. Dann glüht man den Rückstand, äschert das Filter ein und schmilzt in einem Platintiegel mit Kaliumnatriumkarbonat. Die Schmelze wird in Wasser aufgenommen und $BaCO_3(SrCO_3)$ durch Filtration getrennt. Letztere werden in wenig Essigsäure gelöst, die Lösung wird etwas verdünnt, auf 50—60⁰ C erwärmt und mit Ammonchromat gefällt. Nach einstündigem Absetzen in der Wärme filtriert man das gefällte $BaCrO_4$, das mit verdünnter kalter Ammonacetatlösung ausgewaschen wird. Bei niedriger Temperatur geglüht und gewogen ergibt 1 Teil $BaCrO_4$ 0·6052 (log = 0·78193 — 1) Teile BaO.

Das Filtrat wird mit Ammoniak neutralisiert und mit Ammoncarbonat versetzt. Das gebildete $SrCO_3$ läßt man 10 Stunden bei 50⁰ C absetzen. Man filtriert, wäscht, löst in wenig verdünnter Salzsäure und fällt schließlich bei 50⁰ C mittels wenig verdünnter Schwefelsäure als $SrSO_4$. 1 Teil $SrSO_4$ = 0·5641 (log = 0·75138—1) Teile SrO (Zeitschr. f. anal. Chem. 44, 754; 1905).

Bei Abwesenheit von Strontium wird das auf dem Filter befindliche $BaCO_3$ in verdünnter Salzsäure gelöst und die Lösung mittels verdünnter Schwefelsäure gefällt. 1 Teil $BaSO_4$ = 0·6570 (log = 0·81756 — 1) Teile BaO.

Das oben erhaltene Kalk-, Eisen-, Zinksalz usw. enthaltende Filtrat der ursprünglichen Lösung nebst Filtrat A (s. oben), wird zunächst mit Schwefelwasserstoff behandelt, um Blei auszufällen. Das Filtrat wird nach dem Verkochen des Schwefelwasserstoffes mit Salpetersäure oxydiert und das

Eisen zweimal mittels **Ammonflüssigkeit** gefällt[1]) (bei Anwesenheit von Mangan ist jedesmal etwas (phosphorsäurefreies) Wasserstoffsuperoxyd zuzusetzen). Die vereinigten, nötigenfalls eingeengten Filtrate werden kochend mit einer gleichfalls kochenden Lösung von überschüssigem Ammonoxalat gefällt. Man läßt absetzen, filtriert, wäscht mit heißem, etwas Ammoniak enthaltendem Wasser vollständig aus, breitet das Filter aus und löst den Niederschlag in verdünnter, heißer Schwefelsäure. Diese Lösung wird bei 70^0 C mit Kaliumpermanganatlösung titriert, von welcher 1 ccm = 0·01 g Fe = 0·005 g CaO. — Man kann auch bei wenig Kalk das Calciumoxalat durch starkes Glühen in CaO überführen.

Bei Anwesenheit von Wollastonit ($CaSiO_3$), besonders in schwedischen Blenden, ist der trockene Aufschluß mit kohlensaurem Natronkali auszuführen[2]).

5. **Arsen.** Wie oben S. 147.

6. **Kohlensaure Erden** können wie im Schwefelkies S. 146 bestimmt werden. Diese Bestimmung ist selbst neben derjenigen von CaO und BaO (SrO) noch von Interesse, da die Blende zuweilen Spateisenstein und Galmei enthält.

7. **Verwertbarer Schwefel.** Präzise Angaben lassen sich für Rohblende nicht machen. Als Richtschnur diene:

CaO [3]), BaO und SrO werden praktisch vollständig in die entsprechenden Sulfate übergeführt. Blei wird um so mehr sulfatisiert, je weniger Kieselsäure (bzw. Quarz) in der Blende vorhanden ist. Vorübergehend gebildetes $MgSO_4$ wird bei normaler Röstung vollständig in MgO übergeführt.

Ein Laboratoriumsversuch durch Röstung von 50—100 g Erz in einem geeigneten Röstscherben von ungefähr 10×20 cm wird wertvolle Aufschlüsse über das Verhalten einer Blendesorte und den Grad ihrer Abröstbarkeit geben können.

Da nach E. Prost (Cours de métallurgie, Paris 1912) in neuzeitlichen Röstöfen die Temperatur 750^0 (Minimum) bis 880^0 (Maximum) erreicht, so wird für einen Versuch im kleinen ein elektrisch heizbarer, regulierbarer und auf 900^0 C einstellbarer Muffelofen (W. C. Heraeus, Hanau) sich am besten hierfür eignen. Das durch einen solchen Versuch totgeröstete Erz muß auf seinen Gesamtschwefelgehalt untersucht und die Gewichtsabnahme, die es beim Rösten erlitten hat, festgestellt werden.

---

[1]) Die zweite Eisenfällung nimmt man bei gewöhnlicher Temperatur vor.

[2]) Privatmitteilung der **Oberschlesischen Zinkhütten-A.-G. Kattowitz.**

[3]) E. Prost, Cours de métallurgie, Paris 1912, p. 29, stellt fest, daß bei einem Laboratoriumsversuch bis zu 85 Proz. des Kalks in Sulfat verwandelt werden. Da die Zersetzungstemperatur des Calciumsulfats bei 1200° C liegt, die im Röstofen nicht erreicht wird, darf man annehmen, daß im Großbetrieb der gesamte Kalk als $CaSO_4$ im Röstgut verbleibt.

Hat das Roherz beispielsweise 25 Proz., das Röstgut 2 Proz. Gesamtschwefel, und hat das Erz beim Rösten 85 Proz. seines ursprünglichen Gewichts behalten, so ist der verwertbare Schwefel des Roherzes $25 - 2 \times 0.85 = 23.3$ Proz. Ein solcher Versuch, dessen Befund man den Ergebnissen der Analyse des Erzes auf Blei, Kalk, Baryt und Strontian gegenübergestellt, wird das beste Bild über den möglichen Abröstungsgrad einer Blende ergeben.

F. Geröstete Blende.

1. **Gesamt-Schwefel** (Lunge und Stierlin, Zeitschr. f. angew. Chem. **19**, 21; 1906). Man arbeitet, wie S. 148 für Kiesabbrand beschrieben, setzt jedoch dem Gemisch noch etwa 2 g gepulvertes Kaliumchlorat zu. Der Tiegelboden soll schließlich deutlich rotglühend werden, der Inhalt aber nicht bis zum Schmelzen, sondern nur bis zum Sintern kommen. Der Tiegel muß während des Einsetzens bedeckt sein und sein Inhalt darf nicht umgerührt werden. Die Berechnung erfolgt wie S. 148, also

$$S\% = \frac{a - b}{2}.$$

Der Zusatz von Kaliumchlorat ist schon bei Abbränden von zinkreichem Schwefelkies erforderlich. Bei Abbränden mit über 6 Proz. S macht man folgendes Gemisch: 1.603 g Abbrand, 2.000 g $NaHCO_3$, 4 g $KClO_3$, 2—3 g schwefelfreies Eisenoxyd; der Prozentgehalt an S ist dann $= A - B$. A = ursprünglicher Verbrauch des Bikarbonats an N-Säure, B-Verbrauch beim Rücktitrieren.

Das Verfahren ist auch noch brauchbar für ungeröstete (grüne) Blende, wobei man anwendet: 0.3206 g Blende, 2.000 $NaHCO_3$, 2 g $KClO_3$, 2 g Fe_2O_3; S-Gehalt in Prozent $= 5(A - B)$.

2[1]). Noch „austreibbarer", bzw. für den Zinkfabrikanten „schädlicher" Schwefel. Da wir im Ungewissen sind über die beim Rösten mehr oder minder auftretende Sulfatisierung, besonders bei bleireichen Blenden, so gibt der Gesamtschwefelgehalt des Röstgutes kein Kriterium ab für die Güte der Röstung.

Nach Haßreidter (Zeitschr. f. angew. Chem. **19**, 137; 1906) ist als schädlicher Schwefel die Summe des Sulfidschwefels und des Zinksulfatschwefels anzusehen, wobei unter Sulfidschwefel jener zu verstehen ist, der bei geeigneter Behandlung mittels Zinnchlorürsalzsäure Schwefelwasserstoff entbindet. (Kies, FeS_2, kann im Röstgut schwerlich vorhanden sein, da schon im ersten Stadium der Röstung FeS gebildet wird.)

---

[1]) Nr. 2 und 3 mitgeteilt von V. Haßreidter.

a) **Sulfidschwefel.** Man behandelt je nach dem zu erwartenden Sulfidschwefelgehalt 0·5—2·0 g sehr fein gepulverter mit 2—3 ccm Wasser angefeuchteter Blende in einem auf einem Drahtnetz ruhenden und mit einem Sicherheitstrichter versehenen Zersetzungskolben mit 30 ccm rauchender Salzsäure und etwa 20—30 ccm Zinnchlorürsalzsäure, nachdem man vorerst die im Zersetzungskolben befindliche Luft durch ein indifferentes Gas ausgetrieben hat. Die Menge des Zinnchlorürs (Bereitung s. Eisenbestimmung in Kiesabbränden, S. 149) muß mehr als hinreichend sein, um das im Röstgut vorhandene Eisenoxyd in Chlorür überzuführen. Durch gelindes Erwärmen, das man allmählich bis zum Sieden steigert und ungefähr 10—15 Minuten fortsetzt, wird unter gleichzeitigem Durchleiten eines indifferenten Gasstromes der sich entwickelnde Schwefelwasserstoff durch einen auf dem Zersetzungskolben aufgesetzten Rückflußkühler in ein Zehnkugelrohr geleitet, das mit 20 ccm $^1/_{10}$ N-Jodlösung und 10—20 ccm Wasser beschickt ist. Das Zehnkugelrohr ist mit einem rechtwinkelig nach unten gebogenem Rohr verbunden, dessen unteres Ende in einen Erlenmeyerkolben taucht, in dem sich 20 ccm $^1/_{10}$ N-Thiosulfatlösung befinden. Wenn genügend gekocht worden ist, leitet man zur vollständigen Austreibung des Schwefelwasserstoffs noch kurze Zeit den indifferenten Gasstrom durch den Zersetzungskolben. Hierauf löst man die Verbindung zwischen Zehnkugelrohr und der rechtwinkelig gebogenen Glasröhre, spült letztere außen und innen ab, gießt den Inhalt des Zehnkugelrohrs (der noch überschüssiges Jod enthalten muß) unter Nachspülen in das Thiosulfat und titriert letzteres mit $^1/_{10}$ N-Jodlösung bis Gelbfärbung erfolgt. Jedes Kubikzentimeter der so verbrauchten Jodlösung entspricht 0·0016 g (log. = 0·20493 — 3) Schwefel als Sulfidschwefel.

E. **Eckert**[1]) leitet den sich entbindenden Schwefelwasserstoff unter dem Schutze eines Kohlendioxydstromes in Cadmiumazetatlösung, wandelt das Cadmiumsulfid mit wenig Kupfervitriollösung in Kupfersulfid und führt letzteres durch Glühen in Kupferoxyd über. 79·57 Teile CuO entsprechen 32·06 Teilen Schwefel als Sulfidschwefel vorhanden. Billiger läßt sich die Schwefelwasserstoffbestimmung nach Pinsl (Chem.-Ztg. **42**, 269; 1918) durch Absorption mit 5proz. Natronlauge durchführen.

b) **Zinksulfatschwefel.** 12·5 g des gepulverten Röstgutes werden in einem 250 ccm-Meßkolben einige Zeit mit ungefähr 200 ccm Wasser (warm oder kalt) digeriert, wobei man von Zeit zu Zeit umschwenkt. Ein aliquoter Teil der bis zur Marke aufgefüllten Lösung, etwa 200 ccm = 10 g Röstblende,

---

[1]) Privatmitteilung.

werden in ein Becherglas übergeführt, der Kolben mit 100 ccm
Wasser nachgespült und dann noch 20 ccm Ammoniakflüssigkeit
zugefügt. Diese Lösung wird nach Schaffners Methode
auf Zink titriert, unter Zuhilfenahme eines „Titers", der eine
der obigen Lösung des Röstgutes annähernd gleiche Menge
Zink, Wasser und Ammoniak enthält (vgl. S. 151).

Für je 65·37 Teile Zink werden 32·06 Teile Schwefel als
Zinksulfatschwefel in Rechnung gesetzt.

(Es ist nicht ausgeschlossen, daß auch Cadmium-, Mangan-
oder Kobaltsulfat in die wässerige Lösung übergehen.)

E. Eckert[1]) bestimmt den „schädlichen" Schwefel
mittels Differenzmethode, indem er vom Gesamtschwefelgehalt des Röstgutes jenen abzieht, der durch längeres Kochen
des Röstgutes mit Natriumkarbonatlauge in Lösung übergeht.
Seine Befunde decken sich vorzüglich mit dem oben gegebenen
Verfahren.

„Über den Wert des Schwefels in Erzen und dessen
Bedeutung für den Abschluß von Blende-Röstver-
trägen" vgl. Paul (Metall und Erz **15** [N. F. 6], 371; 1918).

Als rohe Probe in der Hütte selbst erwärmt der Meister
das Röstgut mit 10 ccm Salzsäure (1 : 2) in einem Kölbchen,
in dessen Hals er ein mit neutraler oder schwach alkalischer
Bleiazetatlösung durchfeuchtetes Papierstreifchen hält, und
beurteilt an dem Grade der Bräunung den Röstungsgrad
der Post (Meyer, Zeitschr. f. angew. Chem. **7**, 392; 1894.)

2. Zink. Nach Schaffners Methode wie S. 151. Geröstete
Blenden enthalten sehr häufig durch Königswasser unzersetz-
bare Zinkaluminate oder komplexe Silikate. Der Aufschluß
des unlöslichen Rückstandes erfolgt dann am besten mittels
Flußsäure in der üblichen Weise, oder indem man die salzsaure Lösung des Erzes mittels 10 ccm konzentrierter Schwefelsäure bis zum Auftreten reichlicher weißer Dämpfe erhitzt.
Im letzteren Falle müssen dem „Titer" auch 10 ccm Schwefelsäure zugesetzt werden.

G. Schweflige Säure und ihre Salze.

Lösungen von freier schwefliger Säure und ihrer Salze
werden am zweckmäßigsten dadurch analysiert, daß man sie
in entsprechender Verdünnung (mit luftfreiem, ausgekochtem
Wasser) unter $^1/_{10}$ N-Jodlösung unter Bewegung des Glas-
inhaltes ausfließen läßt und den Jodüberschuß zurücktitriert.
Feste Salze kann man direkt in überschüssige Jodlösung ein-
tragen. Die Vorgänge sind durch folgende Reaktionsgleichungen
wiedergegeben:

---

[1]) Privatmitteilung.

$$SO_2 + J_2 + 2\,H_2O = H_2SO_4 + 2\,HJ,$$
$$2\,NaHSO_3 + J_2 + H_2O = Na_2SO_4 + H_2SO_4 + 2\,HJ,$$
$$Na_2SO_3 + J_2 + H_2O = Na_2SO_4 + 2\,HJ.$$

Der entstehende Jodwasserstoff kann mit Lauge oder nach Zugabe von Natriumjodat nach $5\,HJ + HJO_3 = 3\,H_2O + 3\,J_2$ jodometrisch durch Titration des gebildeten Jods mit $^1/_{10}$ N-Thiosulfat bestimmt werden. Bereits ursprünglich vorhandene Mineralsäure, z. B. Schwefelsäure, wird durch den Mehrverbrauch an $^1/_{10}$ N-NaOH oder $^1/_{10}$ N-$Na_2S_2O_3$ gegenüber obigen Reaktionsgleichungen ermittelt.

Die Berechnung der Analysenresultate erhellt aus nachstehender Tabelle:

Bestimmung von	SO_2	H_2SO_4	Na_2SO_3	$NaHSO_2$	
SO_2 H_2SO_4	a × 0·003203 g	(b—2a) × 0·004904 g	—	—	Gesamt-Jodverbrauch **a** ccm $n/_{10}$ Jod; Neutralisation des HJ mit $n/_{10}$ NaOH oder nach der Jodatmethode mit $n/_{10}$ $Na_2S_2O_3$.
SO_2 $NaHSO_3$	(2b—3a) × 0·01281 g	—	—	(2a—b) × 0·01041 g	
$NaHSO_3$ Na_2SO_3	—	—	(1·5 a—b) × 0·01261 g	(b—a) × 0·01041 g	Verbrauch **b** ccm

Über die Anwendung der Quecksilberchlorid-Methode (S. 189 und 220) und der Wasserstoffsuperoxydmethode vgl. C. T. U. Bd. I, daselbst auch Methoden zur Bestimmung von Sulfit neben Thiosulfat u. dgl.

H. Gasanalysen.

A. Bleikammerverfahren.

1. Kiesofengase. a) Man bestimmt das **Schwefeldioxyd** nach **Reich.** Hierzu saugt man das trockene Gas durch die Jodlösung, welche sich in einer weithalsigen Flasche von 200 ccm Inhalt befindet und mit Stärkelösung gebläut ist, so lange, bis die Flüssigkeit eben entfärbt wird. Diese Flasche ist mit einer größeren Flasche verbunden, welche als Aspirator dient, wozu sie einen Hahn am Boden oder einen Heber mit Quetschhahn besitzt. Aus diesem läuft das Wasser in einen 250 ccm-Meßzylinder, wo man sein Volum abliest; dasjenige des angewendeten Gases ist gleich dem Wasservolum + dem der absorbierten SO_2. Zweckmäßig verwendet man eine Waschflasche nach **Schilling** (Chem.-Ztg. **43**, 167; 1919), die eine durch einen Hahn abschließbare Nebenschlußleitung besitzt.

Bei geöffnetem Hahn saugt man die Leitung mit dem zu untersuchenden Gase voll, schließt hierauf den Hahn und beginnt
in diesem Augenblick den Meßzylinder zu füllen. In die Absorptionsflasche gibt man 10 ccm einer Zehntelnormal-Jodlösung
(12·692 g J in 1 l; Bereitung und Prüfung im Anhang), etwa
50 ccm Wasser, ein wenig Stärkelösung und ein wenig Natriumbikarbonat. Obige 10 ccm Jod entsprechen 0·03203 g $SO_2 =$
10·95 ccm bei 0⁰ und 760 mm Druck. Wenn man letztere
Zahl mit 100 multipliziert und durch das Volum des ausge-
laufenen Wassers + 10·95 dividiert, erhält man den Prozentgehalt des Gases an SO_2.

Folgende Tabelle erspart diese Rechnung:

ccm Wasser im Meßzylinder	Volumproz. SO_2 im Gase	ccm Wasser im Meßzylinder	Volumproz. SO_2 im Gase
80·5	12	126·1	8·0
84·4	11·5	135·3	7·5
88·8	11	145·7	7·0
93·5	10·5	157·8	6·5
98·7	10	171·8	6·0
104·6	9·5	188·5	5·5
110·9	9	208·4	5·0
118·1	8·5		

Hierbei ist keine Rücksicht auf Temperatur und Barometerstand genommen; will man diese beobachten, so reduziert
man das abgelesene Volum nach den Tabellen 23 A und 23 B
(S. 40 und 46) oder mit der beigelegten Fluchtlinientafel
auf 0⁰ und 760 mm und sucht es dann in obiger Tabelle auf.
(Die Addition der 10·95 ccm ist beim Gebrauch der Tabelle
n i c h t mehr erforderlich.)

b) Da bei der Reichschen Probe keine Rücksicht auf
SO_3 genommen ist, so bestimmt man besser daneben, oder auch
ausschließlich die Gesamtsäure ($SO_2 + SO_3$). Hierzu dient
derselbe Apparat, in dem aber die Absorptionsflasche am besten
mit einem Gas-Eintrittsrohre versehen ist, welches unten geschlossen und in dem unterhalb der Flüssigkeit befindlichen
Teile mit vielen kleinen Öffnungen versehen ist, um den Gasstrom zu zerteilen. Die Gase werden durch eine mit Phenolphthalein gefärbte Zehntel-Normalnatronlauge unter fort-
während Schütteln der Flasche so lange durchgeleitet,
bis die Farbe eben verschwunden ist. Die Berechnung geschieht als SO_2, wozu die oben gegebene Tabelle benutzt werden
kann. (Nähere Beschreibung und Belege bei Lunge, Zeitschr.
f. angew. Chem. 3, 563; 1890; ferner in C. T. U. I, wo die sehr
zweckmäßige Absorptionsflasche der englischen Fabrikinspektoren abgebildet ist.)

In beiden Fällen (a und b) kann unter Umständen durch arsenige Säure, die sich im Absaugerohr ansammelt, ein Fehler begangen werden, gegen den man sich durch Filtrieren des Gases durch Asbest schützen kann.

2. Kammergase. Zur Ermittlung des Gehaltes an Schwefeldioxyd und nitrosen Gasen verfährt man nach Raschig (Zeitschr. f. angew. Chem. **22**, 1182; 1909), indem man zur Füllung des Reichschen Apparates (S. 158) — 10 ccm $^1/_{10}$ Jodlösung, ca. 100 ccm Wasser, etwas Stärkelösung — noch 10 ccm einer kalt gesättigten Natriumacetatlösung hinzufügt. Die Bestimmung wird, wie S. 158 und 159 beschrieben, durchgeführt mit der Vorsicht, daß keine Tröpfchen Schwefelsäure zur Jodlösung treten, indem man die Kammergase durch Glaswolle streichen läßt. Die Berechnung des Schwefeldioxyds wird wie oben ausgeführt. Zur Bestimmung der nitrosen Gase wird nach der Bestimmung des Schwefeldioxyds ein Tropfen Phenolphthalein zur entfärbten Probe zugefügt und mit $^1/_{10}$ N-Natronlauge bis zur Rotfärbung austitriert. Von der gefundenen Anzahl Kubikzentimeter sind 10 ccm für die Jodwasserstoffsäure und 10 ccm für die entstandene Schwefelsäure gemäß: $SO_2 + J_2 + 2\,H_2O = H_2SO_4 + 2\,HJ$ in Abzug zu bringen. Der Mehrverbrauch von $^1/_{10}$ N-Natronlauge über diese 20 ccm zeigt Salpetersäure oder salpetrige Säure an.

3. Austrittsgase aus dem Kammersystem. a) Sauerstoff. Vor Bestimmung desselben befreit man die Gase durch Waschen mit Kali- oder Natronlauge von sauren Bestandteilen. Man kann Einzelproben zu beliebigen Zeiten während des Tages entnehmen; empfehlenswert ist aber daneben noch kontinuierliches Absaugen einer größeren Gasprobe, mindestens 10 bis 20 Liter in 24 Stunden vermittels eines passenden Aspirators und Analyse des so gesammelten Gases, wodurch man eine zulässige Durchschnittsprobe für den ganzen Tag erhält.

Die Bestimmung des Sauerstoffs erfolgt am besten durch feuchten Phosphor in einem Orsat-Apparat (S. 128) mit zwei Absorptionsgefäßen, von denen das erste mit Kalilauge zur Entfernung der sauren Gase, das zweite mit sehr dünnen Stängelchen von Phosphor gefüllt ist. Die Manipulation ist ganz dieselbe wie bei der Analyse der Rauchgase. Man beachte aber namentlich, daß die Temperatur mindestens 16^0, besser 18^0 betragen muß; andernfalls muß der Apparat etwas erwärmt werden.

b) Säuren des Schwefels und Stickstoffs. Man saugt kontinuierlich ein wenig von dem aus dem Gay-Lussacturme austretenden Gase mittels eines kontinuierlich wirkenden

Aspirators, und zwar mindestens ½ cbm (in England 24 Kubikfuß = 0·68 cbm). Das abgesaugte Volum V muß man hinreichend genau messen können, z. B. durch Eichung des
Aspirators oder mittels eines Gaszählers, z. B. vorteilhaft
eines Rotamessers (Bezugsquelle Deutsche Rotawerke A.-G.
Aachen) oder Capomessers (bei C. Desaga, Heidelberg).
Um praktische Vergleichungen machen zu können, gibt man
bei den Berichten die Anzahl von Kubikmetern Kammerraum
für jedes in 24 Stunden verbrannte und in die Kammern gelangende
Kilogramm Schwefel an (berechnet nach wöchent-
lichem Durchschnitt). Das Gas wird nach Reich-Raschig
(s. S. 160) absorbiert und das Verhältnis Schwefeldioxyd-
Nitrosegase ermittelt. Zur Bestimmung der Gesamtacidität
wird das Gas durch eine Absorptionsflasche mit verdünntem
Perhydrol (Merck) und drei weiteren mit alkalischem Wasserstoffsuperoxyd beschickt, geleitet und der Rückgang der Alkalinität bestimmt. (In England ist die erlaubte Maximalgrenze
4 grains pro Kubikmeter = 9·15 g SO_3 pro Kubikmeter des
Kamingases; in Deutschland bei Austrittsgasen von Schwefelkies 5 g, bei Blende 8 g, alle Säuren berechnet als SO_3.) Zum
Nachweis freier Schwefelsäure in den Endgasen verwendet
man nach Linder Metanilpapier, das sich bei Anwesenheit
von Schwefelsäure violett färbt.

c) Stickoxyd kann immer noch in den Austrittsgasen
enthalten sein, auch wenn sie durch Absorptionsflaschen gegangen sind. Will man es bestimmen, so schaltet man zwischen
einer mit Normallauge beschickten Intensivwaschflasche und
dem Aspirator ein Absorptionsrohr, Fig. 7, ein. Man füllt es

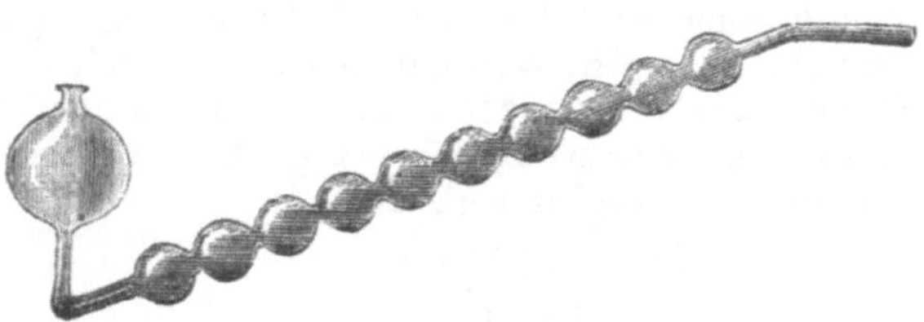

Fig. 7. Zehnkugelrohr.

mit 30 ccm Halbnormal-Permanganat und setzt 1 ccm Schwefelsäure von 1·25 spez. Gewicht zu. Nachdem das Gas 24 Stunden
durchgegangen ist, entleert man die Röhre und spült nach.
Man setzt jetzt 50 ccm frisch eingestellter Eisenvitriollösung
(100 g krist. Ferrosulfat + 100 ccm reine Schwefelsäure auf
1 l aufgefüllt) zu und titriert die dadurch entfärbte Flüssigkeit mit Permanganatlösung, bis wieder Rosafarbe eintritt; die
letztere Menge heiße u, die zur Titerstellung der 50 ccm Ferro-

sulfatlösung verwendete Menge ½ N-Permanganat $2z$. Das Stickoxyd hat nun verbraucht $(30 + u — 2z)$ Kubikzentimeter Halbnormal-Permanganat, entsprechend Stickstoff im Gramm pro Kubikmeter des durch den Aspirator angezeigten Gasvolums V^1:

$$N = \frac{0{\cdot}007\ (30 + u — 2z)}{3\ V^1}.$$

Mit gleich gutem Erfolge kann nach Berl zur Absorption von Stickoxyd und ungenügend hochoxydierten Gasen Mischsäure (erhalten durch Mischen von 95 Teilen konzentrierter Schwefelsäure und 5 Teilen konzentrierter heller Salpetersäure) verwendet werden. Man bestimmt den Permanganatverbrauch nach S. 176 vor und nach Absorption des Stickoxyds und berechnet dessen Menge nach dem Ansatz: 100 ccm NO (reduz.) entsprechen $133{\cdot}97$ ccm (log $= 2{\cdot}12701$) $^1/_{10}$ N-KMnO$_4$.

B. Kontaktverfahren.

1. Eintrittsgase werden nach S. 158 untersucht.

2. Zur Bestimmung der katalysierten Röstgase und der Ausbeute an SO$_3$ in Prozenten werden die Gase in eine gemessene Menge Jodlösung eingeleitet, hinter die man zur Vermeidung von Jodverlusten ein Absorptionsgefäß mit Thiosulfat schaltet. Der unverbrauchte Anteil des Jods wird mit Thiosulfat zurücktitriert und mit Barytlösung oder $^1/_{10}$ N-Natronlauge und Phenolphthalein die Gesamtacidität bestimmt, wobei sinngemäß der gleiche Säureabzug wie bei der Reich-Raschigschen Methode (S 160) gemacht werden muß. Werden a ccm $^1/_{10}$ N-Jodlösung und b ccm $^1/_{10}$ N-Natronlauge (Barytlösung) verbraucht, so ergibt sich der Gehalt an noch unkatalysiertem SO$_2$ aus: $x = 0{\cdot}003203 \times a$ Gramm und an gebildetem Schwefeltrioxyd aus: $y = 0{\cdot}004 \times (b — 2a)$. Die Ausbeute an SO$_3$ in Volumprozenten ergibt sich aus:

$$\frac{(b — 2a) \times 100}{b — a}.$$

J. Schwefelsäure.

1. Spezifische Gewichte.

NB. Da die Tabellen für die spezifischen Gewichte von Schwefelsäuren sich nur auf chemisch-reine Säure beziehen, und bei den hochprozentigen Säuren des Handels die stets vorhandenen Verunreinigungen das spezifische Gewicht in ganz merklichem Grade (in erhöhendem Sinne) verändern, so sollten bei Säuren von über 90 Proz. H$_2$SO$_4$ die Tabelle nur für den inneren Gebrauch in der Fabrik angewendet werden, der Verkauf der Säure dagegen nur auf Grund einer vorgenommenen Analyse stattfinden, wie sie unter Nr. 9, S. 175 beschrieben ist.

Die folgende Tabelle ist dieselbe, wie sie in den Chemisch-Technischen Untersuchungs-Methoden aus den früheren Bestimmungen von Lunge und Isler (Zeitschr. f. angew. Chem. 3, 131; 1890) und denjenigen von Domke, Bein und Fischer im 5. Heft der Abhandl. d. Normal-Eichungs-Kommission (1904) zusammengestellt worden ist.

Spezifische Gewichte von Schwefelsäurelösungen nach Lunge, Isler und Naef, sowie Domke (Abhandl. Norm.-Eich.-Komm. 5, 5; 1904.)

Spez. Gew. bei $\frac{15^0}{4^0}$ (luftl. R.)	Grad Baumé	Grad Twaddell	100 Gewichtsteile entsprechen bei chemisch reiner Säure				1 Liter enthält Kilogramm bei chemisch reiner Säure			
			Proz. SO$_3$	Proz. H$_2$SO$_4$	Proz. 60 gräd. Säure	Proz. 50 gräd. Säure	SO$_3$	H$_2$SO$_4$	60 gräd. Säure	50 gräd. Säure
1·000	0	0	0·07	0·09	0·12	0·14	0·001	0·001	0·001	0·001
1·005	0·7	1	0·77	0·95	1·21	1·52	0·008	0·009	0·013	0·015
1·010	1·4	2	1·28	1·57	2·01	2·51	0·013	0·016	0·020	0·025
1·015	2·1	3	1·88	2·30	2·95	3·68	0·019	0·023	0·030	0·037
1·020	2·7	4	2·47	3·03	3·88	4·85	0·025	0·031	0·040	0·050
1·025	3·4	5	3·07	3·76	4·82	6·02	0·032	0·039	0·049	0·062
1·030	4·1	6	3·67	4·49	5·78	7·18	0·038	0·046	0·059	0·074
1·035	4·7	7	4·27	5·23	6·73	8·37	0·044	0·054	0·070	0·087
1·040	5·4	8	4·87	5·96	7·64	9·54	0·051	0·062	0·079	0·099
1·045	6·0	9	5·45	6·67	8·55	10·67	0·057	0·071	0·089	0·112
1·050	6·7	10	6·02	7·37	9·44	11·79	0·063	0·077	0·099	0·124
1·055	7·4	11	6·59	8·07	10·34	12·91	0·070	0·085	0·109	0·136
1·060	8·0	12	7·16	8·77	11·24	14·03	0·076	0·093	0·119	0·149
1·065	8·7	13	7·73	9·47	12·14	15·15	0·082	0·102	0·129	0·161
1·070	9·4	14	8·32	10·19	13·05	16·30	0·089	0·109	0·140	0·174
1·075	10·0	15	8·90	10·90	13·96	17·44	0·096	0·117	0·150	0·188
1·080	10·6	16	9·47	11·60	14·87	18·56	0·103	0·125	0·161	0·201
1·085	11·2	17	10·04	12·30	15·76	19·68	0·109	0·133	0·171	0·213
1·090	11·9	18	10·60	12·99	16·65	20·78	0·116	0·142	0·181	0·227
1·095	12·4	19	11·16	13·67	17·52	21·87	0·122	0·150	0·192	0·240
1·100	13·0	20	11·71	14·35	18·39	22·96	0·129	0·158	0·202	0·253
1·105	13·6	21	12·27	15·03	19·26	24·05	0·136	0·166	0·212	0·265
1·110	14·2	22	12·82	15·71	20·13	25·14	0·143	0·175	0·223	0·279
1·115	14·9	23	13·36	16·36	20·96	26·18	0·149	0·183	0·234	0·292
1·120	15·4	24	13·89	17·01	21·80	27·22	0·156	0·191	0·245	0·305
1·125	16·0	25	14·42	17·66	22·63	28·26	0·162	0·199	0·255	0·318
1·130	16·5	26	14·95	18·31	23·47	29·30	0·169	0·207	0·265	0·331
1·135	17·1	27	15·48	18·96	24·29	30·34	0·176	0·215	0·276	0·344

Spez. Gew. bei $\frac{15^0}{4^0}$ (luftl. R.)	Grad Baumé	Grad Twaddell	100 Gewichtsteile entsprechen bei chemisch reiner Säure				1 Liter enthält Kilogramm bei chemisch reiner Säure			
			Proz. SO_3	Proz. H_2SO_4	Proz. 60 gräd. Säure	Proz. 50 gräd. Säure	SO_3	H_2SO_4	60 gräd. Säure	50 gräd. Säure
1·140	17·7	28	16·01	19·61	25·13	31·38	0·183	0·223	0·287	0·358
1·145	18·3	29	16·54	20·26	25·96	32·42	0·189	0·231	0·297	0·371
1·150	18·8	30	17·07	20·91	26·79	33·46	0·196	0·239	0·308	0·385
1·155	19·3	31	17·59	21·55	27·61	34·48	0·203	0·248	0·319	0·398
1·160	19·8	32	18·11	22·19	28·43	35·50	0·210	0·257	0·330	0·412
1·165	20·3	33	18·64	22·83	29·25	36·53	0·217	0·266	0·341	0·426
1·170	20·9	34	19·16	23·47	30·07	37·55	0·224	0·275	0·352	0·439
1·175	21·4	35	19·69	24·12	30·90	38·59	0·231	0·283	0·363	0·453
1·180	22·0	36	20·21	24·76	31·73	39·62	0·238	0·292	0·374	0·467
1·185	22·5	37	20·73	25·40	32·55	40·64	0·246	0·301	0·386	0·481
1·190	23·0	38	21·26	26·04	33·37	41·66	0·253	0·310	0·397	0·496
1·195	23·5	39	21·78	26·68	34·19	42·69	0·260	0·319	0·409	0·511
1·200	24·0	40	22·30	27·32	35·01	43·71	0·268	0·328	0·420	0·525
1·205	24·5	41	22·82	27·95	35·83	44·72	0·275	0·337	0·432	0·539
1·210	25·0	42	23·33	28·58	36·66	45·73	0·282	0·346	0·444	0·553
1·215	25·5	43	23·84	29·21	37·45	46·74	0·290	0·355	0·455	0·568
1·220	26·0	44	24·36	29·84	38·23	47·74	0·297	0·364	0·466	0·583
1·225	26·4	45	24·88	30·48	39·05	48·77	0·305	0·373	0·478	0·598
1·230	26·9	46	25·39	31·11	39·86	49·78	0·312	0·382	0·490	0·612
1·235	27·4	47	25·88	31·70	40·61	50·72	0·320	0·391	0·502	0·626
1·240	27·9	48	26·35	32·28	41·37	51·65	0·327	0·400	0·513	0·640
1·245	28·4	49	26·83	32·86	42·11	52·58	0·334	0·409	0·524	0·655
1·250	28·8	50	27·29	33·43	42·84	53·49	0·341	0·418	0·535	0·669
1·255	29·3	51	27·76	34·00	43·57	54·40	0·348	0·426	0·547	0·683
1·260	29·7	52	28·22	34·57	44·30	55·31	0·356	0·435	0·558	0·697
1·265	30·2	53	28·69	35·14	45·03	56·22	0·363	0·444	0·570	0·711
1·270	30·6	54	29·15	35·71	45·76	57·14	0·370	0·454	0·582	0·725
1·275	31·1	55	29·62	36·29	46·50	58·06	0·377	0·462	0·593	0·740
1·280	31·5	56	30·10	36·87	47·24	58·99	0·385	0·472	0·605	0·755
1·285	32·0	57	30·57	37·45	47·99	59·92	0·393	0·481	0·617	0·770
1·290	32·4	58	31·04	38·03	48·73	60·85	0·400	0·490	0·629	0·785
1·295	32·8	59	31·52	38·61	49·47	61·78	0·408	0·500	0·641	0·800
1·300	33·3	60	31·99	39·19	50·21	62·70	0·416	0·510	0·653	0·815
1·305	33·7	61	32·46	39·77	50·96	63·63	0·424	0·519	0·665	0·830
1·310	34·2	62	32·94	40·35	51·71	64·56	0·432	0·529	0·677	0·845
1·315	34·6	63	33·41	40·93	52·45	65·45	0·439	0·538	0·689	0·860
1·320	35·0	64	33·88	41·50	53·18	66·40	0·447	0·548	0·702	0·876
1·325	35·4	65	34·35	42·08	53·92	67·33	0·455	0·557	0·714	0·892
1·330	35·8	66	34·80	42·66	54·67	68·26	0·462	0·567	0·727	0·908
1·335	36·2	67	35·27	43·20	55·36	69·12	0·471	0·577	0·739	0·923
1·340	36·6	68	35·71	43·74	56·05	69·98	0·479	0·586	0·751	0·938
1·345	37·0	69	36·14	44·28	56·74	70·85	0·486	0·596	0·763	0·953
1·350	37·4	70	36·58	44·82	57·43	71·71	0·494	0·605	0·775	0·968
1·355	37·8	71	37·02	45·35	58·11	72·56	0·502	0·614	0·787	0·983
1·360	38·2	72	37·45	45·88	58·79	73·41	0·509	0·624	0·800	0·998
1·365	38·6	73	37·89	46·41	59·48	74·26	0·517	0·633	0·812	1·014
1·370	39·0	74	38·32	46·94	60·15	75·10	0·525	0·643	0·824	1·029

Spez. Gew. bei $\frac{15^0}{4^0}$ (luftl. R.)	Grad Baumé	Grad Twaddell	100 Gewichtsteile entsprechen bei chemisch reiner Säure				1 Liter enthält Kilogramm bei chemisch reiner Säure			
			Proz. SO_3	Proz. H_2SO_4	Proz. 60 gräd. Säure	Proz. 50 gräd. Säure	SO_3	H_2SO_4	60 gräd. Säure	50 gräd. Säure
1·375	39·4	75	38·75	47·47	60·83	75·95	0·533	0·653	0·836	1·044
1·380	39·8	76	39·18	48·00	61·51	76·80	0·541	0·662	0·849	1·060
1·385	40·1	77	39·62	48·53	62·19	77·65	0·549	0·672	0·861	1·075
1·390	40·5	78	40·05	49·06	62·87	78·50	0·557	0·682	0·873	1·091
1·395	40·8	79	40·48	49·59	63·55	79·34	0·564	0·692	0·886	1·107
1·400	41·2	80	40·91	50·11	64·21	80·18	0·573	0·702	0·899	1·123
1·405	41·6	81	41·33	50·63	64·88	81·01	0·581	0·711	0·912	1·138
1·410	42·0	82	41·76	51·15	65·55	81·86	0·589	0·721	0·924	1·154
1·415	42·3	83	42·17	51·66	66·21	82·66	0·597	0·730	0·937	1·170
1·420	42·7	84	42·57	52·15	66·82	83·44	0·604	0·740	0·949	1·185
1·425	43·1	85	42·96	52·63	67·44	84·21	0·612	0·750	0·961	1·200
1·430	43·4	86	43·36	53·11	68·06	84·98	0·620	0·759	0·973	1·215
1·435	43·8	87	43·75	53·59	68·68	85·74	0·628	0·769	0·986	1·230
1·440	44·1	88	44·14	54·07	69·29	86·51	0·636	0·779	0·998	1·246
1·445	44·4	89	44·53	54·55	69·90	87·28	0·643	0·789	1·010	1·261
1·450	44·8	90	44·92	55·03	70·52	88·05	0·651	0·798	1·023	1·277
1·455	45·1	91	45·31	55·50	71·12	88·80	0·659	0·808	1·035	1·292
1·460	45·4	92	45·69	55·97	71·72	89·55	0·667	0·817	1·047	1·307
1·465	45·8	93	46·07	56·43	72·31	90·29	0·675	0·827	1·059	1·323
1·470	46·1	94	46·45	56·90	72·91	91·04	0·683	0·837	1·072	1·338
1·475	46·4	95	46·83	57·37	73·51	91·79	0·691	0·846	1·084	1·354
1·480	46·8	96	47·21	57·83	74·10	92·53	0·699	0·856	1·097	1·370
1·483	47·0	97	47·45	58·13	74·49	92·96	0·704	0·862	1·105	1·380
1·485	47·1	97	47·57	58·28	74·68	93·25	0·707	0·865	1·109	1·385
1·490	47·4	98	47·95	58·74	75·27	93·98	0·715	0·876	1·122	1·400
1·491	47·5	98	48·05	58·87	75·44	94·14	0·716	0·878	1·125	1·404
1·495	47·8	99	48·34	59·22	75·88	94·75	0·723	0·885	1·134	1·417
1·498	48·0	100	48·60	59·55	76·31	95·23	0·728	0·892	1·143	1·427
1·500	48·1	100	48·73	59·70	76·50	95·52	0·731	0·896	1·147	1·433
1·505	48·4	101	49·12	60·18	77·12	96·29	0·739	0·906	1·160	1·449
1·507	48·5	102	49·25	60·34	77·32	96·50	0·742	0·909	1·165	1·454
1·510	48·7	102	49·51	60·65	77·72	97·04	0·748	0·916	1·174	1·465
1·515	49·0	103	49·89	61·12	78·32	97·79	0·756	0·926	1·187	1·481
1·520	49·4	104	50·28	61·59	78·93	98·54	0·764	0·936	1·199	1·498
1·523	49·5	105	50·41	61·76	79·14	98·77	0·768	0·941	1·205	1·504
1·525	49·7	105	50·66	62·06	79·52	99·30	0·773	0·946	1·213	1·514
1·530	50·0	106	51·04	62·53	80·13	100·05	0·781	0·957	1·226	1·531
1·535	50·3	107	51·43	63·00	80·73	100·80	0·789	0·967	1·239	1·547
1·538	50·5	108	51·67	63·30	81·11	101·26	0·795	0·974	1·247	1·558
1·540	50·6	108	51·78	63·43	81·28	101·49	0·797	0·977	1·252	1·563
1·545	50·9	109	52·12	63·85	81·81	102·16	0·805	0·987	1·264	1·579
1·547	51·0	109	52·23	63·99	82·00	102·38	0·808	0·990	1·269	1·584
1·550	51·2	110	52·46	64·26	82·34	102·82	0·813	0·996	1·276	1·593
1·555	51·5	111	52·79	64·67	82·87	103·47	0·821	1·006	1·289	1·609
1·560	51·8	112	53·22	65·20	83·50	104·30	0·830	1·017	1·303	1·627
1·563	52·0	113	53·46	65·49	83·92	104·73	0·836	1·024	1·312	1·638
1·565	52·1	113	53·59	65·65	84·08	105·03	0·839	1·027	1·316	1·644

Spez. Gew. bei $\frac{15^0}{4^0}$ (luftl. R.)	Grad Baumé	Grad Twaddell	100 Gewichtsteile entsprechen bei chemisch reiner Säure				1 Liter enthält 1 Kilogramm bei chemisch reiner Säure			
			Proz. SO$_3$	Proz. H$_2$SO$_4$	Proz. 60 gräd. Säure	Proz. 50 gräd. Säure	SO$_3$	H$_2$SO$_4$	60 gräd. Säure	50 gräd. Säure
1·570	52·4	114	53·95	66·09	84·64	105·73	0·847	1·038	1·329	1·660
1·572	52·5	114	54·07	66·24	84·88	105·93	0·851	1·041	1·334	1·666
1·575	52·7	115	54·32	66·53	85·21	106·42	0·856	1·048	1·343	1·677
1·580	53·0	116	54·65	66·95	85·78	107·10	0·864	1·058	1·356	1·692
1·585	53·3	117	55·03	67·40	86·34	107·85	0·872	1·068	1·369	1·709
1·588	53·5	118	55·25	67·69	86·74	108·25	0·877	1·075	1·378	1·720
1·590	53·6	118	55·37	67·83	86·88	108·52	0·880	1·078	1·382	1·726
1·595	53·9	119	55·73	68·26	87·44	109·21	0·889	1·089	1·395	1·742
1·598	54·0	120	55·84	68·41	87·66	109·40	0·893	1·094	1·402	1·748
1·600	54·1	120	56·09	68·70	88·00	109·92	0·897	1·099	1·409	1·759
1·605	54·4	121	56·44	69·13	88·55	110·61	0·906	1·110	1·422	1·775
1·607	54·5	121	56·56	69·23	88·71	110·76	0·909	1·114	1·426	1·781
1·610	54·7	122	56·79	69·56	89·10	111·30	0·914	1·120	1·435	1·792
1·615	55·0	123	57·15	70·00	89·66	112·00	0·923	1·131	1·449	1·810
1·620	55·2	124	57·49	70·42	90·20	112·68	0·931	1·141	1·462	1·825
1·625	55·5	125	57·84	70·85	90·74	113·35	0·940	1·151	1·473	1·842
1·630	55·8	126	58·18	71·27	91·29	114·02	0·948	1·162	1·489	1·859
1·635	56·0	127	58·53	71·70	91·83	114·71	0·957	1·172	1·502	1·875
1·640	56·3	128	58·88	72·12	92·38	115·40	0·966	1·182	1·516	1·892
1·643	56·5	129	59·10	72·40	92·77	115·78	0·972	1·187	1·525	1·903
1·645	56·6	129	59·22	72·55	92·92	116·06	0·975	1·193	1·529	1·909
1·650	56·9	130	59·57	72·96	93·45	116·72	0·983	1·204	1·543	1·926
1·653	57·0	131	59·75	73·20	93·80	117·06	0·988	1·209	1·550	1·932
1·655	57·1	131	59·92	73·40	94·02	117·44	0·992	1·215	1·557	1·944
1·660	57·4	132	60·26	73·81	94·54	118·11	1·000	1·225	1·570	1·960
1·662	57·5	132	60·38	73·97	94·78	118·29	1·003	1·227	1·575	1·966
1·665	57·7	133	60·61	74·24	95·08	118·77	1·009	1·230	1·584	1·977
1·670	57·9	134	60·95	74·66	95·62	119·36	1·017	1·246	1·598	1·995
1·672	58·0	134	61·06	74·80	95·85	119·62	1·020	1·250	1·602	2·001
1·675	58·2	135	61·29	75·08	96·16	120·11	1·027	1·259	1·611	2·012
1·680	58·4	136	61·63	75·50	96·69	120·50	1·035	1·268	1·625	2·029
1·682	58·5	136	61·73	75·62	96·90	120·93	1·038	1·271	1·629	2·035
1·685	58·7	137	61·93	75·94	97·21	121·38	1·043	1·278	1·638	2·046
1·690	58·9	138	62·29	76·38	97·77	122·08	1·053	1·289	1·652	2·064
1·692	59·0	138	62·41	76·46	97·98	122·27	1·056	1·293	1·657	2·070
1·695	59·2	139	62·64	76·76	98·32	122·77	1·062	1·301	1·667	2·082
1·700	59·5	140	63·00	77·17	98·89	123·47	1·071	1·312	1·681	2·100
1·705	59·7	141	63·35	77·60	99·44	124·16	1·080	1·323	1·696	2·117
1·710	60·0	142	63·70	78·04	100·00	124·86	1·089	1·334	1·710	2·136
1·715	60·2	143	64·07	78·48	100·56	125·57	1·099	1·346	1·725	2·154
1·720	60·4	144	64·43	78·92	101·13	126·27	1·108	1·357	1·739	2·172
1·723	60·5	145	64·61	79·05	101·42	126·58	1·113	1·363	1·746	2·182
1·725	60·6	145	64·78	79·36	101·69	126·98	1·118	1·369	1·754	2·191
1·730	60·9	146	65·14	79·80	102·25	127·68	1·127	1·381	1·769	2·209
1·733	61·0	147	65·32	80·02	102·54	127·97	1·131	1·387	1·776	2·219
1·735	61·1	147	65·50	80·24	102·82	128·38	1·136	1·392	1·784	2·228
1·740	61·4	148	65·86	80·68	103·38	129·09	1·146	1·404	1·799	2·247

Spez. Gew. bei $\frac{15°}{4°}$ (luftl. R.)	Grad Baumé	Grad Twaddell	100 Gewichtsteile entsprechen bei chemisch reiner Säure				1 Liter enthält 1 Kilogramm bei chemisch reiner Säure			
			Proz. SO_3	Proz. H_2SO_4	Proz. 60 gräd. Säure	Proz. 50 gräd. Säure	SO_3	H_2SO_4	60 gräd. Säure	50 gräd. Säure
1·743	61·5	149	66·04	80·90	103·66	129·38	1·149	1·408	1·806	2·256
1·745	61·6	149	66·22	81·12	103·95	129·79	1·156	1·416	1·814	2·265
1·750	61·8	150	66·58	81·56	104·52	130·49	1·165	1·427	1·829	2·284
1·753	62·0	151	66·82	81·86	104·89	130·91	1·172	1·435	1·840	2·297
1·755	62·1	151	66·94	82·00	105·08	131·20	1·175	1·439	1·845	2·303
1·760	62·3	152	67·30	82·44	105·64	131·90	1·185	1·451	1·859	2·321
1·765	62·5	153	67·76	83·01	106·31	132·80	1·196	1·465	1·877	2·344
1·770	62·8	154	68·17	83·51	109·91	133·61	1·207	1·478	1·894	2·365
1·775	63·0	155	68·60	84·02	107·62	134·43	1·218	1·491	1·911	2·386
1·780	63·2	156	68·98	84·50	108·27	135·20	1·228	1·504	1·928	2·407
1·785	63·5	157	69·47	85·10	109·05	136·16	1·240	1·519	1·947	2·432
1·790	63·7	158	69·96	85·70	109·82	137·14	1·252	1·534	1·965	2·455
1·795	64·0	159	70·45	86·30	110·58	138·08	1·265	1·549	1·983	2·479
1 800	64·2	160	70·96	86·92	111·32	139·06	1·277	1·565	2·003	2·503
1·805	64·4	161	71·50	87·60	112·25	140·16	1·291	1·581	2·026	2·530
1 810	64·6	162	72·08	88·30	113·15	141·28	1·305	1·598	2·048	2·558
1·815	64·8	163	72·96	89·16	114·21	142·65	1·322	1·618	2·074	2·589
1·820	65·0	164	73·51	90·05	115·33	144·08	1·338	1·639	2·099	2·622
1·821	· ·	· ·	73·63	90·20	115·59	144·32	1·341	1·643	2·104	2·628
1·822	65·1	· ·	73·80	90·40	115·84	144·64	1·345	1·647	2·110	2·635
1·823	· ·	· ·	73·96	90·60	116·10	144·96	1·348	1·651	2·116	2·643
1·824	65·2	· ·	74·12	90·80	116·35	145·28	1·352	1·656	2·122	2·650
1·825	· ·	165	74·29	91·00	116·61	145·60	1·356	1·661	2·128	2·657
1·826	65·3	· ·	74·49	91·25	116·93	146·00	1·360	1·666	2·135	2·666
1·827	· ·	· ·	74·69	91·50	117·25	146·40	1·364	1·671	2·142	2·675
1·828	65·4	· ·	74·86	91·70	117·51	146·72	1·368	1·676	2·148	2·682
1·829	· ·	· ·	75·03	91·90	117·76	147·04	1·372	1·681	2·154	2·689
1·830	· ·	166	75·19	92·10	118·02	147·36	1·376	1·685	2·159	2·696
1·831	65·5	· ·	75·46	92·43	118·41	147·88	1·382	1·692	2·169	2·708
1·832	· ·	· ·	75·69	92·70	118·73	148·32	1·386	1·698	2·176	2·717
1·833	65·6	· ·	75·89	92·97	119·07	148·73	1·391	1·704	2·184	2·727
1·834	· ·	· ·	76·12	93·25	119·43	149·18	1·396	1·710	2·191	2·736
1·835	65·7	167	76·38	93·56	119·84	149·70	1·402	1·717	2·200	2·747
1·836	· ·	· ·	76·57	93·90	120·19	150·08	1·406	1·722	2·207	2·755
1·837	· ·	· ·	76·90	94·25	120·71	150·72	1·412	1·730	2·217	2·769
1·838	65·8	· ·	77·23	94·60	121·22	151·36	1·419	1·739	2·228	2·782
1·839	· ·	· ·	77·55	95·00	121·74	152·00	1·426	1·748	2·239	2·795
1·840	65·9	168	78·04	95·60	122·51	152·96	1·436	1·759	2·254	2·814
1·8405	· ·	· ·	78·33	95·95	122·96	153·52	1·441	1·765	2·262	2·825
1·8410	· ·	· ·	78·69	96·38	123·45	154·20	1·448	1·774	2·273	2·838
1·8415	· ·	· ·	79·47	97·35	124·69	155·74	1·463	1·792	2·296	2·867
1·8410	· ·	· ·	80·16	98·20	125·84	157·12	1·476	1·808	2·317	2·893
1·8405	· ·	· ·	80·43	98·52	126·18	157·62	1·481	1·814	2·325	2·903
1·8400	· ·	· ·	80·59	98·72	126·44	157·94	1·483	1·816	2·327	2·906
1·8395	· ·	· ·	80·63	98·77	126·50	158·00	1·484	1·817	2·328	2·907
1·8390	· ·	· ·	80·93	99·12	126·99	158·60	1·488	1·823	2·336	2·917
1·8385	· ·	· ·	81·08	99·31	127·35	158·90	1·490	1·826	2·339	2·921
1·847	· ·	· ·	81·63	100·00	128·14	159·92	1·508	1·847	2·367	2·954

Tabelle über den Einfluß der Temperatur auf die Dichte der Schwefelsäure.

a Dichte bei $\dfrac{15^0}{4^0}$; Δa Änderung durch die Wärme bei der Temperatur t.

a	t 0°	t 10°	t 20°	t 30°	t 40°	t 50°	t 60°
	Δa	Δa	Δa	Δa	Δa	Δa	Δa
1·840	+0·015	+0·005	−0·005	−0·015	−0·025	−0·034	−0·044
1·820	16	5	5	16	26	37	47
1·800	17	5	5	16	27	37	47
1·780	17	5	5	16	27	37	47
1·760	16	5	5	16	26	36	47
1·740	16	5	5	15	25	35	45
1·720	15	5	5	15	25	35	44
1·700	15	5	5	14	24	33	43
1·680	15	5	5	14	24	33	42
1·660	14	5	5	14	23	32	41
1·640	14	5	4	14	23	32	40
1·620	14	4	4	14	22	31	40
1·600	14	4	4	13	22	31	39
1·580	14	4	4	13	22	30	39
1·560	13	4	4	13	21	30	38
1·540	13	4	4	13	21	30	38
1·520	13	4	4	13	21	29	37
1·500	13	4	4	12	21	29	37
1·480	13	4	4	12	20	28	36
1·460	12	4	4	12	20	28	36
1·440	12	4	4	12	20	28	35
1·420	12	4	4	12	19	27	35
1·400	12	4	4	12	19	27	34
1·380	12	4	4	11	19	27	34
1·360	11	4	4	11	19	26	34
1·340	11	4	4	11	19	26	33
1·320	11	3	4	11	18	26	33
1·300	11	3	3	11	18	26	33
1·280	11	3	3	11	18	25	33
1·260	11	3	3	11	18	25	32
1·240	11	3	3	10	18	24	32
1·220	10	3	3	10	17	24	31
1·200	10	3	3	10	17	23	30
1·180	10	3	3	10	16	23	29
1·160	9	3	3	9	15	22	28
1·140	8	3	3	8	14	20	27
1·120	8	2	2	8	14	19	25
1·100	7	2	2	7	13	18	24
1·080	6	2	2	7	12	17	23
1·060	5	2	2	6	10	16	21
1·040	3	1	1	5	9	14	20
1·020	2	1	1	4	8	13	18
1·010	2	1	1	4	7	12	17

Natürlich muß man bei Temperaturen unter 15° die Werte der Spalte t von den beobachteten abziehen; bei Temperaturen über 15° muß man sie zuzählen, um den Wert bei 15° zu ermitteln. Auf eine von P. F u c h s (Zeitschr. f. angew. Chem. **11**, 950; 1898) berechnete Tabelle kann hier nur hingewiesen werden.

Die folgende, in der chemischen Fabrik Griesheim ermittelte Tabelle wird manchem Praktiker willkommen sein:

2. Reduktion der Grädigkeit von Schwefelsäure zwischen 65 und 66° Baumé auf 15° C.

(Ermittelt in der Chemischen Fabrik Griesheim.)

Man sucht die gefundenen Zehntelgrade in der ersten Vertikalspalte und die beobachtete Temperatur in der ersten Horizontalzelle. Diejenige Zahl, welche senkrecht unter der beobachteten Temperatur und auf einer Linie mit der beobachteten Grädigkeit steht, zeigt die Grädigkeit bei 15° an.

°B	10°C	11°C	12°C	13°C	14°C	15°C	16°C	17°C	18°C	19°C	20°C	21°C	22°C	23°C	24°C	25°C	26°C	27°C	28°C	29°C	30°C
65·00	64·80	64·84	64·88	64·92	64·96	65·00	65·04	65·08	65·12	65·16	65·20	65·24	65·28	65·32	65·36	65·40	65·44	65·48	65·52	65·56	65·60
65·10	64·90	64·94	64·98	65·02	65·06	65·10	65·14	65·18	65·22	65·26	65·30	65·34	65·38	65·42	65·46	65·50	65·54	65·58	65·62	65·66	65·70
65·20	65·00	65·04	65·08	65·12	65·16	65·20	65·24	65·28	65·32	65·36	65·40	65·44	65·48	65·52	65·56	65·60	65·64	65·68	65·72	65·76	65·80
65·30	65·10	65·14	65·18	65·22	65·26	65·30	65·34	65·38	65·42	65·46	65·50	65·54	65·58	65·62	65·66	65·70	65·74	65·78	65·82	65·86	65·90
65·40	65·20	65·24	65·28	65·32	65·36	65·40	65·44	65·48	65·52	65·56	65·60	65·64	65·68	65·72	65·76	65·80	65·84	65·88	65·92	65·96	66·00
65·50	65·30	65·34	65·38	65·42	65·46	65·50	65·54	65·58	65·62	65·66	65·70	65·74	65·78	65·82	65·86	65·90	65·94	65·98	66·02	66·06	66·10
65·60	65·40	65·44	65·48	65·52	65·56	65·60	65·64	65·68	65·72	65·76	65·80	65·84	65·88	65·92	65·96	66·00	66·04	66·08	66·12	66·16	66·20
65·70	65·50	65·54	65·58	65·62	65·66	65·70	65·74	65·78	65·82	65·86	65·90	65·94	65·98	66·02	66·06	66·10	66·14	66·18	66·22	66·26	66·30
65·80	65·60	65·64	65·68	65·72	65·76	65·80	65·84	65·88	65·92	65·96	66·00	66·04	66·08	66·12	66·16	66·20	66·24	66·28	66·32	66·36	66·40
65·90	65·70	65·74	65·78	65·82	65·86	65·90	65·94	65·98	66·02	66·06	66·10	66·14	66·18	66·22	66·26	66·30	66·34	66·38	66·42	66·46	66·50
66·00	65·80	65·84	65·88	65·92	65·96	66·00	66·04	66·08	66·12	66·16	66·20	66·24	66·28	66·32	66·36	66·40	66·44	66·48	66·52	66·56	66·60

3. Siedepunkte von Schwefelsäuren. (Lunge, Ber. II, 370; 1878.)

Proz. H_2SO_4	Spez. Gew.	Baumé	Siedepunkt	Proz. H_2SO_4	Spez. Gew.	Baumé	Siedepunkt	Proz. H_2SO_4	Spez. Gew.	Baumé	Siedepunkt	Proz. H_2SO_4	Spez. Gew.	Baumé	Siedepunkt
5	1·031	4·2	101°	45	1·352	37·6	118·5°	70	1·615	55·0	170°	86	1·791	63·8	238·5°
10	1·069	9·2	102	50	1·399	41·1	124	72	1·639	56·3	174·5	88	1·807	64·4	251·5
15	1·107	13·9	103·5	53	1·428	43·3	128·5	74	1·661	57·4	180·5	90	1·818	65·0	262·5
20	1·147	18·5	105	56	1·459	45·4	133	76	1·688	58·8	189	91	1·824	65·3	268
25	1·184	22·4	106·5	60	1·503	48·3	141·5	78	1·710	60·0	199	92	1·830	65·45	274·5
30	1·224	26·4	108	62·5	1·530	50·0	147	80	1·733	61·0	207	93	1·834	65·65	281·5
35	1·265	30·2	110	65	1·557	51·6	153·5	82	1·758	62·2	218·5	94	1·837	65·8	288·5
40	1·307	33·9	114	67·5	1·585	53·3	161	84	1·773	63·0	227	95	1·840	65·9	295

Monohydrat (100 %) siedet nach Marignac bei 338°.

4. Schmelzpunkte*) der Schwefelsäure und des Oleums von 0—100% SO_3 nach R. Knietsch (Ber. **34**, 4100; 1901).

(Schwefelsäure)		(Oleum)			
Gehalt an SO_3	Schm.-Punkt °Cels.	Gehalt an SO_3	Schm.-Punkt °Cels.	%iges Oleum SO_3 frei	Schmelz-Punkt °Cels.
1% SO_3	— 0·6°	69% SO_3	+ 7·0°	0% SO_3 frei	+10·00
2 „ „	— 1·0°	70 „ „	+ 4·0°	5 „ „ „	+ 3·5°
3 „ „	— 1·7°	71 „ „	— 1·0°	10 „ „ „	— 4·8°
4 „ „	— 2·0°	72 „ „	— 2·0°	15 „ „ „	—11·2°
5 „ „	— 2·7°	73 „ „	—16·2°	20 „ „ „	—11·0°
6 „ „	— 3·6°	74 „ „	—25·0°	25 „ „ „	— 0·6°
7 „ „	— 4·4°	75 „ „	—34·0°	30 „ „ „	+15·2°
8 „ „	— 5·3°	76 ⎱ sog.	—32·0°	35 „ „ „	+26·0°
9 „ „	— 6·0°	77 ⎰ 66°	—33·0°	40 „ „ „	+33·8°
10 „ „	— 6·7°	78 ⎰ Bé	—16·5°	45 „ „ „	+34.8°
11 „ „	— 7·2°	79 „ „	— 5·2°	50 „ „ „	+28.5°
12 „ „	— 7·9°	80 „ „	+ 3·0°	55 „ „ „	+18·4°
13 „ „	— 8·2°	81 „ „	+ 7·0°	60 „ „ „	+ 0.7°
14 „ „	— 9·0°	82 „ „	+ 8·2°	65 „ „ „	+ 0·8°
15 „ „	— 9·3°	83 „ „	— 0·8°	70 „ „ „	+ 9·0°
16 „ „	— 9·8°	84 „ „	— 9·2°	75 „ „ „	+17·2°
17 „ „	—11·4°	85 „ „	—11·0°	80 „ „ „	+22·0° **)
18 „ „	—13·2°	86 „ „	— 2·2°	85 „ „ „	+33·0° (27°)
19 „ „	—15·2°	87 „ „	+13·5°	90 „ „ „	+34·0° (27·7°)
20 „ „	—17·1°	88 „ „	+26·0°	95 „ „ „	+36·0° (26°)
21 „ „	—22·5°	89 „ „	+34·2°	100 „ „ „	+40·0° (17·7°)
22 „ „	—31·0°	90 „ „	+34·2°		
23 „ „	—40·1°	91 „ „	+25·8°		
·· „ „	⎱ unter	92 „ „	+14·2°		
·· „ „	⎰ —40°	93 „ „	+ 0·8°		
61 „ „	—40·0°	94 „ „	+ 4·5°		
62 „ „	—20·0°	95 „ „	+14·8°		
63 ⎱ 60°	—11·5°	96 „ „	+20·3°		
64 ⎰ Bé	— 4·8°	97 „ „	+29·2°		
65 „ „	— 4·2°	98 „ „	+33·8°		
66 „ „	+ 1·2°	99 „ „	+36·0°		
67 ⎱ 62°	+ 8·0°	100 „ „	+40·0°		
68 ⎰ Bé	+ 8·0°				

*) Unter Schmelzpunkt wird hierbei der Temperaturgrad verstanden, auf den das Quecksilber des in die erstarrende Flüssigkeit eingesenkten Thermometers emporsteigt, um dann konstant zu bleiben. — Es soll nicht unerwähnt bleiben, daß große Oleummengen, z. B. solche in Transportfässern, sich häufig von obiger Tabelle verschieden verhalten, weil beim Transport oder Lagern das Oleum sich oft entmischt, indem sich Kristalle anderer Konzentration ausscheiden, die dann natürlich auch einen entsprechend anderen Schmelzpunkt zeigen.

**) Die eingeklammerten Zahlen bedeuten die Schmelzpunkte des noch nicht polymerisierten, frisch hergestellten Oleums.

5. Spezifisches Gewicht der konzentrierten und rauchenden Schwefelsäure bei 15⁰, 35⁰ und 45⁰ nach R. Knietsch.

H_2SO_4 Proz.	Gesamt SO_3 Proz.	SO_3 frei Proz.	Spez. Gew. bei 15⁰	Spez. Gew. bei 35⁰	Spez. Gew. bei 45⁰
95·98	78·35	—	1·8418	—	—
96·68	78·92	—	1·8429	—	—
96·99	79·18	—	1·8431	—	—
97·66	79·72	—	1·8434 Max.	—	—
98·65	80·53	—	1·8403	—	—
99·40	81·14	—	1·8388 Min.	—	—
99·76	81·44	—	1·8418	—	—
100	81·63	0·0	1·8500	1·8186	1·822
	83·46	10·0	1·888	1·857	1·858
	85·30	20·0	1·920	1·892	1·887
	87·14	30·0	1·957	1·928	1·920
	88·97	40·0	1·979	1·958	1·945
	90·81	50·0	2·009	1·973	1·964 Max.
	92·65	60·0	2·020 Max.	1·974	1·959
	94·48	70·0	2·018	1·956	1·942
	96·32	80·0	2·008	1·925	1·890
	98·16	90·0	1·990	1·889	1 864
	100·00	100·0	1·984	1·837	1·814

Für den inneren Fabriksbetrieb wird folgende von Brunner[1]) auf Grund der Bestimmungen von Knietsch errechnete Tabelle von Vorteil sein (vgl. S. 172).

---

[1] Privatmitteilung.

6. Beziehung zwischen Volumgewicht von Oleum und Prozentgehalten an freiem SO_3 oder Prozenten Gesamtschwefelsäure.

Berechnung: Ärometeranzeige — $(35 - t^0 \text{ C}) \times 0.0015$
= Volum-Gew. bei 35^0 C

Volum-Gew. bei 35^0 C	Freies SO_3	% Gesamt H_2SO_4	Volum-Gew. bei 35^0 C	Freies SO_3	% Gesamt H_2SO_4
1.8186	0.0	100.00	1.8476	7.4	101.66
1.8196	0.2	100.04	1.8484	7.6	101.71
1.8206	0.4	100.09	1.8491	7.8	101.75
1.8214	0.6	100.13	1.8498	8.0	101.80
1.8222	0.8	100.18	1.8505	8.2	101.84
1.8230	1.0	100.22	1.8511	8.4	101.89
1.8238	1.2	100.27	1.8518	8.6	101.93
1.8246	1.4	100.31	1.8525	8.8	101.98
1.8254	1.6	100.36	1.8532	9.0	102.03
1.8262	1.8	100.40	1.8538	9.2	102.07
1.8270	2.0	100.45	1.8545	9.4	102.11
1.8280	2.2	100.49	1.8551	9.6	102.16
1.8290	2.4	100.54	1.8558	9.8	102.20
1.8300	2.6	100.58	1.8565	10.0	102.25
1.8310	2.8	100.63	1.8571	10.2	102.29
1.8320	3.0	100.67	1.8578	10.4	102.34
1.8328	3.2	100.72	1.8584	10.6	102.38
1.8336	3.4	100.76	1.8590	10.8	102.43
1.8344	3.6	100.81	1.8596	11.0	102.48
1.8352	3.8	100.85	1.8602	11.2	102.52
1.8360	4.0	100.90	1.8609	11.4	102.56
1.8368	4.2	100.94	1.8615	11.6	102.61
1.8376	4.4	100.99	1.8621	11.8	102.65
1.8383	4.6	101.03	1.8627	12.0	102.70
1.8389	4.8	101.08	1.8633	12.2	102.74
1.8395	5.0	101.12	1.8640	12.4	102.79
1.8401	5.2	101.17	1.8646	12.6	102.83
1.8407	5.4	101.21	1.8653	12.8	102.88
1.8413	5.6	101.26	1.8660	13.0	102.93
1.8419	5.8	101.30	1.8666	13.2	102.97
1.8425	6.0	101.35	1.8673	13.4	103.02
1.8432	6.2	101.39	1.8679	13.6	103.06
1.8439	6.4	101.44	1.8686	13.8	103.10
1.8447	6.6	101.48	1.8692	14.0	103.15
1.8454	6.8	101.53	1.8698	14.2	103.19
1.8462	7.0	101.58	1.8705	14.4	103.24
1.8469	7.2	101.62	1.8711	14.6	103.28

Volum-Gew. bei 35° C	Freies SO₃	% Gesamt H₂SO₄	Volum-Gew bei 35° C	Freies SO₃	% Gesamt H₂SO₄
1·8718	14·8	103·33	1·9042	22·6	105·08
1·8724	15·0	103·38	1·9049	22·8	105·13
1·8730	15·2	103·42	1·9056	23·0	105·18
1·8737	15·4	103·46	1·9063	23·2	105·22
1·8743	15·6	103·51	1·9070	23·4	105·26
1·8750	15·8	103·55	1·9078	23·6	105·31
1·8756	16·0	103·60	1·9084	23·8	105·35
1·8763	16·2	103·64	1·9092	24·0	105·40
1·8771	16·4	103·69	1·9098	24·2	105·44
1·8779	16·6	103·73	1·9105	24·4	105·49
1·8786	16·8	103·78	1·9112	24·6	105·53
1·8793	17·0	103·83	1·9118	24·8	105·58
1·8800	17·2	103·87	1·9125	25·0	105·63
1·8808	17·4	103·91	1·9132	25·2	105·67
1·8816	17·6	103·96	1·9139	25·4	105·71
1·8823	17·8	104·00	1·9145	25·6	105·76
1·8830	18·0	104·05	1·9152	25·8	105·80
1·8839	18·2	104·09	1·9158	26·0	105·85
1·8848	18·4	104·14	1·9165	26·2	105·89
1·8857	18·6	104·18	1·9171	26·4	105·94
1·8866	18·8	104·23	1·9177	26·6	105·98
1·8875	19·0	104·27	1·9183	26·8	106·03
1·8884	19·2	104·32	1·9189	27·0	106·08
1·8893	19·4	104·36	1·9196	27·2	106·12
1·8901	19·6	104·41	1·9202	27·4	106·16
1·8910	19·8	104·45	1·9208	27·6	106·21
1·8919	20·0	104·50	1·9214	27·8	106·25
1·8929	20·2	104·54	1·9220	28·0	106·30
1·8939	20·4	104·59	1·9226	28·2	106·34
1·8950	20·6	104·63	1·9232	28·4	106·39
1·8960	20·8	104·68	1·9238	28·6	106·43
1·8970	21·0	104·72	1·9244	28·8	106·48
1·8980	21·2	104·77	1·9250	29·0	106·53
1·8990	21·4	104·81	1·9256	29·2	106·57
1·9000	21·6	104·86	1·9262	29·4	106·61
1·9010	21·8	104·90	1·9268	29·6	106·66
1·9020	22·0	104·95	1·9274	29·8	106·70
1·9027	22·2	104·99	1·9280	30·0	106·75
1·9034	22·4	105·04			

7. Tabelle über Gehalt der rauchenden Schwefelsäure an Trioxyd.

(Knietsch-Gnehm.)

Durch Titrieren gefunden	Das Oleum enthält %		Durch Titrieren gefunden	Das Oleum enthält %		Durch Titrieren gefunden	Das Oleum enthält %	
SO_3	H_2SO_4	SO_3	SO_3	H_2SO_4	SO_3	SO_3	H_2SO_4	SO_3
81·63	100	0	87·88	66	34	93·94	33	67
81·82	99	1	88·06	65	35	94·12	32	68
82·00	98	2	88·24	64	36	94·31	31	69
82·18	97	3	88·43	63	37	94·49	30	70
82·37	96	4	88·61	62	38	94·67	29	71
82·55	95	5	88·80	61	39	94·86	28	72
82·73	94	6	88·98	60	40	95·04	27	73
82·92	93	7	89·16	59	41	95·22	26	74
83·10	92	8	89·35	58	42	95·41	25	75
83·29	91	9	89·53	57	43	95·59	24	76
83·47	90	10	89·71	56	44	95·78	23	77
83·65	89	11	89·90	55	45	95·96	22	78
83·84	88	12	90·08	54	46	96·14	21	79
84·02	87	13	90·27	53	47	96·33	20	80
84·20	86	14	90·45	52	48	96·51	19	81
84·39	85	15	90·63	51	49	96·69	18	82
84·57	84	16	90·82	50	50	96·88	17	83
84·76	83	17	91·00	49	51	97·06	16	84
84·94	82	18	91·18	48	52	97·24	15	85
85·12	81	19	91·37	47	53	97·43	14	86
85·31	80	20	91·55	46	54	97·61	13	87
85·49	79	21	91·73	45	55	97·80	12	88
85·67	78	22	91·92	44	56	97·98	11	89
85·86	77	23	92·10	43	57	98·16	10	90
86·04	76	24	92·29	42	58	98·35	9	91
86·22	75	25	92·41	41	59	98·53	8	92
86·41	74	26	92·65	40	60	98·71	7	93
86·59	73	27	92·84	39	61	98·90	6	94
86·78	72	28	93·02	38	62	99·08	5	95
86·96	71	29	93·20	37	63	99·27	4	96
87·14	70	30	93·39	36	64	99·45	3	97
87·33	69	31	93·57	35	65	99·63	2	98
87·51	68	32	93·76	34	66	99·82	1	99
87·69	67	33						

8. Spezifische Gewichte von rauchenden Schwefelsäuren des Handels
(nach Messel, Journ. Soc. Chem. Ind. 4, 573; 1885).

Beschaffenheit	Proz. SO$_3$	Spezif. Gewichte	
		bei 26·6°	bei 15·5°
Flüssig	8·3	1·842	1·852
„	30·0	1·930	1·940
Kristallin-salpeterähnl. Masse	40·0	1·956	1·970
„	44·5	1·961	1·975
„	46·2	1·963	1·977
„	59·4	1·980	1·994
Flüssig	60·8	1·992	2·006
„	65·0	1·992	2·006
„	69·4	2·002	2·016
Kristallinisch	72·8	1·984	1·988
„	80·0	1·959	1·973
„	82·0	1·953	1·967

9. Die quantitative Bestimmung von freier Schwefelsäure geschieht durch Titrieren einer abgewogenen Menge mit Normalnatronlauge. Die Resultate werden stets in Gewichtsprozenten von Schwefelsäuremonohydrat, H_2SO_4, ausgedrückt.

Man wägt etwa 2—3 g der Säure in einer Säurepipette, Fig. 11, S. 188, ab; nach dem Wägen der gefüllten und außen gereinigten Pipette läßt man ihren Inhalt in ziemlich viel Wasser einlaufen (s. S. 188) und wägt die Pipette ohne Auswaschen zurück. Für den nächsten Versuch braucht man nicht zu waschen und zu trocknen, wenn man mit der zu untersuchenden Säure die Pipette mehrmals ausspült. Dieses Verfahren eignet sich ganz gut nicht nur für gewöhnliche Schwefelsäure, sondern auch für schwach rauchende Mischsäure aus Schwefelsäure und Salpetersäure (vgl. S. 256); über rauchende Schwefelsäure (Oleum) vgl. S. 186.

Die Normallauge ist auf Normalsalzsäure (0·03647 g HCl pro ccm) gestellt, die ihrerseits auf reines Natriumcarbonat gestellt ist; Bereitung und Prüfung der Normalflüssigkeiten im Anhange.

Als Indikator dient Methylorange, welches nur in der Kälte verwendet werden darf, und zwar in so geringer Menge, daß nur eben eine deutliche Färbung stattfindet. Salpetrige Säure zerstört diesen Farbstoff; doch enthält gewöhnliche Fabriks- oder Handels-Schwefelsäure nie so viel davon, daß es störend einwirken könnte, und selbst Nitrose oder rauchende Salpetersäure kann man mit Methylorange titrieren, wenn man den

Indikator erst kurz vor der Neutralisation zusetzt bzw. erneuert, oder aber wenn man mit Normallauge übersättigt, dann erst Methylorange zusetzt und zurücktitriert. Die salpetrige Säure verhält sich gegen Methylorange wie die starken Mineralsäuren in bezug auf die Sättigung von Normallauge, d. h. die Neutralität tritt ein, wenn sich die Verbindung $NaNO_2$ gebildet hat.

10. Untersuchung der Schwefelsäure auf Nebenbestandteile.

a) Auf salpetrige Säure. Man titriert mit Halbnormal-Kaliumpermanganatlösung (Bereitung im Anhange). Dabei vermeidet man Verluste durch Entweichen von Stickoxyden, wenn man nach folgender Vorschrift arbeitet (Ber. **10**, 1705; 1877)[1]. Man bringt die nitrose Schwefelsäure in eine Glashahn-Bürette und läßt sie unter Umschütteln in eine abgemessene, mit viel warmem (30—40°) Wasser verdünnte Menge Permanganat einfließen, bis die Farbe eben verschwunden ist. Bei dieser Operation tritt öfters eine Ausscheidung von Mangandioxyd ein, welche die Erkennung des Endpunktes ungenau macht. Dies läßt sich vermeiden, wenn die Temperatur nicht über 40° gehalten wird und wenn die Permanganatlösung hinreichend (etwa auf 200 ccm) verdünnt ist. Je nachdem man eine starke Nitrose oder eine nur wenig N_2O_3 enthaltende Schwefelsäure zu untersuchen hat, nimmt man mehr oder weniger Permanganat, indem man immer berücksichtigt, daß jedes Kubikzentimeter desselben 0·0095025 (log = 0·97784—3) g N_2O_3 anzeigt. Bei Kammersäuren und dgl. nimmt man daher höchstens 5 ccm, bei guten Nitrosen bis 50 ccm Permanganat. Die Menge des Permanganats heiße x, die der darauf verbrauchten Nitrose y. Man erfährt die Menge von N_2O_3 in g pro Liter der Säure durch die Formel $\dfrac{9 \cdot 5025\, x}{y}$. Statt 9·5025 setzt man für HNO_3: 15·75 (log = 1·19742); für Salpetersäure von 36° B. (bei 15° C) 29·86 (log = 1·47503); für Salpetersäure von 40° B.: 25·46 (log = 1·40580); für $NaNO_3$: 21·253 (log = 1·32741).

---

[1] Auch für die Untersuchung von Natriumnitrit gilt dieselbe Vorschrift, nur muß dann das Permanganat so stark angesäuert werden, daß das Natriumnitrit beim Einfließen seiner Lösung in das Permanganat sofort zersetzt wird. Man löst für die Nitritanalyse 15 g Nitrit zu 1 l und läßt von dieser Lösung aus einer Bürette in eine auf 250 ccm verdünnte Lösung von 30 ccm ¹/₂ N-$KMnO_4$, die mit 20 ccm 20 proz. Schwefelsäure angesäuert ist, bei 40° unter stetem Schütteln bis zur Entfärbung zufließen. 1 ccm ¹/₂ N-$KMnO_4$ entspricht 0·01725 g (log = 0·23685 — 2) $NaNO_2$.

Für die Analyse von Nitrosen und Nitriten kann auch das Volhardsche Verfahren (Raschig, Zeitschr. f. angew. Chem. **18**, 1286; 1905) angewendet werden, indem die Lösungen zu angesäuertem, überschüssigem, erwärmten halbnormalen Permanganat hinzugefügt werden, abgekühlt, nach 2 Minuten zur abgekühlten Lösung Kaliumjodid zugesetzt und nach 5 Minuten das gebildete Jod mit Thiosulfatlösung zurücktitriert wird. Über andere Methoden vgl. man C. T. U. Bd. I.

Folgende Tabelle erspart die Rechnung für alle Fälle, in denen man 50 ccm Halbnormal-Permanganat anwendet. Es finden sich darin in der Spalte y die verbrauchten Kubikzentimeter der Nitrose, in der Spalte *a* der Gehalt in g pro Liter, in *b* der Gehalt in Gewichtsprozenten bei Annahme einer Nitrose von 60° B. Bei anderem spez. Gewicht erfährt man die Gewichtsprozente, indem man die Zahlen der Spalte *a* durch 10 × dem spez. Gewicht der Säure dividiert.

Tabelle für Bestimmung der salpetrigen Säure in Nitrosen

bei Anwendung von 50 ccm Halbnormal-Permanganatlösung, ausgedrückt in HNO_3, $NaNO_3$, Salpetersäure von 36° und von 40° Baumé bei 15° C. Die Gewichts-Prozente beziehen sich auf Schwefelsäure von 60° B. als Einheit.

Verbr. Säure y ccm	HNO_3		$NaNO_3$		Salpetersäure 36° Baumé		Salpetersäure 40° Baumé	
	a g pro Liter	b Gew.-Proz.	a g pro Liter	b Gew.-Proz.	a g pro Liter	b Gew.-Proz.	a g pro Liter	b Gew.-Proz.
10	78·75	4·61	106·29	6·22	149·14	8·72	127·18	7·44
11	71·59	4·19	96·63	5·65	135·60	7·93	115·62	6·76
12	65·63	3·84	88·58	5·18	124·30	7·27	105·99	6·20
13	60·58	3·54	81·76	4·78	114·73	6·71	97·84	5·72
14	56·25	3·29	75·92	4·44	106·53	6·23	90·84	5·31
15	52·50	3·07	70·86	4·14	99·43	5·81	84·79	4·96
16	49·22	2·88	66·43	3·88	93·22	5·45	79·49	4·65
17	46·32	2·71	62·52	3·65	87·73	5·13	74·81	4·37
18	43·75	2·56	59·05	3·45	82·86	4·85	70·66	4·13
19	41·45	2·42	55·95	3·27	78·50	4·59	66·94	3·91
20	39·38	2·30	53·15	3·11	74·58	4·36	63·60	3·72
21	37·50	2·19	50·61	2·96	71·02	4·15	60·56	3·54
22	35·80	2·09	48·32	2·83	67·80	3·96	57·82	3·38
23	34·24	2·00	46·21	2·70	64·85	3·79	55·30	3·23
24	32·81	1·92	44·28	2·59	62·14	3·63	52·99	3·10
25	31·50	1·84	42·52	2·49	59·66	3·49	50·87	2·97
26	30·29	1·77	40·88	2·39	57·37	3·35	48·92	2·86
27	29·17	1·71	39·37	2·30	55·25	3·25	47·11	2·75
28	28·13	1·65	37·97	2·22	53·28	3·12	45·43	2·66
29	27·16	1·59	36·66	2·14	51·44	3·01	43·86	2·56
30	26·25	1·54	35·43	2·07	49·71	2·91	42·39	2·48
31	25·40	1·49	34·28	2·00	48·11	2·81	41·02	2·40
32	24·61	1·44	33·22	1·94	46·61	2·73	39·74	2·32
33	23·86	1·40	32·20	1·88	45·19	2·64	38·53	2·25
34	23·16	1·35	31·26	1·83	43·86	2·56	37·40	2·19

Verbr. Säure y ccm	HNO₃		NaNO₃		Salpetersäure 36° Baumé		Salpetersäure 40° Baumé	
	a g pro Liter	b Gew.-Proz.	a g pro Liter	b Gew.-Proz.	a g pro Liter	b Gew.-Proz.	a g pro Liter	b Gew.-Proz.
35	22·50	1·32	30·37	1·78	42·61	2·49	36·34	2·13
36	21·88	1·28	29·53	1·73	41·44	2·42	35·34	2·07
37	21·28	1·24	28·72	1·68	40·30	2·36	34·37	2·01
38	20·72	1·21	27·97	1·64	39·29	2·30	33·46	1·96
39	20·19	1·18	27·25	1·59	38·24	2·24	32·61	1·91
40	19·69	1·15	26·53	1·55	37·29	2·18	31·80	1·86
41	19·21	1·12	25·83	1·51	36·38	2·13	31·02	1·81
42	18·75	1·10	25·31	1·48	35·51	2·08	30·28	1·77
43	18·27	1·07	24·66	1·44	34·60	2·02	29·51	1·73
44	17·90	1·05	24·16	1·41	33·90	1·98	28·91	1·69
45	17·76	1·02	23·57	1·38	33·07	1·93	28·20	1·65
46	17·12	1·00	23·11	1·35	32·42	1·90	27·65	1·62
47	16·72	0·978	22·57	1·32	31·67	1·86	27·00	1·58
48	16·41	0·960	22·15	1·30	31·08	1·82	26·50	1·55
49	16·04	0·938	21·65	1·27	30·38	1·78	25·90	1·51
50	15·75	0·921	21·26	1·24	29·83	1·74	25·44	1·49
55	14·32	0·837	19·33	1·13	27·12	1·59	23·13	1·35
60	13·13	0·768	17·72	1·04	24·87	1·45	21·20	1·24
65	12·12	0·709	16·36	0·957	22·95	1·34	19·57	1·14
70	11·25	0·658	15·18	0·888	21·31	1·25	18·17	1·06
75	10·50	0·614	14·17	0·829	19·89	1·16	16·96	0·991
80	9·85	0·576	13·29	0·777	18·65	1·09	15·91	0·930
85	9·26	0·542	12·50	0·731	17·54	1·03	14·95	0·874
90	8·73	0·511	11·78	0·689	16·53	0·967	14·10	0·825
95	8·29	0·485	11·19	0·654	15·70	0·918	13·39	0·783
100	7·88	0·461	10·64	0·622	14·92	0·873	12·73	0·744

b) **Stickstoffverbindungen insgesamt.** Man kann annehmen, daß die Schwefelsäure, abgesehen von höchst geringen Mengen von Stickoxyd (welches neben Salpetersäure darin überhaupt nicht vorkommen kann) nur N_2O_3 (als Nitrosylschwefelsäure $SO_2 \cdot OH \cdot ONO$) und HNO_3 enthält. Untersalpetersäure wird bei Berührung mit Schwefelsäure sofort in jene beiden Verbindungen gespalten. Die S. 176 bei a) gegebene Bestimmung durch Permanganat zeigt nur N_2O_3 an. Alle Stickstoffsäuren zusammen werden aber angezeigt, wenn man die Nitrose mit Quecksilber schüttelt, wobei jene sämtlich in Stickoxyd übergehen, dessen Menge gasvolumetrisch bestimmt wird. Hierzu dient das **Nitrometer von Lunge** (Fig. 8). Man füllt dessen eingeteilten Schenkel a mit Quecksilber durch Heben des anderen offenen Schenkels (Niveaurohres) b, stellt den oberen Hahn so, daß keine seiner Bohrungen in Tätigkeit tritt, läßt aus einer in Hundertstel geteilten 5 ccm-Pipette die Nitrose in den Glasbecher *c* einfließen (bei sehr starken Nitrosen nimmt man nur 0·5 ccm, bei schwächeren 2—5 ccm), senkt das Niveaurohr *b* hinreichend, öffnet den Hahn vorsichtig, so daß die Nitrose eingesaugt wird, aber keine Luft mitkommt, gießt 2—3 ccm reine, von Stickstoffsäuren absolut freie ca. 90proz. Schwefelsäure in den Becher, saugt diese in das Nitrometer und wiederholt dasselbe mit 1—2 ccm Schwefelsäure. Dann bringt man die Gasentwickelung in Gang, indem man das Rohr *a* aus der Klammer nimmt, mehrmals fast horizontal hält und plötzlich aufrichtet, so daß sich Quecksilber und Säure gut mischen; dann schüttelt man 1—2 Minuten, bis sich kein Gas mehr entwickelt. Man stellt nun beide Schenkel so, daß das Quecksilber im Niveaurohr *b* um so viel höher als im Meßrohr *a* steht, als nötig ist, um die Säureschicht in *a* zu kompensieren. Man kann etwa 1 mm Hg auf 6½ mm Säure in *a* rechnen. Die genaue Einstellung kann man erst vornehmen, wenn das Gas die Temperatur der Umgebung angenomn en und der Schaum sich gesetzt hat. Man liest dann das Gasvolum ab, ebenso die Temperatur eines dicht daneben hängenden Thermometers und den Barometerstand. Um sich zu überzeugen, daß man keinen merkbaren

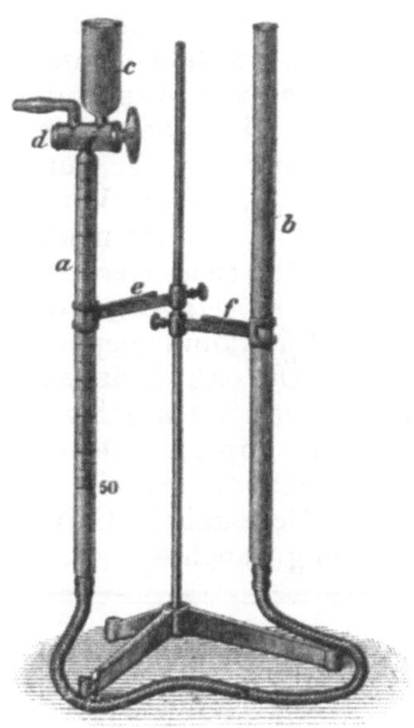

Fig. 8. Nitrometer von L u n g e.

Fehler in der Einstellung gemacht habe, öffnet man den Hahn unter dem Glasbecher, wobei das Niveau in *a* sich nicht verändern soll. Steigt es, so war zu viel Druck gewesen und man müßte die frühere Ablesung etwas vergrößern; fällt es, so müßte man etwas abziehen, also stets im umgekehrten Sinne der Niveau-Änderung. Am besten gibt man vor Öffnung des Hahnes in den Becher ein wenig Säure, welche bei zu geringem Drucke in das Rohr *a* eingesaugt, bei zu großem Drucke gehoben werden würde; bei geschickter Manipulation (rechtzeitigem Schließen des Hahnes) kann man den Versuch dann noch leicht korrigieren, ohne daß Luft ein- oder Gas austritt. Nach Beendigung desselben senkt man erst das Meßrohr *a*, damit beim Öffnen des Hahnes keine Luft eindringt, stellt dann den Hahn so, daß er nach außen kommuniziert und drückt durch Heben des Niveaurohres *b* das Gas und sämtliche Säure heraus, so daß letztere in ein untergehaltenes Gläschen abfließt; den letzten Rest saugt man durch etwas Fließpapier ab. Das Nitrometer ist dann für den nächsten Versuch bereit.

Man muß stets untersuchen, ob der Hahn gasdicht schließt, was ohne Einfetten (am besten mit Vaselin) häufig nicht der Fall sein wird. Es darf kein Fett in die Bohrung hinein und mit der Säure in Berührung kommen; sonst bildet sich ein Schaum, der sich sehr langsam setzt. (Ähnliches tritt auch bei Verdünnung mit Wasser durch Ausscheidung von Quecksilbersulfat ein, wird aber kaum je bei Nitrose, und selbst bei der Analyse von Salpeter nur dann vorkommen, wenn die dafür bei dieser gegebenen Vorschriften vernachlässigt werden.)

Wenn die Säure neben N_2O_3 noch merkliche Mengen von SO_2 enthält (der Geruch ist hierfür ein hinreichend feines Reagens), so setzt man derselben im Becher des Nitrometers einige Milligramm gepulvertes Kaliumpermanganat zu; ein größerer Überschuß davon stört den Prozeß sehr. NO ist in ganz konzentrierten Schwefelsäuren merklich löslich (3.5 Volumprozent in 96proz. Schwefelsäure); solche Säuren müssen also bei der Behandlung im Nitrometer auf 90—85% H_2SO_4 verdünnt werden. Gewöhnliche Gay-Lussac-Nitrosen entsprechen dieser Bedingung ohnehin.

Abgelesene ccm NO	a Absolutes Gewicht mg	b Gewichtsproz. bei Anwendung von 1 ccm 60 grädiger Säure im Nitrometer
Stickstoff N	0·6256	0·0366
Stickoxyd NO	1·3402	0·0784
Salpetrigsäureanhydrid N_2O_3	1·6974	0·0993
Salpetersäure HNO_3 . .	2·8143	0·1646
do. 36° B. .	5·3333	0·3119
do. 40° B. .	4·5474	0·2659
Natriumnitrat $NaNO_3$.	3·7963	0·2220
Kaliumnitrat KNO_3 . .	4·5152	0·2640
Ammonnitrat NH_4NO_3 .	3·5748	0·2089
Natriumnitrit $NaNO_2$.	3·0818	0·1802
Kaliumnitrit KNO_2 . .	3·8008	0·2223

(Logarithmen und Multipla der obigen Zahlen gibt Tab. 5, S. 17.)

100 Teile Salpetersäure 36⁰ B. entsprechen 71·18 Teilen reinem $NaNO_3$ oder 74·15 Teilen 96proz. Natronsalpeter (s. a. Tabelle S. 255).

Das gefundene Volum NO reduziert man nach den Tabellen S. 40 u. 46 oder nach der beigeschlossenen Fluchtlinientafel auf 0⁰ und 760 mm und berechnet es auf die Stickstoffverbindungen nach vorstehender Tabelle, worin die Spalte *a* Milligramme, die Spalte *b* Gewichtsprozent bei Anwendung von 1 ccm Säure von 60⁰ Beaumé bedeutet.

Nitrometer und Gasvolumeter soll man natürlich nur von einer zuverlässigen Apparatenhandlung beziehen und dabei insbesonders Richtigkeit der Teilung und guten Schluß der Hähne verlangen.

Dem einfachen Nitrometer vorzuziehen ist das Gasvolumeter (Lunge, Ber. **23**, 440; 1890; Zeitschr. f. angew. Chem. **3**, 139; 1890), welches zugleich für eine Menge von anderen analytischen Operationen dient und die Beobachtung der Temperatur und des Barometerstandes bei Gasmessungen, sowie alle damit verbundenen Rechnungen vollkommen entbehrlich macht. Das vollständige Gasvolumeter, Fig. 9, besteht aus 5 Röhren; *A* bis *E*, von denen *A*, *B* und *C* an einer und *E* und *D* an einer anderen Stange desselben schweren Stativs mit Klammern gehalten werden und zwar *A* und *B* von einer Doppelklammer, in welcher sie beide für sich oder aber gemeinschaftlich bewegt werden können. *A*, *B* und *C* sind durch sehr dickes Kautschukrohr mittels des Dreiwegröhrchens *a* miteinander verbunden. *A* ist ein in $^1/_{10}$ ccm eingeteiltes, 50 ccm fassendes Gasmeß-

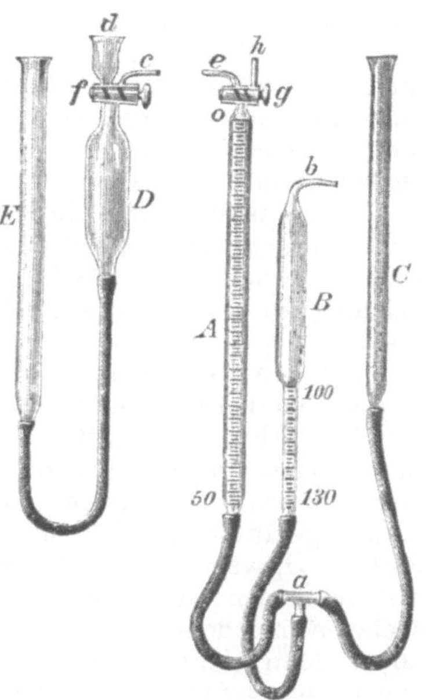

Fig. 9. Gasvolumeter von **Lunge**.

rohr. Für andere Zwecke besitzt dieses Rohr oben eine kugelförmige Erweiterung und ist darunter von 100—150 ccm geteilt; für alle Zwecke gleichzeitig eignet sich ein Rohr, das in der Mitte eine Kugel besitzt und darüber in 0—40 darunter in 100—140 ccm geteilt ist. Ein Doppelbohrungshahn g gestattet die Verbindung von A entweder mit dem geraden Röhrchen h oder dem rechtwinklig gekrümmten Röhrchen e. B ist das Reduktionsrohr; es ist unter dem erweiterten Teile, welcher fast 100 ccm faßt, von 100 bis 125 ccm in $^1/_{10}$ ccm eingeteilt und enthält genau so viel Luft, daß sie bei 0^0 und 760 mm im trockenen Zustande 100 ccm einnehmen würde. Um dies zu erreichen, beobachtet man ein für allemal die Temperatur t und den Barometerstand b (wobei man für 0^0 bis 12^0 1 mm, zwischen 13 und 19^0 2 mm, zwischen 20 und 25^0 3 mm für die Ausdehnung des Quecksilbers abzieht); dann zeigt der Ausdruck $V = \dfrac{100(273+t)760}{273\,b}$, welchen Raum 100 ccm trockene Luft von 0^0 und 760 mm Druck unter den eben beobachteten Tagesverhältnissen einnehmen würden. Man führt nun einen Tropfen konzentrierter Schwefelsäure in B ein, gießt Quecksilber in das Niveaurohr C, bis es in B auf dem das Volum V anzeigenden Teilstrich steht, schiebt über die natürlich noch offene Kapillare b ein Pappschild, um das Gefäß B vor Erwärmung zu behüten und schmilzt b zu, worauf man es am besten durch einen Kautschuküberzug vor Abbrechen schützt. Das Instrument ist nun ein für allemal eingestellt und zum Gebrauch fertig.

Besser als die durch Zuschmelzen zu schließende Kapillare und am meisten zu empfehlen ist der Verschluß des Reduktionsrohres mit dem Göckelschen Glashahn mit Quecksilberringdichtung (zu beziehen von Dr. H. Göckel, Berlin NW., Luisenstraße 6).

Man könnte nun in A die gewöhnlichen nitrometrischen Operationen vornehmen (zu welchem Zwecke h mit einem Becher wie d versehen sein müßte); es ist aber weitaus vorzuziehen, nur die Gasmessung selbst in A vorzunehmen, die Reaktionen aber außerhalb, in diesem Falle in dem (nicht graduierten) Schüttelgefäß D auszuführen, welches sein eigenes Niveaurohr E besitzt. D, welches etwa 150 ccm faßt, um auch für Salpeteranalyse dienen zu können, ist mit dem Dreiweghahn f, dem Becher d und dem Seitenröhrchen c des alten Nitrometers versehen. Man gießt Quecksilber ein, hebt E, bis D ganz mit Quecksilber gefüllt ist und dieses eben aus c herauslaufen will, schließt f, verschließt das Ende von c durch eine Kautschukkappe, führt die Nitrose (resp. Salpeterlösung) in d ein, saugt sie unter Vermeidung des Eintrittes von Luft nach D ein, spült mit reiner Säure nach und schüttelt, bis alle Stickstoffsäuren in NO übergeführt sind. Nun bringt man D und A einander gegenüber, nachdem auch A durch Heben von C vollständig, bis zum Ende des Röhrchens e, mit Quecksilber gefüllt worden ist; c und e werden durch ein Stückchen Kaut-

schukrohr verbunden, aber so, daß Glas auf Glas stößt und
keine Luft dazwischen bleibt (dies geht leicht, wenn das Kaut-
schukröhrchen gleich auf e aufgesteckt war und das Quecksilber bis an sein Ende steht). Nun hebt man E, senkt C und
öffnet vorsichtig die Hähne f und g; in dem Augenblicke, wo
der Druck in E alles Gas nach A übergetrieben hat und die
Säure bis an den Hahn f gestiegen ist, schließt man diesen,
senkt E tief, um durch den hierdurch erzeugten Unterdruck
in der Schwefelsäure gelöstes Stickoxyd zu entfernen. Ist
dies geschehen, so hebt man E und treibt das Gas nach A
über und schließt den Hahn g, bis die Säure bis in seine Bohrung
(aber nicht weiter) gelangt ist, schließt auch f und nimmt D
und A wieder auseinander[1]). Nun hebt man C, bis das Quecksilber in B genau auf 100 steht und bewegt nun A und B mittels
ihrer Doppelklammer gemeinschaftlich auf oder nieder, bis
das Quecksilber in A und B genau auf demselben Niveau steht,
während es in B immer auf 100 bleiben muß. Da nun das Gas
in B so weit komprimiert ist, daß es dasselbe Volumen ein-
nimmt, als ob es auf 0^0 und 760 mm gebracht wäre, das
Gas in A aber genau ebenso komprimiert ist, so zeigt die
Ablesung in A das Gas gleich auf Normalbedingungen reduziert an. Dies setzt voraus, daß die Temperatur in A und B
genau gleich ist, was durch das Quecksilber sehr schnell ver-
mittelt wird; bei größeren Mengen von NO wartet man
10 Minuten, ehe man die letzte Einstellung macht, was in
allen Fällen genügt.

Man kann für diesen Zweck auch ein Gasvolumeter benutzen, dessen Reduktionsrohr für feuchte Gase eingestellt
ist, muß aber dann vor der Überführung des Gases nach A ein
Tröpfchen Wasser durch h nach A hineinsaugen und darauf
sehen, daß keine Schwefelsäure in A eintritt (was auch sonst zu
vermeiden ist). Diese Möglichkeit fällt natürlich fort, wenn
die Reaktion im Meßrohr A selbst, statt in einem besonderen
Schüttelgefäße D, vorgenommen wird. Man kann aber allgemein auch mit einem feuchten Reduktionsrohre trockene Gase
messen, wenn man die Temperatur beobachtet, die derselben
entsprechende Wasserdampftension in Millimetern $= f$ aus
Tabelle 27 S. 57 entnimmt und nun das Quecksilber im

---

[1]) Einfacher erfolgt die Manipulation, wenn die Apparate mit dem von
B e r l modifizierten G r e i n e r - F r i e d r i c h s schen Doppelbohrungshahn (zu beziehen von E r h a r d t und M e t z g e r , Darmstadt) versehen
sind. Dieser besitzt am Hahnküken an einer von den Ein- und Austritts-
stellen der Verbindungsröhrchen von f und g (Fig. 9) um 90^0 versetzten
Stelle eine Ausnehmung, so daß nunmehr zwischen d und c sowie e und h
bei geeigneter Stellung der Hahnküken eine direkte Verbindung erzielt werden
kann.. Nach beendeter Gasentwicklung wird nach Anschluß von A an D
durch Heben von C Quecksilber von o über e und c nach d gedrückt, hierdurch
alle Luft aus den Verbindungsröhrchen entfernt und nun, wie oben beschrieben
gearbeitet.

Gasmeßrohre um f Millimeter höher als in dem (auf 100 ccm eingestellten) Reduktionsrohre einstellt. Dies ist besonders einfach, wenn (wie gewöhnlich) die Gasmeßröhren so angefertigt werden, daß 1 ccm des verengten Teiles fast genau = 1 cm Länge des Rohres ist, so daß 0·1 ccm = 1 mm Höhe. Man stellt also das Quecksilber mittels des Niveaurohres C im Reduktionsrohre B auf 100 und im Gasmeßrohre A um f mm höher und liest die Zahl in A ab. Will man umgekehrt ein trockenes (d. h. einen Tropfen konzentrierte Schwefelsäure enthaltendes) Reduktionsrohr auch für feuchte Gase, z. B. bei der Untersuchung von Braunstein, Chlorkalk, Kaliumpermanganatlösung anwenden, so muß man das Quecksilber im Meßrohr um f mm tiefer als im Reduktionsrohre einstellen.

Die Einstellung des Quecksilbers in A und B auf dasselbe Niveau wird durch das von Lunge in Ber. **24**, 3948; 1891 beschriebene Einstellungslineal mit Libelle sehr erleichtert; bei einiger Übung geht sie auch sehr gut ohne ein solches vonstatten.

c) Verhältnis der drei Stickstoffsäuren zueinander. Um aus den Ergebnissen der Permanganattitrierung und der Bestimmung des Gesamtstickstoffs als NO im Nitrometer das gegenseitige Verhältnis von N_2O_3, N_2O_4 und HNO_3 in einem durch Schwefelsäure absorbierten Gemisch aller drei Stickstoffsäuren zu bestimmen, kann man folgende Formeln anwenden:

a = ccm NO, im Nitrometer gefunden.

b = ccm O, berechnet aus der Permanganattitrierung (1 ccm O = 1·4292 mg, also 1 ccm halbnormales Permanganat = 0·004 g = 2·799 ccm Sauerstoff).

x = vol. NO entspr. dem vorhandenen N_2O_3.

y = vol. NO „ „ „ N_2O_4.

z = vol. NO „ „ „ HNO_3.

Wenn $4b > a$, so setzt man:
$$x = 4b - a; \quad y = 2(a - 2b) \text{ oder } = a - x.$$
Wenn $4b < a$, so setzt man:
$$y = 4b; \quad z = a - 4b.$$

d) Die qualitative Prüfung auf Spuren von Stickstoffsäuren geschieht am besten durch Diphenylamin, welches sowohl auf Salpetersäure wie auf salpetrige Säure reagiert. Man löst es in etwa der 100fachen Menge reiner Schwefelsäure, die man, mangels einer ganz reinen, durch Kochen mit ganz wenig Ammonsulfat von Stickstoffsäuren befreien kann und mit etwa $^1/_{10}$ Volum Wasser versetzt; die Lösung kann man sofort anwenden oder beliebig aufbewahren. Um konzentrierte Schwefelsäure auf Stickstoffsäuren zu prüfen, gießt man etwa

2 ccm davon in ein Spitzgläschen und läßt ca. 1 ccm Diphenylaminlösung so zufließen, daß sich die Schichten nur allmählich mischen; bei verdünnteren Säuren oder anderen leichteren Flüssigkeiten verfährt man umgekehrt, da hier die Diphenylaminlösung schwerer ist. Die kleinsten Spuren von Stickstoffsäuren geben sich durch Auftreten einer prachtvoll blauen Färbung in der Berührungsschicht beider Flüssigkeiten kund.

Die kleinsten Mengen von salpetriger Säure findet man auch in Gegenwart von Salpetersäure durch das von Ilosvay und Lunge abgeänderte Reagens von Grieß, C. T. U. I. Quantitativ kann man solche Spuren von salpetriger Säure nach dem kolorimetrischen Verfahren von Lunge und Lwoff bestimmen, Zeitschr. f. angew. Chem. **7**, 348; 1894 oder C. T. U. I; deren Verfahren für Bestimmung von Salpetersäure ebenda.

Bei Gegenwart von Selen, welches dieselbe Reaktion mit Diphenylamin gibt, erkennt man etwas größere Mengen von Stickstoffsäuren durch Entfärben von Indigolösung, die geringsten Spuren durch Rotfärbung einer Lösung von Brucinsulfat.

e) Das Selen selbst erkennt man in der Schwefelsäure durch Zusatz von konzentrierter Ferrosulfatlösung, welche damit einen braunroten Niederschlag gibt, der nicht ·mit der durch NO verursachten bloßen Färbung verwechselt werden kann. Littmann (Zeitschr. f. angew. Chem. **19**, 1089; 1906) empfiehlt die Fällung des roten, metallischen Selens mit Jodkalium (C. T. U. I).

f) Untersuchung der Schwefelsäure auf Blei. Man verdünnt die Säure, wenn konzentriert, mit dem gleichen Volum Wasser und dem doppelten Volum Alkohol, läßt einige Zeit stehen, filtriert einen etwa entstandenen Niederschlag von $PbSO_4$ ab, wobei das Filter möglichst vom Niederschlag befreit und nicht im Platintiegel verbrannt werden darf. 1 g $PbSO_4$ = 0·6832 g (log = 0·83457 — 1) Pb.

g) Untersuchung auf Eisen. Man kocht die Säure, wenn sie stickstofffrei ist, mit einem Tropfen Salpetersäure, um das Ferrosalz in Ferrisalz zu verwandeln, verdünnt ein wenig, läßt erkalten und setzt Rhodankaliumlösung zu. Rote Färbung zeigt Eisen an; wenn diese nicht gar zu gering ist, kann man das Eisen quantitativ bestimmen, indem man eine andere Probe mit ein wenig reinem (eisenfreiem) Zink erwärmt, davon abgießt, das Zink abwäscht, abkühlen läßt und mit Permanganatlösung auf rosa titriert. Man wird hierzu am besten eine durch zehnfaches Verdünnen der Halbnormallösung (s. im Anhange) dargestellte nehmen, welche pro Kubikzentimeter

0·002792 g Fe anzeigt. Auch wendet man am besten ziemlich viel Schwefelsäure, z. B. 50 ccm an, da diese meist nur sehr wenig Eisen enthält und setzt dann einen größeren Überschuß von Rhodanlösung zu. Spuren von Eisen, welche sich durch Permanganattitrierung nicht bestimmen lassen, kann man auf kolorimetrischem Wege bestimmen (Lunge, Zeitschr. f. angew. Chem. **9**, 3; 1896; C. T. U. I).

h) Arsen. Qualitativ nachzuweisen nach der Probe von Marsh oder von Reinsch, vgl. C. T. U. I. Nach Koelsch (Chem.-Ztg. **38**, 5; 1914) werden 25 ccm Schwefelsäure in einem 500 ccm Erlenmeyer-Kolben mit 200 ccm Wasser und 5 ccm Kaliumjodidlösung (50 g KJ in 1000 ccm) gekocht, bis die Flüssigkeit nur noch schwach braun bzw. gelb erscheint. Dann gibt man 5 ccm Natriumsulfitlösung (25 g $Na_2SO_3 \cdot 7$ aq in 1000 ccm) hinzu, kocht weitere 5 Minuten, kühlt, gießt die Lösung in ein Batterieglas von 1 l Inhalt, spült den Kolben aus, bringt auf annähernd 700 ccm, macht mit Lauge (Indikator Methylorange) fast neutral, fügt Natriumbicarbonat zu und titriert mit $^1/_{10}$ N-Jodlösung. Geringe Mengen Salpetersäure beeinflussen das Resultat nicht wesentlich, größere Mengen machen die Methode unbrauchbar.

1 ccm $^1/_{10}$ N-Jodlösung = 0·003748 g (log = 0·57380 — 3) As = 0·004948 g (log = 0·69443 — 3) As_2O_3. Vgl. auch C. T. U. I.

i) Chloride. Man kocht 10 ccm der Säure in einem Kölbchen, leitet die Dämpfe an die Oberfläche von etwas in einem Kölbchen befindlichen Wasser, welches die HCl absorbiert und bestimmt letzteres acidimetrisch oder nach Neutralisation durch Soda mit $^1/_{10}$ N-Silbernitrat nach S. 191.

11. Analyse von rauchender Schwefelsäure oder Anhydrid (Oleum)[1].

Das Oleum wird häufig abgewogen in gewogenen, dünnwandigen Kugelröhren von ca. 2 cm Durchmesser, die nach beiden Seiten in kapillare Röhrchen auslaufen. Man saugt 3—5 g des eben geschmolzenen, vollkommen homogenen Oleums in eine solche Kugelröhre, welche davon nicht ganz zur Hälfte gefüllt sein soll. Das Ansaugen geschieht am bequemsten mit Hilfe einer gewöhnlichen enghalsigen Flasche, welche mit einem Kautschukstopfen verschlossen ist, durch den ein dichtschließender Glashahn geht, über dessen freies Ende ein Kautschukschlauch gezogen ist. Man stellt in der Flasche durch Absaugen mit dem Munde ein partielles Vakuum

---

[1] Der erste Teil zusammengestellt nach Mitteilungen der Herren Dr. Winckler (Höchst) und Clar (Oberhausen).

her, schließt den Hahn, schiebt den Kautschukschlauch über eines der kapillaren Enden der Wiegekugel und läßt nun durch Öffnen des Hahnes beliebig viel Oleum in letztere treten. Nach dem Reinigen schmilzt man eines der kapillaren Enden zu (Verdampfen von SO_3 oder Anziehung von Feuchtigkeit durch das andere Kapillarröhrchen findet während des Abwägens nicht in merklichem Maße statt) und wägt am besten auf einem Platintiegelchen, das zwei Einschnitte hat, in denen die Enden der Kugelröhre lagern; bei zufälligem Zerbrechen der Kugel ergießt sich dann die Säure in den Tiegel statt auf die Wage. Hierauf wird das Kugelrohr mit dem offenen Ende nach unten in einen kleinen Erlenmeyerschen Kolben gesteckt, dessen Hals durch die Kugel gerade verschlossen wird und in dem genügend Wasser vorhanden ist, damit die Spitze des Rohres ziemlich tief eintaucht (Fig. 10). Ein Verlust durch Verdampfen von SO_3 beim Zusammentreten des Oleums mit Wasser ist hierdurch ausgeschlossen. Man bricht nun die obere Spitze ab, spült nach völligem Auslaufen des Oleums die Röhre durch Auftropfen von Wasser in das obere Kapillarrohr nach und spült schließlich die ganze Kugelröhre durch Ansaugen von Wasser gut aus. Gleich vorteilhaft kann man das beiderseits zugeschmolzene Kügel

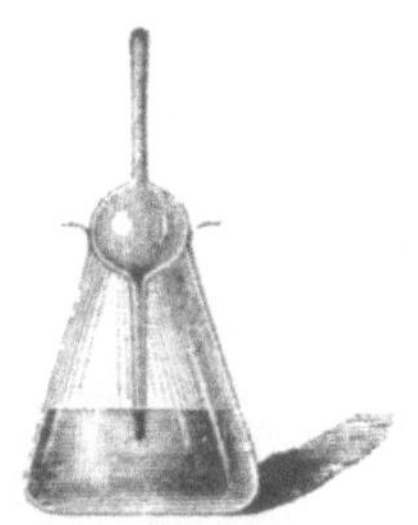

Fig. 10. Oleumanalyse.

chen in eine Glasflasche bringen, die nebst Wasser massive Glaskugeln enthält. Durch kräftiges Schütteln wird das gefüllte Kügelchen in Glasstaub zertrümmert, wobei man Sorge trägt, daß Kapillarteile, die noch mit Oleum gefüllt sein können, in kleine Stücke zerteilt werden. Die Flüssigkeit wird auf 500 ccm gebracht und je 50 ccm zur Titrierung verwendet. Diese erfolgt mit $^1/_5$-Normal-Natronlauge (1 ccm = 0·008006 g (log = 0·90342 — 3) SO_3) und Methylorange als Indikator. Von der gefundenen Acidität wird die von SO_2 herrührende und durch Titrieren einer anderen Probe mit Jodlösung ermittelte abgezogen.

Weit bequemer nicht nur für diesen Zweck, sondern überhaupt in allen Fällen, wo Flüssigkeiten starker Dampftension abgewogen werden sollen, welche mit der Luft nicht in Berührung kommen dürfen (rauchende Säuren aller Art, Ammoniak, Brom, Äther etc.) ist die Säurepipette von Berl (Fig. 11) (Chem.-Ztg. **34**, 428; 1910)[1]. Bei Stellung 1 des 120⁰-Bohrungshahnes wird durch Ansaugen mittels eines Gummischlauches bei A in K ein Vakuum erzeugt. Der

---

[1] Bezugsquelle Firma E r h a r d t und M e t z g e r, Darmstadt.

Hahn wird vorübergehend in Stellung 2 gedreht, dann bei abgenommener Verschlußkappe V das Röhrchen in die zu analysierende Säure eingesenkt und durch Drehen des Hahnes in Stellung 3 mit Hilfe des Vakuums der Kugel K Säure in P eingesaugt. Man reinigt das Ablaufröhrchen, nachdem man bei Stellung 5 die im Röhrchen befindliche Säure hat ablaufen lassen, setzt die Verschlußkappe V an, hebt noch vorhandenes Vakuum in K durch eine Umdrehung des Glashahnes auf und wägt bei Stellung 4 des Hahnes. Bei abgenommener Verschlußkappe V führt man nun die Spitze des Ablaufrohres in ein ziemlich weites, rechtwinkelig gebogenes, oben trockenes Glasrohr, das in seinem unteren Ende in ein mit destilliertem Wasser oder mit gemessener Menge titrierter Lauge beschicktes Becherglas eintaucht, ein und neigt bei Stellung 5 des Hahnes die Säurepipette so, daß die erforderliche Menge Säure in das Einlaufrohr abfließt. Man steckt die Verschlußkappe wieder an, treibt das durch Kapillarität im Auslauf festsitzende Tröpfchen in die kleine Erweiterung und wägt zurück. Man titriert nun mit Lauge ungefähr aus, spült das Einlaufrohr innen und außen gut ab und titriert bis zum genauen

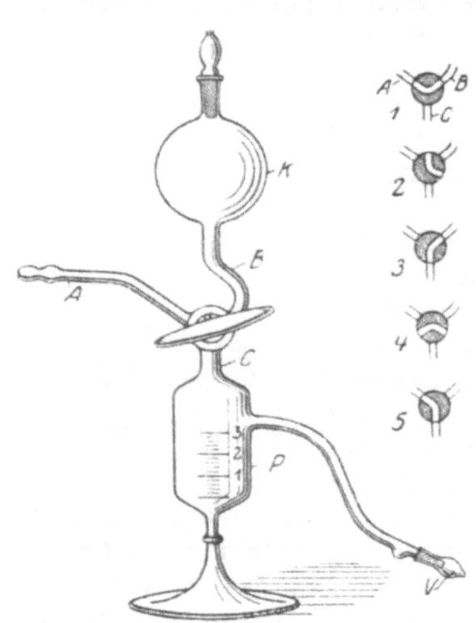

Fig. 11. **Säurepipette nach Berl.**

Umschlag. Wenn man nur 0·5—1 g Säure abgewogen hat, titriert man lieber direkt; die Resultate fallen so genauer als beim Verdünnen auf größeres Volum und Herauspipettieren eines Bruchteils aus. Bei größeren Mengen verdünnt man auf ein bestimmtes Volum und pipettiert einen Teil zur Analyse heraus.

Für reines Oleum von 0 bis 30 Proz. freiem SO_3 kann man aus dem spezifischen Gewicht mit einer Abweichung von ± 0—1 Proz. den Gehalt ermitteln. Hierzu dient die Tabelle S. 172. Für Temperaturen zwischen 35^0 und 15^0 gilt die Formel: Volumgewicht bei $35^0 = A — [(35—T)\,0·0014]$, wobei T die Beobachtungstemperatur, A die Aräometerzeige bei T^0 ist.

Bei stärkstem (über 70proz.) Oleum kann man dieses nicht direkt in Wasser einlaufen lassen, ohne Verlust zu erleiden

Man arbeitet dann, wie S. 187 beschrieben, indem man das gewogene Glaskügelchen zertrümmert.

Festes Oleum (Pyroschwefelsäure) muß vor dem Ansaugen der Probe durch mäßiges Erwärmen verflüssigt werden und bleibt dann lange genug flüssig, um es auch nach dem Wägen noch auslaufen lassen zu können. Eigentliches Schwefelsäureanhydrid oder diesem nahekommende Produkte können jedoch nicht in dieser Art behandelt werden, weil sie dabei zu massenhafte Dämpfe ausstoßen würden. Hier verfährt man nach Stroof wie folgt. Einige Stücke des Anhydrids werden in einer Flasche mit Glasstopfen abgewogen und hier mit so viel genau analysiertem Monohydrat gemischt, daß ein bei gewöhnlicher Temperatur flüssig bleibendes Oleum von etwa 70 Prozent SO_3 entsteht. Die Lösung wird durch Erwärmen auf 30—40 ^{0} bei lose aufgesetztem Stopfen befördert. Die Analyse des Gemisches wird wie oben bewerkstelligt.

Über eine rasch auszuführende Betriebsanalyse nach Setlik (Chem.-Ztg. **13**, 1670; 1889) vgl. C. T. U. I.

Die acidimetrische Bestimmung gibt natürlich nur den Gesamtsäuregehalt an, von dem zunächst der auf Schwefeldioxyd fallende abgezogen werden muß. Dieses wird durch $^1/_{10}$ N-Jodlösung in bekannter Weise bestimmt und für jedes verbrauchte Kubikzentimeter Jodlösung 0·05 ccm Normalnatron (oder 0·1 ccm ½ N-Natron etc.) in Abzug gebracht, falls man die Acidität mit Methylorange bestimmt hatte, da dieses bei SO_2 schon nach Entstehung der Verbindung $NaHSO_3$ umschlägt. Wenn also die verbrauchten Kubikzentimeter Normalnatron = **n**, die von derselben Menge Oleum verbrauchten Kubikzentimeter $^1/_{10}$ N-Jodlösung = **m**, so ist die Schwefelsäure-Acidität = (**n** — 0·05 **m**) 0·04003 SO_3. Anstelle der Titration mit Jodlösung kann der Gehalt an schwefliger Säure dadurch ermittelt werden, daß nach erfolgter Neutralisierung mit Lauge (**a** ccm Normalnatron) Quecksilberchlorid zugefügt und die nunmehr neuerlich gebildete freie Säure mit Lauge neutralisiert wird (wegen des geringen SO_2-Gehaltes verwende man jetzt $^1/_5$ oder $^1/_{10}$ N-NaOH). Ist der zweite Laugenverbrauch **b** ccm (ausgedrückt in Kubikzentimeter Normalnatron), so ergibt sich der Schwefelsäuregehalt aus 0·04003 (**a** — **b**) g SO_3 bzw. 0·04904 (**a** — **b**) g H_2SO_4 und der Gehalt an SO_2 aus 0·06406 **b** g SO_2 (Boßhard und Grob, Chem.-Ztg. **37**, 465; 1913, Sander, Zeitschr. f. angew. Chem. **28**, 9; 1915, vgl. a. S. 220).

Zu der so gefundenen Prozentzahl von SO_3 addiert man die nach der Formel 0·003203 **m** bzw. 0·06406 **b** berechneten Prozente von SO_2 und nimmt den Rest = H_2O

an[1]). Durch Multiplikation des Wertes für Wasser mit 4·444 (log = 0·64777) erfahren wir die demselben entsprechende Menge SO_3 und erfahren die Menge des **freien** SO_3 durch Abzug der ersteren von der wie oben ermittelten Schwefelsäure-Acidität.

Bei genauen Oleumanalysen muß die Bestimmung des festen Rückstandes durch vorsichtiges Abrauchen des Oleums erfolgen und dieser bei Berechnung der Titrationsresultate berücksichtigt werden (s. Fußnote 1).

Zur Herstellung von schwächerem Oleum aus stärkerem Oleum und Schwefelsäure dient die Formel 11, I (S. 28), wobei die Berechnung mit Hilfe des aus Tabelle S. 163, 172 und 174 entnehmbaren Gesamt-SO_3 erfolgt.

12. Analyse von Chlorsulfonsäure (kurz „Chlorsulfon") [2].

ca. 1 g des Chlorsulfons wird in einem kleinen Glaskügelchen mit ausgezogener Kapillare in der Weise abgewogen, daß man zunächst das Gewicht des Glaskügelchens, welches man vorsichtshalber in einem Platin- oder Porzellantiegel auf die Wagschale setzt, bestimmt. Darauf erhitzt man das Glaskügelchen mit ganz kleiner Flamme, wodurch die Luft ausgetrieben wird und taucht jetzt die Öffnung in das zu untersuchende Chlorsulfon. Beim Abkühlen wird dann ein bestimmtes Quantum Chlorsulfon in das Kügelchen eingesaugt. Dann entfernt man das Kügelchen aus dem Chlorsulfon, reinigt es zunächst soweit als möglich mit Fließpapier und schmilzt es an dem Bogen mit kleiner Flamme ab und zu gleicher Zeit zu. Das abgeschmolzene Stückchen wird darauf an seinem offenen Ende gleichfalls zugeschmolzen. Darauf säubert man nochmals vorsichtig mit weichem Fließpapier und wägt zurück. Das so vorbereitete Kügelchen wird jetzt in einen hohen, starkwandigen Stöpselzylinder von ca. 150 ccm Inhalt mit gut eingeschliffenem Stopfen, in dem sich ca. 100 ccm Wasser befinden, gebracht, der Stopfen aufgesetzt und durch starkes Schütteln das Kügelchen zertrümmert. Man läßt jetzt solange stehen, bis keinerlei Nebel in dem Zylinder mehr wahrzunehmen sind und spült den Inhalt des Zylinders in einen Meßkolben von 500 ccm Inhalt. Nach dem Auffüllen titriert man in 200 ccm mit $^1/_{10}$ N-Lauge unter Anwendung von Methylrot als Indikator Schwefelsäure und Salzsäure. Weitere 200 ccm versetzt man

---

[1]) Dies ist allerdings, wie alle Differenzbestimmungen, ungenau; wenigstens sollte auch der **feste Rückstand** noch bestimmt und ebenfalls abgezogen werden, da sonst das freie SO_3 um seinen 4·444 fachen Betrag zu hoch gefunden wird.

[2]) Privatmitteilung von Herrn Dr. **Rüsberg**, Mannheim.

mit etwas überschüssigem, reinstem kohlensauren Kalk und titriert nach Zusatz von Kaliumchromat als Indikator mit $^1/_{10}$ N-Silbernitrat. Es seien eingewogen a g Chlorsulfon, verbraucht b ccm $^1/_{10}$ N-Lauge und c ccm $^1/_{10}$ N-Silbernitrat. Dann ergibt sich bei Titration der wie oben angegebenen aliquoten Teilmengen:

$$\% \ HCl = \frac{0\cdot9118 \times c}{a}$$

$$\% \ SO_3 = \frac{1\cdot00075 \times (b - c)}{a}.$$

III. Sulfat- und Salzsäure-Fabrikation.

A. Steinsalz und Kochsalz.

1. **Wasser.** 5 g des Salzes werden im bedeckten Platintiegel (um Verlust beim Verknistern zu verhindern) erst ganz allmählich erhitzt und dann einige Minuten in schwachem Glühen erhalten. Bei wasserreicheren Salzen, und wenn man eine größere Anzahl Proben auf einmal zu machen hat, ist es besser, die 5 g Proben in flachbodigen $^1/_4$ l-Erlenmeyer-Kolben mit aufgesetztem Trichter abzuwägen, eine Anzahl derselben auf einem Sandbade 3—4 Stunden bei 140—150⁰ zu erhitzen (ohne Trichter) und nach Wiederaufsetzen der Trichter (welche einen Exsikkator ersparen) erkalten zu lassen, um sie dann zurückzuwägen. Man kann dann noch den kleinen Rest des chemisch gebundenen Wassers durch direktes Erhitzen auf einem Drahtnetze entfernen, doch ist dies meist unnötig.

2. **Unlösliches.** 5 g werden aufgelöst, das Unlösliche abfiltriert, ausgewaschen, getrocknet und geglüht.

3. **Chloride.** Man wägt 5·846 g des feuchten Salzes ab, löst zu 500 ccm auf, entnimmt 25 ccm der Lösung mit einer Pipette und titriert mit Zehntelnormal-Silbernitratlösung (s. Anhang) unter Zusatz von so viel Lösung von einfach chromsaurem Kali, daß die Flüssigkeit deutlich gelb gefärbt ist. Die Silbernitratlösung wird aus einer 50 ccm-Bürette zugesetzt, bis der Niederschlag auch nach Umschütteln deutlich, aber schwach, rosa gefärbt erscheint. Statt des Kaliumchromats kann man als noch empfindlicheren Indikator Natriumarseniat anwenden, wobei der beim Chromat vorgeschriebene Abzug von 0.2 ccm nicht gemacht werden darf. Wenn man von der verbrauchten Anzahl Kubikzentimeter 0·2 für die zur Färbung verwendete Menge Silbernitratlösung abzieht und den Rest mit 2 multipliziert, erhält man direkt den Prozentgehalt des Salzes an NaCl.

4. **Kalk.** Man löst 5 g des Salzes, nötigenfalls mit Hilfe von etwas Salzsäure, auf. Bei unreinem Steinsalz muß man längere Zeit mit verdünnter Salzsäure erwärmen, um sicher allen Gips zu lösen, und dann von etwa vorhandenem Ton abzu filtrieren; bei nicht tonigem Salze soll sich alles bis etwa auf Sandkörnchen u. dgl. lösen. Aus der klaren Lösung fällt man den Kalk mit Ammoniak und oxalsaurem Ammoniak, läßt 12 Stunden stehen, filtriert den Niederschlag ab, wäscht und trocknet ihn und verwandelt ihn in CaO durch 20—30 Minuten langes Glühen über dem Gebläse oder weit bequemer in einem elektrisch geheizten Ofen (zu beziehen von W. C. Heraeus, Hanau). 1 T. CaO entspricht 2·4280 (log = 0·38522) $CaSO_4$ und wird als solches in Rechnung gestellt.

5. **Sulfate.** Man löst 10 g unter Zusatz von Salzsäure in lauwarmem Wasser, verdünnt auf 1 l, filtriert durch ein trockenes Faltenfilter und fällt 250 ccm (= 2·5 g Salz) mit Bariumchlorid; vgl. S. 144. Man berechnet meist das Sulfat als $CaSO_4$.

6. **Magnesiumchlorid** kann man nach T. und S. Wiernik (Zeitschr. f. angew. Chem. **6**, 43; 1893) direkt bestimmen durch Trocknen, Ausziehen mit absolutem Alkohol, Entfernung des Alkohols aus dem Filtrat, welches nur $MgCl_2$ enthält und Titration mit Silbernitrat.

B. Sulfat.

Für die Betriebskontrolle genügen die Bestimmungen 1 und 2; die übrigen dienen für Verkaufs-Sulfat.

1. **Freie Säure.** Man löst 20 g Sulfat zu 250 ccm, pipettiert 50 ccm heraus, setzt Methylorange zu und titriert mit Normalnatronlauge bis zur Neutralisation. Jedes Kubikzentimeter der Lauge entspricht 1 Proz. SO_3. Man berechnet die ganze Acidität auf SO_3, also auch HCl, sowie $NaHSO_4$ und sauer reagierende Eisen- und Tonerdesalze. Wenn man bei größeren Mengen von Eisen- und Tonerdesalzen deren Einfluß auf diese Bestimmung vermeiden will, so braucht man gar keinen besonderen Indikator, sondern setzt Normalnatron zu, bis die ersten Flocken eines bleibenden Niederschlages erscheinen, welche nunmehr die Sättigung der freien Säure und des Bisulfates anzeigen.

2. **Natriumchlorid.** Von der für Nr. 1 angefertigten Lösung pipettiert man nochmals 50 ccm heraus, setzt die in 1 verbrauchte Menge Normalnatronlauge zu, um genau zu neutralisieren, sodann ein wenig Kaliumchromatlösung oder Natriumarseniatlösung und titriert mit Zehntelnormal-Silberlösung wie in A 3 (S. 191). Jedes Kubikzentimeter

dieser Lösung (nach Abzug von $0 \cdot 2$ ccm im ganzen bei Anwendung von Kaliumchromat) entspricht $0 \cdot 1462$ Proz. NaCl. Oder man bedient sich hierbei einer Lösung, welche im Liter $2 \cdot 906$ g $AgNO_3$ enthält und pro Kubikzentimeter $0 \cdot 001$ g NaCl anzeigt; von dieser entspricht im vorliegenden Falle jedes Kubikzentimeter $0 \cdot 025$ Proz. NaCl.

3. **Eisen.** Man löst 10 g Sulfat in Wasser, reduziert die Ferrisalze durch etwas Schwefelsäure und Zink zu Oxydul und titriert mit Permanganat. Näheres S. 149 u. 185.

4. **In Wasser Unlösliches**, wenn vorhanden, wird wie gewöhnlich bestimmt.

5. **Kalk.** Man löst 10 g in Wasser, wenn nötig mit Zusatz von etwas Salzsäure, setzt Salmiak und Ammoniak zu, fällt mit oxalsaurem Ammon, glüht und wägt als CaO (Näheres S. 192) eventuell mit Abzug von Fe_2O_3.

6. **Magnesia** wird im Filtrat von 5 durch Zusatz von phosphorsaurem Ammon gefällt; man läßt 24 Stunden stehen, filtriert, wäscht mit schwacher Ammoniakflüssigkeit, trocknet, glüht und bestimmt als Magnesiumpyrophosphat. 1 T. desselben ist $= 0 \cdot 3621$ T. (log $= 0 \cdot 55879 - 1$) MgO. Genaueres über die Trennung von CaO und MgO s. C. T. U. I.

7. **Tonerde.** Man fällt die Lösung mit vollständig kohlensäurefreiem Ammoniak, filtriert, glüht den Niederschlag, wägt ihn und zieht das Gewicht des nach 3 gefundenen Eisenoxyds ab; der Rest $= Al_2O_3$.

8. **Natriumsulfat.** Man löst 1 g Sulfat auf, fällt Kalk (zusammen mit Eisen) wie in 5, filtriert ab, dampft das Filtrat mit Zusatz weniger Tropfen reiner Schwefelsäure zur Trockne ein, glüht dann noch einmal nach Zusatz eines Stückchens von Ammoncarbonat und wägt. Von dem gefundenen Gewichte zieht man ab 1. das nach Nr. 2 gefundene Natriumchlorid, berechnet auf Natriumsulfat ($1 \cdot 000$ NaCl $= 1 \cdot 2150$ (log $= 0 \cdot 08458$)Na_2SO_4, oder jedes in Nr. 2 verbrauchte Kubikzentimeter $^1/_{10}$-Normal-Silberlösung $= 0 \cdot 001777$ g (log $= 0 \cdot 24959 - 3$) Na_2SO_4); 2. die nach Nr. 6 gefundene Magnesia, berechnet auf $MgSO_4$ ($1 \cdot 000$ MgO $= 2 \cdot 9856$ (log $= 0 \cdot 47503$) $MgSO_4$). Der Rest entspricht dem in 1 g Sulfat wirklich vorhandenen Na_2SO_4.

C. Austrittsgase aus der Salzsäure-Kondensation oder im Kamin.

In England ist es gesetzlich vorgeschrieben, daß 95 Proz. aller HCl kondensiert werden müssen, und daß die in die äußere Luft entweichenden Gase nicht über $^1/_5$ Grain HCl pro Kubikfuß ($= 0 \cdot 457$ g pro cbm) enthalten dürfen; die Gesamt-Acidität aller Gase darf das Äquivalent von 4 Grains SO_3 pro Kubikfuß (= 9·15 g pro cbm) nicht überschreiten. Das Gas soll auf 60^0 F (= $15·5^0$ C) und 30 Zoll (fast genau 760 mm) Quecksilberdruck reduziert sein.

Zur Prüfung des Kamingases auf HCl verwendet man einen Fletcherschen Kautschuk-Blasbalg-Aspirator, welcher $1/_{10}$ Kubikfuß fassen soll, jedoch ebenfalls geeicht werden muß, indem man das aus ihm ausgepreßte Gas in ein mit Wasser gefülltes und unter Wasser umgestürztes Glasgefäß treten läßt und dann mißt, wieviel das Volum beträgt. Man entnimmt dann eine größere Anzahl von Balgfüllungen, indem man das Gas aus einem ziemlich weit in den Kamin hineinreichenden, 12 mm weiten Glas- resp. Porzellan- oder Platinrohre ansaugt, welches, sowie auch der Blasbalg, vorher mit destilliertem Wasser ausgespült wird. Man bringt 100—200 ccm destilliertes Wasser in den Blasbalg, saugt die entsprechende Zahl von Füllungen hindurch, läßt zuletzt etwas Wasser zum Ausspülen des Glasrohres in dieses treten, bringt den Inhalt des Blasbalges in eine Porzellanschale, filtriert nötigenfalls vom Ruß ab, oxydiert etwa vorhandene SO_2 durch Kaliumpermanganat, entfernt den Überschuß des letzteren durch eine Spur Ferrosulfat, neutralisiert mit reinem Natriumkarbonat, setzt ein wenig Kaliumchromat zu und titriert mit $1/_{10}$ oder $1/_{100}$ Normal-Silbernitrat (S. 191). Jedes Kubikzentimeter $1/_{10}$ N-Silbernitrat = 0·003647 g (log = 0·56194 — 3) HCl. Die englischen Alkali-Inspektoren verwenden zur Absorption ein Gemisch von Wasser mit Wasserstoffsuperoxyd, um das SO_2 zu oxydieren, titrieren dann zuerst die Gesamtsäure mit Sodalösung und Methylorange, setzen dann etwas Calciumkarbonat und einige Tropfen Ferrosulfatlösung zu, trennen die Lösung vom Niederschlage und titrieren in der ersteren das Chlorjon wie oben (C. T. U. I).

Man kann natürlich auch andere Arten von Aspiratoren anwenden, zwischen welche und das in den Kamin führende Rohr man am besten die S. 159 erwähnte Absorptionsflasche der englischen Fabrikinspektoren schaltet, die mit einer bestimmten Menge reinen Wassers gefüllt ist und nach jedem Versuche sehr gut ausgespült wird.

D. Prüfung der Gase beim Hargreaves-Verfahren.

a) Gesamt-Acidität nach Lunge, S. 159.

b) Schwefeldioxyd nach Reich, S. 158.

c) Chlorwasserstoff wird in der für a) genommenen Probe wie oben auf dieser Seite bestimmt.

Wenn man b) und c) von a) abzieht, erfährt man den Betrag von SO_3.

E. Salzsäure.

1. Analyse der Salzsäure.

a) **Bestimmung des Chlorwasserstoffs.** 10 ccm der Säure, deren spezifisches Gewicht bekannt sein muß, werden mit einer genauen Pipette abgemessen, mit destilliertem Wasser auf 200 ccm verdünnt und davon wieder 10 ccm abgemessen; oder aber statt dessen etwa 1 g in der Säurepipette Fig. 11, S. 188, abgewogen, in Wasser einlaufen gelassen und. vollständig zum Titrieren verwendet. Man versetzt die Probe mit chlorfreier Soda, bis die Reaktion neutral oder schwach alkalisch geworden ist. Man wird diesen Punkt schnell und ohne wesentlichen Verlust durch Tüpfeln treffen können, wenn man nach dem spezifischen Gewicht der Säure deren Gehalt aus der Tabelle S. 196 ermittelt und die entsprechende Menge Natriumkarbonatlösung aus einer Bürette zusetzt. Dann versetzt man mit ein wenig Lösung von neutralem chromsaurem Kali und titriert m t Zehntelnormal-Silberlösung bis zur schwachen Rötung (S. 191). Von der verbrauchten Lösung zieht man 0·2 ccm ab; der Rest, multipliziert mit 72·94 (log = 1·86297) und dividiert durch das spezifische Gewicht der Salzsäure im Falle der Verdünnung, oder bei direkter Einwage mit 36·47 (log = 1·56194) multipliziert, gibt deren Prozentgehalt an HCl. Bei Anwesenheit von Metallchloriden, welche jedoch nur ausnahmsweise in merklicher Menge vorkommen, würde Obiges unrichtige Resultate geben. Man bestimmt dann die Gesamtsäure wie S. 175 für Schwefelsäure beschrieben, bestimmt die Schwefelsäure nach b) und zieht sie von der Gesamtsäure ab. Man kann dieses Verfahren natürlich von vornherein auch bei Abwesenheit metallischer Chloride einschlagen.

b) **Bestimmung der Schwefelsäure.** Man neutralisiert die Salzsäure beinahe, aber nicht ganz, mit schwefelsäurefreier Soda und fällt die Schwefelsäure mit Bariumchlorid nach S. 144. (Wenn man gar nicht oder mit NH_3 abstumpft, bekommt man zu niedrige Resultate, weil dann Bariumsulfat in Lösung bleibt.) Jeder Gewichtsteil $BaSO_4$ entspricht 0·3430 g (log = 0·53526 — 1) SO_3.

c) **Freies Chlor.** Man schüttelt die Säure in einer verschlossenen Flasche, nach Verdrängung der Luft aus dem darüber stehenden Raum durch Kohlendioxyd, mit einem Span völlig blanken Kupfers. Bei Gegenwart von Chlor wird Kupfer aufgenommen und kann durch Ferrocyankalium usw. nachgewiesen werden. Für gewöhnlich genügt schon Erwärmen der Salzsäure und Einhalten eines Streifens von Jodkalium-Stärkepapier in die Dämpfe; eine sofortige Bläuung zeigt freies Chlor an.

d) **Bestimmung des Eisens.** Man reduziert dieses zu Chlorür durch kurze Digestion mit einem Stäbchen eisen-

Salzsäure.

2. Spezifische Gewichte von reiner Salzsäure bei 15°C, reduziert auf luftleeren Raum (Lunge und Marchlewski).

NB. Diese Tabelle bezieht sich nur auf chemisch reine Säure, nicht auf Säure des Handels; vgl. S. 162.

Volum-Gew. bei $\frac{15^0}{4^0}$ (luftl.R.)	Grad Baumé	Densimeter Grade	100 Gewichtsteile entsprechen bei chemisch reiner Säure Prozent						1 Liter enthält Kilogramm Säure von					
			reines HCl	18gräd. Säure	19gräd. Säure	20gräd. Säure	21gräd. Säure	22gräd. Säure	reines HCl	18° B.	19° B.	20° B.	21° B.	22° B.
1·000	0·0	0	0·16	0·57	0·53	0·49	0·47	0·45	0·0016	0·0057	0·0053	0·0049	0·0047	0·0045
1·005	0·7	0·5	1·15	4·08	3·84	3·58	3·42	3·25	0·012	0·041	0·039	0·036	0·034	0·033
1·010	1·4	1	2·14	7·60	7·14	6·66	6·36	6·04	0·022	0·077	0·072	0·067	0·064	0·061
1·015	2·1	1·5	3·12	11·08	10·41	9·71	9·27	8·81	0·032	0·113	0·106	0·099	0·094	0·089
1·020	2·7	2	4·13	14·67	13·79	12·86	12·27	11·67	0·042	0·150	0·141	0·131	0·125	0·119
1·025	3·4	2·5	5·15	18·30	17·19	16·04	15·30	14·55	0·053	0·188	0·176	0·164	0·157	0·149
1·030	4·1	3	6·15	21·85	20·53	19·16	18·27	17·38	0·064	0·225	0·212	0·197	0·188	0·179
1·035	4·7	3·5	7·15	25·40	23·87	22·27	21·25	20·20	0·074	0·263	0·247	0·231	0·220	0·209
1·040	5·4	4	8·16	28·99	27·24	25·42	24·25	23·06	0·085	0·302	0·283	0·264	0·252	0·240
1·045	6·0	4·5	9·16	32·55	30·58	28·53	27·22	25·88	0·096	0·340	0·320	0·298	0·284	0·270
1·050	6·7	5	10·17	36·14	33·95	31·68	30·22	28·74	0·107	0·380	0·357	0·333	0·317	0·302
1·055	7·4	5·5	11·18	39·73	37·33	34·82	33·22	31·59	0·118	0·419	0·394	0·367	0·351	0·333
1·060	8·0	6	12·19	43·32	40·70	37·97	36·23	34·44	0·129	0·459	0·431	0·403	0·384	0·365
1·065	8·7	6·5	13·19	46·87	44·04	41·09	39·20	37·27	0·141	0·499	0·469	0·438	0·418	0·397
1·070	9·4	7	14·17	50·35	47·31	44·14	42·11	40·04	0·152	0·539	0·506	0·472	0·451	0·428
1·075	10·0	7·5	15·16	53·87	50·62	47·22	45·05	42·84	0·163	0·579	0·544	0·508	0·484	0·460
1·080	10·6	8	16·15	57·39	53·92	50·31	47·99	45·63	0·174	0·620	0·582	0·543	0·518	0·493
1·085	11·2	8·5	17·13	60·87	57·19	53·36	50·90	48·40	0·186	0·660	0·621	0·579	0·552	0·523

1·090	11·9	9	18·11	64·35	60·47	56·41	53·82	51·17	0·197	0·701	0·659	0·615	0·587	0·558
1·095	12·4	9·5	19·06	67·73	63·64	59·37	56·64	53·86	0·209	0·742	0·697	0·650	0·620	0·590
1·100	13·0	10	20·01	71·11	66·81	62·33	59·46	56·54	0·220	0·782	0·735	0·686	0·654	0·622
1·105	13·6	10·5	20·97	74·52	70·01	65·32	62·32	59·26	0·232	0·823	0·774	0·722	0·689	0·655
1·110	14·2	11	21·92	77·89	73·19	68·28	65·14	61·94	0·243	0·865	0·812	0·758	0·723	0·687
1·115	14·9	11·5	22·86	81·23	76·32	71·21	67·93	64·60	0·255	0·906	0·851	0·794	0·757	0·719
1·120	15·4	12	23·82	84·64	79·53	74·20	70·79	67·31	0·267	0·948	0·891	0·831	0·793	0·754
1·125	16·0	12·5	24·78	88·06	82·74	77·19	73·64	70·02	0·278	0·991	0·931	0·868	0·828	0·788
1·130	16·5	13	25·75	91·50	85·97	80·21	76·52	72·76	0·291	1·034	0·972	0·906	0·865	0·822
1·135	17·1	13·5	26·70	94·88	89·15	83·18	79·34	75·45	0·303	1·077	1·011	0·944	0·901	0·856
1·140	17·7	14	27·66	98·29	92·35	86·17	82·20	78·16	0·315	1·121	1·053	0·982	0·937	0·891
1·1425	18·0		28·14	100·00	93 95	87·66	83·62	79·51	0·322	1·143	1·073	1·002	0·955	0·908
1·145	18·3	14·5	28·61	101·67	95·52	89·13	85·02	80·84	0·328	1·164	1·094	1·021	0·973	0·926
1·150	18·8	15	29·57	105·08	98·73	92·11	87·87	83·55	0·340	1·208	1·135	1·059	1·011	0·961
1·152	19·0		29·95	106·43	100·00	93·30	89·01	84·63	0·345	1·226	1·152	1·075	1·025	0·975
1·155	19·3	15·5	30·55	108 58	102·00	95·17	90·79	86·32	0·353	1·254	1·178	1·099	1·049	0·997
1·160	19·8	16	31·52	112·01	105·24	98·19	93·67	89·07	0·366	1·299	1·221	1·139	1·087	1·033
1·163	20·0		32·10	114·07	107·17	100·00	95·39	90·70	0·373	1·326	1·246	1·163	1·109	1·054
1·165	20·3	16·5	32·49	115·46	108·48	101·21	96·55	91 81	0·379	1·345	1·264	1·179	1·125	1·070
1·170	20·9	17	33 46	118·91	111·71	104·24	99·43	94·55	0·392	1·391	1·307	1·220	1·163	1·106
1·171	21·0		33·65	119 58	112·35	104·82	100·00	95·09	0·394	1·400	1·316	1·227	1·171	1·113
1·175	21 4	17·5	34·42	122·32	114·92	107·22	102·28	97·26	0·404	1·437	1·350	1·260	1·202	1·143
1·180	22 0	18	35·39	125·76	118·16	110·24	105·17	100·00	0·418	1·484	1·394	1·301	1·241	1·180
1·185	22·5	18 5	36·31	129 03	121·23	113·11	107·90	102·60	0·430	1·529	1·437	1·340	1·279	1·216
1·190	23 0	19	37·23	132·30	124·30	115·98	110·63	105·20	0·443	1·574	1·479	1·380	1·317	1·252
1·195	23·5	19·5	38·16	135 61	127·41	118·87	113·40	107·83	0·456	1·621	1·523	1·421	1·355	1·289
1·200	24·0	20	39·11	138·98	130·58	121·84	116·22	110·51	0·469	1·667	1·567	1·462	1·395	1·326

freiem Zink, spült dieses ab, verdünnt stark mit Wasser, setzt etwas eisenfreie Manganchlorür- oder Mangansulfatlösung zu und titriert mit Zwanzigstel-Normal-Permanganatlösung (s. Anhang), von welcher jedes Kubikzentimeter 0·002792 g (log = 0·44592 — 3) Fe anzeigt. Bei Gegenwart von schwefliger Säure muß diese zuerst zu Schwefelsäure oxydiert werden, ehe man das Eisen wie oben reduziert und titriert. Spuren von Eisen bestimmt man kolorimetrisch nach C. T. U. I.

e) Schweflige Säure. Man oxydiert sie durch Permanganat, Jod oder Wasserstoffsuperoxyd zu Schwefelsäure, bestimmt diese zusammen mit der schon früher vorhandenen durch Fällung mit Bariumchlorid und zieht die schon ursprünglich vorhandene, nach b) gefundene Menge ab.

f) Arsen. 100 ccm Salzsäure werden, wie S. 186 beschrieben, auf Arsen geprüft. Genaueres C. T. U. I.

3. Einfluß der Temperatur auf das spezifische Gewicht der Salzsäure.

a Dichte bei $\dfrac{15^0}{4^0}$; $\varDelta a$ Änderung durch die Wärme bei der Temperatur t.

a	t 0°	t 10°	t 20°	t 30°	t 40°	t 50°	t 60°
	$\varDelta a$	$\varDelta a$	$\varDelta a$	$\varDelta a$	$\varDelta a$	$\varDelta a$	$\varDelta a$
1·160	+0·008	+0·003	—0·003	—0·008	—0·013	—0·018	—0·022
1·150	8	3	3	8	13	18	22
1·140	8	3	3	8	13	17	22
1·130	8	3	3	8	13	18	23
1·120	8	3	3	8	12	17	21
1·110	8	3	3	7	11	16	20
1·100	8	3	3	8	12	16	21
1·090	8	3	3	8	13	17	21
1·080	8	3	3	7	12	16	20
1·070	8	3	2	7	11	15	21
1·060	8	3	2	7	12	16	20
1·050	8	3	2	7	12	17	21
1·040	8	3	3	8	13	18	22
1·030	8	3	3	8	13	18	22
1·020	8	3	3	8	13	18	22
1·010	8	3	3	8	13	18	22

Bei Temperaturen unter 15° müssen die Werte für $\varDelta a$ von den beobachteten abgezogen, bei Temperaturen über 15° müssen sie zugezählt werden, um den Wert bei 15° zu ermitteln.

IV. Chlorkalkfabrikation usw.

A. Natürlicher Braunstein.

1. **Bestimmung des Mangandioxyds.** Man wägt
1·0866 g des feinst gepulverten und längere Zeit bei 100° getrockneten Braunsteins ab, bringt ihn in den mit Contat-
Göckelschem Ventil versehenen Auflösungskolben, Fig. 12,
beschickt die Glaskugel des Ventils etwa zur Hälfte mit einer
konzentrierten Lösung von Natriumbikarbonat und gibt in den
Kolben selbst drei Pipettenfüllungen zu 25 ccm, also im ganzen
75 ccm einer Lösung von 100 g reinem Eisenvitriol und 100 ccm
konzentrierter reiner Schwefelsäure, die mit Wasser zu einem
Liter aufgefüllt und an demselben Tage durch eine Halbnormal-
Permanganatlösung titriert worden ist, wie
unter B 1 (S. 200) genauer beschrieben ist.
Man verschließt nun den Kolben mittels des
Ventilstopfens und erhitzt so lange, bis sich
der Braunstein vollständig zersetzt hat und
ein nicht mehr dunkel gefärbter Rückstand
entstanden ist. Während des Erkaltens tritt
aus dem Ventil Bikarbonatlösung in den
Kolben ein, bis der Druck des freiwerdenden
CO_2 gleich dem der Atmosphäre ist. Die noch
in der Glaskugel verbleibende (eventuell nach-
zufüllende) Bicarbonatlösung verhindert das
Eintreten von atmosphärischer Luft in den
Kolben. Nach völligem Erkalten verdünnt man
den Kolbeninhalt mit ca. 200 ccm luftfreiem
Wasser und titriert mit Kaliumpermanganat

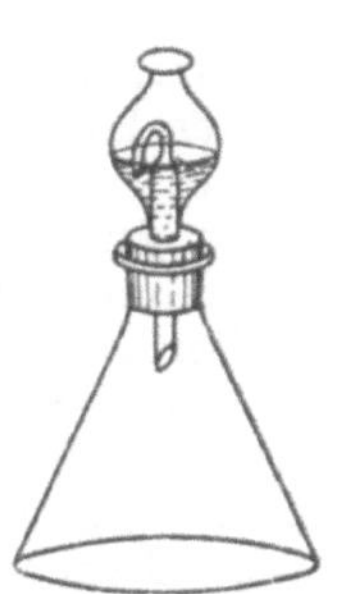

Fig. 12. Lösekolben
mit Contat-Ventil.

bis zum Auftreten der ersten Rosafärbung. Die jetzt verbrauchte
Menge Permanganat wird von der den 75 ccm Eisenlösung entsprechenden abgezogen; von dem Reste entspricht jedes Kubikzentimeter 0·02173 g oder 2 Prozent MnO_2. An Stelle der sich
rasch verändernden Ferrosulfatlösung kann die Anwendung von
Natriumoxalat nach Sörensen (s. Titerstellung des Permanganats) erfolgen, das nach Zufügung von verdünnter Schwefelsäure mit dem Braunstein bis zu dessen Zersetzung gekocht
wird. Der Überschuß der Oxalsäure wird mit Permanganat
zurücktitriert.

2. **Carbonate** bestimmt man entweder dem Gewichte
nach durch Austreiben mit verdünnter Schwefelsäure oder
Salpetersäure und Auffangen in Natronkalk, oder besser und
schneller nach Lunge und Rittener auf gasvolumetrischem
Wege (S. 217 f.).

3. **Bestimmung der zur Zersetzung nötigen Salzsäure.** Man löst in einem Kolben mit Rückflußkühler 1 g

Braunstein in 10 ccm starker Fabrik-Salzsäure, deren Gehalt durch Titrieren ermittelt worden ist, anfangs in der Kälte, dann unter Anwendung von Wärme. Die erkaltete Lösung wird mit Normalnatronlauge versetzt, bis rotbraune Flecken von Eisenhydroxyd entstehen, welche sich beim Umschütteln und schwachem Erwärmen nicht mehr auflösen. Die hierzu verbrauchte Natronlauge wird auf die Stärke der zum Lösen des Braunsteins angewendeten Salzsäure berechnet und die so ermittelte Menge der überschüssigen Säure von den zuerst angewendeten 10 ccm abgezogen.

B. Regenerierter Braunstein und Laugen des Weldon-Verfahrens.

1. **Bestimmung des MnO_2 im Weldon-Schlamm.** Man bestimmt den Wert einer sauren Eisensulfatlösung (100 g kristallisiertes Eisenvitriol + 100 ccm konzentrierte reine Schwefelsäure in 1 Liter wäßriger Lösung) gegenüber einer Halbnormal-Permanganatlösung (Bereitung im Anhange), indem man 25 ccm der ersteren mit 100—200 ccm kaltem Wasser verdünnt und das Permanganat aus einer Glashahnbürette zusetzt, bis beim Umschwenken die Rosafarbe nicht mehr augenblicklich verschwindet, sondern mindestens ½ Minute stehen bleibt (spätere Entfärbung wird nicht beachtet). Diese Probe muß einmal an jedem Beobachtungstage vorgenommen werden; die dafür verbrauchten Kubikzentimeter Permanganat heißen x.

Man pipettiert nun wiederum 25 ccm der Eisensulfatlösung in ein Becherglas, entnimmt mittels einer Pipette 10 ccm des Manganschlamms, welcher unmittelbar vorher in der Flasche gut umgeschüttelt worden ist (Umrühren genügt nicht), spritzt die Pipette außen ab, läßt jetzt erst ihren Inhalt in das Becherglas zu der Eisensulfatlösung laufen und wäscht den inwendig hängengebliebenen Schlamm mit der Spritzflasche nach. Nachdem sich beim Umschwenken alles gelöst hat, wird mit ca. 100 ccm Wasser verdünnt und mit Permanganat austitriert; die verbrauchten Kubikzentimeter des letzteren heißen y. Man findet nun die Menge des MnO_2 in Grammen pro Liter des Schlammes durch die Formel: 2·173 (x—y).

2. **Gesamt-Mangangehalt des Schlammes**, ausgedrückt als (theoretisch mögliches) MnO_2 in Grammen pro Liter des Schlammes. Man entnimmt 10 ccm des letzteren mit derselben Vorsicht wie in Nr. 1, kocht mit starker Salzsäure bis zur Verjagung des Chlors, stumpft den Überschuß der Säure mit gepulvertem Marmor oder gefälltem Calciumcarbonat ab, setzt konzentrierte filtrierte Chlorkalklösung zu, kocht einige

Minuten, bis die Farbe des Ganzen stark rot wird und dabei noch überschüssiger Chlorkalk zu riechen ist, und zerstört die rote Farbe wieder durch tropfenweisen Zusatz von Alkohol. Sämtliches Mangan ist jetzt im Zustande von MnO_2, welches man abfiltriert und auswäscht; man versäume nicht, zu prüfen, ob das Filtrat sich mit Chlorkalklösung noch bräunt, also noch Mangan enthält, was natürlich nicht der Fall sein soll. Das Auswaschen wird fortgesetzt, bis das Waschwasser mit Jod-kalium-Stärkepapier keine Reaktion mehr gibt. Das Filter mit dem Niederschlag wird in 25 ccm der sauren Eisensulfatlösung (vgl. Nr. 1) geworfen; wenn sich nicht alles MnO_2 löst, setzt man weitere 25 ccm der Eisenlösung zu, verdünnt mit 100 ccm Wasser und titriert mit Permanganat zurück: Berechnung wie in Nr. 1.

3. **Bestimmung der „Basis"**, d. i. der Monoxyde usw. des Schlammes, welche HCl beanspruchen, aber kein Chlor abgeben. Man verdünnt 25 ccm (bei sehr hoher Basis 50 ccm) Normal-Oxalsäurelösung (63·03 g kristallisierte Oxalsäure in 1 Liter) auf ca. 100 ccm, erwärmt auf 60—80⁰, setzt 10 ccm Manganschlamm aus einer Pipette unter Beobachtung der unter Nr. 1 gegebenen Vorschriften zu und schüttelt, bis der Niederschlag rein weiß, nicht mehr gelblich erscheint, was bei obiger Temperatur sehr bald eintritt. Man verdünnt nun auf 202 ccm (die 2 ccm entsprechen dem Volum des Niederschlages und werden in einem 200 ccm-Kolben durch eine Marke bezeichnet), gießt durch ein trockenes Filter und titriert 100 ccm des Filtrats mit Natronlauge zurück. (Als Indikator ist Phenol-phthalein zu verwenden; Methyl-Orange ist für Oxalsäure nicht anwendbar.) Die verbrauchten Kubikzentimeter Normalnatron-lauge heißen z. Die Oxalsäure dient 1. zur Zersetzung des MnO_2 in MnO und CO_2, 2. zur Sättigung des neu entstehenden MnO, 3. zur Sättigung der ursprünglich vorhandenen Mon-oxyde usw. inkl. MnO, d. i. der „Basis". 4. Der unverbrauchte Rest ist eben $= 2z$. Der Posten 1 ist gleich dem Posten 2, und beide zusammen gleich der Größe $x-y$ von der MnO_2-Bestimmung in Nr. 1, weil die Oxalsäure normal, das Permanganat aber nur halbnormal ist. Der Posten 3 ent-spricht der ursprünglich angewendeten Menge Oxalsäure, also 25 resp. 50 ccm, abzüglich $x-y$ und $2z$, also ist diese Größe $w = 25$ (resp. 50)$-(x+2z)+y$. Unter „Basis" versteht man nun das Verhältnis des Postens 3, ausgedrückt durch w, zu dem Posten 1, ausgedrückt durch $\dfrac{x-y}{2}$ (weil das Natron normal, das Permanganat halbnormal ist); sie ist also

$$= \frac{2w}{x-y},$$

oder bei Anwendung von 25 ccm Oxalsäure

$$= \frac{50 - 2x - 4z + 2y}{x - y} = \left(\frac{50 - 4z}{x - y}\right) - 2$$

oder bei Anwendung von 50 ccm Oxalsäure

$$= \left(\frac{100 - 4z}{x - y}\right) - 2.$$

C. Kalkstein.

1. Unlösliches. 1 g wird mit Salzsäure behandelt, der Rückstand ausgewaschen, getrocknet und geglüht. Bei Vorhandensein erheblicher Mengen von organischer Substanz wägt man das bei 100^0 getrocknete Filter und glüht erst dann; die Differenz = der organischen Substanz.

2. Kalk. Man löst 1 g in 25 ccm Normalsalzsäure und titriert mit Normalnatronlauge zurück; die von dieser verbrauchten Kubikzentimeter werden von 25 abgezogen. Der Rest, multipliziert mit 2·8, gibt den Prozentgehalt von CaO, oder multipliziert mit 5 den Prozentgehalt von $CaCO_3$. (NB. Hierbei ist MgO mit als CaO gerechnet; bei den meisten in der Soda- und Chlorkalkfabrikation vorkommenden Kalksteinen ist dies wegen deren geringen Magnesiagehaltes zulässig; anderenfalls muß man die nach Nr. 3 gefundene Menge MgO resp. $MgCO_3$ in Abzug bringen.)

3. Magnesia wird meist nur bei dem für Braunstein-Regenerierung dienenden Kalkstein bestimmt. Man löst 2 g des Kalksteins in Salzsäure, fällt den Kalk mit NH_3 und oxalsaurem Ammon und bestimmt die Magnesia im Filtrat durch Fällen mit phosphorsaurem Natron, vgl. S. 193.

4. Eisen wird meist nur bei dem für Chlorkalkfabrikation dienenden Kalkstein bestimmt. Man löst 2 g in Salzsäure auf, reduziert die Lösung mit Zink, verdünnt, setzt etwas eisenfreie Manganlösung zu und titriert mit Permanganat, vgl. S. 185.

D. a) Gebrannter Kalk.

1. Bestimmung des freien CaO. Man wägt 100 g eines möglichst gut gezogenen Durchschnittsmusters des Ätzkalks ab, löscht sorgfältig, bringt den Brei in einen Halbliterkolben, füllt zur Marke auf, pipettiert unter Umschütteln 100 ccm heraus, läßt diese in einen Halbliterkolben fließen, füllt auf und nimmt von dem gut gemischten Inhalte 25 ccm (= 1 g Ätzkalk) zur Untersuchung. Man setzt hierzu ein wenig einer alkoholischen Lösung von Phenolphthalein und titriert mit Normalsalzsäure ganz langsam und unter gutem Um-

schütteln, bis die Rosafarbe verschwunden ist, was eintritt, wenn aller freier Kalk gesättigt, aber $CaCO_3$ noch nicht angegriffen ist. Jedes Kubikzentimeter der Normalsalzsäure $= 0 \cdot 02804$ g.(log $= 0 \cdot 44770 - 2$) CaO.

2. **Bestimmung der Kohlensäure.** Man titriert CaO und $CaCO_3$ zusammen durch Auflösen in Normalsalzsäure und Zurücktitrieren mit Normalnatron wie oben bei C. 1; durch Abziehen der nach Nr. 1 bestimmten Menge von CaO erhält man die Menge des $CaCO_3$. Für ganz genaue Bestimmungen treibt man die CO_2 durch Salzsäure aus, absorbiert sie durch Natronkalk und bestimmt so ihr Gewicht oder aber ihr Volum nach **Lunge** und **Rittener** S. 217.

b) Gelöschter Kalk.

1. **Wasser.** Man wägt aus einem verschlossenen Wägeröhrchen ca. 1 g ab und erhitzt im Platintiegel allmählich, zuletzt bis zur starken Rotglut (vgl. S. 192), läßt im Exsikkator erkalten und wägt zurück; der Gewichtsverlust ist $=$ Wasser $+$ Kohlendioxyd.

2. **Karbonate** werden wie oben [a) Nr. 2] bestimmt.

3. **Gehalt der Kalkmilch an Ätzkalk bei verschiedenem spezifischen Gewichte** nach **Blattner** (Dingl. Journ. **250**, 464; 1883). Bei dünner Kalkmilch liest man schnell ab, damit der Kalk sich nicht absetzt. Bei dicker Kalkmilch, für welche man keinen zu engen Zylinder anwenden darf, steckt man das Aräometer leicht hinein und dreht den Zylinder langsam auf dem Tische herum, so daß er schwache Erschütterungen erleidet, bis die Spindel nicht mehr weiter einsinkt. Die Tabelle gilt für 15°.

Grad Baumé	Gewicht von 1 Liter g	CaO im Liter g	Grad Baumé	Gewicht von 1 Liter g	CaO im Liter g
1	1007	7·5	11	1083	104
2	1014	16·5	12	1091	115
3	1022	26	13	1100	126
4	1029	36	14	1108	137
5	1037	46	15	1116	148
6	1045	56	16	1125	159
7	1052	65	17	1134	170
8	1060	75	18	1142	181
9	1067	84	19	1152	193
10	1075	94	20	1162	206

Grad Baumé	Gewicht von 1 Liter g	CaO im Liter g	Grad Baumé	Gewicht von 1 Liter g	CaO im Liter g
21	1171	218	26	1220	281
22	1180	229	27	1231	295
23	1190	242	28	1241	309
24	1200	255	29	1252	324
25	1210	268	30	1263	329

Für höhere Gehalte vgl. man Lunge-Köhler, Steinkohlenteer und Ammoniak. 5. Aufl. II, 233.

E. Chlorkalk.

1. **Bleichendes Chlor. Penots Methode.** Man wägt 7·092 g des gut gemischten Chlorkalkmusters ab, zerreibt dies in einem Porzellanmörser, dessen Schnauze unten etwas eingefettet ist, mit wenig Wasser zu einem völlig gleichmäßigen, zarten Brei, verdünnt mit mehr Wasser, spült das Ganze in einen Literkolben, verdünnt bis zur Marke und pipettiert für jede Probe nach gutem Umschütteln des Kolbens 50 ccm = 0·3546 g Chlorkalk in ein Becherglas. Hierzu läßt man unter fortwährendem Umschwenken alkalische Zehntelnormal-Arsenlösung (enthaltend 4·948 g As_2O_3 im Liter, Bereitung im Anhange) laufen, bis man nicht mehr sehr weit von der zu erwartenden Grädigkeit entfernt ist. Dann bringt man ein Tröpfchen des Gemisches auf ein Stück Filtrierpapier, das mit einer etwas Jodkalium enthaltenden Stärkelösung angefeuchtet ist. Je nach der Tiefe der entstehenden blauen Farbe (bei ganz großem Überschuß an Chlor wird der Fleck braun) setzt man wieder mehr oder weniger Arsenlösung zu und wiederholt das Tüpfeln, bis das Reagenzpapier nur noch kaum merklich oder gar nicht gebläut wird. Jedes Kubikzentimeter der Arsenlösung zeigt 1 Proz. bleichendes Chlor an.

2. **Carbonate in Chlorkalk oder Bleichlaugen.** Eine größere Menge Chlorkalk (2 g oder mehr, je nach dem Carbonatgehalt) werden ⸰in einem Zersetzungskölbchen mit kohlensäurefreiem Ammoniak versetzt und das durch Kochen mit Salzsäure freigemachte Kohlendioxyd nach der Methode von Lunge und Rittener (Zeitschr. f. angew. Chem. **19**, 1849; 1906) (S. 217) bestimmt. An Stelle des Ammoniaks kann Merck sches Wasserstoffsuperoxyd Verwendung finden, dessen Überschuß man vor dem Kochen mit Säure durch

Erwärmen mit etwas Platinmohr zersetzt. 1 ccm Kohlendioxyd (bei 0^0 und 760 mm) entspricht 0·001977 g (log = 0·29597 — 3) CO_2 resp. 0·004496 g (log = 0·65284 — 3) $CaCO_3$.

3. **Probeziehen von Chlorkalk im Anhange.**

4. **Vergleichung des Prozentgehaltes an bleichendem Chlor mit den französischen (Gay-Lussacschen) Graden.**

Die französischen Grade bedeuten die Anzahl der Liter Chlor von 0^0 und 760 mm Druck, welche 1 kg des Chlorkalks entwickeln kann (berechnet unter Zugrundelegung des experimentell gefundenen Litergewichts des Chlors, s. S. 15).

Franz. Grade	Proz. Chlor	Franz. Grade	Proz. Chlor	Franz. Grade	Proz. Chlor	Franz. Grade	Proz. Chlor
63	20·28	81	26·07	99	31·87	117	37·66
64	20·60	82	26·40	100	32·19	118	37·99
65	20·92	83	26·72	101	32·51	119	38·31
66	21·25	84	27·04	102	32·83	120	38·63
67	21·57	85	27·36	103	33·16	121	38·95
68	21·89	86	27·68	104	33·48	122	39·27
69	22·21	87	28·01	105	33·80	123	39·59
70	22·53	88	28·33	106	34·12	124	39·92
71	22·86	89	28·65	107	34·44	125	40·24
72	23·18	90	28·97	108	34·77	126	40·56
73	23·50	91	29·29	109	35·09	127	40·88
74	23·82	92	29·62	110	35·41	128	41·20
75	24.14	93	29·94	111	35·73	129	41·53
76	24·47	94	30·26	112	36·05	130	41·85
77	24·79	95	30·58	113	36·38	131	42·17
78	25·11	96	30·90	114	36·70	132	42·49
79	25·43	97	31·23	115	37·02		
80	25·75	98	31·55	116	37·34		

5. **Prüfung der Kammerluft auf Chlorgehalt vor Öffnung der Kammer.** In England ist es gesetzliche Vorschrift, daß der Gehalt des Gases vor Öffnung der Kammer die Grenze von 5 Grains pro Kubikfuß = 11·5 g pro Kubikmeter nicht überschreiten dürfe. Wo in anderen Ländern analoge Vorschriften bestehen, bleibt das Verfahren zur Kontrolle davon natürlich das gleiche. Dies wird ermittelt mit Hilfe des in Fig. 13 gezeigten Apparates. *A* ist eine Kautschukspritze von ca. 100 ccm Inhalt, *B* ein in deren Mundstück gebohrtes Loch, *D* ein fast auf den Boden des Zylinders *E*

führendes Glasrohr, dessen unteres Ende so weit verengert ist, daß nur eine feine Nähnadel durchgeht. In E kommen 20 ccm einer Lösung, von der 5 Birnenfüllungen 10 g Chlor im Kubikmeter anzeigen, bereitet aus 0·3489 g arseniger Säure, zu einem Liter gelöst (vgl. die Bereitung der Normallösungen im Anhang). Zu den 20 ccm setzt man noch ein wenig Stärkelösung und etwas Jodkalium, führt dann das äußere Ende von D in die Chlorkalkkammer 0·6 m über deren Boden ein, drückt A zusammen und verschließt das Loch B mit dem Finger, worauf man den Druck auf A aufhebt. Indem sich der Kautschuk ausdehnt, wird die Kammerluft durch D in die Flüssigkeit in E gesaugt. Man merkt die Zahl der Birnenfüllungen an, die nötig ist, um die Flüssigkeit durch Ausscheidung von Jod zu färben, die also mindestens 5 betragen muß.

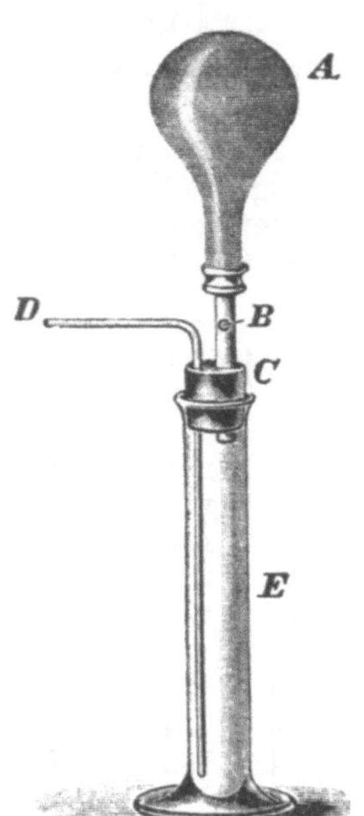

Fig. 13. Chlorprüfer.

F. Deacon-Verfahren.

Man saugt 5 l des aus dem Zersetzer (Decomposer) kommenden Gases ab, wobei der Apparat so dicht wie möglich an den Zersetzer herangebracht wird und absorbiert HCl und Cl in 250 ccm Natronlauge vom spezifischen Gewicht 1·075, welche auf 2—3 Flaschen verteilt ist. Die Zeit der Absaugung sollte mit der zur Durchsetzung einer Beschickung in der Sulfatpfanne erforderlichen stimmen. Man vereinigt den Inhalt aller Flaschen und verdünnt auf 500 ccm.

1. Hiervon pipettiert man 100 ccm in den Ventilkolben, Fig. 12, S. 199, setzt eine nach S. 200 bereitete und mit Permanganat verglichene saure Ferrosulfatlösung hinzu und bringt zum Kochen. Nach dem Abkühlen verdünnt man mit 200 ccm Wasser und titriert mit Halbnormal-Permanganat, wovon man y ccm braucht; x heiße die für die 25 ccm der Eisenlösung erforderliche Menge Permanganat.

2. Zu 10 ccm der obigen alkalischen Lösung setzt man ein wenig Lösung von SO_2 und säuert mit verdünnter Schwefelsäure an, wobei der Geruch nach SO_2 deutlich hervortreten soll. Man erhitzt zum Kochen, läßt abkühlen, zerstört nötigen-

falls noch vorhandenes SO_2 durch einige Tropfen Permanganat, neutralisiert mit reiner Soda, verdünnt mit Wasser, setzt etwas neutrales Kaliumchromat zu und titriert mit $^1/_{10}$-Normalsilbernitratlösung auf rot, wozu man z ccm braucht. Dann zeigt der Ausdruck $\dfrac{50\,x - y}{z}$ die prozentige Zersetzung der Salzsäure

und $\dfrac{44 \cdot 94 + \dfrac{x - y}{8}}{z}$ die Zahl der Volume Luft auf 1 Volum HCl. Wenn statt 5 l Gas ein anderes Volum n abgesaugt worden ist, so verändert sich die Konstante $44 \cdot 94$ in: $\dfrac{1 \cdot 639\,n}{50 \times 0 \cdot 003647}$, wobei angenommen ist, daß im übrigen genau wie oben verfahren wird und daß 1 l HCl bei 0^0 C und 760 mm $1 \cdot 6394$ g wiegt.

Die Bestimmung des Verhältnisses von Chlorwasserstoff zu Chlor kann auch nach der Methode von Ferchland (s. unter „Elektrolytisches Chlorgas") erfolgen, wobei der Chlorwasserstoff nach Absorption des Chlors mittels Quecksilber durch Kalilauge ermittelt wird, s. a. C. T. U. I.

3. Kohlendioxyd. Man leitet 20 l des durch Wasser von HCl befreiten Gases in ammoniakalische Bariumchloridlösung, erhitzt zuletzt, filtriert das $BaCO_3$ ab und bestimmt dieses durch direktes Glühen oder nach Umwandlung in $BaSO_4$; wobei 1 g $BaSO_4 = 0 \cdot 1885$ g (log $= 0 \cdot 27534 - 1$) CO_2. Vgl. auch C. T. U. I, und unten bei elektrolytischem Chlorgas.

4. Wasserdampf. Man leitet das Gas durch ein gewogenes, mit konzentrierter Schwefelsäure befeuchtetes Bimssteinrohr und verdrängt vor dem Zurückwägen die anderen Gase durch Durchsaugen von Luft.

G. Elektrolytisches Chlorgas.

Das mittels Graphitanoden erzeugte elektrolytische Chlorgas kann bis zu 12% Kohlendioxyd enthalten. Die Bestimmung des CO_2 erfolgt nach dem von Ferchland (Elektrochem. Zeitschr. **13**, 114; 1906) angegebenen, aber von uns zweckmäßiger gestalteten Verfahren wie folgt:

Eine trockene Buntebürette, deren Gesamtinhalt (v) von Hahn zu Hahn genau bekannt ist, wird durch längeres Durchleiten des zu untersuchenden Gases mit diesem gefüllt, wobei der Anschluß an die Chlorleitung zweckmäßig am unteren Hahn erfolgt, so daß das schwerere Gas die leichtere Luft rasch verdrängt. Die unter Atmosphärendruck mit dem technischen Chlorgas gefüllte Bürette wird nun in eine Klammer senkrecht eingespannt und an den unteren, einfach durchbohrten Hahn ein mit Quecksilber (oder flüssigem Zinnamalgam) gefülltes Niveaurohr mittels eines starkwandigen Schlauches angeschlossen. Der Schlauch ist ganz mit Quecksilber gefüllt, so daß keine Luft in die Bürette eindringen kann. Nach Anbringung von Eisendrahtligaturen wird der untere Glashahn der Bürette geöffnet. Nun steigt Quecksilber in die Bürette ein und absorbiert anfänglich das Chlor ziemlich rasch, bis es sich mit einer zusammenhängenden Haut überzieht, die die weitere Absorption erschwert. Man schließt nun den unteren Hahn und bewirkt durch Schütteln der Bürette die vollständige Absorption des Chlors. Die Wand der Bürette bedeckt sich dabei mit einem undurchsichtigen Spiegel und auf dem Quecksilber schwimmt ein pulveriger Körper, bestehend aus Kalomel mit eingeschlossenem Quecksilber. Ist nach kurzem Schütteln die Absorption des Chlors beendet, so öffnet man den unteren Hahn, stellt in Bürette und Niveaurohr das Quecksilber annähernd gleich und läßt zum Temperaturausgleich 10—15 Minuten stehen. Nach Ablauf dieser Zeit bringt man in den oberen Becher 1 ccm gesättigte Kochsalzlösung und saugt diese durch Erzeugung von Minderdruck in die Bürette. Hierdurch sinkt der pulverige Körper, der sonst die genaue Ablesung unmöglich macht, zu Boden und es entsteht ein genau ablesbarer Meniskus. Man stellt nun auf Atmosphärendruck ein, wie beim Nitrometer S. 179 beschrieben, und liest das Gasvolumen ab (**a**). Hierauf gießt man in den Becher etwas konzentrierte Kalilauge (1 : 2) ein, läßt sie in die Bürette eintreten, bewirkt durch Schütteln Absorption des Kohlendioxyds und liest nach Einstellung auf

Atmosphärendruck ab (**b**). Dann ergibt die Formel $\dfrac{(b-a)\cdot 100}{v}$

die Prozente Kohlendioxyd im untersuchten Chlorgase. Eine Korrektur für Feuchtigkeitstension ist bei der Anwendung so konzentrierter Lösungen nicht erforderlich.

H. Kaliumchlorat.

1. **Die Laugen aus den Absorptionsgefäßen enthalten** Calciumchlorat und Chlorcalcium; man berechnet diese aber zweckmäßig gleich als Kaliumsalze.

a) **Chlorsaures Salz** wird bestimmt, um die Arbeit zu kontrollieren und den Zusatz von KCl zu berechnen. Man mißt 2 ccm mit einer genauen Pipette ab, bringt diese in den Ventilkolben, Fig. 12, S. 199, setzt etwas heißes Wasser und einen Tropfen Alkohol zu, kocht (ohne Ventil) bis aller Chlorgeruch und die rosarote Farbe verschwunden ist, läßt abkühlen, setzt 25 ccm der auf S. 200 beschriebenen sauren Ferrosulfatlösung zu (welche a ccm Halbnormal-Permanganat erfordert), schließt den Kolben mit dem Ventilstopfen und kocht 10 Minuten. Nach der Abkühlung titriert man mit Halbnormal-Permanganat, wovon man b ccm bis zur beginnenden Rötung brauche. Die Lauge enthält dann Chlorat = 5·107 (a—b) g $KClO_3$ im Liter und braucht theoretisch 3·107 (a—b) g reines KCl pro Liter.

b) **Chlorid** (das $CaCl_2$ berechnet auf KCl). Man behandelt 1 ccm der Lauge wie oben zur Zerstörung von freiem Chlor und Verschwinden der roten Farbe, läßt abkühlen, setzt etwas K_2CrO_4 zu und titriert mit $^1/_{10}$ N-Silberlösung wie auf S. 191; jedes Kubikzentimeter der letzteren zeigt eine mit 7·456 g KCl äquivalente Menge Chlorid pro Liter an.

2. **Käufliches chlorsaures Kali** wird nur auf Chlorid (berechnet als KCl) untersucht. Da dessen Menge sehr gering ist, so nimmt man 50 g des Salzes, verdünnt mit absolut chlorfreiem Wasser und titriert das Ganze mit $^1/_{10}$ N-Silberlösung (wie in 1 b). Jedes Kubikzentimeter der letzteren zeigt 0·007456 g (log = 0·87251 — 3) KCl = 0·015 Proz. KCl an.

I. Bleichlaugen.

1. **Hypochlorit.** Man titriert nach der Penotschen Methode, IV, E I, S. 204.

2. **Freie unterchlorige Säure.** Man bestimmt das bleichende Chlor nach 1., ferner Chlorid, Chlorat und andere Säuren einerseits, die vorhandenen Basen andererseits und berechnet die überschüssige Acidität als HOCl. Vgl. auch C. T. U. I.

3. **Chlorat.** Man kann dies nach S. 208 bestimmen; da jedoch bei Bleichlaugen wenig Chlorat neben viel Hypochlorit vorkommt, so ist es vorzuziehen, das Chlorat nach Fresenius wie folgt direkt zu bestimmen (Zeitschr. f. angew. Chem. **8**, 501; 1895). Man versetzt die Lösung mit überschüssiger Lösung von neutralem Bleiacetat, wodurch ein allmählich braun werdender Niederschlag entsteht, der eine dem Hypochlorit entsprechende Menge von PbO_2 enthält. Man läßt 8—10 Stunden unter Umschütteln stehen, bis aller Chlorgeruch verschwunden ist, filtriert, wäscht aus, dampft das Filtrat auf kleines Volum ein, fällt Blei und Kalk durch wenig Soda aus und bestimmt im Filtrat die Chlorsäure nach S. 208.

Ferner sei folgendes Verfahren erwähnt. Zur Bestimmung von Gemischen von Chlorat und Hypochlorit, besonders solchen, in denen größere Mengen des letzteren vorkommen (was allerdings nicht bei Chloratlaugen, aber bei Bleichlaugen der Fall ist) ziehen es Ditz und Knöpfelmacher (Zeitschr. f. angew. Chem. **12**, 1195, 1215; 1899, s. a. Chem.-Ztg. **25**, 727; 1911) vor, das Chlorat durch Zersetzung mittels konzentrierter Salzsäure und Kaliumbromid bei gewöhnlicher Temperatur jodometrisch zu bestimmen. Die Substanz wird mit einem genügenden Überschuß von Kaliumbromid in eine Literflasche gebracht, die mit einem hohlen Glastöpsel mit Tropftrichter und seitlichem Absorptionsgefäß zur Zurückhaltung von Bromdämpfen verschlossen ist, welch letzteres 10 ccm 5proz. KJ-Lösung enthält. Durch den Tropftrichter werden 50 ccm konzentrierter Salzsäure eingegossen, nach einer Stunde Einwirkung 300 ccm Wasser nachgegossen, darauf 20 ccm KJ-Lösung, stark geschüttelt, der Inhalt des Absorptionsgefäßes in die Flasche gebracht, nachgewaschen und schließlich das ausgeschiedene Jod mit Thiosulfat titriert. — Auf diesem Wege erfährt man die Menge von Chlorat + Hypochlorit. Bei größeren Mengen des letzteren soll man es vorher fortschaffen (wird aber dann besser die Methode von Fresenius oben Nr. 3 wählen).

4. **Chlorid.** Man benutzt dazu die Flüssigkeit von 1., in der alles Hypochlorit in Chlorid übergegangen ist, unter Anwendung von Natriumarseniat, das für die Silbertitrierung ein noch besserer Indikator als das Kaliumchromat ist, und titriert mit Silbernitrat nach S. 191, wobei kein Abzug für einen zur Färbung verbrauchten Überschuß von Silberlösung zu machen ist. Von der gefundenen Menge Chlorid wird die dem Hypochlorit entsprechende abgezogen.

5. **Carbonat.** Man zerstört das Hypochlorit durch Kochen mit kohlensäurefreiem Ammoniak, treibt die Kohlensäure durch eine starke Säure aus und bestimmt sie nach S. 217.

6. **Basen.** Man verwandelt sie durch Abdampfen mit Schwefelsäure in Sulfate und bestimmt sie in der Salzmasse nach bekannten Methoden.

7. **Freies Alkali.** Man setzt zu der Lösung etwas chemischreines neutrales Wasserstoffsuperoxyd (von E. Merck in Darmstadt), wobei $NaOCl$ mit H_2O_2 übergeht in $NaCl + H_2O + O_2$. Hierauf werden das $NaOH$ und Na_2CO_3 wie gewöhnlich titriert (S. 213).

8. **Die Bestimmung des Kohlendioxyds im elektrolytischen Chlorgase** siehe oben S. 207.

K. Druck und Volumgewicht des flüssigen Chlors.

Nach R. Knietsch, Ann. d. Chemie, 259, 100.

Temp.	Druck.		Spez. Gew.	Mittlerer Ausdehnungs-koeffizient
— 88°	37·5 mm/Hg		—	
— 85°	45·0 ,, ,,		—	
— 80°	62·5 ,, ,,		1·6602	
— 75°	88·0 ,, ,,		1·6490	
— 70°	118 ,, ,,		1·6382	
— 65°	159 ,, ,,		1·6273	
— 60°	210 ,, ,,		1·6167	
— 55°	275 ·, ,,		1·6055	0·001409
— 50°	350 ,, ,,		1·5945	
— 45°	445 ,, ,,		1·5830	
— 40°	560 ,, ,,		1·5720	
— 35°	705 ,, ,,		1·5589	
— 33·6°	760 ,, ,,		1·5575	
— 30°	1·20 Atm.		1·5485	
— 25°	1·50 ,,		1·5358	
— 20°	1·84 ,,		1·5230	
— 15°	2·23 ,,		1·5100	0·001793
— 10°	2·63 ,,		1·4965	
— 5°	3·14 ,,		1·4830	
± 0°	3·66 ,,		1·4690	
+ 5°	4·25 ,,		1·4548	0·001978
+ 10°	4·95 ,,		1·4405	
+ 15°	5·75 ,,		1·4273	0·002030
+ 20°	6·62 ,,		1·4118	
+ 25°	7·63 ,,		1·3984	0·002190
+ 30°	8·75 ,,		1·3815	
+ 35°	9·95 ,,		1·3683	0·002260
+ 40°	11·50 ,,		1·3510	
50°	14·70 ,,		1·3170	0·002690
60°	18·60 ,,		1·2830	
70°	23·00 ,,		1·2430	0·003460
80°	28·40 ,,		1·2000	
90°	34·50 ,,			
100°	41·70 ,,			
110°	50·80 ,,			
120°	60·40 ,,			
130°	71·60 ,,			
146°	93·50 ,,		kritischer	Punkt.

V. Sodafabrikation.

A. Leblancsoda.[1]

I. Rohstoffe.

1. Sulfat vgl. S. 192.
2. Kalkstein zum Schmelzen.
   a) Unlösliches wie S. 202.
   b) Kalk (+MgO) wie S. 202.
   c) Magnesia (nur bei den daran reichen Kalksteinen) wie S. 202.
3. Reduktionskohle.
   a) Feuchtigkeit wie S. 114.
   b) Koksrückstand wie S. 114.
   c) Asche wie S. 115.
      Bei neuen Kohlensorten ist nicht nur der Gesamt-gehalt an Asche festzustellen, sondern in derselben auch Kieselsäure, Tonerde und Eisenoxyd nach den Regeln der Silikatanalyse zu bestimmen.
   d) Schwefel wie S. 116.
   e) Stickstoff wird durch Glühen mit Natronkalk und Auffangen in titrierter Schwefelsäure, oder nach Kjeldahl bzw. nach den Regeln der organischen Elementaranalyse bestimmt.

II. Rohsoda. Man digeriert 50 g eines gut gemahlenen Durchschnittsmusters mit 480 ccm destilliertem Wasser von 45^0, welches vorher durch längeres Kochen von CO_2 und O befreit und in einer verkorkten Flasche erkaltet war. Hierdurch werden 500 ccm Flüssigkeit entstehen. Man schüttelt sofort gut durch und wiederholt dies öfters während zwei Stunden. Die folgenden Bestimmungen werden teils mit dem aufge-schüttelten trüben Gemisch, teils mit dem klaren Anteile des-selben gemacht; doch müssen die ersteren unbedingt zuerst angestellt werden.

I. Bestimmungen mit dem trüben Gemisch. Jedes-mal vor Entnahme einer neuen Probe schüttelt man das Ge-fäß gut um, entnimmt sofort die Probe mit einer Pipette, ehe sich der Rückstand absetzen kann, spült die Pipette außen ab, entleert ihren Inhalt in ein Becherglas und spült das innen Anhaftende in dasselbe Glas nach. Man braucht dazu eine 5 ccm Pipette mit kurzer und etwas weiter Spitze, um Ver-stopfung derselben zu vermeiden.

1. Freier Kalk (oder sein Äquivalent an NaOH). Man setzt zu 5 ccm des Gemisches einen Überschuß von Barium-

---

chloridlösung, dann einen Tropfen Phenolphthaleinlösung und titriert mit $^1/_5$ N-Salzsäure bis zum Verschwinden der Rotfärbung (vgl. S. 202). Jedes Kubikzentimeter der Säure = 0·005607 g (log = 0·74873—3) CaO.

2. Gesamt-Kalk. Zu 5 ccm des Gemisches setzt man in einem Kolben einige Kubikzentimeter konzentrierte Salzsäure und kocht bis zur Austreibung sämtlicher Gase. Nach einigem Abkühlen versetzt man mit Methylorange und neutralisiert genau mit Soda, also bis zum Verschwinden der Rotfärbung. Nun fügt man 30 ccm einer $^1/_5$ N-Natriumcarbonatlösung zu, schlägt durch Kochen allen Kalk als $CaCO_3$ nieder (gleichzeitig auch Eisenoxyd, Tonerde und Magnesia, welche man jedoch vernachlässigen kann), spült alles in einen 200 ccm-Kolben, füllt zur Marke auf, entnimmt 100 ccm der klaren Flüssigkeit und titriert mit $^1/_5$ N-Salzsäure zurück. Die verbrauchte Menge sei = n. Der Gesamtkalk ist dann = (30—2 n) 0·005607 CaO, oder als $CaCO_3$ berechnet = (30—2 n) 0·010008 $CaCO_3$.

(NB. Diese Proben geben freilich keine genauen Resultate, und können nur zur Orientierung dienen, schon darum, weil man unmöglich ein wirkliches Durchschnittsmuster von Rohsoda erhalten kann. Dies gilt aber von allen mit Rohsoda gemachten Bestimmungen.)

II. Bestimmungen in der klaren Lösung. Nachdem sämtliche unter I erwähnte Bestimmungen gemacht worden sind, läßt man das Gemisch in wohlverschlossenem Gefäß absetzen und pipettiert die Proben für die folgenden Bestimmungen aus der obenstehenden, klaren Flüssigkeit heraus.

1. 10 ccm (= 1 g Rohsoda) werden mit Salzsäure und Methylorange kalt titriert. Hierdurch erfährt man den alkalimetrischen Gesamtgehalt an Na_2CO_3, NaOH und Na_2S. Wenn man die in Nr. 2 und 3 gefundenen Mengen hiervon abzieht, bekommt man die Menge des Natriumcarbonats, nämlich 0·05300 g (log = 0·72432—2) für jedes Kubikzentimeter der Normalsäure. (Die durch kleine Mengen von Al_2O_3 und SiO_2 verursachte Ungenauigkeit kann vernachlässigt werden.)

2. Ätznatron wird bestimmt, indem man 10 ccm der Lauge mit überschüssigem Bariumchlorid versetzt (hierzu wird 5 ccm einer 10proz. Lösung von $BaCl_2$, 2 aq stets mehr als genügen) verdünnt und nach Zusatz von Phenolphthalein mit Normalsalzsäure langsam und unter gutem Umschütteln bis zum Verschwinden der Farbe austitriert. Jedes Kubikzentimeter der Säure zeigt 0·04001 g (log = 0·60217—2) NaOH in 1 g, d. i. der wirklich angewendeten Menge Rohsoda an. Hierbei wird auch das Natriumsulfid mit als Ätznatron bestimmt,

3. **Natriumsulfid.** Man verdünnt 10 ccm der Lösung mit durch Auskochen von Sauerstoff befreitem Wasser auf ca. 200 ccm, säuert mit Essigsäure an und titriert schnell mit Jodlösung unter Benutzung von Stärke als Indikator. Einwandfreier titriert man, indem man die verdünnte Lösung in die angesäuerte Jodlösung einfließen läßt. Wenn man Zehntel-Normal-Jodlösung (12·692 g J im Liter) anwendet, entspricht jedes Kubikzentimeter derselben 0·003903 g (log = 0·59140—3) Na_2S; man kann aber auch eine Lösung von 3·252 g J im Liter anwenden, von der jedes Kubikzentimeter 0·001 g Na_2S anzeigt. Bei Anwendung der Zehntelnormallösung kann man die verbrauchten Kubikzentimeter, durch 10 dividiert, sofort auf die in Nr. 1 verbrauchte Säuremenge beziehen. Andere niedere Schwefelungsstufen als Na_2S braucht man in frischer Rohsoda nicht zu berücksichtigen.

4. **Natriumchlorid.** Man neutralisiert 10 ccm der Lösung möglichst genau mit Salpetersäure, am bequemsten, indem man von einer Normalsalpetersäure (63·02 g HNO_3 im Liter) gerade so viel Kubikzentimeter zusetzt, als in Nr. 1 verbraucht worden waren, erhitzt zum Kochen, bis aller H_2S ausgetrieben ist, filtriert von dem etwa ausgeschiedenen Schwefel ab, setzt etwas neutrales Kaliumchromat oder Natriumarseniat zu und titriert mit Silberlösung nach S. 191. Jedes Kubikzentimeter der Zehntelnormal-Silberlösung zeigt 0·005846 g (log = 0·76686—3) NaCl; oder von einer im Liter 2·906 g $AgNO_3$ enthaltenden Lösung zeigt 1 ccm 0·001 g NaCl.

5. **Natriumsulfat.** Man säuert 10 ccm mit nicht zu viel überschüssiger Salzsäure an, bringt zum Kochen, versetzt mit Bariumchlorid, filtriert, wäscht und glüht den Niederschlag von $BaSO_4$. Bei der geringen Menge desselben kann man ihn gleich auf dem Filter mit heißem Wasser auswaschen, das Filter feucht in den Platintiegel bringen und glühen. Jeder Gewichtsteil $BaSO_4$ entspricht 0·6086 Teilen (log = 0·78431—1) Na_2SO_4.

6. Ein Durchschnittsmuster der sämtlichen Schmelzen wird durch Zusammengießen einer bestimmten Menge von der Lösung jeder Probe gebildet; dieses wird durch Einleiten von Kohlendioxyd carbonatiert, filtriert, die klare Lösung abgedampft und im Trockenrückstande wieder Na_2CO_3, Na_2SO_4 und NaCl bestimmt.

III. Sodarückstand. Von diesem ist ein möglichst genaues Durchschnittsmuster zu ziehen, welches, vor Luft geschützt, aufbewahrt wird und von welchem recht schnell 50 g in feuchtem Zustande abgewogen werden. (Beim Trocknen an der Luft verändert sich die Zusammensetzung bedeutend durch Oxydation.) Man kann ohne erheblichen Fehler annehmen, daß feuchter Sodarückstand 40 Prozent Wasser enthält, wovon man sich natürlich durch besondere Bestimmung näher überzeugen kann. Die Resultate werden auf feuchte Substanz bezogen.

Obige 50 g werden mit 490 ccm Wasser von 40^0 digeriert, was 500 ccm Flüssigkeit gibt.

1. Nutzbares Natron (Na_2CO_3 oder Na_2S). In 100 ccm der Flüssigkeit leitet man einen Strom gut gewaschenes Kohlendioxyd, erhitzt zum Kochen, ergänzt das Volum wieder auf 100 ccm, gießt durch ein trockenes Filter und titriert 50 ccm des Filtrats mit $^1/_{10}$ N-Salzsäure, wovon jedes Kubikzentimeter $0·0031$ g (log $= 0·49136—3$) Na_2O oder in diesem Falle $0·062$ Prozent Na_2O in dem feuchten Rückstande anzeigt.

2. Gesamt-Natron (einschließlich der unlöslichen Natronsalze). Man erhitzt $17·71$ g Sodarückstand in einer Porzellan- oder Eisenschale mit Schwefelsäure von 50^0 B., bis er vollständig aufgeschlossen und in einen steifen Brei verwandelt ist, dampft diesen ab, erhitzt bis zur Vertreibung aller freien Schwefelsäure, setzt heißes Wasser zu, kratzt den Schaleninhalt mit einem Holzspatel aus und bringt ihn in einen 250 ccm-Zylinder. Hier setzt man zur Neutralisierung eines etwaigen Rückstandes von Säure und zur Fällung von Magnesia etwas reine Kalkmilch zu (erhalten aus gewöhnlichem Kalkhydrat durch Abgießen der ersten, alkalihaltigen Wässer), füllt bis zur Marke, läßt absitzen, pipettiert 50 ccm der klaren Lösung ab, setzt 10 ccm gesättigtes Barytwasser zu, gießt die Mischung durch ein trockenes Filter, nimmt 50 ccm des Filtrates, fällt allen Baryt durch Einleiten von CO_2 und Kochen, filtriert und titriert das Filtrat mit Normalsalzsäure. Jedes Kubikzentimeter derselben zeigt bei obiger Menge (mit Einrechnung von deren Volum) 1 Prozent Na_2O im Sodarückstande.

3. Gesamt- und oxydierbarer Schwefel. Man kocht 2 g des Rückstandes mit Salzsäure, filtriert, wäscht mit verdünnter Salzsäure aus, neutralisiert das Filtrat mit Soda nicht ganz vollständig, fällt mit Bariumchlorid, filtriert, wäscht und glüht das Bariumsulfat; hieraus berechnet man den als SO_3 vorhandenen Schwefel (a).

Eine andere Probe von 2 g des Rückstandes wird mit überschüssiger starker Chlorkalklösung und Salzsäure versetzt, um allen S zu Schwefelsäure zu oxydieren; man muß überschüssiges Chlor stark riechen. Dann filtriert man und bestimmt die SO_3 im Filtrat durch Bariumchlorid; dies gibt den Gesamtschwefel (b). Die Differenz b—a bedeutet den oxydierbaren, also das theoretische Maximum des wiedergewinnbaren Schwefels im Sodarückstande.

IV. Rohsodalauge wird in noch warmem Zustande untersucht, bzw. an einem ca. 40^0 warmen Orte aufbewahrt, um

Kristallisation zu verhindern. Man nimmt nur kleine Proben
(2—5 ccm) mit genauen Pipetten heraus, was die Operation
sehr beschleunigt.

1. **Natriumcarbonat.** Man titriert 2 ccm mit Normal-
salzsäure; bei Anwendung von Methylorange setzt man zur
Abkühlung vorher etwas kaltes Wasser zu. Von der gefundenen
Zahl zieht man die sub Nr. 2 und $^1/_{10}$ der sub Nr. 3 gefundenen
Zahl ab.

2. **Ätznatron** wird bestimmt wie S. 213.

3. **Natriumsulfid** wird bestimmt mit Zehntel-Jodlösung
wie S. 214. Der durch andere niedere Schwefelungsstufen
verursachte Fehler ist unbedeutend und für die Praxis kaum
in Anschlag zu bringen; jedenfalls muß man diese Bestimmung
machen, um die Zahl Nr. 1 richtigstellen zu können.

4. **Natriumsulfat** wie S. 214.

5. **Gesamt-Schwefel.** Man oxydiert die Lauge mit
Chlorkalklösung und Salzsäure, wie oben sub III3 S. 215,
und fällt mit Bariumchlorid.

6. **Natriumchlorid** wie S. 214.

7. **Ferrocyannatrium.** Man entnimmt 20 ccm der
Lauge, oder bei geringem Cyangehalt auch mehr, macht mit
Salzsäure sauer und fügt aus einer Bürette starke Chlorkalklösung unter gutem Umschwenken zu. Von Zeit zu Zeit bringt
man einen Tropfen der Mischung auf einem weißen Teller
zu einem Tropfen verdünnter, von Chlorür freier, Eisenchloridlösung. Wenn dabei kein Berlinerblau entsteht, sondern das
Gemisch beider Tropfen braun wird, so ist alles oxydiert und
dabei auch alles Ferrocyan in Ferricyan umgesetzt. Ein Tropfen
Chlorkalklösung im Überschuß schadet nichts; wenn man
aber zu viel Überschuß davon hat oder durch das Tüpfeln zu
viel Flüssigkeit verloren zu haben glaubt, so nimmt man eine
neue Probe, wobei man den Chlorkalkzusatz aus der Bürette
leicht von vornherein fast genau treffen und durch wenige
Tüpfelproben beendigen kann. Dieses Verfahren gibt weit
bessere Resultate und ist auch schneller, als Zusatz von Chlorkalklösung im Überschuß und Austreiben des Chlors durch
Erwärmen, wobei leicht Zersetzung des Ferricyannatriums
eintritt.

Zu der oxydierten Flüssigkeit setzt man aus einer Bürette
Zehntelnormal-Kupferlösung (enthaltend 3·1785 g Cu oder
12·486 g kristallisierten Kupfervitriol im Liter), wodurch
gelbes $Cu_3Fe_2Cy_{12}$ gefällt wird. Von Zeit zu Zeit probiert man,
indem man einen Tropfen der trüben Flüssigkeit auf einem
Porzellanteller mit einem Tropfen verdünnter Eisenvitriollösung zusammenbringt. So lange noch eine blaue Färbung
eintritt, durch Einwirkung des $FeSO_4$ auf noch vorhandenes
Na_3FeCy_6, setzt man mehr Kupferlösung zu, bis die Probe

auf dem Teller nicht mehr blau oder grau, sondern deutlich rötlich wird. Alsdann ist kein Na_3FeCy_6 mehr vorhanden und das $FeSO_4$ auf dem Teller reduziert daher jetzt das gelbe Ferricyankupfer zu rotem Ferrocyankupfer. Die erste merkliche Rötung muß als Endreaktion betrachtet werden, obwohl sie nach kurzem wieder verschwindet. Jedes Kubikzentimeter der Kupferlösung sollte 0·01013 g (log = 0·00561—2) Na_4FeCy_6 anzeigen; dies ist jedoch nicht der Fall (Chem. Ind. **5**, 79; 1882), sondern man verbraucht zu wenig Kupferlösung, muß also jedes Kubikzentimeter derselben = 0·0123 (log = 0·08991—2) Na_4FeCy_6 setzen, oder noch besser, den Wirkungswert der Kupferlösung gegenüber reinem Ferrocyankalium durch Versuche festsetzen.

8. **Kieselsäure, Tonerde und Eisenoxyd** (nach Parnell, Chem. Ind. **3**, 242; 1880). Man übersättigt 100 ccm Lauge mit Salzsäure, kocht, setzt eine beträchtliche Menge Salmiaklösung hinzu, übersättigt mit Ammoniak und kocht, bis der Ammoniakgeruch vollständig verschwunden ist. Der Niederschlag setzt sich leicht ab und kann gut filtriert und ausgewaschen werden. Beim Auswaschen mit heißem Wasser wird er intensiv blau (durch Bildung von Berlinerblau?); beim Glühen hinterbleiben SiO_2, Al_2O_3 und Fe_2O_3.

9. Eine größere Probe der Lauge wird durch Einleiten von CO_2 **carbonatiert**, filtriert, zur Trocknis verdampft und der Rückstand auf Alkalinität, Na_2SO_4 und NaCl untersucht.

V. Carbonierte Laugen werden wie die Rohsodalaugen (bei IV) untersucht; außerdem bestimmt man darin das **Bicarbonat**. Dies kann annähernd und genügend genau für alle praktischen Zwecke in folgender Weise geschehen. Man titriert 10 ccm der Lauge (ohne Verdünnung) nach Zusatz von Phenolphthalein in der Kälte mit N-Salzsäure bis zur Entfärbung. Die Temperatur soll nahe an 0^0 sein. Hierbei verbrauche man **a** ccm Normalsalzsäure. Dann setzt man einen Tropfen Methylorange zu und titriert weiter mit Normalsäure bis zum Farbenumschlag, wobei man **b** ccm der Säure verbraucht, **b**—**a** zeigt dann das Bicarbonat, 2**a** das als Na_2CO_3 vorhandene Natron, **a**+**b** das Gesamtnatron, woraus das Verhältnis von Bicarbonat zu Carbonat sich leicht berechnen läßt. Eine andere Methode zur Bestimmung des $NaHCO_3$ findet man bei „Bicarbonat", S. 224.

Am genauesten und zugleich am schnellsten wird CO_2 sowohl in den größten wie in den kleinsten Mengen durch die Methode von **Lunge** und **Rittener** (Zeitschr. f. angew. Chem. **19**, 1851; 1906) bestimmt, Fig. 14. Das Kölbchen B, von 30 ccm Inhalt, besitzt einen Trichterhahn *C* und eine lange Kapillare *D*, die mit der Seitenkapillare des Doppelbohrungshahnes *E* der Gasbürette *A* in Verbindung steht. *D* soll nicht über die Unterfläche des Kautschukstopfens in B herausstehen. In B führt man so viel Substanz (fest oder in Lösung) ein, daß sie nicht über 80 ccm CO_2 abgeben kann, ferner eine Spirale von 15 cm dünnstem Aluminiumdraht. Dann schließt man B und verbindet D mit dem Hahne E der Bürette A. Diese ist eine gewöhnliche Buntebürette, geht also unter dem Hahne E von 100 ccm bis 0, dann wieder bis —10 und hat darunter noch einige Kubikzentimeter ungeteilten Raum bis zum unteren Hahn F. Eine Niveauflasche G ist in bekannter Weise mit F zu verbinden; sie enthält als Sperrflüssigkeit eine gesättigte Kochsalzlösung. Zunächst stellt man aber diese Verbindung nicht her, sondern verbindet F mit einer Wasserstrahlluftpumpe, die man 2—3 Minuten gehen läßt, um den Apparatenkomplex B-D-A zu evakuieren. Man schließt nun F und verbindet die Kapillare unter diesem Hahne mit der Flasche G. Durch vorsichtiges Öffnen von F läßt man jetzt ein wenig von der Sperrflüssigkeit aus G durch F durchtreten, bis eben oberhalb des Hahnes F, also noch in den darüber befindlichen Kapillarraum von A. Dies geschieht, um des Dichthaltens des Hahnes F sicher zu sein.

Will man nun eine Lösung untersuchen, die sich noch nicht im Kölbchen B befindet, so gießt man sie in den

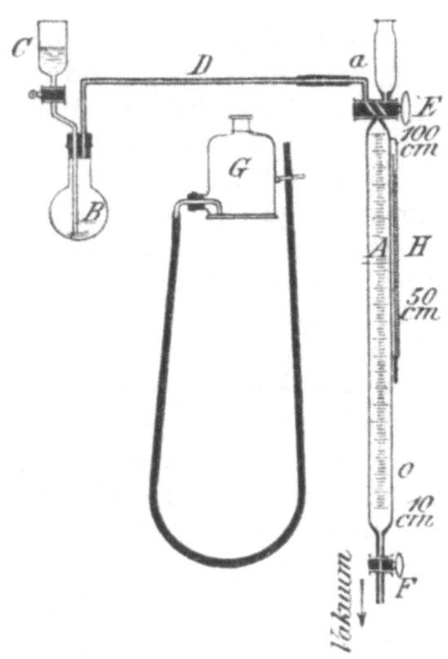

Fig. 14. Gasbestimmungsapparat nach Lunge-Rittener.

Trichter C, läßt sie durch vorsichtiges Öffnen des Hahnes in B eintreten, spült zwei- oder dreimal mit einigen Kubikzentimetern Wasser nach und läßt schließlich genügend Salzsäure eintreten, um das Carbonat zu zersetzen und das Aluminium aufzulösen. Hat man in B eine feste Substanz oder schon von vornherein eine Lösung, so wird auf dem eben beschriebenen Wege natürlich nur die Säure eingelassen. Jedenfalls geschieht das Einfließen der Säure nur Tropfen für Tropfen, um eine heftige Gasentwickelung zu vermeiden. Beim Nachlassen derselben erwärmt man B, bis alles Aluminium aufgelöst ist, und bringt dann die Lösung zum Kochen, bis bei E sich Wassertropfen kondensieren. Nun schließt man E und läßt durch C Wasser eintreten, welches das Kölbchen B und die Kapillare D vollständig anfüllen wird. Sollten in dieser noch einige Gasbläschen zurückbleiben, so bringt man diese durch vorsichtiges Öffnen von E nach A hinüber. Jetzt nimmt man die Kapillare D von E ab und wartet, bis das Gas in A die äußere Lufttemperatur angenommen hat, wozu 20—25 Minuten meist genügen werden. Hierauf liest man das mit Kautschukringen angeschlossene, neben dem freien Gasraume befindliche Thermometer H ab, ebenso das Barometer, öffnet langsam den Hahn F, bis die Flüssigkeit in G und A das gleiche Niveau angenommen hat, schließt F und liest das Gasvolumen in der Bürette ab, am besten mit der Göckelschen Visierblende.

Nun läßt man durch den Trichter und Hahn E eine Lösung von Ätznatron (1 Teil auf 2 Wasser) einfließen, ohne sich um den bei Verwendung von gewöhnlichem Kochsalz dadurch in A entstehenden Niederschlag von $CaCO_3$ zu kümmern. Man schließt E, schüttelt die Bürette zur Erleichterung der Absorption des Kohlendioxyds, stellt das Niveau durch die Flasche G ein, liest ab, läßt mehr Natronlauge eintreten und überzeugt sich, ob keine weitere Kontraktion des Gasvolumens mehr stattfindet.

Der Unterschied zwischen der ursprünglichen Ablesung (a) und der nach Absorption des CO_2 geschehenen (b) entspricht dem Volumen des CO_2, das man in bekannter Weise auf 0^0 und 760 mm reduziert. Man muß natürlich dabei Rücksicht darauf nehmen, daß die Tension einer gesättigten Kochsalzlösung nicht so groß ist, wie die des Wassers; man kann sie für die gewöhnlichen Temperaturen $= 80^0/_0$ von der des reinen Wassers (Tab. 27, S. 57) annehmen, wird also z. B. für 18^0 statt 15 mm nur 12 mm setzen.

Wenn man die auf Normalzustand reduzierten Gasvolumina mit a_1 und b_1 und das angewendete Gewicht (Volum) der Substanz mit n bezeichnet, so folgt deren Prozentgehalt an

$$CO_2 \text{ in Gramm} = \frac{0.19768\,(a_1 - b_1)}{n}.$$

Statt die CO_2, wie beschrieben, in der Bürette A selbst durch Natronlauge zu absorbieren, kann man auch das Gas durch Hebung von G in eine bei a anzuschließende Hempelsche oder Drehschmidtsche Absorptionspipette, die mit Natronlauge beschickt ist, hinübertreiben, nach erfolgter Absorption der CO_2 durch Senkung von G den Gasrest wieder vollständig nach A zurücksaugen, nach Abschließung von E die Niveaus in A und G gleichstellen und das jetzt durch Absorption der CO_2 reduzierte Gasvolum in A ablesen (also wie bei der ursprünglichen Methode von Lunge und Marchlewski).

VI. Sodamutterlaugen. Untersuchung wie bei den uncarbonatierten Laugen, S. 215. Hier kommt auch die Aufgabe vor, Sulfid, Sulfat, Sulfit, Thiosulfat sowie Carbonat nebeneinander zu bestimmen.

Die im folgenden angegebene kombinierte Jod-Quecksilberchloridmethode erlaubt diese Ermittlung auch bei Anwesenheit von Sulfhydrat vorzunehmen (vgl. Wöber, Chem. Ztg. **44**, 601; 1920, s. a. S. 189).

1. Eine abgemessene Menge der entsprechend verdünnten Probe läßt man zu einem großen Überschuß einer kalt gesättigten Quecksilberchloridlösung zufließen, schüttelt um, bis der schwarze Niederschlag rein weiß geworden ist, läßt 5 Minuten stehen, fügt hierauf direkt vor der Titration, um eine Ausscheidung von Quecksilberoxyd zu verhindern, Ammonchlorid hinzu und titriert die frei gewordene Säure mit $^1/_{10}$ N-Natronlauge in der trüben Lösung unter Verwendung von Methylorange. (Behufs Erkennung des Endpunktes bereitet man sich eine Vergleichslösung durch Zersetzung von 10 ccm $^1/_{10}$ N-Thiosulfat mit Quecksilberchloridlösung, Zusatz von Ammonchlorid und 20 ccm $^1/_{10}$ N-Lauge). Durch Messung der frei gewordenen Säuremenge ermittelt man den Gehalt der Lösung an Sulfhydrat und Thiosulfat (= A) gemäß:

$$2\,NaHS + 3\,HgCl_2 = 2\,NaCl + (2\,HgS \cdot HgCl_2) + 2\,HCl$$
$$\text{und}$$
$$2\,Na_2S_2O_3 + 2\,HgCl_2 + 2\,H_2O = 4\,NaCl + (2\,HgS \cdot HgCl_2) + 2\,H_2SO_4.$$

2. Zu einer neuen gemessenen Probe wird mit Zink- oder Cadmiumcarbonat der Sulfid- und Sulfhydratschwefel ausgefällt, in einem aliquoten Teil des Filtrats nach Zusatz von Methylorange, das nach $ZnCO_3 + NaHS = ZnS + NaHCO_3$ entstandene Bicarbonat mit $^1/_{10}$ N-HCl neutralisiert, hierauf überschüssige Quecksilberchloridlösung zugefügt und, wie oben, nach Zusatz von Ammonchlorid die freie Säure mit $^1/_{10}$ N-Natronlauge austitriert (= B). Die Differenz zwischen den beiden Titrationen 1. und 2. (A—B) = x entspricht dem Gehalte an Sulfhydrat. B ergibt den Gehalt an Thiosulfat.

3. Man läßt zur Ermittlung des Gesamtjodverbrauches ein abgemessenes Volumen der entsprechend verdünnten Probe in eine angesäuerte $^1/_{10}$ N-Jodlösung fließen. Die angewandte Säuremenge muß etwas größer sein, als die nach 4. sich ergebende Sodamenge. Sie betrage u ccm $^1/_{10}$ N-HCl. Der Jod-Überschuß wird mit $^1/_{10}$ N-Thiosulfat zurücktitriert. Aus dem Jodverbrauch (= C) wird der Gehalt an Sulfhydrat, Sulfid, Thiosulfat und Sulfit ermittelt. In derselben Lösung wird der aus dem Sulfhydrat und Sulfit gemäß

$$NaHS + J_2 = NaJ + HJ + S$$
$$\text{und}\quad Na_2SO_3 + J_2 + H_2O = Na_2SO_4 + 2\,HJ$$

gebildete Jodwasserstoff mit $^1/_{10}$ N-Natronlauge und Methylorange titriert. Von dieser Menge sind die der Lösung ursprünglich zugesetzten **u** ccm $^1/_{10}$ N-Salzsäure abzuziehen. Auf diese Weise ergibt sich die **Summe von Sulfhydrat und Sulfit** (= D). Die Differenz von (D—x) = y gibt den **Gehalt an Sulfit** an. Die für das **Sulfid** entfallende Jodmenge ergibt sich aus

$$\left[C - \left(2\,x + \frac{B}{2} + y \right) \right] = z.$$

4. Bei Gegenwart von Soda wird in einer neuen Probe die Alkalinität einmal durch Titration der Probe mit $^1/_{10}$ N-Säure und Phenolphthalein, dann abzüglich Carbonat mit $^1/_{10}$ N-Säure und Zusatz von neutraler Bariumchloridlösung bestimmt. Aus E, der doppelt genommenen Titrationsdifferenz in $^1/_{10}$ N-Säure ohne und mit Anwendung von $BaCl_2$ ergibt sich der **Carbonatgehalt**.

5. In einer Probe der Lauge wird das schon fertig gebildete **Sulfat** bestimmt. Um während der Arbeit die Oxydation der niedrigeren Schwefelungsstufen zu vermeiden, verdrängt man die Luft im Fällungskolben durch Kohlendioxyd, erhitzt, säuert mit Salzsäure an und fällt mit Bariumchlorid. (Für 1 g angewandte Lauge sei gefunden **F** g Bariumsulfat.)

Werden die Analysenergebnisse derart berechnet, daß sich die Werte A, B, C, D, E und F auf 1 g angewandter Substanz beziehen, so ergeben sich die Gehalte an den einzelnen Komponenten in Prozenten wie folgt:

$$
\begin{aligned}
NaHS &= 0{\cdot}5607 \times x \\
Na_2SO_3 &= 0{\cdot}6303 \times y \\
Na_2S &= 0{\cdot}3903 \times z \\
Na_2S_2O_3 &= 0{\cdot}7909 \times B \\
Na_2CO_3 &= 0{\cdot}5301 \times E \\
Na_2SO_4 &= 60{\cdot}86 \times F.
\end{aligned}
$$

Hierbei bedeuten:

$$
\begin{aligned}
x &= A+E-B \\
y &= D+E-x \\
z &= \left[C - \left(2\,x + \frac{B}{2} + y \right) \right].
\end{aligned}
$$

Bei Gegenwart von viel Carbonat wird die Bestimmung nach 1. durchgeführt, nachdem man zur verdünnten Lösung eine der vorhandenen Sodamenge äquivalente Säuremenge (berechnet aus 4) hinzusetzt, sofort überschüssige Quecksilberchloridlösung zufügt und im übrigen weiter nach 1. verfährt. x wird dann gleich A—B.

VII. Analyse von technischem Schwefelnatrium (Rohschmelze, 60er Schwefelnatrium, krystallisiertes Schwefelnatrium) *und Sulfhydrat*. Die Untersuchung wird wie bei

VI. Sodamutterlaugen (S. 220) vorgenommen. Von Rohschmelze werden 10 g mit ausgekochtem Wasser zu 1 l gelöst, filtriert und für die Jodtitration 20 ccm des Filtrats entnommen, für die anderen Bestimmungen je nach dem Gehalte entsprechende Mengen des Filtrats.

Sulfhydrat wird in der Regel auf Gehalt an Sulfhydrat, Sulfid, Thiosulfat und Carbonat geprüft.

Es genügt demnach für diese Bestimmung die Ausführung von Nr. 3 und 4 der kombinierten Jod-Quecksilberchloridmethode. Das Thiosulfat kann nach 2. nach Abfiltrieren der Sulfide, mit Jodlösung im Filtrate ermittelt werden.

Anhang: Schmelzsoda der Zellstofffabriken.

Man löst 50 g in 500 ccm Wasser von 45^0 (frei von CO_2 und Luft) und verdünnt auf 1000 ccm.

1. Unlösliches wie bei Rohsoda.

2. Sulfid, Sulfit, Sulfat und Carbonat werden nach S. 220 ermittelt.

3. Silikat. 20 ccm werden mit Salzsäure eingedampft und die ausgeschiedene SiO_2 abfiltriert, bei möglichster Vermeidung von Luftzutritt (um Oxydation von Sulfid und Sulfit zu vermeiden). Die SiO_2 wird getrocknet und geglüht; 1 g $SiO_2 = 2·028$ g (log $= 0·30711$) Na_2SiO_3.

4. Sulfat wird aus dem Filtrat von 3 durch Fällen mit Bariumchlorid bestimmt. 1 g $BaSO_4 = 0·6086$ g (log $= 0·78431 — 1$ g) Na_2SO_4.

B. Ammoniaksodafabrikation.

I. Rohmaterialien.

1. Steinsalz s. S. 191.

2. Salzsole.
   - a) Spez. Gewicht mit dem Aräometer.
   - b) Chloride (ausgedrückt als NaCl). Man verdünnt 10 ccm auf 1 l und titriert 10 ccm davon nach S. 191.
   - c) Sulfate. Man verdünnt 50 ccm auf 150—200 ccm, setzt ein wenig Salzsäure zu und fällt mit Bariumchlorid nach S. 143.
   - d) Eisenoxyd und Tonerde. Man versetzt 500 ccm mit ein wenig Salpetersäure, erwärmt auf 80^0, fällt mit Überschuß von Ammoniak, digeriert $^1/_2$ Stunde bei 80^0, filtriert und wäscht gut aus. Zur Sicherheit kann man den Niederschlag in Salzsäure auflösen und nochmals ausfällen.

   Im Filtrate kann man Kalk und **Magnesia** in bekannter Weise bestimmen (S. 193).

c) Bicarbonate von Eisenoxydul, Kalk und Magnesia. Man zerstört das Bicarbonat durch längeres Kochen von 500 ccm unter Ersetzung des verdampfenden Wassers, filtriert den entstehenden Niederschlag ab, wäscht aus, löst in Salzsäure, und bestimmt in der Lösung Eisenoxyd (durch Fällen mit NH_3), Kalk und Magnesia in bekannter Weise.

3. Konzentriertes Gaswasser oder schwefelsaures Ammoniak, vgl. Kap. X, S. 276.

4. Kalkstein, vgl. S. 202.

5. Gebrannter Kalk, vgl. S. 202.

6. Kohlen bzw. Koks, vgl. S. 114.

II. Fabrikationsanalysen.

1. Ammoniakalische Sole (Vorlagen).

a) Natriumchlorid. Man säuert mit Salpetersäure an und bestimmt das NaCl gewichtsanalytisch mit $AgNO_3$, oder in der neutralen oder schwach alkalischen Lösung maßanalytisch nach S. 191.

b) Freies und gebundenes Ammoniak. 10 ccm werden mit Wasser auf ca. 100 ccm verdünnt und im Destillierkolben so lange gekocht, bis alles freie und kohlensaure Ammoniak ausgetrieben ist; man fängt in Normalschwefelsäure auf und titriert. Nach Austreibung dieses freien Ammoniaks wird Natronlauge zugesetzt, und das gebundene Ammoniak abdestilliert und ebenfalls in Normalschwefelsäure aufgefangen (vgl. Kap. X).

Das Gesamtammoniak kann nach vorangegangener Neutralisierung mit Schwefelsäure nach der Formaldehydmethode (S. 278) bestimmt werden.

2. Bicarbonatgefäße (Carbonatoren).
Freies und gebundenes Ammoniak wie vorige Nummer.

3. Mutterlauge.

a) Freies und gebundenes Ammoniak wie oben.

b) Unzersetztes Kochsalz. Man verdampft 10 ccm in einem Platinschälchen, glüht bis zur Austreibung alles Salmiaks und wägt.

4. Bicarbonat (rohes).

a) Alkalimetrischer Titer nach S. 213.

b) Kohlensäure nach S. 217.

c) Feuchtigkeit, bestimmt durch Glühen, nach Abzug der nach b) bestimmten Bicarbonat-Kohlensäure.

5. Ammoniakdestillation.

a) Freies und gebundenes Ammoniak in der Mutterlauge wie oben Nr. 1 b).

b) Kalkmilch vgl. S. 203.

c) Kalküberschuß in den Destilliergefäßen. Man kocht 100 ccm so lange, bis alles NH_3 entwichen ist, setzt etwas Ammonsulfat zu und kocht nochmals. Das nunmehr frei werdende Ammoniak, welches dem Kalküberschuß entspricht, wird in Normalschwefelsäure aufgefangen und titriert.

6. **Kalkofengase.**
Bestimmung des Kohlendioxyds, vgl. S. 126.

III. *Endprodukte.*

1. Calcinierte Soda wie S. 234.
2. Bicarbonat (käufliches) wie oben oder sehr genau durch Erhitzen im Luftbade auf 270^0 und Auffangen des Gases im Gasvolumeter (Lunge, Zeitschr. f. angew. Chem. **11**, 522; 1897).

C. Kaustische Soda.

1. Kaustische Lauge.

a) Untersuchung auf Natriumcarbonat und Gesamt-Titer wie S. 213.

Zur genauen Bestimmung der Kohlensäure, die aber selten nötig ist, verfährt man nach Lunge und Rittener, S. 217.

b) Spez. Gewichtstabellen S. 230; doch werden diese bei Rohlaugen nur ein ungefähres Urteil gestatten.

2. Kalkrückstand.

a) Untersuchung auf Ätznatron und Natriumcarbonat. Man dampft (zur Zersetzung der unlöslichen Natronverbindungen) mit Zusatz von Ammoncarbonat zur Trocknis ein, wiederholt dies noch einmal, digeriert mit heißem Wasser, filtriert, wäscht und bestimmt den alkalimetrischen Titer des Filtrats. Das Natron kann ursprünglich teils als $NaOH$, teils als Na_2CO_3 vorhanden gewesen sein und wird am besten als Na_2O ($0 \cdot 0310$ g [log $= 0 \cdot 49136-2$] je Kubikzentimeter Normalsäure) ausgedrückt.

b) Untersuchung auf Ätzkalk. Man titriert mit Normalsalzsäure und Phenolphthalein nach S. 202 bei Da. Von dem Resultate muß man noch den in a) gefundenen Betrag abziehen, soweit derselbe $NaOH$ bedeutet; man wird keinen merklichen Fehler begehen, wenn man dafür die Hälfte des Betrages a) ansetzt.

c) Untersuchung auf Calciumcarbonat. Man titriert mit Normalsalzsäure und Methylorange (S. 202 bei C); von der gefundenen Zahl Kubikzentimeter zieht man die den Bestimmungen a) und b) entsprechende Menge ab; der Rest verbleibt für $CaCO_3$.

3. Ausgesoggte Salze.

Man löst 50 g in 1 l Wasser und entnimmt einzelne Proben mit der Pipette.

a) **Alkalimetrischer Titer** wird mit Normalsalzsäure bestimmt.

b) **Natriumchlorid.** Man übersättigt mit Salpetersäure, kocht bis zur Oxydation der Schwefelverbindungen, neutralisiert mit Soda und verfährt auch im übrigen wie S. 214 Nr. 4 beschrieben.

c) **Natriumsulfat.** Man übersättigt ein wenig mit Salzsäure, fällt mit Bariumchlorid und wägt das $BaSO_4$ (S. 144).

d) **Natriumsulfit, Natriumthiosulfat etc.** Man versetzt mit überschüssiger Chlorkalklösung, dann mit Salzsäure, bis saure Reaktion und Chlorgeruch eintritt (S. 215), fällt mit $BaCl_2$ und zieht von dem gefundenen $BaSO_4$ den Posten c) ab. Den Rest berechnet man am besten als „Na_2SO_4 aus oxydierbaren Schwefelverbindungen". Vgl. auch S. 220.

4. Bodensatz.

10 g davon werden in Wasser aufgelöst und filtriert. Der ausgewaschene Rückstand gibt nach dem Trocknen und Glühen

a) **das Unlösliche.** In diesem kann man das Eisen besonders bestimmen durch Auflösen in konz. Salzsäure, Reduzieren mit Zink, Zusatz von Mangansalz und Titrieren mit Permanganat nach S. 149.

b) **Der alkalimetrische Titer** wird durch Normalsalzsäure bestimmt, unter Anwendung von Phenolphthalein als Indikator, da Methylorange hier wegen der Tonerde nicht verwendbar ist.

c) **Natriumcarbonat** wird wie bei kaustischer Soda des Handels bestimmt.

5. Kaustische Soda des Handels.

Die einzelnen Stücke des Musters (vgl. über das Ziehen desselben den Anhang) müssen vor dem Abwägen durch Abschaben von der äußeren, schon veränderten Kruste befreit werden. 50 g der so gereinigten Substanz werden zu einem Liter aufgelöst und davon einzelne Proben herauspipettiert.

a) **Alkalimetrischer Titer** wird mit 50 ccm $= 2^1/_2$ g durch Normalsäure bestimmt (S. 213).

b) **Natriumcarbonat** wird in diesem Falle durch Austreiben der CO_2 nach S. 217 bestimmt, weil bei deren geringer Menge jede Differenzbestimmung zu merkliche Fehler verursacht. Gerade hier leistet die Bestimmung nach Lunge und Rittener (S. 217) sehr gute Dienste. Nicht ganz so zuverlässig, aber wegen der großen Schnelligkeit der Ausführung für den täglichen Gebrauch sehr empfehlenswert ist folgendes Verfahren. Man titriert 50 ccm obiger Lösung zuerst mit Salzsäure und Phenolphthalein, bis die rote Färbung eben verschwunden ist, was eintritt, wenn das vorhandene Na_2CO_3 in $NaHCO_3$ übergegangen ist; hierzu brauche man n ccm. Dann setzt man Methylorange zu und titriert weiter bis zum Auftreten der Rotfärbung, wobei man im ganzen m ccm Säure verbraucht. 2 m entspricht dann dem vorhandenen Na_2CO_3; n—m dem NaOH.

c) Die Tabelle zur Vergleichung der deutschen, englischen und französischen Grade findet sich S. 237 ff.

D. Elektrolytische Alkalilaugen,

werden genau wie Bleichlaugen S. 209 analysiert, da sie die gleichen Bestandteile, wenn auch in anderen Verhältnissen, enthalten.

E. Tabellen.

1. Spezifische Gewichte von Lösungen von kohlensaurem Natron bei 15°.

Angaben von Wegscheider (Monatsh. f. Chem. **27**, 16; 1905) hier umgerechnet für steigende Baumégrade.

Spez. Gew.	Baumé	Gewichtsprozent		1 cbm enthält kg	
		Na_2CO_3	Na_2CO_3 10 aq	Na_2CO_3	Na_2CO_3 10 aq
1·007	1	0·63	1·700	6·3	16·9
1·014	2	1·29	3·480	13·1	35·3
1·022	3	2·00	5·396	20·4	55·1
1·029	4	2·83	7·639	29·0	78·6
1·036	5	3·42	9·227	35·4	95·6
1·045	6	4·16	11·224	43·5	117·3
1·052	7	4·93	13·301	51·9	139·9
1·060	8	5·65	15·244	59·9	161·6
1·067	9	6·36	17·159	67·9	183·1
1·075	10	7·08	19·102	76·1	205·3
1·083	11	7·85	21·179	85·0	229·4
1·091	12	8·57	23·122	93·5	252·3
1·100	13	9·31	25·118	102·4	276·3

Spez. Gew.	Baumé	Gewichtsprozent		1 cbm enthält kg	
		Na_2CO_3	Na_2CO_3 10 aq	Na_2CO_3	Na_2CO_3 10 aq
1·108	14	10·08	27·196	111·7	301·3
1·116	15	10·85	29·273	121·1	326·7
1·125	16	11·67	31·486	131·3	354·2
1·134	17	12·46	33·617	141·3	381·2
1·142	18	13·25	35·749	151·3	408·3
1·152	19	14·09	38·015	162·3	437·9

2. Gehalt konzentrierter Lösungen von kohlensaurem Natron bei 30^0 (umgerechnet nach Wegscheider, siehe Tabelle für 15^0).

Spez. Gew. bei 30"	Baumé	Gewichtsprozent		1 Liter enthält Gramm	
		Na_2CO_3	Na_2CO_3 10 aq	Na_2CO_3	Na_2CO_3 10 aq
1·308	34	27·90	75·27	364·9	984·5
1·297	33	27·00	72·85	350·2	944·9
1·285	32	26·00	70·15	334·1	901·4
1·274	31	25·10	67·72	319·8	862·8
1·263	30	24·10	65·02	304·4	821·2
1·252	29	23·18	62·54	290·2	783·0
1·241	28	22·34	60·27	277·2	748·0
1·231	27	21·45	57·87	264·0	712·4
1·220	26	20·55	55·44	250·7	676·4
1·210	25	19·67	53·07	238·0	642·1
1·200	24	18·83	50·80	226·0	609·6
1·190	23	18·00	48·56	214·2	577·9
1·180	22	17·09	46·11	201·7	544·1
1·171	21	16·25	43·84	190·3	513·4
1·162	20	15·42	41·60	179·2	483·4
1·152	19	14·58	39·34	168·0	453·2
1·142	18	13·77	37·15	157·3	424·3

15*

3. Tabelle über den Einfluß der Temperatur auf das spezifische Gewicht von Lösungen von Natrium-carbonat.

(Umgerechnet nach der Formel von Wegscheider, Monatsh. f. Chem. **27**, 16; 1905.)

a Dichte bei $\frac{15^0}{4^0}$; Δa Änderung durch die Wärme bei der Temperatur t^0.

a	t 0^0	t 5^0	t 10^0	t 20^0	t 25^0	t 30^0	t 35^0
	Δa	Δa	Δa	Δa	Δa	Δa	Δa
1·290						−0·005	−0·008
1·280						6	9
1·270						8	11
1·260						9	12
1·250						8	11
1·240				−0·002	−0·005	7	9
1·230				2	5	7	10
1·220				2	5	7	9
1·210				2	5	7	9
1·200				2	5	7	8
1·190	+0·008	+0·005	+0·003	2	4	6	8
1·180	7	4	2	2	4	6	8
1·170	7	4	2	1	4	6	8
1·160	6	4	2	1	4	6	8
1·150	6	4	2	1	4	6	8
1·140	6	4	2	1	4	6	7
1·130	6	4	2	1	3	5	7
1·120	6	4	2	1	3	5	7
1·110	6	4	2	1	3	5	6
1·100	6	4	2	1	3	4	6
1·090	6	4	2	1	3	4	6
1·080	6	4	2	1	3	4	6
1·070	5	3	1	1	3	4	6
1·060	4	3	1	1	3	4	6
1·050	4	3	1	1	2	4	6
1·040	3	2	1	1	2	4	6
1·030	3	2	1	1	2	4	5
1·020	3	2	1	1	2	4	5
1·010	3	2	1	1	2	4	5

Bei Temperaturen unter 15^0 müssen die Werte für Δa von den beobachteten abgezogen, bei Temperaturen über 15^0 müssen sie zugezählt werden, um den Wert bei 15^0 zu ermitteln. Bei 15^0 sind nur Lösungen mit maximalem spezifischem Gewicht von 1·240, bei 0^0 mit solchem von 1·190 herstellbar.

a	t 40°	t 45°	t 50°	t 55°	t 60°	t 65°	t 70°
	Δa	Δa	Δa	Δa	Δa	Δa	Δa
1·290	−0·010	−0·013	−0·016	−0·019	−0·022	−0·026	−0·029
1·280	11	14	17	20	23	27	30
1·270	13	16	19	22	25	29	32
1·260	14	17	20	23	26	29	33
1·250	13	16	20	23	26	29	32
1·240	11	14	17	20	23	27	30
1·230	11	14	17	20	23	27	30
1·220	11	14	17	20	23	27	30
1·210	11	14	16	19	23	26	29
1·200	11	14	16	19	23	25	29
1·190	10	13	16	19	22	25	28
1·180	10	13	16	19	22	25	28
1·170	10	12	15	18	21	24	27
1·160	10	12	15	18	21	24	27
1·150	10	12	15	18	21	24	27
1·140	10	12	15	18	21	24	27
1·130	9	11	14	17	20	22	25
1·120	9	11	14	16	19	22	25
1·110	9	11	13	16	19	22	25
1·100	8	11	13	15	18	21	24
1·090	8	11	13	15	18	21	24
1·080	8	11	13	15	18	21	24
1·070	8	11	13	15	18	21	24
1·060	8	11	13	15	18	21	24
1·050	8	10	12	14	17	19	22
1·040	7	10	12	14	17	19	22
1·030	7	9	11	13	16	18	21
1·020	7	9	11	13	16	18	21
1·010	7	9	11	13	15	18	21

a	t 75°	t 80°	t 85°	t 90°	t 95°	t 100°
	Δa	Δa	Δa	Δa	Δa	Δa
1·290	−0·033	−0·036	−0·040	−0·044	−0·048	−0·051
1·280	34	37	41	45	49	52
1·270	35	39	42	46	50	54
1·260	36	39	43	47	50	54
1·250	36	39	43	46	50	54
1·240	33	36	43	44	48	52
1·230	33	36	40	44	48	51
1·220	33	36	40	43	47	50
1·210	32	35	39	43	46	50
1·200	32	35	39	42	46	50
1·190	31	34	39	42	45	49
1·180	31	34	38	42	45	49
1·170	30	34	38	41	44	48
1·160	30	34	37	41	44	48
1·150	30	33	37	40	44	47
1·140	30	33	37	40	44	47
1·130	29	32	37	39	42	46
1·120	28	31	35	38	42	45

Vgl. Fußnote S. 228.

a	t 75°	t 80°	t 85°	t 90°	t 95°	t 100°
	Δa	Δa	Δa	Δa	Δa	Δa
1·110	−0·028	−0·031	−0·035	−0·038	−0·041	−0·045
1·100	27	30	34	37	41	44
1·090	27	30	34	37	41	44
1·080	27	30	34	37	40	43
1·070	27	30	33	36	40	43
1·060	27	30	33	36	39	43
1·050	25	28	31	35	38	42
1·040	25	28	31	35	38	42
1·030	24	27	30	33	37	40
1·020	24	27	30	33	37	40
1·010	24	27	30	33	36	40

Vgl. Fußnote S. 228.

4. Spezifische Gewichte von Ätznatronlösungen bei 15°.

NB. Diese Tabelle gilt nur für Lösungen von ganz reinem NaOH. Für 0—28% berechnet nach R. Wegscheiders Formel:

$$d_t = d_w^t + (0·0116027 - 0·0^4 25111\, t + 0·0^6 10222\, t^2)\, P - (0·0^4 10817 - 0·0^6 36748\, t + 0·0^9 2034\, t^3)\, P^2.$$

(Monatsh. f. Chem. **27**, 25; 1905), für Prozentgehalte von 28 bis 33% nach Versuchen von G. Lunge und von 33—39% nach Versuchen von W. R. Bousfield u. Th. M. Lowry (Phil. Trans. Roy. Soc. **204**, 273; 1905 für steigende Baumégrade.

Spezifisches Gewicht	Baumé	Prozent Na_2O	Prozent NaOH	1 cbm enthält kg	
				Na_2O	NaOH
1·007	1	0·46	0·59	4·6	6·0
1·014	2	0·93	1·20	9·4	12·0
1·022	3	1·43	1·85	14·6	18·9
1·029	4	1·94	2·50	20·0	25·7
1·036	5	2·44	3·15	25·3	32·6
1·045	6	2·94	3·79	30·7	39·6
1·052	7	3·49	4·50	36·7	47·3
1·060	8	4·03	5·20	42·7	55·0
1·067	9	4·54	5·86	48·4	62·5
1·075	10	5·10	6·58	54·8	70·7
1·083	11	5·66	7·30	61·3	79·1
1·091	12	6·25	8·07	68·3	88·0
1·100	13	6·81	8·78	74·9	96·6
1·108	14	7·36	9·50	81·5	105·3
1·116	15	7·98	10·30	89·0	114·9

Fortsetzung von Seite 230.

Spezifisches Gewicht	Baumé	Prozent Na$_2$O	Prozent NaOH	1 cbm enthält kg	
				Na$_2$O	NaOH
1·125	16	8·57	11·06	96·4	124·4
1·134	17	9·22	11·90	104·6	134·9
1·142	18	9·84	12·69	112·5	145·0
1·152	19	10·46	13·50	120·5	155·5
1·162	20	11·12	14·35	129·2	166·7
1·171	21	11·74	15·15	137·5	177·4
1·180	22	12·40	16·00	146·3	188·8
1·190	23	13·11	16·91	156·0	201·2
1·200	24	13·80	17·81	165·6	213·7
1·210	25	14·50	18·71	175·5	226·4
1·220	26	15·23	19·65	185·8	239·7
1·230	27	15·97	20·60	196·6	253·6
1·241	28	16·70	21·55	207·2	267·4
1·252	29	17·43	22·50	218·2	281·7
1·263	30	18·21	23·50	230·0	296·8
1·274	31	18·97	24·48	241·7	311·9
1·285	32	19·77	25·50	254·0	327·7
1·297	33	20·60	26·58	267·2	344·7
1·308	34	21·43	27·65	280·0	361·7
1·320	35	22·35	28·83	295·0	380·6
1·332	36	23·25	30·00	309·7	399·6
1·345	37	24·18	31·20	325·2	419·6
1·357	38	25·19	32·50	341·8	441·0
1·370	39	26·14	33·73	358·1	462·1
1·383	40	27·13	35·00	375·2	484·1
1·397	41	28·18	36·36	393·7	507·9
1·410	42	29·18	37·65	411·4	530·9
1·424	43	30·27	39·06	431·0	556·2
1·438	44	31·37	40·47	451·1	582·0
1·453	45	32·57	42·02	473·2	610·6
1·468	46	33·77	43·58	495·7	639·8
1·483	47	35·00	45·16	519·1	669·7
1·498	48	36·22	46·73	542·6	700·0
1·514	49	37·52	48·41	568·1	732·9
1·530	50	38·83	50·10	594·1	766·5

Ist die Natronlauge CO_2-haltig, so sind bei 20° C zu den in der vorstehenden Tabelle angegebenen spezifischen Gewichten die folgenden Werte zu addieren (Wegscheider).

Prozente NaOH aus dem Gesamttiter	Prozente CO_2					
	0·5	1	2	3	4	5
1	0·002	—	—	—	—	—
10	3	0·005	0·010	0·016	0·021	0·027
20	3	6	12	19	25	32
28	3	7	14	21	28	35

Diese Tabelle kann ohne erheblichen Fehler auch für Temperaturen zwischen 0° und 30° benutzt werden; für Lösungen unter 12°/₀ NaOH oder unter 0·8°/₀ CO_2 auch bis 100°. Für NaOH- oder CO_2-reichere Laugen dient folgende Interpolationstabelle:

Prozente NaOH aus dem Gesamttiter	Prozente CO_2			
	0·5	1	3	5
	60° C			
1	0·002	—	—	—
10	2	0·005	0·016	0·027
20	3	6	17	30
28	3	6	19	32
	100° C			
1	0·002	—	—	—
10	2	0·005	0·015	0·027
20	2	5	16	27
28	2	5	16	28

5. Tabelle über den Einfluß der Temperatur auf das spezifische Gewicht von Ätznatronlaugen.

(Umgerechnet nach der Formel von Wegscheider, Monatsh. f. Chem. **27**, 25; 1905.)

a Dichte bei $\dfrac{15^0}{4^0}$; $\varDelta$ a Änderung durch die Wärme bei der Temperatur t^0.

a	t 0^0	t 5^0	t 10^0	t 20^0	t 25^0	t 30^0	t 35^0
	$\varDelta$ a	$\varDelta$ a	$\varDelta$ a	$\varDelta$ a	$\varDelta$ a	$\varDelta$ a	$\varDelta$ a
1·360	+0·007	+0·004	+0·002	—0·003	—0·005	—0·007	—0·010
1·350	7	4	2	2	5	7	10
1·340	7	4	2	2	5	7	10
1·330	7	4	2	2	5	7	10
1·320	7	4	2	2	5	7	10
1·310	6	4	2	2	5	7	10
1·300	6	4	2	2	5	7	10
1·290	6	4	2	2	5	7	10
1·280	6	4	2	2	5	7	10
1·270	6	4	2	2	5	7	10
1·260	6	4	2	2	5	7	10
1·250	6	4	2	2	5	7	10
1·240	5	4	2	2	5	7	10
1·230	5	4	2	2	5	7	10
1·220	5	4	2	2	5	7	10
1·210	5	4	2	2	4	7	10
1·200	5	4	2	2	4	7	10
1·190	5	4	2	2	4	6	9
1·180	5	4	2	2	4	6	9
1·170	5	4	2	2	4	6	9
1·160	5	4	2	2	4	6	9
1·150	5	4	2	2	4	6	9
1·140	4	3	2	2	4	6	8
1·130	4	3	2	2	4	6	8
1·120	4	3	1	2	4	6	8
1·110	4	3	1	1	3	5	7
1·000	3	3	1	1	3	5	7
1·090	3	2	1	1	3	5	7
1·080	3	2	1	1	3	5	7
1·070	2	2	1	1	3	5	7
1·060	2	2	1	1	3	5	7
1·050	2	2	1	1	2	4	6
1·040	2	2	1	1	2	4	5
1·030	2	2	1	1	2	4	5
1·020	1	1	1	1	2	4	5
1·010	0	0	0	1	2	4	5

Bei Temperaturen unter 15^0 müssen die Werte für $\varDelta$ a von den beobachteten abgezogen, bei Temperaturen über 15^0 müssen sie zugezählt werden, um den Wert bei 15^0 zu ermitteln.

a	t 40°	t 45°	t 50°	t 55°	t 60°	t 65°	t 70°
	Δ a	Δ a	Δ a	Δ a	Δ a	Δ a	Δ a
1·360	−0·013	−0·015	−0·018	−0·021	−0·024	−0·027	−0·030
1·350	13	15	18	21	24	27	30
1·340	13	15	18	21	24	27	30
1·330	13	15	18	21	24	27	30
1·320	13	15	18	21	24	27	30
1·310	13	15	18	21	24	27	30
1·300	13	15	18	21	24	27	30
1·290	13	15	18	21	24	27	30
1·280	13	15	18	21	24	27	30
1·270	13	15	18	21	24	27	30
1·260	13	15	18	21	24	27	30
1·250	12	15	18	21	24	27	30
1·240	12	15	18	21	24	27	30
1·230	12	15	18	20	23	27	30
1·220	12	15	18	20	23	27	30
1·210	12	15	18	20	23	27	30
1·200	12	15	18	20	23	27	29
1·190	12	14	18	20	23	26	29
1·180	11	14	17	20	23	26	29
1·170	11	14	17	20	23	26	29
1·160	11	14	17	20	23	26	29
1·150	11	14	17	20	23	26	29
1·140	11	14	16	19	22	25	28
1·130	10	14	16	19	22	24	27
1·120	10	13	16	18	22	23	26
1·110	9	12	15	18	21	23	26
1·100	9	12	14	17	20	23	26
1·090	9	11	14	17	20	22	26
1·080	9	11	14	17	19	22	25
1·070	9	11	14	16	19	22	25
1·060	8	10	13	16	18	21	24
1·050	7	10	12	15	17	20	23
1·040	7	9	12	14	17	19	22
1·030	7	9	12	14	17	19	22
1·020	7	9	11	14	16	19	22
1·010	7	9	11	13	16	18	21

Vgl. Fuß-

F. Analyse der Handelssoda.

Der alkalimetrische Gehalt wird stets nach dem Glühen bestimmt und für den geglühten (trockenen) Zustand angegeben; dies ist der eigentlich maßgebende Titer. Zur Analyse werden 2·6500 g abgewogen, aufgelöst und ohne Filtration titriert; jedes Kubikzentimeter Normalsäure zeigt 2 Prozent Na_2CO_3 an.

Als Normalsäure wendet man Salzsäure an, die im Liter 36·468 g HCl enthält und auf chemisch reines Natriumcarbonat

von Seite 233.

a	t 75° Δa	t 80° Δa	t 85° Δa	t 90° Δa	t 95° Δa	t 100° Δa
1·360	−0·033	−0·036	−0·038	−0·041	−0·045	−0·047
1·350	33	36	38	41	45	47
1·340	33	36	38	41	45	47
1·330	33	36	38	41	45	47
1·320	33	36	38	41	45	47
1·310	33	36	38	41	45	47
1·300	33	36	38	41	45	47
1·290	33	36	38	41	45	47
1·280	33	36	38	41	45	47
1·270	33	36	38	41	45	47
1·260	33	36	38	41	45	47
1·250	33	36	38	41	45	47
1·240	33	36	38	41	45	47
1·230	33	36	38	41	45	47
1·220	33	35	38	41	45	47
1·210	33	35	38	41	45	47
1·200	33	35	38	41	45	47
1·190	32	35	38	41	45	47
1·180	32	34	38	41	45	47
1·170	32	34	37	41	45	47
1·160	32	34	37	41	45	47
1·150	32	34	37	41	45	47
1·140	32	34	37	41	45	47
1·130	31	33	37	41	45	47
1·120	30	33	36	40	44	47
1·110	29	32	36	40	43	47
1·100	29	32	35	39	42	46
1·090	29	32	35	38	42	45
1·080	28	31	35	38	42	45
1·070	28	31	34	37	41	44
1·060	27	30	34	36	40	43
1·050	26	29	33	35	39	42
1·040	25	28	32	35	39	42
1·030	25	28	32	35	38	42
1·020	25	28	31	34	37	41
1·010	24	27	30	33	37	40

note S. 233.

gestellt, sowie mit Silbernitrat kontrolliert ist; vgl. Anhang. Als Indikator dient weitaus am besten Methylorange in der Kälte.

Zu einer vollständigen Analyse der Handelssoda werden 50 g derselben in warmem Wasser aufgelöst und

1. der unlösliche Rückstand abfiltriert und ausgewaschen; das Filtrat und die Waschwässer werden auf ein Liter gebracht. Hierin bestimmt man

2. Natriumcarbonat durch Titrieren von 20 ccm = 1 g

der Soda mit Normalsalzsäure, unter Abzug des in Nr. 3 gefundenen Betrages; der Betrag Nr. 4 ist stets minimal.

3. Ätznatron durch Bariumchlorid nach S. 213.

4. Natriumsulfid in 100 ccm = 5 g durch Titrieren mit ammoniakalischer Silberlösung (Bereitung im Anhange), welche im Liter 13·818 g Ag enthält und pro Kubikzentimeter 0·005 g Na_2S anzeigt. Man erhitzt die Sodalösung zum Sieden, setzt Ammoniak zu und tröpfelt die Silberlösung aus einer in $^1/_{10}$ ccm geteilten Bürette zu, so lange, bis kein neuer schwarzer Niederschlag von Ag_2S entsteht. Um dies genauer beobachten zu können, filtriert man gegen das Ende der Operation und titriert das Filtrat weiter; dies wird nach Bedarf öfters wiederholt. Jeder Kubikzentimeter der Silberlösung zeigt 0·1 Proz. Na_2S in der Soda an.

5. Natriumsulfit. Man säuert 100 ccm der Lauge = 5 g Soda mit Essigsäure an, setzt Stärkelösung zu und titriert mit Jodlösung bis Blau. Eine Zehntelnormal-Jodlösung zeigt pro Kubikzentimeter 0·006303 g (log = 0·79955—3) Na_2SO_3 oder hier 0·126 Proz.; die S. 214 bei II. Nr. 3 erwähnte Lösung von 3·252 g Jod im Liter zeigt pro Kubikzentimeter 0·001615 g (log = 0·20817—3) Na_2SO_3, oder hier 0·0323 Proz. Hiervon muß man allerdings den Betrag von Nr. 4 abziehen, wobei man 1 ccm der Silberlösung = 1·3 ccm der Zehntelnormal-Jodlösung oder = 5·0 der schwächeren Jodlösung berechnet.

6. Natriumsulfat. Man säuert 20 ccm der Lauge = 1 g Soda mit Salzsäure an, fällt mit Bariumchlorid nach S. 144 und wägt das $BaSO_4$, wovon 1·000 T.= 0·6086 T. (log = 0·78432—1) Na_2SO_4 ist.

7. Natriumchlorid. Man neutralisiert 20 ccm der Lauge = 1 g Soda genau mit Salpetersäure, am besten, indem man aus einer Bürette genau so viel Normalsalpetersäure zusetzt, als man in Nr. 2 an Salzsäure gebraucht hatte; dann versetzt man mit gelbem Kaliumchromat und titriert mit Zehntel-Silberlösung nach S. 191. Jedes Kubikzentimeter derselben zeigt 0·005846 g (log = 0·76686—3) NaCl.

8. Eisen. Man neutralisiert 100 ccm Lauge = 5 g Soda mit eisenfreier Schwefelsäure, reduziert durch eisenfreies Zink (S. 185) und titriert mit Zwanzigstelnormal-Permanganatlösung, wovon jedes Kubikzentimeter 0·002793 g (log = 0·44600—3) Fe oder hier = 0·0559 Proz. Eisen anzeigt.

9. Tabelle zur Vergleichung der deutschen, englischen und französischen Handelsgrade von Soda. Die englischen Fabriken geben nominell den alkalimetrischen Titer auf Proz. Na_2O umgerechnet an, was also die Gay-Lussacschen Grade bedeuten würde. In Wirklichkeit rechnen sie aber ganz anders, indem sie das Äquivalent des Na_2O nicht

$\frac{1}{2}$ (62) = 31, sondern = 32 setzen. Bei richtiger Rechnung, also nach wirklichen Gay-Lussac-Graden, würde ganz reine Soda $\frac{31 \times 100}{53} = 58{\cdot}48^0$ zeigen, bei dem Äquivalent 32 aber $\frac{32 \times 100}{54} = 59{\cdot}26^0$. Dies nennt man dann „Newcastler" Grade. Der „Liverpool test" aber setzt sogar je 31 Gay-Lussac-Grade = 32^0 englisch, wo also ganz reine Soda zeigt: $\frac{58{\cdot}49 \times 32}{31} = 60{\cdot}37^0$!

Die französischen (Descroizilles) Grade bedeuten die Mengen von Schwefelsäuremonohydrat H_2SO_4, welche von 100 T. der Soda neutralisiert werden.

Gay-Lussacs Grade Proz. Na_2O	Deutsche Grade Proz. Na_2CO_3	Englische (Newcastler) Grade	Französische (Descroizilles) Grade	Proz. NaOH	Gay-Lussacs Grade Proz. Na_2O	Deutsche Grade Proz. Na_2CO_3	Englische (Newcastler) Grade	Französische (Descroizilles) Grade	Proz. NaOH
0·5	0·86	0·51	0·79	0·65	13	22·23	13·17	20·57	16·78
1	1·71	1·01	1·58	1·29	13·5	23·09	13·68	21·36	17·43
1·5	2·57	1·52	2·37	1·94	14	23·94	14·18	22·15	18·07
2	3·42	2·03	3·16	2·58	14·5	24·80	14·69	22·94	18·72
2·5	4·28	2·54	3·96	3·23	15	25·65	15·19	23·73	19·37
3	5·13	3·04	4·75	3·87	15·5	26·51	15·70	24·52	20·01
3·5	5·99	3·35	5·54	4·52	16	27·36	16·21	25·31	20·66
4	6·84	4·05	6·33	5·16	16·5	28·22	16·73	26·10	21·30
4·5	7·70	4·56	7·12	5·81	17	29·07	17·22	26·89	21·95
5	8·55	5·06	7·91	6·46	17·5	29·93	17·73	27·69	22·59
5·5	9·41	5·57	8·70	7·10	18	30·78	18·23	28·48	23·24
6	10·26	6·08	9·49	7·75	18·5	31·64	18·74	29·27	23·88
6·5	11·12	6·59	10·28	8·39	19	32·49	19·25	30·06	24·53
7	11·97	7·09	11·07	9·04	19·5	33·35	19·76	30·84	25·18
7·5	12·83	7·60	11·87	9·68	20	34·20	20·26	31·63	25·82
8	13·68	8·10	12·66	10·33	20·5	35·06	20·77	32·42	26·47
8·5	14·54	8·61	13·45	10·97	21	35·91	21·27	33·21	27·11
9	15·39	9·12	14·24	11·62	21·5	36·77	21·78	34·00	27·76
9·5	16·25	9·63	15·03	12·27	22	37·62	22·29	34·79	28·40
10	17·10	10·13	15·82	12·91	22·5	38·48	22·80	35·59	29·05
10·5	17·96	10·64	16·61	13·56	23	39·33	23·30	36·38	29·69
11	18·81	11·14	17·40	14·20	23·5	40·19	23·81	37·17	30·34
11·5	19·67	11·65	18·19	14·85	24	41·04	24·31	37·96	30·98
12	20·52	12·17	18·98	15·49	24·5	41·90	24·82	38·75	31·63
12·5	21·38	12·68	19·78	16·14	25	42·75	25·32	39·54	32·28

Gay-Lussacs Grade Proz. Na₂O	Deutsche Grade Proz. Na₂CO₃	Englische (Newcastler) Grade	Französische (Descroizilles) Grade	Proz. NaOH	Gay-Lussacs Grade Proz. Na₂O	Deutsche Grade Proz. Na₂CO₃	Englische (Newcastler) Grade	Französische (Descroizilles) Grade	Proz. NaOH
25·5	43·61	25·83	40·33	32·92	45	76·95	45·59	71·17	58·10
26	44·46	26·34	41·12	33·57	45·5	77·81	46·10	71·96	58·74
26·5	45·32	26·85	41·91	34·21	46	78·66	46·60	72·75	59·39
27	46·17	27·35	42·70	34·86	46·5	79·52	47·11	73·54	60·03
27·5	47·03	27·86	43·50	35·50	47	80·37	47·62	74·33	60·68
28	47·88	28·36	44·29	36·15	47·5	81·23	48·12	75·13	61·32
28·5	48·74	28·87	45·08	36·79	48	82·08	48·63	75·92	61·97
29	49·59	29·38	45·87	37·44	48·5	82·94	49·14	76·71	62·61
29·5	50·45	29·89	46·66	38·09	49	83·79	49·64	77·50	63·26
30	51·30	30·39	47·45	38·73	49·5	84·65	50·15	78·29	63·91
30·5	52·16	30·90	48·24	39·38	50	85·50	50·66	79·08	64·55
31	53·01	31·41	49·03	40·02	50·5	86·36	51·16	79·87	65·20
31·5	53·87	31·91	49·82	40·67	51	87·21	51·67	80·66	65·84
32	54·72	32·42	50·61	41·31	51·5	88·07	52·18	81·45	66·49
32·5	55·58	32·92	51·41	41·96	52	88·92	52·68	82·24	67·13
33	56·43	33·43	52·20	42·60	52·5	89·78	53·19	83·04	67·78
33·5	57·29	33·94	52·99	43·25	53	90·63	53·70	83·83	68·42
34	58·14	34·44	53·78	43·89	53·5	91·49	54·20	84·62	69·07
34·5	59·00	34·95	54·57	44·54	54	92·34	54·71	85·41	69·71
35	59·85	35·46	55·36	45·19	54·5	93·20	55·22	86·20	70·36
35·5	60·71	35·96	56·15	45·83	55	94·05	55·72	86·99	71·01
36	61·56	36·47	56·94	46·48	55·5	94·91	56·23	87·78	71·65
36·5	62·42	36·98	57·73	47·12	56	95·76	56·74	88·57	72·30
37	63·27	37·48	58·52	47·77	56·5	96·62	57·24	89·36	72·94
37·5	64·13	37·98	59·32	48·41	57	97·47	57·75	90·15	73·59
38	64·98	38·50	60·11	49·06	57·5	98·33	58·26	90·95	74·23
38·5	65·84	39·00	60·90	49·70	58	99·18	58·76	91·74	74·88
39	66·69	39·51	61·68	50·35	58·5	100·04	59·27	92·52	75·52
39·5	67·55	40·02	62·47	51·00	59	100·89	59·77	93·31	76·17
40	68·40	40·52	63·26	51·64	59·5	101·75	60·28	94·10	76·82
40·5	69·26	41·03	64·05	52·29	60	102·60	60·79	94·89	77·46
41	70·11	41·54	64·84	52·93	60·5	103·46	61·30	95·68	78·11
41·5	70·97	42·04	65·63	53·58	61	104·31	61·80	96·47	78·75
42	71·82	42·55	66·42	54·22	61·5	105·17	62·31	97·26	79·40
42·5	72·68	43·06	67·22	54·87	62	106·02	62·82	98·05	80·04
43	73·53	43·57	68·01	55·51	62·5	106·88	63·32	98·85	80·69
43·5	74·39	44·07	68·80	56·16	63	107·73	63·83	99·62	81·33
44	75·24	44·58	69·59	56·80	63·5	108·59	64·33	100·43	81·98
44·5	76·10	45·08	70·38	57·45	64	109·44	64·84	101·22	82·62

Gay-Lussacs Grade Proz. Na_2O	Deutsche Grade Proz. Na_2CO_3	Englische (Newcastler) Grade	Französische (Descroizilles) Grade	Proz. NaOH	Gay-Lussacs Grade Proz. Na_2O	Deutsche Grade Proz. Na_2CO_3	Englische (Newcastler) Grade	Französische (Descroizilles) Grade	Proz. NaOH
64·5	110·30	65·35	102·01	83·27	71·5	122·27	72·44	113·08	92·31
65	111·15	65·85	102·80	83·92	72	123·12	72·95	113·87	92·95
65·5	112·01	66·36	103·59	84·56	72·5	123·98	73·45	114·67	93·60
66	112·86	66·87	104·38	85·20	73	124·83	73·96	115·46	94·24
66·5	113·72	67·37	105·17	85·85	73·5	125·69	74·47	116·25	94·89
67	114·57	67·88	105·96	86·50	74	126·54	74·97	117·04	95·53
67·5	115·43	68·39	106·76	87·14	74·5	127·40	75·48	117·83	96·18
68	116·28	68·89	107·55	87·79	75	128·25	75·99	118·62	96·83
68·5	117·14	69·40	108·34	88·43	75·5	129·11	76·49	119·41	97·47
69	117·99	69·91	109·13	89·08	76	129·96	77·00	120·20	98·12
69·5	118·85	70·41	109·92	89·73	76·5	130·82	77·51	120·99	98·76
70	119·70	70·92	110·71	90·37	77	131·67	78·01	121·78	99·41
70·5	120·56	71·43	111·50	91·02	77·5	132·53	78·52	122·58	100·05
71	121·41	71·93	112·29	91·66					

Anhang:

Wasserglas: Natronwasserglas (Natronsilikat).

Das feste Handelsprodukt ist in reinem Zustande weiß, glasartig, meistenteils aber durch Eisenoxydulgehalt grünlich- oder durch Eisenoxyd graugelb gefärbt. Handelsüblich ist eine wässerige Lösung von 37—40° (seltener von 30—33° Bé.).

a) **Gebundenes und freies Alkali.** Man löst 50 g Wasserglas zu 500 ccm. 100 ccm Lösung werden mit Normalsäure und Methylorange als Indikator titriert.

1 ccm Normalsäure entspricht:

$$0,031 \text{ g (log} = 0·49136 — 2) \text{ Na}_2\text{O bzw. } 0·0400 \text{ g}$$
$$(\text{log} = 0·60217 — 2) \text{ NaOH.}$$

b) **Kieselsäure.** 100 ccm werden mit einigen Kubikzentimetern konzentrierter Salzsäure in der Platinschale zersetzt, zur Trockne gebracht, mehrfach mit konzentrierter Salzsäure befeuchtet und eingedampft, schließlich bei 110—120° durch 2 Stunden erhitzt, mit warmer verdünnter Salzsäure aufgenommen, filtriert, gewaschen und nach starkem Glühen als SiO_2 gewogen.

c) Kochsalz, Neutralsalze. Das Filtrat von der Kieselsäure wird mit Ammoniak, Ammoncarbonat und Ammonoxalat versetzt, auf dem Wasserbade erwärmt, Eisen-, Tonerde- und Kalkverbindungen abfiltriert, das Filtrat eingedampft, die Ammonsalze durch schwaches Glühen verjagt und das rückbleibende NaCl gewogen. Überschüssiges Kochsalz ergibt sich aus diesem Werte abzüglich des durch Neutralisation mit Salzsäure nach a) entstehenden Kochsalzes.

d) Verunreinigungen. Als Verunreinigungen kommen im technischen Wasserglas neben wasserunlöslichen Chloriden Eisen- und Tonerdeverbindungen, geringe Mengen Phosphorsäure und Sulfate der Alkalien vor.

VI. Schwefel-Regeneration aus Leblanc-Soda-Rückständen.

Die in den früheren Auflagen enthaltenen Vorschriften zur Untersuchung der bei dem Verfahren von Schaffner-Mond entstehenden Laugen sind hier fortgelassen, weil dieses Verfahren nicht mehr ausgeübt wird; jetzt werden hier nur die bei dem Verfahren von Claus-Chance angewendeten Methoden wiedergegeben.

1. Bestimmung des Sulfidschwefels im Sodarückstande. Man benutzt einen Kolben mit Hahntrichter und Glasrohr, das letztere verbunden mit einem Absorptionsapparat, z. B. Fig. 7, S. 161, welcher mit Kalilauge gefüllt und am besten mit einem Aspirator verbunden ist. In den Kolben gibt man etwa 2 g Sodarückstand und etwas Wasser und läßt aus dem Hahntrichter Salzsäure, verdünnt mit dem gleichen Volum Wasser, allmählich einlaufen, bis die Zersetzung beendigt ist. Man kocht zur Austreibung alles Gases, wobei viel Wasser in den Kugeln des Absorptionsapparates verdichtet wird. Wenn etwa $^2/_3$ der Kugeln siedend heiß geworden sind, öffnet man den Trichterhahn, läßt den Apparat abkühlen, bringt den Inhalt des Absorptionsapparates in eine $^1/_2$-Literflasche, füllt zur Marke und entnimmt einen aliquoten Teil davon, den man mit ziemlich viel gut ausgekochtem Wasser verdünnt, mit Essigsäure neutralisiert und mit $^1/_{10}$ N-Jodlösung titriert, wovon jedes ccm = 0·001603 g (log = 0·20493 — 3) S.

2. Sulfidschwefel im carbonatierten Rückstand. Man verwendet etwa 6 g zur Analyse, welche wie in Nr. 1 vorgenommen wird.

3. Sulfidschwefel + CO_2 im Sodarückstand. Zu dieser nur ausnahmsweise ausgeführten Bestimmung braucht man einen kleinen Kolben mit Hahntrichter, verbunden mit

einem mit Natriumsulfat gefüllten U-Rohr (für Absorption von HCl) und genügend vielen Chlorcalciumröhren, um das Gas gut zu trocknen. Auf letztere folgen zwei gewogene Kalikugelapparate und schließlich wieder gewogene Chlorcalciumröhren. Der Kolben wird mit 2 g Rückstand und etwas Wasser beschickt und ein Strom Stickstoffgas durch den Apparat geleitet. (Man bereitet dieses Gas aus Kalkofengasen, die man durch Natronlauge, dann durch ein mit Kupferspänen gefülltes rotglühendes Rohr und dann wieder durch Kalilauge und Barytwasser leitet oder entnimmt es einer Bombe.) Nun zersetzt man den Rückstand mit Salzsäure, kocht und leitet längere Zeit einen Strom von Stickstoff hindurch, um alles H_2S und CO_2 aus dem Kolben in die Kaliapparate und Trockenröhren zu treiben. Durch Rückwägen der ersteren erfährt man die Menge von $H_2S + CO_2$. Durch Behandlung der Kalilauge nach Nr. 1 erfährt man die Menge des H_2S, und diejenige der CO_2 aus dem Unterschiede beider Bestimmungen. Sehr vorteilhaft kann man hier auch das von Lunge und Rittener ausgearbeitete Verfahren der Bestimmung von Kohlendioxyd neben Schwefelwasserstoff (Zeitschr. f. angew. Chem. **19**, 1851; 1906, S. 198) anwenden (vgl. S. 217).

4. **Sulfidschwefel in Laugen von Calciumsulfid oder Natriumsulfid.** Man verdünnt 10 ccm auf 250, entnimmt einen aliquoten Teil, verdünnt stark mit luftfreiem Wasser, säuert mit Essigsäure an und titriert wie in Nr. 1. Bei Gegenwart von Thiosulfat bestimmt man dies wie in Nr. 5 und zieht es ab. Bei Gegenwart von Polysulfid zeigt diese Methode nicht den durch Säuren ausfällbaren, sondern nur den als H_2S ausscheidbaren Schwefel an.

5. **Natron, Kalk und Thiosulfat in Schwefellaugen.** In 5 ccm der Lauge bestimmt man die Gesamtalkalinität ($CaO + Na_2O$) durch Titrieren mit Salzsäure und Methylorange. In eine andere Probe von 50 ccm leitet man CO_2 ein bis zur Austreibung alles H_2S (angezeigt durch Bleipapier), kocht zur Zersetzung von Calciumbicarbonat, verdünnt auf 500 ccm, läßt absitzen, entnimmt 50 ccm des klaren Anteils und titriert wiederum, wobei man nur Na_2O findet, während CaO durch den Unterschied gegenüber der ersten Titrierung angezeigt wird.

Eine andere Probe der carbonatierten Flüssigkeit titriert man mit $^1/_{10}$ N-Jodlösung auf Thiosulfat; 1 ccm der Jodlösung = 0·006412 g (log = 0·80699 — 3) Schwefel als $Na_2S_2O_3$.

6. **Kalkofengase.** Man bestimmt CO_2 in irgend einer Gasbürette oder im Orsat-Apparat (Fig. 5, S. 128), wobei zugleich der Sauerstoff bestimmt werden kann.

7. **Gas aus dem Gasometer.** a) H_2S und CO_2 zusammen werden wie in Nr. 6 bestimmt.

b) H_2S für sich wird bestimmt in einer weithalsigen Flasche von genau bekanntem Inhalt (etwa 500 ccm) mit doppelt durchbohrtem Kautschukstopfen. Ein Glasrohr geht fast auf den Boden, ein anderes endet dicht unter dem Stopfen; beide sind außen mit Hähnen versehen. Man läßt Gas bis zur vollständigen Verdrängung der Luft hindurchstreichen, läßt durch einen der Hähne 20 oder 25 ccm Normalnatronlauge einlaufen, schüttelt gut um, bringt die Lauge in eine Meßflasche, spült nach und füllt zur Marke auf. Ein aliquoter Teil davon wird mit luftfreiem Wasser stark verdünnt, mit Essigsäure angesäuert und mit Jod titriert. Am besten verwendet man eine Lösung von $11{\cdot}463$ g Jod im Liter, welche pro ccm 1 ccm H_2S von 0^0 und 760 mm anzeigt. Um auch das angewendete Gas auf diese Normalien zu reduzieren, stellt man in einem Gasvolumeter (S. 181) die Röhren B und C so, daß die Quecksilberkuppen in eine Ebene fallen, liest den Stand in B ab und dividiert mit dieser Zahl in den Kubikinhalt der angewendeten Probeflasche $\times$ 100.

8. **Austrittsgase aus den Claus-Öfen.** Sie enthalten kleine Mengen von SO_2 und H_2S, welche beide beim Durchtritt durch Jodlösung 2 HJ für je 1 S bilden; aber während H_2S die Acidität nicht weiter vermehrt, bildet SO_2 außerdem ein Äquivalent an H_2SO_4. Man mißt also $SO_2 + H_2S$ durch das in HJ verwandelte J, und SO_2 für sich durch die nach Neutralisation des HJ übrig bleibende Acidität. Da aber beim Durchleiten der großen Gasmenge durch die Jodlösung etwas Jod verflüchtigt wird, so muß man noch Natronlauge oder besser Thiosulfatlösung einschalten. Man aspiriert einen oder mehrere Liter des Gases durch 50 ccm $^1/_{10}$ N-Jodlösung, enthalten in einem Vielkugelapparat, Fig. 7, S. 161, gefolgt von einem ebensolchen mit 50 ccm $^1/_{10}$ N-Thiosulfatlösung beschickten Apparate. Nach Beendigung der Operation entleert man beide Apparate in ein Becherglas und titriert mit $^1/_{10}$ N-Jodlösung und Stärke auf blau; die verbrauchte Zahl ccm (= n), multipliziert mit $0{\cdot}001603$ (log $= 0{\cdot}20493 - 3$) gibt den als SO_2 und H_2S zusammen vorhandenen Schwefel. Man zerstört nun die blaue Farbe durch einen Tropfen Thiosulfat, setzt Methylorange zu und titriert mit $^1/_{10}$ N-Natron bis zum Verschwinden der Rotfärbung; man brauche davon m ccm. $(m - n)\ 0{\cdot}001603$ g gibt den als SO_2 vorhandenen Schwefel an.

VII. Salpetersäurefabrikation.

A. Natronsalpeter (Chilisalpeter).

Synthetisch erzeugter Salpeter (Kunstsalpeter) enthält bis $99^0/_0$ $NaNO_3$, außerdem etwas Wasser und Natriumchlorid (selten Soda sowie Nitrit). Chilisalpeter ist wesentlich unreiner. Sein Gehalt schwankt von 95—$98^0/_0$ $NaNO_3$. Die Verkäufer von Chilisalpeter bedienen sich in der Regel der indirekten Analyse, d. h. sie bestimmen Feuchtigkeit, Natriumchlorid, Natriumsulfat und Unlösliches zusammen (die „Refraktion" genannt) und nehmen alles übrige = wirklichem Natriumnitrat an. Da jedoch häufig im Chilisalpeter Kaliumnitrat vorkommt, dessen Gehalt an Salpetersäure geringer als der des Natriumnitrats ist, so können auf diesem Wege Fehler von über $1^0/_0$ $NaNO_3$ entstehen. Daher sollte neben der indirekten Analyse eine direkte Bestimmung des Kaligehaltes, oder eine solche des Salpetersäuregehaltes vorgenommen werden.

1. **Wasser.** Man trocknet 10 g oder mehr einer guten Durchschnittsprobe im Glas- oder Porzellanschälchen bei 130^0 4—5 Stunden lang, bis zur Gewichtskonstanz.

2. **Salpetersäure.** Da es sehr schwierig ist, ein sehr kleines Durchschnittsmuster des Natronsalpeters zu erzielen, so zieht man ein solches von ungefähr 20 g, trocknet dies bei 110^0, zerreibt äußerst fein, mischt vollständig durch und entnimmt hiervon das für die Salpetersäurebestimmung wie auch für die übrigen Bestimmungen Nötige. Für den vorliegenden Zweck schüttet man das Muster in ein enges Wägeröhrchen, welches bis zu einer Marke ca. $0·35$ g[1]) hält, verkorkt das Röhrchen und wägt zurück. Dann schüttet man den Inhalt in das inzwischen vorgerichtete Schüttelgefäß D des Gasvolumeters, Fig. 9, S. 181, indem man die Substanz möglichst auf den Boden den Glasbechers bringt. Dabei muß der Hahn so stehen, daß seine Bohrungen völlig verschlossen sind. Man läßt nun ca. $^1/_2$ ccm lauwarmes Wasser einlaufen, wartet kurze Zeit, bis der Salpeter fast oder ganz zergangen ist, saugt die Lösung mit den Kristallen durch vorsichtiges Öffnen des Glashahnes bei gesenktem Niveaurohr E in das Innere des Gefäßes D, spült mit $^1/_2$ höchstens 1 ccm Wasser nach und läßt nun ca. 15 ccm konzentrierte reine Schwefelsäure nachlaufen. (Wenn man zuviel Wasser anwendet, d. h. mehr als höchstens im ganzen $1^1/_2$ ccm, so verdünnt sich die Schwefel-

---

[1]) Man muß so viel abwägen, daß bei der herrschenden Temperatur und Barometerstand das entwickelte Stickoxyd keinesfalls unter 100 ccm oder über 120 ccm beträgt.

16*

säure zu sehr und es entsteht dann ein das genaue Ablesen verhindernder, längere Zeit bleibender Schaum, indem sich viel basisches Quecksilbersulfat ausscheidet. Die nach obiger Vorschrift eintretende mäßige Verdünnung der 15 ccm konz. Schwefelsäure mit ca. 1·5 ccm Wasser verhindert die Auflösung einer merklichen Menge von NO in der Säure.) Die Reaktion wird wie bei dem gewöhnlichen Nitrometer (S. 178) durch kräftiges Schütteln der sauren Lösung mit dem Quecksilber beendigt. Man stellt dabei das Niveaurohr schon vorläufig ziemlich richtig ein, um starke Druckdifferenzen und damit Gefahr einer Undichtheit des Hahnes zu vermeiden und wartet mindestens $^1/_2$ Stunde zur Abkühlung. Jetzt verbindet man das Röhrchen c des Schüttelgefäßes D (Fig. 9) mit dem Röhrchen e des Meßrohres A, so daß Glas auf Glas stößt, wie S. 182 beschrieben, und führt nach Einschaltung der Evakuierungsmanipulation (S. 183) sämtliches Gas durch Heben von E und Senken von C nach A hinüber, ohne daß irgendwelche Säure nach A hinübertritt. Dann sperrt man beide Glashähne ab und stellt durch entsprechende Bewegungen der Röhren A, B, C in der S. 183 beschriebenen Art das Gasvolum auf den Druck von 760 mm und die Temperatur 0^0 ein. Selbstverständlich kann man auch ohne das „Reduktionsrohr" B arbeiten; man muß dann Temperatur und Barometerstand, wie S. 179 beschrieben, zugleich ablesen, das Gasvolumen nach den Tabellen S. 40 ff. oder mit Hilfe der Fluchtlinientafel des Anhanges auf 0^0 und 760 mm Druck reduzieren und dadurch x ccm NO erhalten. Jedes ccm NO entspricht 0·0037963 g (log = 0·57936 — 3) $NaNO_3$ (Tabelle S. 17); das Ganze dividiert durch das angewendete Gewicht a und multipliziert mit 100, gibt den Prozentgehalt, der also

$$= \frac{0·37963 \, x}{a} \text{ ist.}$$

NB. Man überzeugt sich, ob das Nitrometer bis zur Marke 100 genau 100 ccm faßt, indem man es umkehrt, Quecksilber bis zur Marke 100 einfüllt, dieses ablaufen läßt und wägt; es soll bei 15^0 1355·1 g wiegen, wobei die Meniskuskorrektion bereits berücksichtigt ist (Näheres C. T. U. I). Wenn nicht, so muß man jeder Ablesung entsprechend viel zugeben oder davon abziehen.

Für den vorliegenden Fall ist der Zersetzung im Gasmeßrohre selbst die Anwendung des Gasvolumeters (S. 181) mit besonderem Zersetzungsgefäß D unbedingt vorzuziehen.' Man muß als Gasmeßrohr hier nicht ein nur 50 ccm fassendes, wie es in Fig. 9 gezeigt ist, anwenden, sondern ein ca. 130 ccm fassendes, oben erweitertes, nur am verengerten unteren Teile eingeteiltes Rohr.

Über andere Nitratbestimmungsmethoden vgl. C. T. U. I, sowie S. 295.

3. **Unlösliches.** Man löst 10 g in Wasser, filtriert, wäscht aus und glüht; bei erheblichen Mengen von organischer Substanz trocknet man erst bei 100^0 und wägt das Filter mit dem Niederschlage, ehe man glüht. Die Lösung wird zu den Bestimmungen Nr. 4 bis 6 verwendet.

4. **Natriumsulfat** wird in der Lösung von Nr. 2 gewichtsanalytisch mit Bariumchlorid bestimmt, S. 193.

5. **Natriumchlorid** wird durch Silberlösung titriert, S. 191.

6. **Kaliumverbindungen.** Man verdampft mehrmals mit starker Salzsäure zur Trocknis, bis zur völligen Zerstörung der Nitrate und bestimmt das Kaliion wie im Kaliumchlorid, Kap. IX A. 2. S. 264. Es wird auf Kaliumnitrat berechnet, wovon 100 T. äquivalent mit 84·08 T. (log = 0·92469 — 1) $NaNO_3$ sind.

7. **Jodat** wird nachgewiesen durch Reduktion der Jodsäure mit Zink, Erhitzen der Lösung mit konz. Schwefelsäure, welche das Jod frei macht, Verdünnen und Ausschütteln mit Schwefelkohlenstoff, der das freie Jod mit rosaroter Farbe aufnimmt. Noch genauer ist die bei Salpetersäure S. 256 angegebene Probe. **Auzenat** (Chem. Zentralbl. 1900, I, 571) gibt eine kolorimetrische Probe an, beruhend darauf, daß Jodate in Gegenwart von Jodkalium durch Essigsäure zersetzt werden, nicht aber Nitrate.

8. **Perchlorat** (nach der Methode der **Hamburger Handelslaboratorien**). 20 g der Probe werden in einer Schale aus Eisen oder Reinnickel von etwa 200 ccm Inhalt mit etwa 6 ccm kalt gesättigter Sodalösung durchtränkt, etwa 1 g chlorfreies Mangansuperoxyd zugegeben und der Inhalt der Schale bei gelinder Wärme eingetrocknet; dann wird über einem kräftigen Bunsenbrenner zum Schmelzen gebracht und die Schale 15 Minuten lang so stark erhitzt, daß sie dunkle, aber doch deutlich sichtbare Rotglut zeigt; die Schale wird dabei bedeckt gehalten. Nach beendeter Schmelzung wird erkalten gelassen, mit heißem Wasser aufgenommen, die Lösung in einen 250 ccm-Kolben gebracht, nach dem Erkalten zur Marke aufgefüllt, filtriert und 50 ccm des Filtrates (= 4 g Salpeter) in ein Becherglas abgemessen. Diese werden mit 10 ccm Salpetersäure (spez. Gew. 1·2) versetzt und Permanganat (40 g im Liter) zur Oxydation des gebildeten Nitrites unter Umschwenken zugetröpfelt, bis die rote Farbe eine Minute bestehen bleibt. Nach beendeter Oxydation werden 5 ccm einer kalt gesättigten Eisenammonalaunlösung zugesetzt und nach **Volhard** titriert.

Die Differenz der auf solche Art verbrauchten Kubikzentimeter $^1/_{10}$ N-Silberlösung und Nr. 5 multipliziert mit 0.01386×25 gibt die Prozente $KClO_4$.

B. Bisulfat.

1. **Freie Säure** wird mit Normalnatronlauge titriert, S. 192. Bei größeren Mengen von Eisenoxyd oder Tonerde fügt man, ohne Zusatz eines Indikators, Normalnatron zu, bis die ersten Flocken eines Niederschlages erscheinen, welche die Beendigung der Reaktion anzeigen.

2. **Salpetersäure** kann im Nitrometer oder Gasvolumeter nach derselben Methode wie der Natronsalpeter im Nitrometer für Salpeter bestimmt werden, nämlich durch Auflösen im Hahntrichter mit ganz wenig Wasser und Zersetzen mit viel Schwefelsäure (S. 243). Da stets nur wenig Salpetersäure darin vorhanden ist, so muß man das Nitrometer für Säuren mit einer engen Meßröhre (Fig. 8 S. 179) nehmen.

3. **Eisenoxyd und Tonerde** eventuell wie S. 193.

C. Salpetersäureherstellung durch Ammoniakverbrennung.

Zwei Rundkolben von 1—2 l Inhalt, welche mit je einem aufgeschliffenen Glasstopfen, der ein kurzes Rohr von 2 mm l. W. mit Glashahn trägt, verschlossen sind, werden unter Messung des restlichen Druckes evakuiert. Liegt die Gaskonzentration der Öfen über 9 Vol.-Proz. NH_3, so evakuiert man den Kolben für die NO-Bestimmung nur auf ca. 80 mm Hg, bei über 10 Vol.-Proz. NH_3 nur auf 160 mm Hg, damit genügend Sauerstoff zur Ausoxydation des nitrosen Gases vorhanden sei. Hierauf läßt man mittels je einer Niveauflasche und langem Schlauch Wasser von Raumtemperatur eintreten, bis bei gleicher Höhe der Flüssigkeitsstände Gleichgewicht eintritt. Die Gewichte der beiden so gefüllten Kolben seien G_1 und G_2 kg.

Zur Gasentnahme werden die vorher gut ausgetrockneten Kolben auf das gleiche Vakuum wie bei der Bestimmung von G_1 und G_2 ausgepumpt und mittels eines engen, Glas auf Glas angeschlossenen Rohres durch sehr langsames Öffnen des Glashahnes mit dem Gasgemisch aus dem Innern des Ofens vor bzw. hinter dem Kontakt gleichzeitig gefüllt.

Nach Anschluß an den Schlauch der Niveauflasche läßt man etwa 50 ccm Wasser in die Kolben eintreten und schüttelt diese von Zeit zu Zeit. Nach einer halben Stunde ist neben einer praktisch vollständigen Absorption der Ausgleich der Temperatur mit der des Raumes bewirkt. Nun erst läßt man weiteres Wasser in die Kolben treten nahe bis zum Druckausgleich des Restgases mit dem äußeren Luftdruck, schüttelt nochmals und stellt unter Vermeidung eines Zurücktretens von Wasser durch den Hahn die vollständige Druckgleichheit außen und innen mittels der Niveauflasche her. Nun werden die Kolben neuerlich gewogen. Die Gewichte seien g_1 und g_2 kg.

$G_1 - g_1$ und $G_2 - g_2$ sind dann die Liter Restgas, welche auf 0^0, 760 mm und Trockenheit reduziert, R_1 und R_2 Liter ergeben.

Die absorbierte Ammoniak- bzw. Säuremenge wird durch Titration der Kolbeninhalte mit $^1/_5$ N-Schwefelsäure (c ccm), bzw. $^1/_5$ N-Natronlauge (d ccm) unter Verwendung von Methylorange als Indikator bestimmt.

Dann ist

$$\text{Ammoniakgehalt in Vol.-Proz.} = \frac{100 \cdot c \cdot 0 \cdot 00448}{R_1 + c \cdot 0 \cdot 00448} = a.$$

Als Kontraktionsfaktor kann für die gesamte Acidität zur Abkürzung der Methode erfahrungsgemäß $2 \cdot 9$ angenommen werden. Daher ist

$$\text{Stickoxydgehalt in Vol.-Proz.} = \frac{100 \cdot d \cdot 0 \cdot 00448}{R_2 + 2 \cdot 9 \cdot d \cdot 0 \cdot 00448} = b.$$

$$\text{Ferner: Umsatz} = \frac{100\,b}{a} \cdot \frac{1 - 0 \cdot 0125\,a}{1 - 0 \cdot 0125\,b}\ {}^0/_0.$$

Diese Methode gestattet eine schnelle Bestimmung des augenblicklichen Umsatzes mit Schwankungen zwischen Parallelanalysen von höchstens $\pm$ $0 \cdot 5^0/_0$ Umsatz.

Zeitliche Schwankungen der Ammoniakkonzentration verursachen selbst bei langsamer Gasentnahme größere Fehler.

Über andere Methoden, ferner über Betriebskontrolle bei der Luftverbrennung vgl. C. T. U. I.

D. Salpetersäure.

1. Tabelle der spezifischen Gewichte von Salpetersäuren bei 15⁰ C (bezogen auf Wasser von 4⁰), nach Lunge und Rey, umgerechnet auf das Atomgewicht des Stickstoffs = 14·01.

NB. Diese Tabelle gilt nur für chemisch reine, auch von Untersalpetersäure freie Salpetersäure, nicht für Säuren des Handels; vgl. S. 162.

Vol.-Gew. bei $\frac{15^0}{4^0}$ (luftleer)	Grad Baumé	Grade des Densimeters	100 Gewichtsteile enthalten					1 Liter enthält Kilogramm				
			N_2O_5	HNO_3	Säure von			N_2O_5	HNO_3	Säure von		
					36^0 Bé.	40^0 Bé.	$48^{1}/_{2}^{0}$ Bé.			36^0 Bé.	40^0 Bé.	$48^{1}/_{2}^{0}$ Bé.
1·000	0	0	0·08	0·10	0·19	0·16	0·10	0·001	0·001	0·002	0·002	0·001
1·005	0·7	0·5	0·85	1·00	1·89	1·61	1·03	0·008	0·010	0·019	0·016	0·010
1·010	1·4	1	1·62	1·90	3·60	3·07	1·95	0·016	0·019	0·036	0·031	0·019
1·015	2·1	1·5	2·39	2·80	5·30	4·52	2·87	0·024	0·028	0·053	0·045	0·029
1·020	2·7	2	3·17	3·70	7·01	5·98	3·79	0·033	0·038	0·072	0·061	0·039
1·025	3·4	2·5	3·94	4·60	8·71	7·43	4·72	0·040	0·047	0·089	0·076	0·048
1·030	4·1	3	4·71	5·50	10·42	8·88	5·64	0·049	0·057	0·108	0·092	0·058
1·035	4·7	3·5	5·47	6·38	12·08	10·30	6·54	0·057	0·066	0·125	0·107	0·068
1·040	5·4	4	6·22	7·26	13·75	11·72	7·45	0·064	0·075	0·142	0·121	0·077
1·045	6·0	4·5	6·97	8·13	15·40	13·13	8·34	0·073	0·085	0·161	0·137	0·087
1·050	6·7	5	7·71	8·99	17·03	14·52	9·22	0·081	0·094	0·178	0·152	0·096
1·055	7·4	5·5	8·43	9·84	18·64	15·89	10·09	0·089	0·104	0·197	0·168	0·107

1·060	8·0	6	9·14	10·67	20·22	17·24	10·95	0·097	0·113	0·214	0·183	0·116
1·065	8·7	6·5	9·86	11·50	21·79	18·59	11·81	0·105	0·122	0·232	0·198	0·126
1·070	9·4	7	10·56	12·32	23·35	19·91	12·65	0·113	0·132	0·250	0·213	0·135
1·075	10·0	7·5	11·26	13·14	24·90	21·24	13·49	0·121	0·141	0·268	0·228	0·145
1·080	10·6	8	11·95	13·94	26·42	22·53	14·31	0·129	0·151	0·285	0·243	0·155
1·085	11·2	8·5	12·63	14·73	27·91	23·80	15·12	0·137	0·160	0·303	0·258	0·164
1·090	11·9	9	13·30	15·52	29·41	25·08	15·93	0·145	0·169	0·320	0·273	0·174
1·095	12·4	9·5	13·98	16·31	30·91	26·35	16·74	0·153	0·179	0·338	0·289	0·183
1·100	13·0	10	14·66	17·10	32·40	27·63	17·55	0·161	0·188	0·356	0·304	0·193
1·105	13·6	10·5	15·33	17·88	33·88	28·89	18·35	0·169	0·198	0·374	0·319	0·203
1·110	14·2	11	15·99	18·66	35·36	30·15	19·15	0·177	0·207	0·392	0·335	0·213
1·115	14·9	11·5	16·66	19·44	36·84	31·41	19·95	0·186	0·217	0·411	0·350	0·222
1·120	15·4	12	17·33	20·22	38·32	32·67	20·75	0·194	0·226	0·429	0·366	0·232
1·125	16·0	12·5	17·99	20·99	39·78	33·91	21·54	0·202	0·236	0·448	0·381	0·242
1·130	16·5	13	18·65	21·76	41·24	35·16	22·33	0·211	0·246	0·466	0·397	0·252
1·135	17·1	13·5	19·31	22·53	42·69	36·40	23·12	0·219	0·256	0·485	0·413	0·262
1·140	17·7	14	19·97	23·30	44·15	37·65	23·91	0·228	0·266	0·503	0·429	0·273
1·145	18·3	14·5	20·63	24·07	45·61	38·89	24·70	0·236	0·276	0·522	0·445	0·283
1·150	18·8	15	21·28	24·83	47·05	40·12	25·48	0·245	0·286	0·541	0·461	0·293
1·155	19·3	15·5	21·93	25·59	48·49	41·35	26·26	0·253	0·296	0·560	0·478	0·303
1·160	19·8	16	22·59	26·35	49·93	42·57	27·04	0·262	0·306	0·579	0·494	0·314
1·165	20·3	16·5	23·24	27·11	51·37	43·80	27·82	0·271	0·316	0·598	0·510	0·324
1·170	20·9	17	23·89	27·87	52·81	45·03	28·59	0·280	0·326	0·618	0·527	0·335
1·175	21·4	17·5	24·53	28·62	54·23	46·24	29·36	0·288	0·336	0·637	0·543	0·345
1·180	22·0	18	25·17	29·37	55·66	47·45	30·14	0·297	0·347	0·657	0·560	0·356

(Fortsetzung.)

Vol.-Gew, bei $\frac{15^0}{4^0}$ (luftleer)	Grade Baumé	Grade des Densimeters	100 Gewichtstelle enthalten					1 Liter enthält Kilogramm				
			N_2O_5	HNO_3	Säure von			N_2O_5	HNO_3	Säure von		
					36° Bé.	40° Bé.	48½° Bé.			36° Bé.	40° Bé.	48½° Bé.
1·185	22·5	18·5	25·82	30·12	57·08	48·67	30·91	0·306	0·357	0·676	0·577	0·366
1·190	23·0	19	26·46	30·87	58·50	49·86	31·68	0·315	0·367	0·696	0·593	0·377
1·195	23·5	19·5	27·08	31·60	59·88	51·06	32·43	0·324	0·378	0·716	0·610	0·388
1·200	24·0	20	27·72	32·34	61·28	52·25	33·19	0·333	0·388	0·735	0·627	0·398
1·205	24·5	20·5	28·34	33·07	62·67	53·43	33·94	0·341	0·398	0·755	0·644	0·409
1·210	25·0	21	28·97	33·80	64·05	54·61	34·68	0·351	0·409	0·775	0·661	0·420
1·215	25·5	21·5	29·59	34·53	65·43	55·79	35·43	0·360	0·420	0·795	0·678	0·430
1·220	26·0	22	30·22	35·26	66·82	56·97	36·18	0·369	0·430	0·815	0·695	0·441
1·225	26·4	22·5	30·86	36·01	68·24	58·18	36·95	0·378	0·441	0·836	0·713	0·453
1·230	26·9	23	31·51	36·76	69·66	59·40	37·72	0·388	0·452	0·857	0·731	0·464
1·235	27·4	23·5	32·15	37·51	71·08	60·61	38·49	0·397	0·463	0·878	0·749	0·475
1·240	27·9	24	32·80	38·27	72·52	61·84	39·27	0·407	0·475	0·899	0·767	0·487
1·245	28·4	24·5	33·45	39·03	73·96	63·06	40·05	0·416	0·486	0·921	0·785	0·499
1·250	28·8	25	34·11	39·80	75·42	64·31	40·84	0·426	0·498	0·943	0·804	0·511
1·255	29·3	25·5	34·76	40·56	76·86	65·54	41·62	0·436	0·509	0·965	0·823	0·522
1·260	29·7	26	35·42	41·32	78·30	66·76	42·40	0·446	0·521	0·987	0·841	0·534
1·265	30·2	26·5	36·07	42·08	79·74	67·99	43·18	0·456	0·532	1·009	0·860	0·546

1·270	30·6	27	36·73	42·85	81·20	69·24	43·97	0·466	0·544	1·031	0·879	0·558
1·275	31·1	27·5	37·39	43·62	82·66	70·48	44·76	0·477	0·556	1·054	0·899	0·571
1·280	31·5	28	38·05	44·39	84·12	71·73	45·55	0·487	0·568	1·077	0·918	0·583
1·285	32·0	28·5	38·71	45·16	85·57	72·97	46·34	0·497	0·580	1·100	0·938	0·595
1·290	32·4	29	39·37	45·93	87·04	74·21	47·13	0·508	0·592	1·123	0·957	0·608
1·295	32·8	29·5	40·03	46·70	88·50	75·46	47·92	0·518	0·605	1·146	0·977	0·621
1·300	33·3	30	40·69	47·47	89·96	76·70	48·71	0·529	0·617	1·169	0·997	0·633
1·305	33·7	30·5	41·35	48·24	91·41	77·94	49·50	0·540	0·630	1·193	1·017	0·646
1·310	34·2	31	42·04	49·05	92·95	79·25	50·33	0·551	0·643	1·218	1·038	0·659
1·315	34·6	31·5	42·74	49·88	94·52	80·59	51·19	0·562	0·656	1·243	1·060	0·673
1·320	35·0	32	43·45	50·69	96·06	81·90	52·02	0·574	0·669	1·268	1·081	0·687
1·325	35·4	32·5	44·15	51·51	97·61	83·23	52·86	0·585	0·683	1·293	1·103	0·700
1·330	35·8	33	44·86	52·34	99·18	84·57	53·71	0·597	0·696	1·319	1·125	0·714
1·3325	36·0	33·25	45·23	52·77	100·00	85·26	54·15	0·603	0·703	1·333	1·136	0·722
1·335	36·2	33·5	45·59	53·19	100·80	85·94	54·58	0·609	0·710	1·346	1·147	0·729
1·340	36·6	34	46·32	54·04	102·41	87·36	55·49	0·621	0·725	1·372	1·171	0·744
1·345	37·0	34·5	47·05	54·90	104·04	88·71	56·34	0·633	0·738	1·399	1·193	0·758
1·350	37·4	35	47·79	55·76	105·67	90·09	57·22	0·645	0·753	1·427	1·216	0·772
1·355	37·8	35·5	48·54	56·63	107·31	91·50	58·11	0·658	0·767	1·454	1·240	0·787
1·360	38·2	36	49·32	57·54	109·04	92·97	59·05	0·671	0·783	1·483	1·266	0·803
1·365	38·6	36·5	50·10	58·45	110·76	94·44	59·98	0·684	0·798	1·512	1·289	0·819
1·370	39·0	37	50·88	59·36	112·49	95·91	60·91	0·697	0·813	1·541	1·314	0·834
1·375	39·4	37·5	51·66	60·27	114·21	97·38	61·85	0·710	0·829	1·570	1·339	0·850
1·380	39·8	38	52·49	61·24	116·05	98·95	62·84	0·724	0·845	1·601	1·366	0·867
1·3833	40·0	38·3	53·05	61·89	117·28	100·00	63·51	0·734	0·856	1·622	1·383	0·879
1·385	40·1	38·5	53·32	62·21	117·89	100·52	63·84	0·738	0·862	1·633	1·392	0·884

(Fortsetzung.)

Vol.-Gew. bei $\frac{15^0}{4^0}$ (luftleer)	Grade Baumé	Grade des Densimeters	100 Gewichtsteile enthalten					1 Liter enthält Kilogramm				
					Säure von					Säure von		
			N_2O_5	HNO_3	36^0 Bé.	40 Bé.	$48^1/_2^0$ Bé.	N_2O_5	HNO_3	36^0 Bé.	40^0 Bé.	$48^1/_2^0$ Bé.
1·390	40·5	39	54·17	63·20	119·76	102·11	64·85	0·753	0·878	1·665	1·419	0·901
1·395	40·8	39·5	55·04	64·22	121·70	103·76	65·90	0·768	0·896	1·698	1·447	0·919
1·400	41·2	40	55·94	65·27	123·69	105·46	66·98	0·783	0·914	1·732	1·476	0·938
1·405	41·6	40·5	56·89	66·37	125·77	107·23	68·11	0·799	0·932	1·767	1·507	0·957
1·410	42·0	41	57·83	67·47	127·86	109·01	69·24	0·815	0·951	1·803	1·537	0·976
1·415	42·3	41·5	58·80	68·60	130·00	110·84	70·40	0·832	0·971	1·840	1·568	0·996
1·420	42·7	42	59·80	69·77	132·21	112·73	71·60	0·849	0·991	1·877	1·601	1·017
1·425	43·1	42·5	60·81	70·95	134·45	114·63	72·81	0·867	1·011	1·916	1·633	1·038
1·430	43·4	43	61·83	72·14	136·71	116·56	74·03	0·884	1·032	1·955	1·667	1·059
1·435	43·8	43·5	62·86	73·35	139·00	118·51	75·27	0·902	1·053	1·995	1·701	1·080
1·440	44·1	44	63·97	74·64	141·44	120·60	76·59	0·921	1·075	2·037	1·737	1·103
1·445	44·4	44·5	65·09	75·94	143·91	122·70	77·93	0·941	1·097	2·079	1·773	1·126
1·450	44·8	45	66·20	77·24	146·37	124·80	79·26	0·960	1·120	2·122	1·810	1·149
1·455	45·1	45·5	67·33	78·56	148·87	126·93	80·62	0·980	1·143	2·166	1·847	1·173
1·460	45·4	46	68·51	79·94	151·49	129·16	82·03	1·000	1·167	2·212	1·886	1·198
1·465	45·8	46·5	69·74	81·38	154·22	131·49	83·51	1·022	1·192	2·259	1·926	1·223
1·470	46·1	47	71·01	82·86	157·02	133·88	85·03	1·044	1·218	2·308	1·968	1·250
1·475	46·4	47·5	72·34	84·41	159·96	136·38	86·62	1·067	1·245	2·359	2·012	1·278

1·480	46·8	48	73·71	86·01	162·99	138·97	88·26	1·091	1·273	2·412	2·057	1·306
1·485	47·1	48·5	75·13	87·66	166·12	141·63	89·95	1·116	1·302	2·467	2·103	1·336
1·490	47·4	49	76·75	89·56	169·72	144·70	91·90	1·144	1·334	2·529	2·156	1·369
1·495	47·8	49·5	78·47	91·56	173·51	147·93	93·96	1·173	1·369	2·594	2·212	1·405
·500	48·1	50	80·59	94·04	178·21	151·94	96·50	1·209	1·410	2·673	2·279	1·448
1·501	—	—	81·03	94·55	179·17	152·76	97·02	1·216	1·419	2·689	2·293	1·456
1·502	—	—	81·46	95·03	180·08	153·54	97·52	1·224	1·427	2·705	2·306	1·465
1·503	—	—	81·85	95·50	180·97	154·30	98·00	1·230	1·435	2·720	2·319	1·473
1·504	—	—	82·24	95·95	181·83	155·03	98·46	1·237	1·443	2·735	2·332	1·481
1·505	48·4	50·5	82·57	96·34	182·56	155·66	98·86	1·243	1·450	2·749	2·343	1·488
1·506	—	—	82·88	96·71	183·27	156·25	99·24	1·248	1·456	2·760	2·353	1·495
1·507	—	—	83·20	97·08	183·97	156·85	99·62	1·254	1·463	2·772	2·364	1·501
1·508	48·5	—	83·52	97·45	184·67	157·45	100·00	1·259	1·470	2·785	2·374	1·508
1·509	—	—	83·81	97·79	185·31	158·00	100·35	1·265	1·476	2·796	2·384	1·514
1·510	48·7	51	84·03	98·05	185·80	158·42	100·62	1·269	1·481	2·806	2·392	1·519
1·511	—	—	84·22	98·27	186·22	158·77	100·84	1·273	1·485	2·814	2·399	1·524
1·512	—	—	84·40	98·48	186·62	159·11	101·06	1·276	1·489	2·822	2·406	1·528
1·513	—	—	84·57	98·68	187·00	159·44	101·26	1·280	1·493	2·829	2·412	1·532
1·514	—	—	84·72	98·85	187·32	159·71	101·44	1·283	1·497	2·836	2·418	1·536
1·515	49·0	51·5	84·86	99·02	187·64	159·99	101·61	1·286	1·500	2·843	2·424	1·539
1·516	—	—	84·98	99·16	187·91	160·21	101·76	1·288	1·503	2·849	2·429	1·543
1·517	—	—	85·09	99·29	188·15	160·42	101·89	1·291	1·506	2·854	2·434	1·546
1·518	—	—	85·20	99·41	188·38	160·62	102·01	1·293	1·509	2·860	2·438	1·549
1·519	—	—	85·29	99·52	188·59	160·79	102·12	1·296	1·513	2·867	2·444	1·552
1·520	49·4	52	85·38	99·62	188·78	160·96	102·23	1·298	1·514	2·869	2·447	1·554
1·5224	49·5	52	85·71	100·00	189·50	161·58	102·62	1·305	1·522	2·885	2·460	1·562

2. Einfluß der Temperatur auf das spezifische Gewicht von Salpetersäuren.

a ... Dichte bei $\frac{15^0}{4^0}$; Δ a-Änderung durch die Wärme bei der Temperatur t.

a	t 0°	t 10°	t 20°	t 30°	t 40°	t 50°	t 60°
	Δ a	Δ a	Δ a	Δ a	Δ a	Δ a	Δ a
1·520	+0·028	+0·009	−0·009	−0·028	−0·045	−0·062	−0·079
1·510	28	9	9	28	44	60	77
1·500	27	9	9	27	42	58	75
1·490	26	9	8	26	41	57	74
1·480	26	8	8	26	40	57	73
1·470	25	8	8	25	39	56	71
1·460	25	8	8	25	39	55	70
1·450	25	8	8	25	38	54	69
1·440	25	8	8	25	38	53	68
1·430	24	7	7	24	38	53	67
1·420	24	7	7	24	37	51	66
1·410	24	7	7	28	37	51	65
1·400	24	7	8	23	37	51	65
1·390	23	7	8	23	36	50	63
1.380	22	7	8	23	36	48	61
1·370	21	7	7	21	35	47	60
1·360	20	7	7	20	34	46	58
1·350	19	6	7	20	33	45	56
1·340	19	6	7	19	32	43	54
1·330	18	6	6	18	31	42	52
1·320	18	6	6	17	30	40	51
1·310	17	6	6	17	29	39	49
1·300	17	6	6	17	27	37	47
1·290	17	6	6	17	27	37	46
1·280	17	6	6	16	27	37	46
1·270	17	6	5	16	27	36	45
1·260	17	6	5	16	27	36	45
1·250	16	5	5	15	26	35	44
1·240	16	5	5	15	25	35	44
1·230	15	5	5	15	24	34	43
1·220	15	5	5	14	24	34	43
1·210	14	4	5	14	23	33	42
1·200	13	4	5	14	23	33	42
1·190	12	4	5	13	22	32	40
1·180	12	4	4	13	22	30	39
1·170	12	4	4	12	21	29	38
1·160	12	4	4	12	20	28	36
1·150	11	4	4	11	20	27	35
1·140	11	4	4	11	19	26	33
1·130	9	3	4	11	18	25	31
1·120	9	3	4	10	17	24	30
1·110	8	2	3	9	16	23	29
1·100	8	2	3	9	15	21	27
1·090	8	2	3	9	15	20	26
1·080	8	2	3	9	15	20	25
1·070	7	2	3	9	14	19	24
1·060	7	2	3	8	12	17	22
1·050	7	2	3	7	12	17	22
1·040	7	2	3	7	12	17	22
1·030	7	2	3	7	12	17	22
1·020	7	2	3	7	12	17	21
1·010	7	2	3	7	12	17	21

Bei Temperaturen unter 15^0 müssen die Werte für Δ a von den beobachteten abgezogen, bei Temperaturen über 15^0 müssen sie zugezählt werden, um den Wert bei 15^0 zu ermitteln.

3. Umrechnungstabelle.

100 Teile	100proz. HNO_3	98proz. HNO_3	48^0 Bé HNO_3	40^0 Bé HNO_3	36^0 Bé HNO_3	100proz. $NaNO_3$	98proz. $NaNO_3$	96proz. $NaNO_3$
100 proz. HNO_3 ...	100	102·0	107·4	161·6	189·5	134·9	137·6	140·5
98 ,, HNO_3 ...	98	100	105·2	158·3	185·6	132·1	134·9	137·6
93 ,, HNO_3 (48^0 Bé)	93	94·9	100	150·2	176·1	124·5	127·0	129·6
61·9 proz. HNO_3 (40^0 Bé)	61·9	63·2	66·5	100	117·2	83·5	85·2	87·0
52·8 proz. HNO_3 (36^0 Bé)	52·8	53·9	56·8	85·3	100	71·2	72·6	74·2
100 proz. $NaNO_3$ ..	74·1	75·6	79·7	119·7	140·5	100	102·0	104·1
98 ,, $NaNO_3$ ..	72·6	74·1	78·1	117·4	137·5	98	100	102·0
96 ,, $NaNO_3$ ..	71·2	72·6	76·5	115·0	134·7	96	98	100

4. Gesamtacidität. Man titriert eine verdünnte Probe mit Normalnatron; als Indikator kann man ganz gut auch hier Methylorange verwenden, wenn man nach S. 175 verfährt, da dann die salpetrige Säure nicht stört.

Weniger starke Salpetersäuren lassen sich mit Pipetten oder Büretten abmessen; rauchende Säuren werden am besten mit der Säurepipette (S. 188) abgewogen, langsam in überschüssige Normallauge mit dem Einlaufrohr (S. 188) eingetragen, dieses durch- und abgespült und der Überschuß der Lauge mit Normalsäure zurücktitriert.

5. Chloridgehalt. Man sättigt mit chloridfreier Soda bis zu neutraler oder schwach alkalischer Reaktion und titriert mit Silbernitratlösung nach S. 191.

6. Schwefelsäure. Man sättigt beinahe vollständig mit reiner Soda und fällt mit Bariumchlorid nach S. 144. Wenn die Salpetersäure einen merklichen festen Rückstand hinterläßt, so besteht dieser meist wesentlich aus Natriumsulfat, was man berücksichtigen muß.

7. Salpetrige Säure bzw. Untersalpetersäure bestimmt man nach S. 176, indem man die Säure aus einer Bürette in ein gemessenes Volum verdünnter, mäßig warmer Permanganatlösung laufen läßt. Man berechnet in der Regel das Ergebnis als Untersalpetersäure; jedes ccm Halbnormalpermanganat entspricht 0·023005 g (log = 0·36183 — 2) N_2O_4,

also ist bei einem Verbrauche von n ccm Permanganat und m ccm der zu prüfenden Säure der Gehalt an

$$N_2O_4 = \frac{0\cdot023005\,n}{m} \text{ Gramm für 1 ccm Säure.}$$

8. **Fester Rückstand**, größtenteils Natriumsulfat, mit wenig Eisenoxyd etc., bestimmt durch Abrauchen von 50 ccm an einem vor Staub geschützten Orte bis zur Trockne, Glühen und Wägen.

9. **Eisen.** Man übersättigt mit Ammoniak, filtriert den Niederschlag ab, wäscht ihn und glüht das Fe_2O_3. Spuren werden auf kolorimetrischem Wege (C. T. U. I) bestimmt.

10. **Jod** wird nachgewiesen durch kurze Digestion mit blankem Zink, um die Jodsäure zu reduzieren und etwas salpetrige Säure zu erzeugen, welche das J auch aus HJ frei macht; das freie Jod wird dann durch Schütteln mit Schwefelkohlenstoff oder Chloroform in diese Flüssigkeiten übergeführt und an deren roter Färbung erkannt. Noch genauer ist die Probe von **Beckurts**. Man gibt zu der stark verdünnten Säure einige Tropfen einer Lösung von Jodkalium in ausgekochtem Wasser und einen Tropfen Stärkelösung, worauf die kleinsten Spuren von Jodsäure sich durch Blaufärbung anzeigen. Jedenfalls ist aber mit dem Jodkalium und reiner Säure ein Kontrollversuch zu machen, da Jodkalium selbst oft KJO_3 enthält.

NB. Nr. 9 und 10 werden nur bei „chemisch reiner Salpetersäure" ausgeführt.

Über den Verkauf der hochprozentigen (über $90\,^0/_0$) Salpetersäure gilt dasselbe, was auf S. 162 über die Unzuverlässigkeit der Gehaltsbestimmung durch das spezifische Gewicht und die Notwendigkeit einer wirklichen Analyse gesagt worden ist; im vorliegenden Falle um so mehr, als die Untersalpetersäure das spez. Gewicht sehr stark beeinflußt (**Lunge** und **Marchlewski**, Zeitschr. f. angew. Chem. **5**, 10, 330; 1892 und **Pascal** und **Garnier**, Chem. Zentralbl. **1919**, III, 1037).

E. Analyse von Mischsäuren (Gemengen von Schwefelsäure und Salpetersäure).

(Vgl. **Berl** und v. **Boltenstern**, Zeitschr. f. angew. Chem. **34**, 19; 1921.)

A. **Gesamtacidität:** In einen gemessenen Überschuß von N-Natronlauge läßt man etwa 1,5—2,0 g Mischsäure, abgewogen in einer Säurepipette nach **Berl** (s. S. 188), einlaufen und titriert den Überschuß mit N-Schwefelsäure und Methylorange zurück.

B. Gesamtstickstoffsäuren werden durch das Nitrometer bestimmt (s. S. 178 ff.). Oder man gibt zu der neutralisierten Lösung von A. 50 ccm einer Magnesiumchloridlösung (20 g krist. $MgCl_2$ in 100 ccm H_2O) und 5 g Kupfer-Magnesiumlegierung, verdünnt mit Wasser auf etwa 400 ccm und destilliert zwei Drittel der Flüssigkeit ab und fängt das übergehende Ammoniak in N-Schwefelsäure auf. (Arnd, Zeitschr. f. angew. Chem. **30**, 169; 1917 und **33**, 296; 1920; vgl. auch S. 295.)

C. Salpetrige Säure und organische Substanz[1]).

   1. Bestimmung der organischen Substanz und salpetrigen Säure gemeinsam.

      a) Gesamtoxydable organische Substanz und salpetrige Säure werden bestimmt, indem man die Säure in einen Überschuß von $^1/_2$ N-Permanganat einfließen läßt, zum Sieden erhitzt und 5 Minuten darin erhält, hierauf vollständig erkalten läßt und den Permanganatüberschuß nach Zusatz von Kaliumjodid mit $^1/_2$ N-Thiosulfat nach Volhard zurücktitriert (S. 176). Bei geringen Gehalten arbeitet man mit $^1/_{10}$ N-Lösungen und rechnet auf $^1/_2$ N-Lösung um.

      b) Leichtoxydable organische Substanz und salpetrige Säure. Man titriert die mit Wasser verdünnte Säure mit Permanganat bei 40—45⁰ nach Lunge (S. 176).

   2. Bestimmung der gesamtoxydablen organischen Substanz allein. Man versetzt das Säuregemisch (ca. 5 g) nach erfolgter Verdünnung mit Wasser auf ungefähr 200 ccm mit 3—5 g reinem chloridfreiem Ammonsulfat, erhitzt zum Sieden und erhält 10 Minuten im Kochen. Hierauf kocht man mit überschüssigem $^1/_2$ N-Permanganat 5 Minuten und titriert nach dem vollständigen Erkalten wie bei C · 1 a zurück[2]).

D. Berechnung der einzelnen Komponenten:

Sind für 1 g Mischsäure gefunden:

Gesamtacidität:	a ccm $^1/_1$ N-Lauge (nach A).
Gesamtstickstoffsäuren:	b ccm NO (0⁰ und 760 mm) (nach B),
	oder: b_1 ccm $^1/_1$ N-Säure (nach B).

(Hat man die Gesamtstickstoffsäuren mit dem Nitrometer bestimmt, so wird behufs Benutzung der untenstehenden Tabelle

---

[1]) Nur bereits gebrauchte Nitriersäuren enthalten organische Substanz.

[2]) Bei Zellulosenitriersäuren ist die organische Substanz in leicht und schwerer oxydierbarer Form vorhanden. Die leicht oxydable Substanz wird als Oxalsäure $(COOH)_2$, die schwerer oxydable als abgebaute Zellulosesubstanz $(C_6H_{10}O_5)x$ berechnet.

Bei Berechnung auf	Prozente				
	H_2SO_4	HNO_3	N_2O_3	$(COOH)_2$	$(C_6H_{10}O_5)_x$
H_2SO_4, HNO_3, H_2O	$4{\cdot}905\,(a{-}b_1)$	$6{\cdot}302 \cdot b_1$	—	—	—
H_2SO_4, HNO_3, N_2O_3, H_2O .	$4{\cdot}905\,(a{-}b_1)$	$6{\cdot}302\left(b_1 - \dfrac{c}{4}\right)$	$0{\cdot}9503 \cdot c$	—	—
H_2SO_4, HNO_3, N_2O_3, $(C_6H_{10}O_5)$, H_2O	$4{\cdot}905\,(a{-}b_1)$	$6{\cdot}302\left(b_1 - \dfrac{c-d}{4}\right)$	$0{\cdot}9503 \cdot (c{-}d)$	—	$0{\cdot}3377 \cdot d$
H_2SO_4, HNO_3, N_2O_3, $(C_6H_{10}O_5)$, $(COOH)_2$, H_2O	$4{\cdot}905\left(a - b_1 - \dfrac{d_1}{2}\right)$	$6{\cdot}302\left(b_1 - \dfrac{c-d}{4}\right)$	$0{\cdot}9503\,(c{-}d)$	$2{\cdot}251 \cdot d_1$	$0{\cdot}3377 \cdot d$
Logarithmen der Faktoren	$0{\cdot}69064$	$0{\cdot}79948$	$0{\cdot}97786{-}1$	$0{\cdot}35238$	$0{\cdot}52853{-}1$

die Anzahl der gefundenen ccm NO (red.) (= b) mit 0·04466 (log = 0·64992 — 2) multipliziert und die gefundene Zahl als b_1 in Rechnung gestellt.

Gesamtpermanganatverbrauch:

c ccm $^1/_2$ N-KMnO$_4$ (nach C · 1 a),

davon für leicht oxydable organische Substanz:

d_1 ccm $^1/_2$ N-KMnO$_4$ (aus C 2 + C 1 b — C 1 a),

für schwer oxydable organische Substanz:

d_2 ccm $^1/_2$ N-KMnO$_4$ (aus C 1 a — C 1 b),

für die gesamte organische Substanz:

$d_1 + d_2 = d$ ccm $^1/_2$ N-KMnO$_4$ (nach C 2),

so berechnet man den Gehalt der einzelnen Komponenten nach den Formeln auf Seite 258.

Den Wassergehalt berechnet man aus der Differenz 100 weniger der Summe der übrigen Komponenten.

Für Betriebsanalysen kann die Griesheimer Abrauch-methode vorteilhaft verwendet werden (vgl. Lunge und Berl, Zeitschr. f. angew. Chem. **18**, 1681; 1905, Chem. Ztg. **31**, 485; 1907, sowie Mihr, ebenda S. 324, 340). Man wägt hiernach zur direkten Schwefelsäurebestimmung 2—3 g Misch-säure in einer Säurepipette ab, läßt sie in ca. 25 ccm Wasser, die sich in einer kleinen Porzellanschale befinden, einlaufen und erhitzt $^1/_2$—1 Stunde am Wasserbad, um alle Stickstoffsäuren zu entfernen. Dies wird beschleunigt durch Ersetzen des ver-dampften Wassers, Umschwenken des Schaleninhaltes und vor-sichtiges Draufblasen auf den Schaleninhalt. Nach dem Er-kalten titriert man die verbliebene Schwefelsäure direkt in der Schale mit N- oder $^1/_2$ N-Natron und Methylorange. Aus der Differenz: Gesamtacidität weniger ermittelter Schwefelsäure sowie salpetriger Säure ergibt sich der Salpetersäuregehalt.

Über Formeln zur Herstellung und Wiederbelebung von Mischsäuren sowie über graphische Berechnung vgl. C. T. U. I.

VIII. Flußsäurefabrikation[1]).

A. Flußspat.

Für die Flußsäureindustrie handelt es sich meist um Fluß-spate von höchstem Reinheitsgrad. Sie dürfen nur wenig Kieselsäure enthalten und weisen meistens 97—98% CaF$_2$ und darüber auf. Die Analyse dieser Flußspate erstreckt sich daher

---

[1]) Nach Mitteilung von Herrn Dr. Rüsberg, Mannheim.

meistens nur auf die Bestimmung von Kieselsäure, Eisen und Aluminium, Calcium und Fluor. Gelegentlich kommen auch geringe Mengen Schwerspat vor.

Handelt es sich nicht um die Untersuchung eines für die Säurefabrikation in Betracht kommenden Flußspates, sondern um rohes Material, sog. Grubenförderung, so können noch bestimmt werden organische Substanz, kohlensaurer Kalk und eventuell Gips. Doch handelt es sich hier fast stets um geringe Gehalte.

1. Kieselsäure.

1 g des feinst gepulverten und bei 105⁰ getrockneten Materials wird in einem Platintiegel mit reinster, vollkommen rückstandfreier Flußsäure übergossen, die Fluß-äure auf dem Wasserbade abgeraucht, der Flußsäurezusatz noch einmal wiederholt und nochmals abgeraucht. Dann erhitzt man zunächst mit kleiner Flamme und glüht schließlich noch ca. 5 Minuten. In derselben Weise glüht man 1 g des Materials in einem zweiten Platintiegel. Aus der Gewichtsdifferenz berechnet man die Kieselsäure. Sollte beim Glühen ohne Flußsäurezusatz gleichfalls eine Gewichtsabnahme stattfinden, so muß man diese bei der Berechnung der Kieselsäure entsprechend mit in Rechnung setzen.

2. Eisen und Aluminium, Calcium; Bariumsulfat.

1 g des feinst gepulverten Materials wird in einer geräumigen Platinschale nach Anfeuchten mit Wasser mit ca. 5 ccm reinster Flußsäure und 3 ccm konz. Schwefelsäure übergossen. Dann dampft man zunächst auf dem Wasserbade ein, bis alle Flußsäure vertrieben ist und raucht darauf die Schwefelsäure vorsichtig ab. Die Schwefelsäure muß vollkommen entfernt sein. Nach dem Erkalten übergießt man den aus Gips bestehenden Rückstand mit 20 ccm Salzsäure (1 : 1) und verdünnt mit siedend heißem Wasser bis die Schale vollkommen gefüllt ist. Darauf erhitzt man auf dem Wasserbade, indem man den Rückstand von Zeit zu Zeit mit einem abgeschmolzenen Glasstab zerdrückt. Nach einiger Zeit geht der Gips vollkommen in Lösung. Sollte trotzdem die Lösung nur langsam vonstatten gehen, so gießt man die überstehende klare Flüssigkeit durch ein quantitatives Filter und übergießt den Rückstand von neuem mit heißem Wasser, dem man etwas verdünnte Salzsäure zusetzt. Schließlich gibt man den ganzen Rest auf das Filter und wäscht reichlich mit siedend heißem Wasser aus. Das Filter wird verascht. Zeigt sich jetzt, daß ein unlöslicher Rückstand geblieben ist, so muß dieser genau untersucht werden. Er kann aus Bariumsulfat, aber auch aus Quarz

bestehen. Aus diesem Grunde raucht man noch ein- oder zweimal mit Flußsäure ab. Bleibt jetzt ein Rückstand, so ist es **Bariumsulfat**, welches man durch Aufschließen mit Kalium-Natriumcarbonat identifizieren kann.

Das Filtrat wird mit Ammoniak in geringem Überschuß bei Siedehitze versetzt. Dabei fallen Eisenoxyd- und Tonerdehydrat aus. Man filtriert und fängt das Filtrat in einem 1 Liter-Kolben auf. Zweckmäßig löst man den Niederschlag auf dem Filter in heißer verdünnter Salzsäure wieder auf und wiederholt die Ammoniakfällung. Das zweite Filtrat läßt man zu dem ersten laufen. Der aus **Eisenoxyd- und Tonerdehydrat** bestehende Niederschlag wird in bekannter Weise zur Wägung gebracht.

Zur Bestimmung des **Kalkes** wird ein aliquoter Teil des Filtrates in bekannter Weise mit Ammonoxalat gefällt. Den aus Calciumoxalat bestehenden Niederschlag kann man nun entweder durch Glühen in Calciumoxyd überführen oder mit $^1/_{10}$ N-Permanganatlösung titrieren.

Handelt es sich um eine rasche Calciumbestimmung, so braucht man Eisenoxyd- und Tonerdehydrat nicht zu fällen. Man füllt vielmehr, nachdem man den Gips in Lösung gebracht hat, auf einem Liter auf, fällt in einem aliquoten Teile, etwa 250 ccm, das Calcium mit Ammoniak und Ammonoxalat ohne Rücksicht auf Eisen und Tonerde und titriert das Calciumoxalat, indem man es mitsamt dem Filter in das zur Calciumoxalatfällung benutzte Becherglas gibt, mit heißem Wasser und $20^0/_0$iger Schwefelsäure übergießt, auf ca. 70^0 erwärmt und Permanganatlösung bis zur Entfärbung zugibt.

3. **Fluorbestimmung nach der Methode Fresenius-Offermann-Hauffe** (vgl. S. 299).

Die Methode beruht auf der Zersetzung der Fluorverbindung mit konzentrierter Schwefelsäure bei Gegenwart von Kieselsäure, wobei sich SiF_4 bildet, das sich mit Wasser unter Bildung von H_2SiF_6 zerlegt, welche durch Lauge bestimmt wird.

Der verwendete Apparat besteht aus folgend beschriebenen Teilen: Einem Luftgasometer, dessen Luftinhalt durch folgende Reinigungsapparate geschickt wird: Eine Waschflasche mit Kaliumpermanganat, eine Waschflasche mit konzentrierter Schwefelsäure, dann ein Waschturm mit gekörntem Natronkalk und ein Waschturm mit geschmolzenem stückigem Chlorcalcium. An diese Reinigungsapparate ist ein 300—400 ccm fassender Zersetzungskolben angeschlossen, der mit einem dreifach durchbohrten Gummistopfen verschlossen ist, in welchem sich ein Scheidetrichter mit langem Glasrohr und zwei rechtwinkelig gebogenen Glasröhren befinden. Durch die lange Röhre tritt der getrocknete und gereinigte Luftstrom ein, durch die kürzere entweicht das Gemisch von Luft und Fluorsilicium. Neben diesem Kolben, auf dem gleichen Drahtnetz stehend, befindet sich ein gleich großer Kolben, der nicht mit dem Apparate verbunden ist und der mit der gleichen Menge konzentrierter Schwefelsäure, mit der man späterhin den Zersetzungskolben beschickt, angefüllt wird. Dieser zweite, mit einem Thermometer versehene Kolben ist lediglich zur Bestimmung und Innehaltung der geeigneten Zersetzungstemperatur aufgestellt. Nach dem Zersetzungskolben sind zwei U-Röhren, die mit Glasperlen gefüllt sind, geschaltet, dann folgt ein U-Rohr mit frisch geschmolzenem, nicht alkalisch reagierendem Chlorcalcium, hierauf ein Rohr mit entwässertem Kupfervitriolbimsstein und dann zwei hintereinander geschaltete Volhardvorlagen von je 500 ccm, welche mit destilliertem Wasser beschickt sind.

Die Ausführung der Analyse geschieht wie folgt:

0,3 g der feinst gepulverten, bei 105⁰ getrockneten Substanz mischt man in dem Zersetzungskolben mit 1 g feinst gepulvertem Quarzpulver. Dann verschließt man das Kölbchen durch den dreifach durchbohrten Stopfen, läßt aus dem Tropftrichter 50 ccm Schwefelsäure-Monohydrat zulaufen und saugt jetzt einen schwachen, scharf getrockneten Luftstrom durch die Apparatur. Gleichzeitig beginnt man zu erhitzen, indem man die Temperatur allmählich steigert, bis sie schließlich ca. 250⁰ erreicht hat. Das sich entwickelnde SiF_4 wird von dem Luftstrome mit fortgeführt und in den zwei hintereinander geschalteten Volhardvorlagen von Wasser unter Bildung von Kieselfluorwasserstoffsäure aufgenommen. Die Apparatur muß vollkommen dicht sein, denn jede Spur von Feuchtigkeit, die durch die angesaugte Luft in die Apparatur gelangen würde, beeinflußt das Analysenresultat. Die Dauer einer Analyse beträgt ca. 2—3 Stunden. Nach Beendigung nimmt man die Zersetzungsapparatur auseinander und schließt den übrigen Teil der Apparatur gegen Eindringen von Luftfeuchtigkeit gut ab. Selbstverständlich muß die Zersetzungsapparatur nach dem Säubern gut getrocknet werden, ehe man sie zu einer neuen Bestimmung verwendet.

Die in den Vorlagen befindliche Kieselfluorwasserstoffsäure wird nach der Methode von Sahlbom und Hinrichs bei Wasserbadtemperatur titriert (vgl. Treadwell, Quantitative Analyse 1921, S. 502). Als Titrierflüssigkeit verwendet man $^1/_4$ N-Natronlauge, als Indikator Phenolphthalein. Der Verbrauch von $^1/_4$ N-Lauge für die zweite Vorlage ist meist im Verhältnis zu dem der ersten gering, aber keineswegs zu vernachlässigen[1]). 1 ccm $^1/_4$ N-NaOH entspricht (gemäß $H_2SiF_6 + 6\,KOH = 6\,KF + SiO_2 + 4\,H_2O$) $0·00475$ $(\log = 0·67669 — 3)\,g$ Fluor.

Es hat sich als zweckmäßig erwiesen, die Apparatur von Zeit zu Zeit auf ihren gebrauchsfähigen Zustand zu prüfen, indem man reinsten Flußspat analysiert oder solchen von genau bekannter Zusammensetzung.

Die nach dieser Methode erhaltenen Resultate fallen um ca. $0·5^0/_0$ zu hoch aus.

B. Flußsäure.

1. Gesamtacidität.

Man wägt eine bestimmte Menge der Säure in einem paraffinierten Wägegläschen ab und spült sie in überschüssige, in einem Becherglase befindliche $^1/_2$ N-Natronlauge. Dann erhitzt man und titriert bei Siedehitze mit $^1/_2$ N-HCl zurück.

Angewandte Substanzmenge . . E_1 g

Verbrauchte $^1/_2$ N-NaOH . . . a ccm

$$^1/_2 \text{ N-NaOH pro } 100 \text{ g Einwage } \frac{a \cdot 100}{E_1} \text{ ccm} = A.$$

2. Schwefelsäure.

Eine bestimmte, abgewogene Menge der Säure wird in einer Platinschale abgeraucht bis alle Flußsäure vertrieben ist. Dann spült man in einen Philippsbecher und titriert mit $^1/_2$ N-Lauge und Methylorange.

Angewandte Substanzmenge . . E_2 g

Verbrauchte $^1/_2$ N-NaOH . . . b ccm

$$^1/_2 \text{ N-NaOH pro } 100 \text{ g Einwage } \frac{b \cdot 100}{E_2} \text{ ccm} = B.$$

$$^0/_0 \ H_2SO_4 = B \cdot 0·02452 \ (\log = 0·38952 — 2).$$

3. Kieselfluorwasserstoffsäure.

Eine abgewogene Menge der Säure spült man in eine, in einer Berliner Schale befindliche, zur Neutralisation genau ausreichende Menge $^1/_2$ N-Natronlauge (aus 1 zu berechnen). Dann versetzt man mit Ammoncarbonat und überschüssiger,

---

[1]) In dem Rohre, welches von dem letzten U-Rohr in die Volhard-Vorlage führt, scheidet sich an dem unteren Ende gallertartige Kieselsäure aus, die nur schwer aus dem Rohre zu entfernen ist, aber merkliche Mengen Kieselfluorwasserstoffsäure eingeschlossen enthält. Man läßt daher das Rohr während des Titrierens in die in der Volhardvorlage befindliche Flüssigkeit eintauchen.

ammoniakalischer Zinkoxydlösung und verdampft zur Trockne, worauf man mit Wasser aufnimmt, filtriert und den Rückstand in eine Berliner Schale spritzt, ihn mit Salzsäure zersetzt und die Kieselsäure in bekannter Weise abscheidet.

Angewandte Substanzmenge . . E_3 g

Gefundene Menge SiO_2 . . . . . c g

$$\% \ H_2SiF_6 = \frac{2 \cdot 393 \ (\log = 0\ 37895) \cdot c \cdot 100}{E_3} = C.$$

Berechnung der Flußsäure.

Die gefundene Menge Kieselfluorwasserstoffsäure rechnet man in $^1/_2$ N-H_2SiF_6 um.

$$^1/_2 \ \text{N-}H_2SiF_6 = D = \frac{C \cdot 1000 \cdot 12}{144 \cdot 3} = C \cdot 83 \cdot 02.$$

$$^1/_2 \ \text{N-HF} = A - (B + D) = F.$$

$$\% \ HF = 0 \cdot 01 \cdot F.$$

IX. Kaliindustrie[1]).

A. Rohsalze (Carnallit, Kainit, Hartsalz, Sylvinit).

1. Feuchtigkeit. Man erhitzt 10 g im gewogenen, mit Deckel versehenen Platintiegel etwa 15 Minuten lang bei dunkler Rotglut. Bei chlormagnesiumhaltigen Salzen ist die Probe mit frisch gebranntem Kalk oder Bleioxyd zu mischen und zu bedecken.

2. Kaligehalt. (Nach der Überchlorsäuremethode.) 8·500 g der gut gemischten Probe werden in einem Halbliterkolben unter Zusatz von 300 ccm dest. Wassers und 15 ccm konzentrierter Salzsäure kochend gelöst. Alsdann wird auf freier Flamme die Schwefelsäure durch Zusatz von normaler salzsaurer Bariumchloridlösung in der Siedehitze ausgefällt. Die Hauptmenge derselben kann man schnell, die letzten Kubikzentimeter muß man tropfenweise zusetzen, unter Prüfung der sich klärenden Flüssigkeit durch Einwerfen eines Körnchens Bariumchlorid, bis dieses keinen Nebel mehr erzeugt. Ein

---

[1]) Mitgeteilt von Dr. L. Tietjens. Ausführlicheres C. T. U. Bd. I. Das Kalisyndikat bezeichnet als Carnallit-Salze mit 9 bis 12 Proz. Kali, als Kainit, Hartsalz bzw. Sylvinit solche mit 12 bis 15 Proz. und darüber bis 20 Proz. Kali. Von 20 Proz. Kali an tritt die Bezeichnung Kalidüngesalze ein, die sich, gleichgültig, ob Rohsalz oder Fabrikat, auf sämtliche Produkte mit Ausnahme des schwefelsauren Kalis und der schwefelsauren Kalimagnesia bis zum 50proz. (K_2O) Chlorkalium erstreckt.

geringer Überschuß von Bariumchlorid ist unschädlich, da das im weiteren Gange der Methode sich bildende Bariumperchlorat in 96 gewichtsprozentigem Alkohol vollständig löslich ist. Nach dem Erkalten, Auffüllen und Schütteln des Kolbens wird der Inhalt durch ein gehärtetes, ungenäßtes Faltenpapier filtriert. Vom Filtrat werden alsdann 20 ccm in einer blau emaillierten Porzellanschale mit 4—5 ccm wässeriger Überchlorsäure (D = 1,125) versetzt und auf dem Wasserbade eingedampft, bis der Geruch nach Salzsäure vollständig verschwunden ist und sich weiße Nebel von Überchlorsäure bilden. Auch kann ohne Gefahr bis zur vollständigen Trockne eingedampft werden. Der erkaltete Rückstand wird mit etwa 20 ccm $96^0/_0$igem Alkohol versetzt, der ungefähr 1 Volumprozent wässerige Überchlorsäure (D = 1·125) enthält, und sorgfältig zerrieben. Nach kurzem Absitzenlassen filtriert man die über dem Niederschlag stehende Flüssigkeit durch ein bei $120—130^0$ eine Stunde lang getrocknetes Filter, das vor dem Trocknen mit Alkohol angefeuchtet, dann nach dem Trocknen warm gewogen wurde oder durch einen Goochtiegel, und wiederholt das Zerreiben und Dekantieren noch etwa zweimal. Dann spült man den Niederschlag auf das Filter bzw. in den Goochtiegel und wäscht diese samt Niederschlag mit überchlorsäurehaltigem Alkohol nach. Schließlich werden Filter (oder Goochtiegel) und Niederschlag mit möglichst wenig reinem Alkohol abgespritzt, um die freie Überchlorsäure zu verdrängen, dann getrocknet und gewogen (warm bei Filter). 1 mg Niederschlag $KClO_4$ entspricht $0·1^0/_0$ K_2O [1]). Der Analysenspielraum beträgt $0·3^0/_0$ K_2O.

3. Natriumchlorid. a) Bei hochprozentiger Ware. Wenn nur wenig oder keine Schwefelsäure anwesend ist, so berechnet man das NaCl aus dem Unterschiede zwischen dem durch Gewichtsanalyse direkt ermittelten Gehalt an KCl und einer Bestimmung des Gesamtchlorids durch Titrieren mit Silberlösung nach S. 191.

Bei erheblicherem Gehalt an Kaliumsulfat bestimmt man außer dem Kali- und Chloridgehalt auch den an Schwefelsäure (nach S. 144), berechnet das gefundene Bariumsulfat auf Kaliumchlorid (1 T. $BaSO_4 = 0·7465$ [log = $0·87305 — 1$]), $K_2SO_4 = 0·6388$ [log = $0·80536 — 1$] KCl), zieht diesen Betrag von der auf KCl berechneten Gesamtmenge des Kalis ab und subtrahiert den Rest des KCl (welcher als solches vorhanden und in Rechnung zu stellen ist) von der Menge von KCl, welche sich aus der Bestimmung des Gesamtchlors auf KCl berechnet. Der jetzt nominell bleibende Rest von KCl

---

[1]) Das zur Einwage genommene Gewicht von 8·500 g entspricht nicht absolut genau den neuesten Atomgewichten; doch ist bei einem Analysenspielraum von $0·3^0/_0$ K_2O ein Mehr oder Minder von einigen Milligramm bei der Einwage ohne jede Bedeutung.

wird auf NaCl berechnet (100 KCl äquivalent mit 78·41 [log
= 0·89435 + 1] NaCl), die Schwefelsäure auf K_2SO_4.

b) Bei niedrigprozentiger Ware ist eine Bestimmung
des Natrongehaltes nicht üblich. Wenn sie doch ausgeführt
werden soll, so kann man das Natriumchlorid nur durch vollständige Analyse bestimmen. Man bestimmt dann KCl wie
oben, ferner Ca (S. 192), Mg (S. 192 und 266), SO_3 (S. 144),
Unlösliches und Feuchtigkeit.

4. Magnesiumchlorid. Zur Unterscheidung der Carnallitsalze, die das $MgCl_2$ an Alkohol abgeben, von den Nichtcarnallitsalzen, die das nicht tun, schüttelt man 10 g des Rohsalzes in
einem 250 ccm-Kolben 10 Minuten lang mit 100 ccm 96% Alkohol
und titriert 10 ccm des Filtrates mit $^1/_{10}$ N-Silbernitratlösung.
Die Salze, welche mehr als 8% lösliches Chlorjon enthalten,
rechnet man zur Carnallitgruppe, die mit 8% und weniger zur
anderen Gruppe.

5. Gesamt-Magnesiumjon. Man kocht 10 g fein zerriebenes Rohsalz mit 300 ccm Wasser in einem $^1/_2$ l-Kolben
1 Stunde lang, versetzt nach dem Erkalten mit 50 ccm Doppelnormalnatronlauge und bei hohem Kalkgehalt mit 20 ccm einer
10proz. Lösung von neutralem Kaliumoxalat, füllt den Kolben
zur Marke auf, filtriert nach $^1/_4$ Stunde und titriert 50 ccm des
Filtrats mit N-Salzsäure zurück. Von dem verbrauchten
Alkaligehalt entspricht jedes Kubikzentimeter der Doppelnormallösung 0·04032 g (log = 0·60552 — 2) MgO. Dem gefundenen Gehalt an MgO muß man 0·2% zufügen. (Precht,
Zeitschr. f. analyt. Chem. **18**, 438; 1879.)

6. Berechnung der Salze. Vom Gesamt-Magnesiumgehalt wird der dem Magnesiumchloridgehalt entsprechende in
Abzug gebracht. Der Rest wird als $MgSO_4$ berechnet. Der
etwa verbleibende Überschuß an Schwefelsäure wird nach
Abzug der an Calcium gebundenen Menge als K_2SO_4 angegeben.
Letzteres (als K_2O umgerechnet) vom Kaligehalt abgezogen,
ergibt den Gehalt an KCl. NaCl wird, wenn nicht direkt bestimmt, aus der Differenz berechnet.

7. Vollständige Analyse der Rohsalze s. C. T. U. I.

B. Fabrikate (Kalidüngesalze, Chlorkalium, schwefelsaures
Kali, schwefelsaure Kalimagnesia).

Der Gang der Untersuchung ist derselbe wie unter A. angegeben; nur bei Chlorkalium tritt insofern eine Vereinfachung ein, als man die Ausfällung etwa vorhandener Schwefelsäure in der Kälte vornimmt. Zu diesem Zweck werden 8·50 g
Salz unter Zusatz einiger Kubikzentimeter salzsäurehaltiger
Bariumchloridlösung in 500 ccm Wasser gelöst. 20 ccm des
Filtrates werden dann wie bekannt weiter behandelt. Zu dem

gefundenen Gehalt ist bei schwefelsaurem Kali 0.2% K_2O hinzuzuzählen, nicht bei schwefelsaurer Kalimagnesia. — Bei hochprozentiger Ware ist unter Umständen eine Einwage von $2 \times 8.50 = 17.00$ g zu empfehlen, wodurch selbstverständlich auch der doppelte Zusatz an Salzsäure, Bariumchlorid und Überchlorsäure bedingt ist. 1 mg $KClO_4$ entspricht dann 0.05% K_2O.

C. Leblancverfahren für Pottasche.

Die Materialien und Zwischenprodukte analysiert man wie die betreffenden des Leblanc-Sodaverfahrens, S. 212 ff.

D. Schlempenkohle.

Der Inhalt der Probeflasche wird in einer ganz trockenen angewärmten Reibschale schnell verrieben, durchgemischt, in die Flasche zurückgegeben und mit einem Gummistopfen verschlossen.

1. Feuchtigkeit. Ein beliebiges Gewicht (6—10 g) wird in einem niedrigen Filtergläschen im Trockenschranke bei 140^0 bis zur Gewichtskonstanz erhitzt; Gewichtsabnahme = Feuchtigkeit.

2. Unlösliches. 20 g der schnell abgewogenen Probe werden in 250 ccm kochendes Wasser langsam eingeschüttet, aufgekocht und unter Umrühren in der Siedehitze noch 15 Minuten digeriert. Man filtriert durch ein bei 130^0 getrocknetes, gewogenes Filter, wäscht gut aus und füllt das Filtrat auf 500 ccm auf; diese Lösung wird zu den folgenden Bestimmungen gebraucht. Das Filter mit dem Rückstand wird bei 120^0 bis zur Gewichtskonstanz getrocknet und gewogen. Man kann dann den Rückstand noch veraschen und somit das Unlösliche in einen anorganischen und organischen Teil trennen.

3. Alkalisalze. In vier mit Rührstab tarierten Schälchen werden je 25 ccm der Lösung von Nr. 2 (= 1 g Schlempenkohle) auf dem Wasserbade zur Trockne verdampft, auf einer Asbestplatte unter beständigem Umrühren kalziniert und schließlich einige Minuten auf freier Flamme durchgeglüht; nach dem Erkalten im Exsikkator wird gewogen; Rückstand = Summe der Alkalisalze. Diese vier Glührückstände werden zu den weiteren Bestimmungen benutzt.

4. Kaliumchlorid. Der Glührückstand von 25 ccm Lösung = 1 g Schlempenkohle wird mit Wasser aufgenommen, mit Salpetersäure genau neutralisiert, der Cyanwasserstoff durch Kochen entfernt und die erkaltete Flüssigkeit mit $^1/_{10}$ N-Silberlösung nach S. 191 titriert. Die verbrauchten ccm der Silberlösung $\times 0.7456$ (log $= 0.87251 - 1$) = Proz. KCl; oder $\times 0.6910$ (log $= 0.83948 - 1$) = Proz. K_2CO_3.

5 ·Kieselsäure. Der geglühte Rückstand von 125 ccm Lösung (= 5 g Schlempenkohle) wird mit Wasser aufgenommen, vorsichtig mit Salzsäure übersättigt, zur Trockne verdampft, 1—2 Stunden auf 105—110° erwärmt, in Wasser mit Zusatz einiger Tropfen Salzsäure aufgenommen und filtriert; der unlösliche Rückstand = Kieselsäure. Das Filtrat nebst Waschwässern wird auf 250 ccm gebracht und zu den folgenden Bestimmungen benutzt.

6. **Kaliumsulfat und Kaliumsulfid.** a) 50 ccm der Lösung von Nr. 5 (= 1 g Kohle) werden mit Bariumchloridlösung nach S. 144 heiß gefällt. Das erhaltene $BaSO_4 \times 0{\cdot}7465$ (log = $0{\cdot}87305 — 1$) = Proz. K_2SO_4 oder $\times 0{\cdot}5920$ (log = $0{\cdot}77233 — 1$) = Proz. K_2CO_3.

b) Zur Bestimmung des **Kaliumsulfides** werden 25 ccm des Filtrats von Nr. 2 mit ca. 75 ccm Wasser verdünnt und nach Zusatz von überschüssigem Bromwasser $^1/_4$ Stunde gekocht. Nach dem Ansäuern mit Salzsäure wird das Brom weggekocht und zum Sieden erhitztes Bariumchlorid zugefügt. 1 T. $BaSO_4$ entspricht $0{\cdot}7465$ Tln. (log. = $0{\cdot}87305 — 1$) Gesamtschwefelverbindungen als K_2SO_4 bzw. $0{\cdot}5920$ Tln. (log = $0{\cdot}77233 — 1$) als K_2CO_3 berechnet. Die Differenz zwischen Gesamt-K_2SO_4, nach der Brommethode bestimmt, und dem nach 6a ermittelten Wert ergibt das Kaliumsulfid als Kaliumsulfat berechnet.

7. **Kaligehalt im ganzen und Kaliumcarbonat.** 25 ccm der Lösung von Nr. 5 (= 1 g Kohle) werden nach A 2, S. 264) analysiert.

Die gefundene Menge Kaliumperchlorat mit $0{\cdot}4987$ (log = $0{\cdot}69787 — 1$) multipliziert, gibt das Gesamtkali als K_2CO_3 ausgedrückt; zieht man hiervon die nach Nr. 4, 6 und 8 gefundenen Mengen von anderen Kalisalzen, umgerechnet auf Kaliumcarbonat, ab, so erhält man den Gehalt der Schlempenkohle an Natriumcarbonat.

NB. Der Fehler, der durch Nichtberücksichtigung des Volums des $BaSO_4$ entsteht, wird nach Heyer durch das vom $BaSO_4$ mitgerissene KCl kompensiert.

8. **Kaliumphosphat.** 250 ccm Lösung (= 10 g Schlempenkohle) werden mit Salpetersäure übersättigt, 40 g Ammonnitrat darin aufgelöst, mit Molybdänlösung gefällt und wie üblich die Phosphorsäure schließlich mit Magnesiamischung bestimmt. Das gefundene $Mg_2P_2O_7 \times 1{\cdot}907$ (log = $0{\cdot}28030$) = Proz. K_3PO_4; jedem Proz. K_3PO_4 entspricht $0{\cdot}9763$ (log = $0{\cdot}98960 — 1$) Proz. K_2CO_3.

9. **Natriumcarbonat** wird gefunden durch Abzug der sämtlichen Kalisalze von der in Nr. 3 gefundenen Summe der Alkalisalze. Kontrolliert durch die nächste Nr.

10. **Alkalität.** Man löst den Glührückstand von 25 ccm der Lösung Nr. 3 (= 1 g) in Wasser und titriert mit Methylorange und Normalsalzsäure. Die verbrauchten ccm Normalsäure $\times$ 6·91 (log = 0·83948) geben die Alkalität, berechnet in Proc. K_2CO_3. Zieht man hiervon den wirklich als K_2CO_3 vorhandenen (nach Nr. 7) ermittelten Betrag ab und multipliziert man den Rest mit 0·7670 (log = 0·88480 — 1), so erhält man das Na_2CO_3 in Prozent.

E. Handelspottasche.

1. **Gesamt-Alkalität** bestimmt man durch Titrieren mit Normalsalzsäure nach S. 235.

2. **Kaligehalt** wird bestimmt nach der S. 264 gegebenen Vorschrift, so daß auch alles schwefelsaure Salz in Kaliumchlorid umgewandelt wird. Man muß natürlich bei der ersten Auflösung eine entsprechend größere Menge Salzsäure zusetzen, um das kohlensaure Salz zu sättigen.

3. **Kaliumchlorid** bestimmt in 2—10 g durch Silbernitratlösung, S. 191. 1 ccm $^1/_{10}$ N-Silbernitratlösung zeigt 0·007456 g (log = 0·87251 — 3) KCl.

4. **Kaliumsulfat** bestimmt durch Fällung mit Bariumchlorid und Wägen des $BaSO_4$ nach S. 144. 1 g $BaSO_4$ = 0·7465 g (log = 0·87305 — 1) K_2SO_4.

5. **Unlösliches** wie S. 235.

6. **Kaliumsilikat.** Man bestimmt die SiO_2 durch Sättigen der Pottasche mit Salzsäure, Abdampfen zur Trockne, Befeuchten mit Salzsäure, nochmaliges Abdampfen, Aufnehmen mit verdünnter Salzsäure, Filtrieren, Waschen und starkes Glühen der SiO_2. Diese Bestimmung wird nur ausnahmsweise ausgeführt, das Kaliumsilikat aber mit dem Kaliumcarbonat verrechnet.

7. **Phosphorsäure** wird nach der Magnesiamethode bestimmt (vgl. S. 268, Nr. 8) und wie Kieselsäure behandelt.

8. Über Bestimmung von **Natriumcarbonat** vgl. man C. T. U. I.

9. **Berechnung der Analyse.** Man berechnet:
   a) K_2CO_3 aus der Differenz zwischen dem Gesamt-Kali und dem als Chlorid und Sulfat vorhandenen Kali,
   b) Na_2CO_3 aus der Differenz zwischen der Gesamt-Alkalität und dem eben berechneten K_2CO_3,
   c) KCl und
   d) K_2SO_4 wie oben,
   e) Wasser und
   f) Unlösliches resp. Eisen durch besondere Bestimmung.

F. Tabelle über den Gehalt von Pottaschelaugen nach dem spez. Gewicht bei 15°.

Spez. Gew.	Baumé	Densimeter	Prozent K_2CO_3	1 cbm enthält kg K_2CO_3	Spez. Gew.	Baumé	Densimeter	Prozent K_2CO_3	1 cbm enthält kg K_2CO_3
1·007	1	0·7	0·7	7	1·231	27	23·1	23·5	289
1·014	2	1·4	1·5	15	1·241	28	24·1	24·5	304
1·022	3	2·2	2·3	23	1·252	29	25·2	25·5	319
1·029	4	2·9	3·1	32	1·263	30	26·3	26·6	336
1·037	5	3·7	4·0	41	1·274	31	27·4	27·5	350
1·045	6	4·5	4·9	51	1·285	32	28·5	28·5	366
1·052	7	5·2	5·7	60	1·297	33	29·7	29·6	384
1·060	8	6·0	6·5	69	1·308	34	30·8	30·7	402
1·067	9	6·7	7·3	78	1·320	35	32·0	31·6	417
1·075	10	7·5	8·1	87	1·332	36	33·2	32·7	436
1·083	11	8·3	9·0	97	1·345	37	34·5	33·8	455
1·091	12	9·1	9·8	107	1·357	38	35·7	34·8	472
1·100	13	10·0	10·7	118	1·370	39	37·0	35·9	492
1·108	14	10·8	11·6	129	1·383	40	38·3	37·0	512
1·116	15	11·6	12·4	138	1·397	41	39·7	38·2	534
1·125	16	12·5	13·3	150	1·410	42	41·0	39·3	554
1·134	17	13·4	14·2	161	1·424	43	42·4	40·5	577
1·142	18	14·2	15·0	171	1·438	44	43·8	41·7	600
1·152	19	15·2	16·0	184	1·453	45	45·3	42·8	622
1·162	20	16·2	17·0	198	1·468	46	46·8	44·0	646
1·172	21	17·2	18·0	211	1·483	47	48·3	45·2	670
1·180	22	18·0	18·8	222	1·498	48	49·8	46·5	697
1·190	23	19·0	19·7	234	1·514	49	51·4	47·7	722
1·200	24	20·0	20·7	248	1·530	50	53·0	48·9	748
1·210	25	21·0	21·6	261	1·546	51	54·6	50·1	775
1·220	26	22·0	22·5	275	1·563	52	56·3	51·3	802

G. Tabelle über den Einfluß der Temperatur auf das spezifische Gewicht von Pottaschelaugen.

a Dichte bei $\frac{15^0}{4^0}$; $\varDelta$ a Änderung durch die Wärme bei der Temperatur t^0.

a	$\begin{matrix}t\\0^0\end{matrix}$	$\begin{matrix}t\\10^0\end{matrix}$	$\begin{matrix}t\\20^0\end{matrix}$	$\begin{matrix}t\\30^0\end{matrix}$	$\begin{matrix}t\\40^0\end{matrix}$	$\begin{matrix}t\\50^0\end{matrix}$
	$\varDelta$ a	$\varDelta$ a	$\varDelta$ a	$\varDelta$ a	$\varDelta$ a	$\varDelta$ a
1·580	+0·008	+0·003	—0·003	—0·009	—0·014	—0·021
1·570	7	3	2	7	13	19
1·560	7	3	2	7	12	18
1·550	7	2	2	7	12	18
1·540	7	2	2	7	12	18
1·530	6	2	2	7	12	18
1·520	6	2	2	7	12	18
1·510	6	2	2	7	12	18
1·500	6	2	2	7	12	18
1·490	6	2	2	7	12	18
1·480	6	2	2	7	12	18
1·470	6	2	2	7	12	18
1·460	6	2	2	7	12	18
1·450	6	2	2	7	12	18
1·440	6	2	2	7	12	18
1·430	6	2	2	7	12	18
1·420	6	2	2	7	12	18
1·410	6	2	2	7	12	18
1·400	6	2	2	7	12	18
1·390	6	2	2	7	12	17
1·380	6	2	2	7	12	17
1·370	6	2	2	7	12	17
1·360	6	2	2	7	12	17
1·350	6	2	2	7	12	17
1·340	6	2	2	7	12	17
1·330	6	2	2	7	12	17
1·320	6	2	2	7	12	17
1·310	6	2	2	7	12	17
1·300	6	2	2	7	12	17

Bei Temperaturen unter 15⁰ müssen die Werte für $\varDelta$ a von den beobachteten abgezogen, bei Temperaturen über 15⁰ müssen sie zugezählt werden, um den Wert bei 15⁰ zu ermitteln.

a Dichte bei $\dfrac{15^0}{4^0}$; $\varDelta$ a Änderung durch die Wärme bei der Temperatur t^0.

a	t 60°	t 70°	t 80°	t 90°	t 100°
	$\varDelta$ a	$\varDelta$ a	$\varDelta$ a	$\varDelta$ a	$\varDelta$ a
1·580	—0·027	—0·034	—0·042	—0·050	—0·059
1·570	25	33	40	48	57
1·560	24	32	38	47	55
1·550	24	30	37	43	52
1·540	24	30	36	43	50
1·530	24	30	36	43	49
1·520	24	30	36	43	49
1·510	24	30	36	43	49
1·500	24	30	36	43	49
1·490	24	30	36	43	49
1·480	24	30	36	43	49
1·470	24	30	36	43	49
1·460	24	30	36	43	49
1·450	24	30	36	43	48
1·440	24	30	36	42	48
1·430	24	30	36	42	48
1·420	24	30	36	42	48
1·410	23	30	36	42	48
1·400	23	30	36	42	48
1·390	23	30	35	42	48
1·380	23	29	35	42	48
1·370	23	29	35	41	47
1·360	23	29	35	41	47
1·350	23	29	35	41	47
1·340	23	29	35	41	47
1·330	23	29	35	41	46
1·320	23	29	35	41	46
1·310	23	29	34	41	46
1·300	23	29	34	40	46

Bei Temperaturen unter 15° müssen die Werte für $\varDelta$ a von den beobachteten abgezogen, bei Temperaturen über 15° müssen sie zugezählt werden, um den Wert bei 15° zu ermitteln.

a Dichte bei $\frac{15^0}{4^0}$; Δ **a** Änderung durch die Wärme bei der Temperatur t^0.

a	t 0⁰	t 10⁰	t 20⁰	t 30⁰	t 40⁰	t 50⁰
	Δ a	Δ a	Δ a	Δ a	Δ a	Δ a
1·290	+0·006	+0·002	—0·002	—0·007	—0·012	—0·017
1·280	6	2	2	7	12	17
1·270	6	2	2	7	12	17
1·260	6	2	2	7	12	17
1·250	6	2	2	7	12	17
1·240	6	2	2	7	12	17
1·230	6	2	2	6	11	16
1·220	6	2	2	6	11	16
1·210	6	2	2	6	11	16
1·200	6	2	2	6	11	16
1·190	6	2	2	6	11	16
1·180	6	2	2	6	10	16
1·170	5	1	2	6	10	16
1·160	5	1	2	6	10	16
1·150	5	1	2	6	10	15
1·140	4	1	2	6	10	15
1·130	3	1	2	6	10	15
1·120	3	1	2	6	10	15
1·110	3	1	2	6	10	14
1·100	3	1	2	6	9	14
1·090	3	1	1	5	9	13
1·080	3	1	1	5	8	12
1·070	3	1	1	5	8	12
1·060	3	1	1	5	8	12
1·050	3	1	1	5	8	12
1·040	3	1	1	5	8	12
1·030	3	1	1	5	8	12
1·020	3	1	1	5	8	12
1·010	3	1	1	5	8	12

Bei Temperaturen unter 15⁰ müssen die Werte für Δ a von den beobachteten abgezogen, bei Temperaturen über 15⁰ müssen sie zugezählt werden, um den Wert bei 15⁰ zu ermitteln.

a Dichte bei $\frac{15^0}{4^0}$; Δ a Änderung durch die Wärme bei der Temperatur t^0.

a	t 60⁰	t 70⁰	t 80⁰	t 90⁰	t 100⁰
	Δ a	Δ a	Δ a	Δ a	Δ a
1·290	—0·023	—0·029	—0·034	—0·040	—0·046
1·280	23	29	34	40	46
1·270	23	29	34	40	45
1·260	23	29	34	40	45
1·250	23	29	34	39	45
1·240	23	28	34	39	45
1·230	21	27	34	38	44
1·220	21	27	33	38	44
1·210	21	27	32	38	44
1·200	21	27	32	38	44
1·190	21	26	32	38	44
1·180	21	26	32	38	44
1·170	20	26	32	38	44
1·160	20	26	32	38	44
1·150	20	25	32	38	44
1·140	20	25	32	38	44
1·130	20	25	32	38	44
1·120	20	25	32	38	44
1·110	20	25	31	38	43
1·100	19	25	31	36	43
1·090	18	25	30	35	42
1·080	17	24	29	34	42
1·070	17	23	28	34	41
1·060	17	22	28	34	40
1·050	17	22	28	34	40
1·040	17	22	27	34	40
1·030	16	21	27	34	40
1·020	16	21	27	33	39
1·010	16	21	27	33	39

Bei Temperaturen unter 15⁰ müssen die Werte für Δ a von den beobachteten abgezogen, bei Temperaturen über 15⁰ müssen sie zugezählt werden, um den Wert bei 15⁰ zu ermitteln.

H. Tabelle über das spezifische Gewicht von Kalilauge bei $\dfrac{15^0}{4^0}$ nach Angaben von Pickering, umgerechnet.

Spez. Gewicht	Baumé	Densimeter	100 Gewichtsteile enthalten		1 cbm enthält Kilogramm	
			K_2O	KOH	K_2O	KOH
1·0083	1·3	0·8	0·84	1	8·5	10·1
1·0175	2·6	1·8	1·68	2	17·1	20·4
1·0267	4·1	2·7	2·52	3	25·9	30·8
1·0359	5·1	3·6	3·36	4	34·8	41·4
1·0452	6·3	4·5	4·20	5	43·9	52·3
1·0544	7·5	5·4	5·04	6	53·1	63·2
1·0637	8·8	6·4	5·88	7	62·5	74·5
1·0730	9·9	7·3	6·72	8	72·1	85·8
1·0824	11·1	8·2	7·56	9	81·7	97·4
1·0918	12·3	9·2	8·40	10	91·5	109·2
1·1013	13·4	10·1	9·23	11	101·2	120·6
1·1108	14·5	11·1	10·07	12	111·9	133·3
1·1203	15·6	12·0	10·91	13	122·2	145·6
1·1299	16·7	13·0	11·75	14	132·8	158·2
1·1396	17·8	14·0	12·59	15	143·5	171·0
1·1493	18·8	14·9	13·43	16	154·5	184·1
1·1590	19·9	15·9	14·27	17	165·4	197·0
1·1688	21·0	16·9	15·11	18	176·6	210·4
1·1786	22·0	17·9	15·95	19	188·0	224·0
1·1884	22·9	18·8	16·79	20	199·4	237·6
1·1984	24·0	19·8	17·63	21	211·2	251·6
1·2083	25·0	20·8	18·47	22	223·1	265·8
1·2184	25·9	21·8	19·31	23	235·2	280·1
1·2285	27·0	22·9	20·15	24	247·4	295·0
1·2387	27·9	23·9	20·98	25	260·0	309·8
1·2489	28·9	24·9	21·82	26	272·6	324·7
1·2592	29·8	25·9	22·66	27	285·3	339·9
1·2695	30·8	27·0	23·50	28	298·5	355·6
1·2800	31·7	28·0	24·39	29	311·6	371·2

Spez. Gewicht	Baumé	Densi-meter	100 Gewichts-teile enthalten		1 cbm enthält Kilogramm	
			K₂O	KOH	K₂O	KOH
1·2905	32·6	29·1	25·18	30	325·1	387·3
1·3010	33·5	30·1	26·02	31	338·5	403·3
1·3117	34·4	31·2	26·85	32	352·4	419·8
1·3224	35·2	32·2	27·70	33	366·2	436·3
1·3331	36·1	33·3	28·54	34	380·4	453·2
1·3440	37·0	34·4	29·38	35	394·9	470·4
1·3549	37·9	35·5	30·22	36	409·5	487·8
1·3659	38·8	36·6	31·06	37	424·3	505·4
1·3769	39·6	37·7	31·90	38	439·2	523·2
1·3879	40·5	38·8	32·74	39	454·4	541·3
1·3991	41·3	39·9	33·58	40	469·7	559·6
1·4103	42·0	41·0	34·42	41	485·3	578·1
1·4215	42·9	42·2	35·26	42	501·3	597·2
1·4329	43·7	43·3	36·10	43	517·2	616·2
1·4443	44·5	44·4	36·93	44	533·3	635·4
1·4558	45·3	45·6	37·77	45	550·0	655·2
1·4673	46·0	46·7	38·61	46	566·5	674·8
1·4790	46·8	47·9	39·45	47	583·5	695·1
1·4907	47·6	49·1	40·29	48	600·8	715·7
1·5025	48·4	50·3	41·13	49	618·2	736·5
1·5143	49·1	51·4	41·97	50	635·4	757·0
1·5262	49·8	52·6	42·81	51	653·3	778·2
1·5382	50·6	53·8	43·65	52	671·3	799·8

X. Ammoniakfabrikation [1]).

A. Gaswasser.

Das Gaswasser enthält das NH_3 hauptsächlich als Ammon-carbonat und Schwefelammon, welche durch bloßes Kochen

---

[1]) Vgl. C. T. U. I und III. Ausführlicher in Lunge und Köhlers Industrie des Steinkohlenteers und Ammoniaks, 5. Aufl., II, 187 ff.

ohne Zusatz von Kalk oder Natron ausgetrieben werden
und in denen das NH_3 auf alkalimetrischem Wege bestimmt
werden kann (flüchtiges Ammoniak). Daneben kommt
aber stets auch etwas nicht durch bloßes Kochen austreibbares
und nicht alkalimetrisch bestimmbares NH_3 als Sulfat, Chlorid,
Rhodanid, Sulfit, Thiosulfat, Ferrocyanid etc. vor (fixes
Ammoniak).

Für technische Zwecke genügen folgende Bestimmungen:

1. **Spezifisches Gewicht** (Grädigkeit) wird stets in
Baumé-Graden angegeben, die aber keinerlei brauchbare An-
zeige für den Ammoniakgehalt geben.

2. **Flüchtiges Ammoniak** (d. h. schwach gebundenes
und freies). Man läßt 10 ccm des Gaswassers in ein Becherglas fließen, das mit 250 ccm Wasser und 2 Tropfen Methyl-
orangelösung (1 : 1000) oder besser Methylrot beschickt ist
und titriert sofort unter Umrühren mit N-Salzsäure, zuletzt
mit Vorsicht, da der Indikator durch H_2S zerstört wird (in
welchem Falle man einen weiteren Tropfen davon zusetzt).
1 ccm N-Salzsäure = 0·01703 g (log = 0·23121—2) NH_3.

3. **Gesamt-Ammoniak.** Man bringt 20 ccm Gaswasser
in einen 500—700 ccm fassenden Jenenser Glaskolben zu ca.
300 ccm Wasser und destilliert nach Zusatz von ca. 3 ccm
starker Natronlauge ungefähr 200 ccm ab. Der Glaskolben trägt
einen Tropfenfänger und steht in Verbindung mit einem Liebig-
kühler. Als Vorlage dient ein Erlenmeyerkolben, der mit Hilfe
eines Vorstoßes an den Kühler angeschlossen ist und 30 bis
50 ccm N-Salzsäure und etwas Methylorange oder Methylrot
enthält. Nach beendeter Destillation wird mittels N-Lauge,
wie bei 2, zurücktitriert. Nach L. W. Winkler kann man
mit einer Normallösung auskommen, indem man 0·1—0·2 g
Ammoniak in eine kühl gehaltene Lösung von 5—10 g reiner
krystallisierter Borsäure, eindestilliert. Zweckmäßig verwendet
man als Vorlage eine enghalsige hohe Flasche. Nach beendeter Destillation titriert man mit Salzsäure (weniger gut
mit Schwefelsäure) unter Verwendung von Methylorange oder
Kongorot als Indikator (vgl. Zeitschr. f. angew. Chem. **26**,
231; 1913 und **27**, 630; 1914).

Soll nach der **Formaldehydmethode** (vgl. B. 1 S. 278)
gearbeitet werden, dann läßt man zu 10 ccm die nach 2 ermittelte Säuremenge (aber ohne Methylorangezusatz) zufließen,
kocht zur Entfernung von Kohlensäure und Schwefelwasserstoff kurze Zeit, fügt 10 ccm genau neutralisierte Formaldehyd-
lösung zu und titriert wie unter B. 1 S. 278 beschrieben.

4. **Gesamt-Schwefel.** Man läßt 50 ccm Gaswasser
tropfenweise in Brom fließen, das mit Salzsäure überschichtet

ist, verdampft auf dem Wasserbade zur Trockene, extrahiert den Rückstand mit Wasser und fällt mit Bariumchlorid die Schwefelsäure nach S. 144. Zuweilen will man wissen, wieviel Sulfate im Gaswasser schon ursprünglich vorhanden waren, was man durch Ansäuern einer Probe von nicht-oxydiertem Gaswasser und Fällen mit Bariumchlorid ermittelt.

5. **Rhodanammon (Linder).** 50 ccm Gaswasser werden zur Vertreibung der flüchtigen Bestandteile gekocht, hierauf noch warm mit Eisenchlorid versetzt, nach dem Erkalten vom Berlinerblau abfiltriert und dreimal mit natriumsulfathaltigem Wasser nachgewaschen. Nach Zusatz von viel schwefliger Säure und wenig Kupfersulfat zum Filtrat wird im verschlossenen Kolben 24 Stunden stehen gelassen und der weiße $CuCNS$-Niederschlag abfiltriert. Nach 3—4 maligem Waschen mit natriumsulfathaltigem Wasser wird der Niederschlag in ein Becherglas gespült, 5 ccm Salpetersäure zugefügt, die am Filter gebliebenen Reste mit heißer, verdünnter Salpetersäure ausgezogen und das Ganze am Wasserbade zur Trockne verdampft. Der Rückstand wird mit Wasser aufgenommen, zuerst mit einigen Tropfen Sodalösung, dann mit Essigsäure im Überschuß versetzt, 20 ccm $^1/_2$ N-Jodkaliumlösung zugefügt, die Lösung auf höchstens 100 ccm verdünnt und mit $^1/_{10}$ N-Thiosulfatlösung titriert; 1 ccm entspricht 0·007612 g (log = 0·88150—3) NH_4CNS.

Oder kolorimetrisch nach **Pfeiffer**, C. T. U. III.

B. Schwefelsaures Ammoniak.

1. **Ammoniakgehalt.** Das sorgfältig gezogene Durchschnittsmuster wird ganz durchgerieben, vollständig durch ein Sieb von 7—8 Maschen pro Quadratzentimeter geschlagen und hiervon eine kleine Durchschnittsprobe genommen. Von der so vorbereiteten Probe werden 17·03 g abgewogen, zu 500 ccm gelöst und davon 50 ccm unfiltriert wie sub A 3 destilliert. Jedes Kubikzentimeter der neutralisierten Säuremenge ist = 0·01703 g NH_3 = 1·0 Prozent.

Bequemer und weit schneller ist die Bestimmung des NH_3 nach der **Formaldehydmethode.** Deren Ausführung gestaltet sich einfach in der Weise, daß man zu einer passenden Menge der zu untersuchenden **neutralen** (oder vorher genau neutralisierten) Ammonsalzlösung Formaldehyd im Überschuß zusetzt. Bei Anwendung einer 20 bis 40 ccm $^1/_2$ N-NaOH entsprechenden Ammonsalzmenge (0·17 g bis 0·35 g NH_3) genügen ca. 10—12 ccm 40 proz. Formalinlösung. Der Formaldehyd ist zuvor mit $^1/_2$ N-Natronlauge genau gegen Phenolphthalein zu neutralisieren. Zur Mischung der Ammonsalzlösung und dem Formaldehyd läßt man nach Zugabe einiger Tropfen Phenolphthalein $^1/_2$ N-Natronlauge bis zur dauernden Rötung zufließen. Da die Reaktion gegen Ende langsamer verläuft, sollen zur Erzielung eines scharfen Umschlages die letzten Kubikzentimeter Lauge tropfenweise zugefügt werden. 1 ccm $^1/_2$ N-NaOH entspricht 0·008515 (log = 0·93018 — 3) g NH_3.

2. Über die Bromnatronmethode vgl. man C. T. U. Bd. I, sowie die 5. Auflage dieses Taschenbuches S. 255. Rhodan-ammon wird qualitativ durch verdünnte Eisenchloridlösung nachgewiesen, quantitativ nach S. 278 A 5 bestimmt.

3. Freie Säure wird durch Titration der Lösung von 5 g Sulfat in 100 ccm Wasser mittels $^1/_{10}$ N-Natronlauge und Methylorange bestimmt.

4. Die Wasserbestimmung erfolgt durch Trocknen von 50 g im Trockenschrank bei 100⁰ bis zur Gewichts-konstanz.

Tabelle über das spezifische Gewicht von Ammon-sulfatlösungen bei 15⁰.

Proz.	Spez. Gew.	Proz.	Spez. Gew.	Proz.	Spez. Gew.	Proz.	Spez. Gew.
1	1·0057	14	1·0805	27	1·1554	40	1·2284
2	1·0115	15	1·0862	28	1·1612	41	1·2343
3	1·0172	16	1·0920	29	1·1670	42	1·2402
4	1·0230	17	1·0977	30	1·1724	43	1·2462
5	1·0287	18	1·1035	31	1·1780	44	1·2522
6	1·0345	19	1·1092	32	1·1836	45	1·2583
7	1·0403	20	1·1149	33	1·1892	46	1·2644
8	1·0460	21	1·1207	34	1·1948	47	1·2705
9	1·0518	22	1·1265	35	1·2004	48	1·2766
10	1·0575	23	1·1323	36	1·2060	49	1·2828
11	1·0632	24	1·1381	37	1·2116	50	1·2890
12	1·0690	25	1·1439	38	1·2172		
13	1·0747	26	1·1496	39	1·2228		

C. Salmiakgeist

wird nach „Grädigkeit" verkauft. Die Tabelle S. 280 gibt die Beziehung zwischen dem spezifischen Gewicht und dem Prozentgehalt an NH_3.

Tabelle der spezifischen Gewichte von Ammoniak-
lösungen bei 15° nach Lunge und Wiernik.

Spez. Gew. bei 15	Proz. NH₃	1 Liter enthält NH₃ bei 15° g	Korrektion des spez. Gew. für ±1°	Spez. Gew. bei 15°	Proz. NH₃	1 Liter enthält NH₃ bei 15° g	Korrektion des spez. Gew. für ±1°
1·000	0·00	0·0	0·00018	0·940	15·63	146·9	0·00039
0·998	0·45	4·5	0·00018	0·938	16·22	152·1	0·00040
0·996	0·91	9·1	0·00019	0·936	16·82	157·4	0·00041
0·994	1·37	13·6	0·00019	0·934	17·42	162·7	0·00041
0·992	1·84	18·2	0·00020	0·932	18·03	168·1	0·00042
0·990	2·31	22·9	0·00020	0·930	18·64	173·4	0·00042
0·988	2·80	27·7	0·00021	0·928	19·25	178·6	0·00043
0·986	3·30	32·5	0·00021	0·926	19·87	184·2	0·00044
0·984	3·80	37·4	0·00022	0·924	20·49	189·3	0·00045
0·982	4·30	42·2	0·00022	0·922	21·12	194·7	0·00046
0·980	4·80	47·0	0·00023	0·920	21·75	200·1	0·00047
0·978	5·30	51·8	0·00023	0·918	22·39	205·6	0·00048
0·976	5·80	56·6	0·00024	0·916	23·03	210·9	0·00049
0·974	6·30	61·4	0·00024	0·914	23·68	216·3	0·00050
0·972	6·80	66·1	0·00025	0·912	24·33	221·9	0·00051
0·970	7·31	70·9	0·00025	0·910	24·99	227·4	0·00052
0·968	7·82	75·7	0·00026	0·908	25·65	232·9	0·00053
0·966	8·33	80·5	0·00026	0·906	26·31	238·3	0·00054
0·964	8·84	85·2	0·00027	0·904	26·98	243·9	0·00055
0·962	9·35	89·9	0·00028	0·902	27·65	249·4	0·00056
0·960	9·91	95·1	0·00029	0·900	28·33	255·0	0·00057
0·958	10·47	100·3	0·00030	0·898	29·01	260·5	0·00058
0·956	11·03	105·4	0·00031	0·896	29·69	266·0	0·00059
0·954	11·60	110·7	0·00032	0·894	30·37	271·5	0·00060
0·952	12·17	115·9	0·00033	0·892	31·05	277·0	0·00060
0·950	12·74	121·0	0·00034	0·890	31·75	282·6	0·00061
0·948	13·31	126·2	0·00035	0·888	32·50	288·6	0·00062
0·946	13·88	131·3	0·00036	0·886	33·25	294·6	0·00063
0·944	14·46	136·5	0·00037	0·884	34·10	301·4	0·00064
0·942	15·04	141·7	0·00038	0·882	34·95	308·3	0·00065

Über flüssiges (komprimiertes) Ammoniak vgl. C.
T. U. I.

Tabelle über das spez. Gewicht der Lösungen von gewöhnlichem kohlensaurem Ammoniak bei 15°.

(Lunge und Smith.)

Densi-meter	Grade Baumé	Spez. Gewicht bei 15°	Prozent kohlens. Ammoniak	Veränderung des spez. Gewichts für $\pm$ 1°
0·5	0·7	1·005	1·66	0·0002
1	1·4	1·010	3·18	0·0002
1·5	2·1	1·015	4·60	0·0003
2	2·7	1·020	6·04	0·0003
2·5	3·4	1·025	7·49	0·0003
3	4·1	1·030	8·93	0·0004
3·5	4·7	1·035	10·35	0·0004
4	5·4	1·040	11·86	0·0004
4·5	6·0	1·045	13·36	0·0005
5	6·7	1·050	14·83	0·0005
5·5	7·4	1·055	16·16	0·0005
6	8·0	1·060	17·70	0·0005
6·5	8·7	1·065	19·18	0·0005
7	9·4	1·070	20·70	0·0005
7·5	10·0	1·075	22·25	0·0006
8	10·6	1·080	23·78	0·0006
8·5	11·2	1·085	25·31	0·0007
9	11·9	1·090	26·82	0·0007
9·5	12·4	1·095	28·33	0·0007
10	13·0	1·100	29·93	0·0007
10·5	13·6	1·105	31·77	0·0007
11	14·2	1·110	33·45	0·0007
11·5	14·9	1·115	35·08	0·0007
12	15·4	1·120	36·88	0·0007
12·5	16·0	1·125	38·71	0·0007
13	16·5	1·130	40·34	0·0007
13·5	17·1	1·135	42·20	0·0007
14	17·7	1·140	44·29	0·0007
14·1	17·9	1·1414	44·90	0·0007

Empyreumatische Bestandteile im Salmiakgeist findet man qualitativ durch den Geruch bei genauer Neutralisation mit Schwefelsäure. Zur quantitativen Bestimmung von Pyridinbasen (welche das Phenolphthalein nicht röten) neutralisiert man nach **Pennock und Morton** (Chem. Zentralbl. **1902**, I, 1180) 100 ccm unter Zusatz von Methylorange genau mit

Schwefelsäure (1 : 5) unter Kühlung, destilliert in eine mit 30 ccm Wasser beschickte Vorlage, bis diese wieder etwa 100 ccm enthält, kühlt das Destillat auf 10° ab, versetzt mit Phenolphthalein und mit Quecksilberchloridlösung bis zur Entfärbung, setzt noch einige Tropfen des letzteren hinzu (wodurch NH_3 ausfällt), filtriert und titriert nach Zusatz von Methylorange mit $^1/_{10}$ N-Säure, wovon 1 ccm = 0·00791 g (log = 0 89804 — 3) Pyridin.

XI. Leuchtgasfabrikation.

A. Leuchtgas.

Für die hier vorzunehmenden Arbeiten ist der Orsatapparat (S. 128) nicht geeignet. Man wird entweder mit der Apparatur von Bunte (C.T.U. I und III) oder von Hempel (ebd. I), Drehschmidt (ebd. III) oder Pfeiffer (ebd. III) arbeiten. In dem hier zu gebenden kurzen Abriß gehen wir nach den als Manuskript gedruckten Leitsätzen „Zum Gaskursus", 1906 von H. Bunte (mit dessen gütiger Erlaubnis).

Die erforderlichen Buntebüretten müssen folgende Bedingungen erfüllen: Die Kapillare unter dem Bodenhahn darf auch beim Schütteln kein Wasser ausfließen lassen. Der Dreiweghahn (oben) muß sich so drehen lassen, daß alle drei Öffnungen verschlossen sind. Bei Anwendung der durchaus empfehlenswerten Greiner-Friedrichs-Hähne mit 2 Schiefbohrungen (am besten mit der Berlschen Modifikation, s. S. 183) oder der 120°-Bohrungshähne (bei Dr. H. Göckel, Berlin) macht das keinerlei Schwierigkeit. Die Hähne sind mit einem zusammengeschmolzenen Gemenge aus 2 Paragummi, 2 Bienenwachs, 10 Talg oder aus Vaselin und Parakautschuk bestehend zu schmieren.

Die Hähne müssen selbst bei starker Luftverdünnung dicht schließen. Das, vorteilhaft sehr schwach saure, Sperrwasser muß genau die Temperatur des Arbeitsraumes haben, und diese muß während der Analyse ganz gleich bleiben. Die Bürette darf nur am Trichteraufsatze oder an den Kapillaransätzen angefaßt werden. Die Teilung ist durch Ausfließenlassen des Wassers von 10 zu 10 ccm nachzuprüfen. Nach der Absorption eines Gases läßt man zuerst Wasser von unten aufsteigen und stellt dann den Arbeitsdruck durch Einfließen von Wasser aus dem oberen Trichter her; dieser wird bis zur Marke gefüllt, der obere Hahn geöffnet und 1 Minute gewartet, bis die Oberfläche des Sperrwassers in der Bürette nicht mehr steigt.

Entnahme der Gasproben geschieht entweder bei leerer Bürette durch Durchstreichen des Gases von oben nach unten (bei gefülltem Trichter), bis alle Luft verdrängt ist, worauf erst der untere, dann sofort der obere Hahn geschlossen wird, oder bei mit Wasser gefüllter Bürette, indem man den unteren Hahn öffnet, bis das Wasser etwas unter die Nullmarke gesunken ist, dann erst den oberen, darauf den unteren Hahn schließt. Bei Unterdruck des Gases entnimmt man eine Probe mittels Saugball, Wassersaugflasche oder Wasserstrahlpumpe, die mit der unteren Kapillare verbunden werden.

Abmessen des Gasvolums in der Bürette. Man stellt den Dreiweghahn so, daß alle Öffnungen verschlossen sind, füllt den Trichter mit Wasser bis zur Marke, verbindet den mit Wasser vollständig gefüllten Schlauch der Druckflasche mit dem unteren Hahne und läßt Wasser bis etwa 0·2 ccm unter der Nullmarke einsteigen. Dann öffnet man den Dreiweghahn, worauf etwas Gas entweicht und Druckausgleich stattfindet. Das nachfließende Wasser stellt sich meist auf die Nullmarke ein; sonst liest man ab und rechnet mit dem wirklichen Volum. Dann läßt man etwas Wasser aus dem Trichter durch den Dreiweghahn in einen kurzen Ansatzschlauch nach außen (Stellung ⌐) abfließen und verschließt den kleinen Schlauch durch ein Glasstäbchen; solange der Hahn nicht benützt wird, bleibt er in dieser Stellung.

Einbringen der Absorptionsflüssigkeiten. Man saugt die Sperrflüssigkeit mittels einer Saugflasche ab, wobei man den unteren Glashahn festhält und sofort schließt, wenn das Wasser bis zur Kapillare gelangt ist. Nach Abnahme des Schlauches von der Bürette saugt man die Flüssigkeit in der Saugflasche zurück, damit sie nicht abgehebert wird. Dann läßt man die Absorptionslösung aus einem Porzellanschälchen in die Bürette aufsteigen.

Die einzelnen Bestandteile werden in folgender Reihenfolge bestimmt:

1. Kohlendioxyd, CO_2, durch Absorption mit Kalilauge von 1 : 3, d. h. vom spez. Gewicht 1·23, wovon 1 ccm 90 bis 100 ccm CO_2 aufnimmt. Es genügt einmaliges Bespülen der Rohrwandungen mit der Lauge. Nachher läßt man Wasser von unten aufsteigen und auch von oben langsam nachfließen, zum Abspülen der Wände, stellt den Druck wieder ein und liest ab. Beim Rohgas ist vorher H_2S durch ein vorgelegtes Rohr mit Kupfervitriol-Bimstein zu entfernen.

2. Schwere Kohlenwasserstoffe, C_mH_n. Man saugt das Sperrwasser möglichst gut ab, spült die Kalilauge noch mit etwas Wasser nach (ebenfalls abzusaugen) und läßt nun ca. 10 ccm mit Brom gesättigtes Wasser eintreten. Sollte nach dem Schütteln der Gasraum nicht mehr gelbbraun gefärbt

sein, so saugt man die Flüssigkeit ab und ersetzt sie durch frisches Bromwasser. Zuletzt zieht man zur Absorption der Bromdämpfe ca. 1 ccm Kalilauge in die Bürette ein, schüttelt um, läßt oben etwas Wasser einlaufen, stellt den Druck ein und liest ab. Jetzt sind alle Lichtgeber, d. h. Äthylen und die anderen ungesättigten Kohlenwasserstoffe, auch Benzol, absorbiert.

3. Sauerstoff wird absorbiert durch Eintreten von ca. $2\frac{1}{2}$ ccm Pyrogallollösung (1 : 5 Wasser) und darauf $7\frac{1}{2}$ ccm Kalilauge (1 : 3). Man schüttelt 5 Minuten lang kräftig, läßt durch den Trichter Wasser bis zum Druckausgleich eintreten, schüttelt wieder und setzt dies fort, bis kein Wasser mehr eintritt. Nun läßt man die dunkle Flüssigkeit unten abfließen, während oben Wasser nachläuft, so daß man oben eine Schicht klaren Wassers erhält, über der man gut ablesen kann, nachdem der Druck eingestellt worden ist.

Für genaue Sauerstoffbestimmungen wendet man die Methode der Titrierung mit Jodkalium, Manganchlorür und Thiosulfat an, s. C. T. U. III.

4. Kohlenoxyd. Nach Absaugen des Sperrwassers und Nachwaschen mit Wasser saugt man 10 ccm ammoniakalische Kupferchlorürlösung (200 g käufliches Kupferchlorür, 250 g Salmiak in 750 ccm Wasser und Kupferspirale, vor dem Gebrauch 3 Vol. dieser Lösung mit 1 Vol. Ammoniak vom spez. Gewicht 0·905 zu versetzen) ein, schüttelt 1 Minute um, saugt die Lösung ab, ersetzt sie durch neue Lösung, schüttelt wieder und wiederholt dies noch mindestens zweimal. Nach dem letzten Absaugen läßt man aus dem Trichter 3—4 ccm konzentrierte Salzsäure herabfließen, dann Wasser, das sich darauf lagert. Man saugt alles ab, wäscht mit Wasser nach, saugt 1—2 ccm Kalilauge ein, schüttelt um, läßt Wasser eintreten, stellt den Druck her und liest ab.

5. Wasserstoff. In dem Gase sind jetzt nur noch H, CH_4 und N vorhanden. Der H wird durch fraktionierte Verbrennung bestimmt, wozu man eine zweite Bürette (B) braucht. Man mißt in der ersten Bürette (A) 22—25 ccm des Gasrestes unter Einstellung des Druckes ab und mischt mit Luft zur Verbrennung des H. Hierzu öffnet man erst den unteren Hahn, dann den oberen so, daß er nach außen hin kommuniziert, wodurch das Wasser ausläuft und Luft eintritt. Ist der Wasserspiegel bis ca. 5 ccm unter 0 gesunken, so schließt man rasch den oberen Hahn, dann den unteren, mischt die Gase durch Schütteln, stellt den Druck auf den der Atmosphäre plus der Wassersäule im Trichter ein und liest ab. Nun füllt man die Hilfsbürette mit Wasser bis zur Kapillare und setzt die beiden Dreiweghähne unter Einschaltung eines Palladiumrohres C in Verbindung miteinander. Das letztere ist ein schwer schmelzbares Glasröhrchen, 10 cm lang, von 3 mm

innerem und 5 mm äußerem Durchmesser. Der Palladiumdraht ist 100 mm lang, 0·5 mm stark; er wird viermal zusammen-gelegt, in das Röhrchen bis zur Mitte eingeführt. (Auch Platin-draht ist brauchbar.) Diese Stelle läßt man dann durch Er-hitzen des Rohres zusammenfallen, so daß der Draht ein-geklemmt wird, während man den übrigen Teil des Rohres mit langfaserigem Asbest lose ausfüllt. Die Verbindung von C mit den beiden Büretten A und B geschieht mittels dick-wandiger kurzer Gummischläuche.

Man stellt nun beide Dreiweghähne so, daß keine der Bohrungen offen ist, füllt den Trichter der Bürette A mit Wasser, bringt durch kurzes Öffnen des unteren Hahnes in ihr Unterdruck hervor, dreht beide Dreiweghähne gleichzeitig und rasch so, daß das Palladiumrohr C mit dem Inneren beider Büretten kommuniziert, und erhitzt C, wodurch die Luft sich ausdehnt und das Wasser aus den oberen Kapillaren nach den Büretten zurückdrängt. Man verbindet den Gummischlauch der Druckflasche mit dem unteren Hahn von A, öffnet diesen, erwärmt C an der Verengerung bis zur Gelbfärbung der kleinen Flamme und öffnet den unteren Hahn von B, so daß das Gas in mäßig raschem Strome aus A durch C nach B übertritt. Das Wasser soll aus B im Strahle, nicht in Tropfen austreten und der Draht soll am Eintrittsende des Gases nicht rotglühend werden (weil sonst etwas Methan mitverbrennt). Sobald das Wasser in der Bürette A bis obenhin gestiegen ist, schließt man rasch erst ihren unteren Hahn, dann denjenigen von B und führt das Gas wie vorhin aus B nach A zurück, wo man nach Abkühlung den Druck auf das Normale einstellt und ab-liest und dadurch die Kontraktion bestimmt.

Beispiel: Volum des Gasrestes (von 100 Leuchtgas) nach Absorption des CO_2, der schweren Kohlenwasserstoffe, des O und des CO = 85·0 ccm. Hiervon angewendet 22·2 ccm. Verdünnt mit Luft auf 104·3; Volum nach der Verbrennung 85·3, also Kontraktion 19·0; umgerechnet auf 100 ursprüng-liches Gas ist die Kontraktion $\dfrac{19\cdot0 \times 85\cdot0}{22\cdot2} = 72\cdot8$. Hiervon ist $\dfrac{2 \times 72\cdot8}{3} = 48\cdot5\%$ Wasserstoff. Zur Kontrolle bestimmt man den nach der Explosion übrig gebliebenen Sauerstoff, von dem jetzt $^1/_3$ der Kontraktion fehlen muß.

6. Methan wird bestimmt (zugleich mit Wasserstoff) durch Explosion eines Teiles des nach den Operationen 1—4 verbliebenen Gasrestes in der „Explosionsbürette". Man mißt in dieser 12—15 ccm des Gasrestes ab, saugt einen Über-schuß von Luft ein, schüttelt um, ermittelt das Volum, saugt das Sperrwasser ab, bewirkt durch den elektrischen Funken

(aus einer Tauchbatterie und Induktorium) die Explosion, liest die Kontraktion ab, läßt 1—2 ccm Kalilauge an den Wänden herabfließen und langsam Wasser nachtreten, stellt den Druck ein und bestimmt die Gesamt-Kontraktion = H_2O und CO_2. Zieht man hiervon den dem H entsprechenden Betrag (aus Bestimmung Nr. 5) ab, so zeigt $^1/_3$ der übrigen Kontraktion das Methan, denn 1 Vol. $CH_4 + 2$ Vol. $O_2 = 0$ Vol. $CO_2 + 0$ Vol. 2 H_2O. Beispiel: Angewendeter Gasrest 12·7 ccm (von einer Gesamtmenge von 85 ccm, die nach der Absorption von CO_2, C_mH_n, O_2 und CO übrig blieben), nach Zufügen von Luft 104·1, also Luft = 91·4. Nach Explosion Gasrest 78·9, also Kontraktion = 25·2, berechnet auf das ganze Gas

$$= \frac{85 \times 25\cdot2}{12\cdot7} = 168\cdot8.$$

Hiervon abzuziehen die nach Nr. 5 auf den Wasserstoff fallende Kontraktion von 72·8; bleibt für Methankontraktion 168·8 — 72·8 = 96·0, oder $^1/_3$ davon = 32·0 % Methan.

7. **Stickstoff** ist der nach Bestimmung der anderen Bestandteile zu 100 fehlende Betrag. Man habe z. B. gefunden:

aus Nr. 1	2·0	Volumproz.	CO_2
„ 2	4·0	„	schwere Kohlenwasserstoffe
„ 3	0·4	„	O_2
„ 4	8·6	„	CO
zusammen	15·0		
Nr. 5	48·5	„	H_2
„ 6	32·0	„	CH_4
	95·5		
bleibt	4·5	„	N_2.

Über Bestimmung von Äthylen, Benzol, Acetylen, Naphthalin, Schwefelwasserstoff, Gesamtschwefel, Ammoniak, Cyan etc. vgl. C. T. U. I und III.

Die **Heizkraft** des Gases bestimmt man am besten mittels des Gaskalorimeters von **Junckers** (vgl. S. 118).

Über die Bestimmung der im Leucht- und Kokereigas enthaltenen **Benzolkohlenwasserstoffe** mit **aktiver Kohle** vgl. **Berl, Andreß** und **Müller**, Zeitschr. f. angew. Chem. **1921**.

B. Reinigungsmasse.

1. **Cyan.** a) Methode nach **Knublauch** (Journ. f. Gasbel. **35**, 450; 1889). 10 g des lufttrockenen Pulvers werden in einem 250 ccm-Kolben mittels 50 ccm 10proz. Kalilauge zersetzt und **zwei Stunden** lang häufig geschüttelt. Man füllt bis zur Marke auf, fügt noch 5 ccm Wasser hinzu (um das Volumen des Nieder-

schlages zu berücksichtigen), schüttelt gut durch, läßt etwas absitzen und filtriert die etwa 80⁰ warme Flüssigkeit, wobei man die ersten Anteile mehrfach zurückgießt. 100 ccm des Filtrates werden in einem Becherglas zu 50 ccm einer heißen Eisenchloridlösung (60 g $FeCl_3 + 200$ ccm konz. HCl zu 1 l) gefügt, der entstandene Berlinerblauniederschlag auf ein Falterfilter noch heiß filtriert und auf dem Filter kurze Zeit mit siedendem Wasser gewaschen. Das Filter mit dem Niederschlag wird in das Becherglas zurückgebracht, mit 20 ccm der 10proz. Kalilauge zersetzt, zu einem Brei verrührt und in einen 250 ccm Kolben eingespült. Nach Zufügung von ca. 1 g Bleicarbonat wird bis zur Marke aufgefüllt, gut umgeschüttelt und filtriert. Je 50 ccm des Filtrates werden mit 5 ccm Schwefelsäure angesäuert und mit einer eingestellten Kupfersulfatlösung wie unten bei der Titerstellung beschrieben, austitriert. Der Gehalt an $K_4FeCy_6 + 3H_2O$ ergibt sich aus $\dfrac{\text{ccm Verbrauch}}{\text{Kupfertiter}}$

$\times 25\,^0/_0$ [$1 K_4FeCy_6 + 3H_2O = 0\cdot678$ (log $= 0\cdot83123 - 1$) Berlinerblau: $Fe_7(CN)_{18} = 0\cdot3695$ (log $= 0\cdot56761 - 1$) Cyan].

Titerstellung der Kupfersulfatlösung. 12—13 g Kupfersulfat werden zu 1 l gelöst. Von dieser Lösung wird so viel zu 50 ccm einer mit $2\cdot5$ ccm H_2SO_4 (1 : 5) angesäuerten Ferrocyankaliumlösung ($4\cdot000$ g $K_4FeCy_6 + 3H_2O$ zu 1 l gelöst) in einer weißen Porzellanschale zufließen gelassen, bis eine sichtbare Fällung von Ferrocyankupfer aufgehört hat. Man fügt nun Kupfersulfatlösung in kleinen Mengen zu, wobei man wenige Tropfen der Lösung durch ein kleines Filter filtriert und das Filtrat mit einer sehr verdünnten Eisenchloridlösung prüft. Die Titration ist beendet, wenn die letzte Filterprobe mit der Eisenchloridlösung nach einer Minute keine Blaufärbung mehr ergibt.

b) Methode von Feld (Journ. f. Gasbel. **49**, 561; 1903). Vgl. C. T. U. III. Je nach dem Cyangehalt der Masse werden $0\cdot5$—2 g (an der Luft getrocknet oder besser feucht im Originalzustande) mit 1 ccm $N\text{-}FeSO_4$ (28 g verdünnt zu 100 ccm) und mit 5 ccm 8 $N\text{-}NaOH$ (96 g verdünnt zu 300 ccm) in einer glasierten Porzellanschale mit glasiertem Pistill 5 Minuten lang zerrieben, dann mit etwa 10 ccm 3 $N\text{-}MgCl_2$-Lösung (612 g $MgCl_2 \cdot 6H_2O$ zu 2 l) vermischt und mit heißem Wasser in einen 700 ccm fassenden runden Schottschen Kolben gefüllt. Man setzt weitere 20 ccm 3 $N\text{-}MgCl_2$-Lösung zu und so viel Wasser, daß das Gesamtvolumen schließlich 150—200 ccm beträgt. Hierbei erfolgt folgender Umsatz: $2 K_4FeCy_6 + 6 KOH + 3 MgCl_2 = 2 K_4FeCy_6 + 3 Mg(OH)_2 + 6 KCl$. Man kocht 5 Min., fügt 100 ccm heiße $^1/_{10}$ $N\text{-}HgCl_2$-Lösung (68 g zu 5 l) hinzu und kocht weitere 5—10 Minuten Hierbei findet statt:

$$2\,K_4FeCy_6 + 8HgCl_2 + 3Mg(OH)_2 = 6HgCy_2 + 2\,HgCl + 2Fe(OH)_2$$
$$+ 3MgCl_2 + 8KCl.$$

Zum Entbinden und Auffangen der Blausäure dient die von Witzeck (ebenda, **50**, 445; 1904) angegebene Destillationsvorrichtung.

In dem Rundkolben wird die vorhergehend beschriebene Manipulation durchgeführt. Zu dem heißen Inhalte setzt man 30 ccm 4 N-Schwefelsäure (220 ccm zu 2 l) hinzu und destilliert 20 Minuten. Zum Vermeiden des Stoßens wird in den Kolben vorher ein mit Platingaze umwickeltes Glasstäbchen eingeführt. Der Eilenmeyerkolben mit Dreikugelrohr wird mit 10—15 ccm 2 N-Natronlauge (80 g zu 1 l) beschickt. Die Titration des in der Vorlage absorbierten Cyanwasserstoffs erfolgt nach Zusatz von 5 ccm $^1/_4$ N-KJ (12·5 g zu 300 ccm) mit $^1/_{10}$ N-Silberlösung (16·989 g $AgNO_3$, geschmolzen, zu einem Liter). Sobald 1 Tropfen einfallender Silberlösung nicht mehr gelöst wird, sondern als Trübe hinterbleibt, gilt die Reaktion als beendet.

1 ccm $^1/_{10}$ N-$AgNO_3$-Lösung entspricht

$$0·014079 \text{ g } (\log = 0·14857 \text{ g} — 2)\ K_4FeCy_6 \cdot 3H_2O$$

oder

$$0·009547 \text{ g } (\log = 0·97987 — 3)\ Fe_7Cy_{18} \text{ (Berlinerblau)}$$

oder

$$0·005204 \text{ g } (\log = 0·71634 — 3)\ CN.$$

Die Feldsche Methode gibt nicht unwesentlich höhere Ergebnisse als die Methode von Knublauch. Die Analyse ist in einer Stunde ausführbar.

2. **Schwefel.** Man extrahiert 15 g der lufttrockenen Masse im Soxhletapparate mit Schwefelkohlenstoff, von dem man 100 ccm für den 200 ccm fassenden (gewogenen) Rundkolben verwendet, erhitzt auf dem Wasserbade und verdichtet die Dämpfe durch einen aufgesetzten Rückflußkugelkühler. 20 Extraktionen genügen. Der Schwefelkohlenstoff wird nun abdestilliert, die letzten Teile desselben durch erwärmte Luft verdrängt und nach dem Erkalten durch Rückwägen des Kolbens die Menge des Schwefels gefunden.

Die direkte Bestimmung als $BaSO_4$ kann nach S. 144 vorgenommen werden.

Will man auf den Schwefel Rücksicht nehmen, der bei der Verbrennung der Gasmasse durch den Kalk etc. zurückgehalten wird, also nur den wirklich als Schwefeldioxyd zu verflüchtigenden S bestimmen, so verbrennt man nach Pfeiffer (Chem. Zentralbl. **1905**, II, 1831) 1 g der Rohsubstanz, unter Einsteckung eines Zünders, in einer mit Sauerstoff gefüllten Literflasche, auf deren Boden sich 25—50 ccm Normalnatronlauge befinden. Am Schlusse gibt man 1 ccm neutrales 30proz. Wasserstoffsuperoxyd zu und titriert nach erfolgtem Erwärmen und Abkühlen mit Normalsäure und Methylorange zurück. Jedes Kubikzentimeter der verbrauchten N-Lauge entspricht 1·6°/₀ verbranntem S.

Ausführlicheres über Untersuchung der gebrauchten Gasreinigungsmasse auf alle wesentlichen Bestandteile in C. T. U. III.

XII. Calciumkarbid und Acetylen[1]).

I. Ausgangsmaterialien.

a) **Koks** s. S. 114.

b) **Kalkstein** s. S. 202.

II. Technisches Calciumcarbid.

a) Die **Probenahme** (näheres im Anhang) ist hier besonders sorgfältig durchzuführen, da es nicht ganz leicht ist, ein wirklich den Durchschnitt darstellendes Muster zu erhalten. Die Probe wird in einem Eisenmörser mit Kautschukkappe oder in einer Kaffeemühle möglichst schnell zerkleinert und vor Luftzutritt geschützt aufbewahrt.

b) **Bestimmung der Gasausbeute** soll stets durch wirkliche Messung des Gases, nicht durch Gewichtsverlust, geschehen. Man verwendet recht häufig große Apparate, welche die Vergasung von 1 kg und mehr gestatten (siehe C. T. U. II). Für Untersuchungen im kleineren Maßstabe werden wenigstens 50 g Calciumcarbid angewendet, die man in ein Glasrohr von 2—3 ccm innerer Weite oder in ein Kölbchen mit kurzem Halse bringt, das mit der 250 ccm fassenden Entwicklungsflasche durch einen Kautschukschlauch in der Art verbunden ist, daß man das Karbid allmählich hineinfallen lassen kann. Der Entwicklungskolben wird mit 150 ccm vorher mit Acetylen gesättigter Kochsalzlösung beschickt. Außer der Öffnung für das Karbid besitzt er eine solche, durch die das Gas in die Meßflasche von oben übertritt. Diese zylindrische Flasche hält 20 l und ist so eingeteilt, daß man auf ¹/₄ l abschätzen kann. Sie ist durch einen Seitentubulus dicht über dem Boden mittels eines längeren Schlauches mit dem Bodentubulus einer eben so großen Niveauflasche verbunden, die mit Acetylen gesättigter Kochsalzlösung gefüllt ist. Durch Heben der letzteren wird das Wasser in die Meßflasche bis zu deren Halse eingefüllt und die Niveauflasche während der Entwicklung des Gases in dem Maße gesenkt, daß nie eine größerere Druckdifferenz entsteht. Zur Ablesung des Gasvolums wird die Niveauflasche so gestellt, daß das Wasser-

---

[1]) Näheres in C. T. U. II.

niveau in ihr genau ebenso hoch wie in der Meßflasche steht, vorher wartet man aber 2 Stunden auf den völligen Temperaturausgleich. Man liest dann das Thermometer und Barometer ab und reduziert das, als mit Feuchtigkeit gesättigt anzunehmende Gas mittels der Tabellen S. 40, 46 u. 57 auf Normalzustand. Falls (wie meist üblich) das Gasvolumen nicht auf 0^0, sondern auf 15^0 reduziert werden soll, kann man als genügend angenähert die Formel anwenden:

$$V = \frac{v}{100}\,(140 \cdot 2 - 0 \cdot 6\ t)\,\frac{B}{100},$$ wo V das gesuchte Volum bei 15^0,

v das Volum bei t^0 C und B den korrigierten Barometerstand bedeutet. Handelskarbid soll 300 l Rohacetylen bei 15^0 und 760 mm Druck geben.

    c) Verunreinigungen. Diese werden besser nicht im Karbid, sondern in dem daraus entwickelten Acetylen bestimmt. In einen gut ausgetrockneten Halbliterkolben bringt man nach Lidholm 10 g auf Erbsengröße zerkleinertes Karbid, das man in einen Tiegel einfüllt. Die im Kolben befindliche Luft wird durch Wasserstoff vertrieben. Auf dem Kolben befindet sich ein Rückflußkühler und dann ein Acetylenbrenner, der unter einem 32 cm langen, 5 cm weiten Glaszylinder brennt, dessen oberes Ende mit einer Waschflasche und dann mit einer Saugpumpe verbunden ist. Nach Entfernung der Luft durch Wasserstoff wird dieser angezündet und dann zuerst 50 ccm wasserfreier Alkohol, dann ebensoviel Wasser zum Karbid gefügt. Das gebildete Acetylen verbrennt dabei; die gebildete Phosphorsäure, die aus dem Phosphorwasserstoff stammt und die Schwefelsäure, die durch Verbrennung des Schwefels entsteht, werden teils im Zylinder, teils in der Waschflasche zurückgehalten. Nach Beendigung der Gasentwicklung wird zum Kolbeninhalt Salzsäure gefügt und unter stetem Durchleiten von Wasserstoff zum Sieden erhitzt; Zylinder, Leitungsrohre und Waschflasche werden mit verdünntem, wässerigem Ammoniak ausgespült und in einem aliquoten Teile der so resultierenden Flüssigkeit die Phosphorsäure mit Magnesiamischung, in einem anderen nach Zusatz von Wasserstoffsuperoxyd und Ansäuern die Schwefelsäure mit Bariumchlorid bestimmt.

XIII. Untersuchung der Rohmaterialien und Fabrikate der Düngerfabriken[1]).

    I. Probenahme. Proben sind zu entnehmen aus jedem zehnten Sack, bei loser Verladung an mindestens zehn Stellen

---

[1]) Vgl. Methoden zur Untersuchung der Kunstdüngemittel. Berlin, Paul Parey, 1916.

mittels des Probestechers (s. S. 319), bei Schiffsladungen aus jedem 50. Entladungsgefäß, im Gesamtgewicht von ca. 300 g für jede der drei Normalproben; bei ungleichmäßiger Zusammensetzung nach vorheriger Zerkleinerung und Mischung; bei feuchten Düngmitteln nach Durchmischung mit der Hand.

II. Wasserbestimmung in Rohphosphaten und Knochenkohle usw. durch Trocknen von 10 g bei 100^0 bis zum konstanten Gewicht, bei Gips enthaltenden Substanzen 3 Stunden lang. Bei Substanzen, die beim Pulvern ihren Wassergehalt ändern, ist die Feuchtigkeit sowohl in der groben, wie auch in der feingepulverten Probe zu bestimmen und das Resultat der Analyse auf den Wassergehalt der ursprünglichen groben Substanz umzurechnen.

III. Unlösliches wird bestimmt in 10 g.

a) Bei Lösung in Mineralsäuren nach Unlöslichmachung der SiO_2 durch mehrstündiges Erhitzen auf dem Wasserbade oder bei 120^0 im Luftbade; der Rückstand ist zu glühen.

b) Bei Lösung in Wasser ist der Rückstand bei 100^0 bis zu konstantem Gewicht zu trocknen.

IV. Phosphorsäure.

A. Herstellung der Lösungen.

1. Für wasserlösliche Phosphorsäure werden 20 g in einen Literkolben gebracht, mit Wasser bis zur Marke aufgefüllt und der Kolben in einer Drehrichtung, bei 30—40 Umdrehungen in der Minute, $^1/_2$ Stunde lang bei Zimmertemperatur bewegt und hiernach die Filtration sofort vorgenommen. Lösungen von sog. Doppelsuperphosphaten müssen vor Fällung der Phosphorsäure unter Zusatz von Salpetersäure 10 Minuten gekocht werden (auf je 25 ccm der Lösung je 10 ccm konz. Salpetersäure, die danach mit Ammoniak annähernd zu neutralisieren sind), um vorhandene Pyrophosphorsäure in Orthophosphorsäure umzuwandeln.

2. Citratlösliche Phosphorsäure wird nach Petermanns Vorschrift bestimmt. Man nimmt bei Superphosphaten mit über $20\,^0/_0$ P_2O_5 je 1 g, bei 10—$20\,^0/_0$ P_2O_5 je 2 g, bei weniger als $10\,^0/_0$ P_2O_5 und bei zusammengesetzten Düngmitteln je 4 g, zerreibt erst trocken, dann mit 20—25 ccm Wasser, dekantiert auf ein Filter und sammelt das Filtrat in einem 250 ccm-Kolben. Nach dreimaliger Wiederholung dieser Operation bringt man alles auf das Filter und wäscht mit Wasser aus bis das Volum des Filtrats etwa 200 ccm beträgt. Sollte dieses trüb sein, so fügt man einen Tropfen Salpetersäure hinzu. Das Filter mit Rückstand bringt man ebenfalls in ein 250 ccm-Kölbchen, fügt 100 ccm der Ammoncitratlösung zu (Bereitung derselben nachstehend), läßt bei gewöhnlicher Temperatur etwa 15 Stunden unter öfterem Umschütteln

stehen, digeriert 1 Stunde bei 40°, füllt nach dem Erkalten bis zur Marke auf, filtriert, nimmt 50 ccm des Filtrates und 50 ccm der zuerst erhaltenen wässerigen Lösung und bestimmt in dem Gemische beider nach 10 Minuten langem Kochen mit 10 ccm konz. Salpetersäure die Summe der wasserlöslichen und citratlöslichen Phosphorsäure nach der Molybdän- oder Citratmethode.

Bereitung der Ammoncitratlösung. Man löst 500 g Citronensäure in Wasser, neutralisiert mit NH_3, läßt erkalten, bringt auf spez. Gewicht 1·09 und fügt pro Liter der Lösung 50 ccm Ammoniaklösung vom spez. Gewicht 0·92 hinzu; nach 48stündigem Stehen wird filtriert. Spez. Gewicht der fertigen Lösung 1·082—1·083.

3. Gesamtphosphorsäure. Man kocht 5 g nach Durchfeuchten mit Wasser mit 50 ccm konz. Schwefelsäure oder mit Königswasser (3 Tl. Salzsäure, spez. Gew. 1·12 + 1 Tl. Salpetersäure, spez. Gew. 1·20) oder mit 20 ccm Salpetersäure und 50 ccm konz. Schwefelsäure $^1/_2$ Stunde und füllt auf 250 ccm auf.

4. Bei Thomasphosphat bestimmt man die Phosphorsäure nur in dem durch ein 2 mm-Sieb durchfallenden Teile, berechnet aber das Resultat auf das Ganze, einschließlich der groben Teile.

a) Citronensäurelösliche Phosphorsäure. Man schüttelt 5 g Thomasmehl in einem (vorher mit 5 ccm Alkohol beschickten) $^1/_2$ l-Kolben mit 2proz. Citronensäurelösung (20 g reine kristallisierte Säure in 1 l) $^1/_2$ Stunde in einem Rotierapparat mit 30—40 Touren per Minute bei $17^1/_2$° aus.

b) Gesamtphosphorsäure. 10 g Thomasmehl (für Feinmehlanalyse durch ein Sieb Nr. 100 = 0·17 mm Maschenweite zu sieben) wird in einem Literkolben mit 5 ccm Wasser durchfeuchtet, dann mit 50 ccm konz. Schwefelsäure bis zur vollständigen Zersetzung erwärmt, abgekühlt und mit Wasser bis zur Marke aufgefüllt.

B. Untersuchung der Lösungen.

1. Auf Phosphorsäure nach einer der folgenden Methoden.

a) Allgemeine Molybdänmethode. Man versetzt 50 ccm kieselsäurefreie Lösung (die wie bei Gesamtphosphorsäure sub 3 beschrieben mit Königswasser bereitet und zur Abscheidung der Kieselsäure zur Sirupdicke verdampft und nach dem Erkalten mit 10 ccm Salpetersäure (spez. Gewicht 1,2) und 50 ccm Wasser aufgenommen und aufgekocht worden war) mit einer reichlichen Menge Molybdänlösung, und zwar mindestens 100 ccm Molybdänlösung für 0·1 g P_2O_5. (Bereitung der Molybdänlösung: 150 g feingepulvertes molybdänsaures Ammon werden allmählich in 400 ccm heißes Wasser eingetragen. Die Lösung wird nach dem Erkalten auf 500 ccm aufgefüllt, hierzu 400 g Ammonnitrat in 500 ccm Wasser gelöst, hinzugefügt, gemischt und die Mischung unter Umschütteln zu einem Liter Salpetersäure vom spez. Gewicht 1·2 zugefügt und nach 24stündigem Stehen bei 50⁰ filtriert.) Hierauf wird am Wasserbade bei 50⁰ 1 Stunde digeriert. Nach genügend langem Stehen wird durch ein kleines dichtes Filter filtriert und der Niederschlag durch wiederholte Dekantation mit Ammonnitratlösung (32 ccm Salpetersäure (spez. Gewicht 1·2) mit 50 g Ammonnitrat auf 1 Liter aufgefüllt) so lange ausgewaschen, bis die Kalkreaktion verschwunden ist. (Das Filtrat ist durch Zusatz von neuer Molybdänlösung, Erwärmen auf 60⁰ und 12stündiges Stehen auf Vollständigkeit der Ausfällung zu prüfen.) Der Rückstand im Becherglas wird mit 80—100 ccm $2^{1}/_{2}$proz. Ammoniak gelöst, die Lösung durch dasselbe Filter gegossen und dieses mit heißem Wasser 5—6mal nachgewaschen, so daß das Volumen 130—150 ccm beträgt. Hierauf wird auf 60—80⁰ erwärmt und die Phosphorsäure unverzüglich mit 20 ccm Magnesialösung (55 g kristallisiertes Magnesiumchlorid, 70 g Ammonchlorid mit 250 ccm Ammoniak spez. Gewicht 0·96 (10proz.) mit Wasser auf 1 Liter gelöst) tropfenweise und unter stetem Umrühren ausgefällt. Nach mindestens vierstündigem Stehen oder $^{1}/_{2}$stündigem Ausrühren und kurzem Stehenlassen wird filtriert und mit $2^{1}/_{2}$proz. Ammoniak bis zum Verschwinden der Chlorjonreaktion ausgewaschen. Das Filter samt Niederschlag bringt man nach dem Trocknen in einen Platintiegel (bei Anwendung von Neubauer- oder Goochtiegel (s. S. 294) kann der Niederschlag ohne Vortrocknen geglüht werden), verascht vorsichtig, und zwar so, daß das Filter ohne Flamme vollkommen verkohlt, glüht dann den Tiegel am Gebläse oder 5 Minuten im Glühofen oder Teclubrenner und wägt nach dem Erkalten. 1 Tl. $Mg_2P_2O_7$ entspricht 0·6379 (log = 0·80477 — 1) Tln. P_2O_5 oder 1·3932 (log = 0·14401) Tln. $Ca_3(PO_4)_2$.

b) **Citratmethode.** Man versetzt bei wässerigen Superphosphatlösungen 50 ccm Lösung = 1 g Substanz mit 50 ccm Citratlösung, bei sauren Lösungen von Knochenmehl, Fischguano, Thomasmehl etc. 50 ccm Lösung = $^{1}/_{2}$ g Substanz mit 100 ccm Citratlösung (1000 g reiner Citronensäure in 1·25 l Wasser gelöst, mit 4 l Wasser verdünnt, mit 3·5 l 25proz. Ammoniaklösung versetzt und zu 10 l aufgefüllt) und dann sofort mit 25 ccm Magnesiamischung (550 g Chlormagnesium + 700 g Ammonchlorid in $6^{1}/_{2}$ l Wasser und $2^{1}/_{2}$ l 10proz. Ammoniak gelöst) und schüttelt oder rührt $^{1}/_{2}$ Stunde. Den Niederschlag filtriert man am besten durch einen Gooch-Tiegel oder Neubauer-Tiegel (s. S. 294), spült mit 5proz. Ammoniak nach und wäscht durch 5—6malige Füllung des Tiegels mit eben solchem Ammoniak nach, unter Benutzung der Filtrier-

pumpe. Den Tiegel trocknet man auf einer heißen Platte, bis
der Niederschlag rissig wird, glüht 3—5 Minuten (am besten
im Heraeus-Ofen) und läßt im Exsikkator erkalten. Der
gewogene Tiegel kann sofort, ohne Entfernung des Niederschlages, zu einer neuen Operation benutzt werden, so daß
man darin 30—40 Bestimmungen vornehmen kann, ohne das
Asbestfilter zu erneuern.

Bei dieser Methode kompensieren sich verschiedene Fehler,
und zwar bei genauer Einhaltung der Vorschrift so weit, daß
die Ergebnisse vollkommen richtig werden.

c) Über die v. Lorenzsche Molybdänmethode und
die Eisenzitratmethode vgl. C. T. U. Bd. II, ebenso über
die titrimetrische Bestimmung der Phosphorsäure im
phosphorsauren Ammonmolybdat.

Die etwas umständliche Herstellung eines Goochtiegels,
d. h. eines Platintiegels mit Siebboden und Asbestfilter ist in
den C. T. U. I beschrieben.

Der Neubauertiegel (zu beziehen von W. C. Heraeus,
Hanau) enthält ein Platinschwammfilter auf dem Siebboden,
ist gleich fertig zum Gebrauche und erheblich bequemer als
der Asbestgoochtiegel.

2. Auf freie Säure. a) Freie Gesamtsäure wird durch
Titrieren mit Methylorange und Natronlauge bestimmt.

b) Freie Phosphorsäure wird im alkoholischen Extrakt wie
oben gewichtsanalytisch bestimmt.

V. Eisenoxyd und Tonerde.

Maßgebend in Deutschland ist das Verfahren von Eug.
Glaser. Man löst 5 g Phosphat in 25 ccm konz. Salpetersäure
(spez. Gew. 1·2) $+$ 12$^1/_2$ ccm Salzsäure (spez. Gew. 1·12) und
bringt auf 500 ccm. 100 ccm $=$ 1 g Substanz werden im
$^1/_4$ l-Kolben mit 25 ccm Schwefelsäure (spez. Gew. 1·84) und
nach 5 Minuten Schütteln mit 100 ccm 95proz. Alkohol versetzt, abgekühlt, bis zur Marke mit Alkohol aufgefüllt, geschüttelt und wieder aufgefüllt. Nach $^1/_2$stündigem Stehen wird
filtriert, 100 ccm des Filtrates in der Platinschale bis zur Austreibung des Alkohols erhitzt, im Becherglase mit 50 ccm
Wasser versetzt und zum Kochen erhitzt. Man entfernt von
der Flamme, setzt NH_3 bis zur alkalischen Reaktion zu, kocht
das überschüssige NH_3 weg, läßt erkalten, filtriert, wäscht mit
warmem Wasser aus, glüht und wägt. Das Gewicht kann man
gleich Ferriphosphat $+$ Aluminiumphosphat, oder 50$^0/_0$ davon
gleich $Fe_2O_3 + Al_2O_3$ setzen.

VI. Stickstoff.

1. Salpeterstickstoff wird gasvolumetrisch mittels
des Nitrometers (S. 178 bzw. 181) oder nach Schlösing-
Grandeau (C. T. U. I und II) bestimmt oder aber durch

eine der Methoden, welche ihn zu NH_3 reduzieren (ebenda und II). Hier ist die Methode von **Arnd** (Zeitschr. f. angew. Chem. **30**, I, 169; 1917 und **33**, 296; 1920) wiedergegeben. Der im Destillationskolben befindlichen, ein Volumen von 250 bis 300 ccm einnehmenden Lösung des salpeter- oder salpetrigsauren Salzes, dessen Menge so gewählt wird, daß bis zu etwa 50 mg Nitrat- oder Nitritstickstoff vorliegen, werden 50 ccm einer Lösung von 200 g kristallisiertem Magnesiumchlorid in 1000 ccm Wasser und mindestens etwa 3 g der zu feinem Pulver zerriebenen, aus 60 Teilen Kupfer und 40 Teilen Magnesium bestehenden Reduktionslegierung (zu beziehen von der Aluminium- und Magnesiumfabrik A. G., Hemelingen bei Bremen) zugesetzt. Durch sofortiges Erhitzen mit voller Flamme werden 200 bis 250 ccm der Lösung abdestilliert; das übergetriebene Ammoniak wird in titrierter Säure aufgefangen und in üblicher Weise bestimmt (vgl. S. 277). Ist aus besonderen Gründen Anwendung einer größeren, bis zu oder etwas über etwa 100 mg Nitrat- oder Nitritstickstoff entsprechenden Substanzmenge erwünscht, so ist die Menge der Reduktionslegierung auf mindestens 5 g zu erhöhen. Gegenwart von freiem Alkali hebt die Reduktionskraft der Kupfer-Magnesiumlegierung völlig auf.

1 ccm verbrauchter $^1/_1$ N-Säure entspricht: 0·01401 g (log = 0·14644 — 2) N oder 0·01703 g (log = 0·23121 — 2) NH_3 oder 0·06302 g (log = 0·79948 — 2) HNO_3 oder 0·1011 g (log = 0·00479 — 1) KNO_3 oder 0·08501 g (log = 0·92947 — 2) $NaNO_3$.

2. **Ammoniakstickstoff.** Vgl. S. 277. Am besten destilliert man mit frisch gebrannter Magnesia (3 g auf 1 g NH_3 zu rechnen). Bei Ammoniaksuperphosphaten ist die nach IV. A. Nr. 1 S. 291 hergestellte Lösung zu benutzen.

3. **Gesamtstickstoff** wird bei Gegenwart von Nitraten nach **Förster** bestimmt. Von dem salpeterhaltigen Düngemittel bringt man 1 g in einen Aufschlußkolben, setzt 15 ccm Phenolschwefelsäure (hergestellt durch Lösen von 200 g Phosphorsäureanhydrid in $^1/_2$ l konz. Schwefelsäure und 40 g Phenol ebenfalls in $^1/_2$ l konz. Schwefelsäure und Zusammengießen der Lösungen nach dem Erkalten) zu und nachdem der Salpeter durch Schütteln vollkommen gelöst ist, 1—2 g Natriumthiosulfat (nicht vor der Phenolschwefelsäure zugeben!), sowie nach Zersetzung desselben noch 10 ccm reine Schwefelsäure und ca. 1 g Quecksilber. Man kocht bis zu vollständiger Oxydation der organischen Substanz, die meist nach $1^1/_2$ Stunden beendet ist. Man läßt erkalten, spült mit Wasser in einen Destillationskolben, fällt das Quecksilbersalz mit Zinkstaub aus, setzt 110 ccm Natronlauge von 32^0 B. (stickstofffrei!) zu und destilliert das Ammoniak ab, das man in Normal-

salzsäure auffängt und durch Zurücktitrieren bestimmt; Berechnung wie S. 295 bei Nr. VI. 1.

Feuchte Substanzen zerreibt man vor Zusatz der Phenolschwefelsäure mit etwas Gips.

4. Organischer Stickstoff. Bei Abwesenheit von Nitraten und Ammoniaksalzen nach Wilfarth-Böttcher. Man bringt 1 g Substanz in ein langhalsiges Kölbchen aus schwer schmelzbarem Glase von 150 ccm Inhalt, fügt 1 Tropfen (ca. 1 g) Quecksilber und 25 ccm einer konz. Schwefelsäure hinzu, die man auf 1 l mit 200 g Phosphorsäureanhydrid versetzt hat, und erhitzt, anfangs langsam, dann zum heftigen Sieden. Dabei stellt man das Kölbchen oder eine Reihe derselben in schiefer Lage auf ein Drahtnetz. Das Ganze stellt man zweckmäßig auf eine mit Sand dick bestreute Bleiplatte mit aufgebogenen Rändern unter einem Säureabzug auf, so daß beim Springen eines Kölbchens kein Schaden entsteht. Bei stark schäumenden Flüssigkeiten bringt man ein wenig Paraffin in das Kölbchen, das man dann mit einem Kreuslerschen Stopfen (d. i. einer unten zu einer langen, zugeschmolzenen Spitze ausgezogenen Glasröhre) lose verschließt. Man muß das Kochen fortsetzen bis der Kolbeninhalt vollständig klar geworden ist, was $^1/_2$ bis 3 Stunden dauern kann. Dann spült man ihn mittels 200 ccm Wasser in einen $^1/_2$ l-Kolben, setzt 100 ccm Natronlauge von 32° B (stickstofffrei) und 1—1·5 g Zinkstaub zu und destilliert das NH_3 wie bei Nr. 1, S. 295 in titrierte Salzsäure ab. Im weiteren wie bei Nr. 1.

Bei Substanzen, die sich schlecht zerkleinern lassen, wägt man behufs Erzielung einer guten Durchschnittsprobe 3—5 g ab, kocht mit 50—60 ccm Schwefelsäure und 2—3 g Quecksilber, spült nach dem Erkalten in einen 300 ccm-Kolben, füllt bis zur Marke, schüttelt auf und entnimmt davon 100 ccm zur Destillation mit Natronlauge und Zinkstaub.

Kalkstickstoff: a) Stickstoffbestimmung. 5 g feingepulverter Kalkstickstoff werden mit wenig Wasser angerührt und durch mehrstündiges Erhitzen mit 50 ccm konz. Schwefelsäure und 5 g entwässertem Kupfersulfat oder etwas Paraffin vollständig aufgeschlossen, wobei infolge des beigemengten Graphits auch nach vollendeter Aufschließung der Kolbeninhalt dunkel gefärbt bleibt. Die Neutralisierung und das Abdestillieren des Ammoniaks erfolgt wie unter 3 und 4. Von der Stickstofffreiheit der verwendeten Reagentien hat man sich zu überzeugen.

b) Karbidbestimmung. 10 g feingemahlener Kalkstickstoff werden mit acetylengesättigter Kochsalzlösung in der gleichen Apparatur wie S. 289 beschrieben, zersetzt und

das entwickelte Acetylen über acetylengesättigter Kochsalzlösung aufgefangen. Das Gasvolumen wird auf 0^0 und 760 mm
Druck reduziert. 1 ccm C_2H_2 (red.) entspricht 0·00290 (log
= 0·46292 — 3) g CaC_2.

VII. Kali zu bestimmen nach der Überchlorsäuremethode
S. 264.

Näheres über Untersuchung der einzelnen Düngemittel
s. C. T. U. II.

XIV. Tonerdepräparate.

I. Rohmaterialien.

1. Kaolin s. bei Ton S. 303.

2. Bauxit (nach Mitteilung der Aluminium-Industrie
A.-G. Neuhausen). 2 g des feinst gepulverten Bauxits werden
in einer Porzellanschale mit 25—30 ccm Wasser übergossen
und unter Umrühren 20 ccm konzentrierte Schwefelsäure
zugefügt. Man bedeckt mit einem Uhrglas und erwärmt mit
kleiner Flamme, anfangs unter öfterem Umrühren bis Schwefelsäuredämpfe entweichen. Man läßt erkalten, verdünnt mit
kaltem Wasser auf 250—300 ccm, filtriert in einen 500 ccm-
Kolben und füllt bis zur Marke auf (Filtrat A). Der Rückstand
(SiO_2, Al_2O_3, TiO_2) wird geglüht und gewogen, hierauf mit
Flußsäure und Schwefelsäure abgeraucht, wieder geglüht und
gewogen. Die Gewichtsdifferenz ergibt die Kieselsäure.
Der Abrauchrückstand wird mit Bisulfat aufgeschlossen,
die Schmelze unter Zusatz von etwas Schwefelsäure in lauwarmem Wasser gelöst und darin die Titansäure kolorimetrisch
bestimmt (s. u.).

Von schwer aufschließbaren Bauxiten, z. B. ungarischen,
werden 2 g feinst gepulvert und in 10 g kieselsäurefreiem Ätznatron, das in einem Aluminiumtiegel (mindestens 2 mm
Wandstärke und über 30 ccm Inhalt) zum Schmelzen gebracht
ist, eingetragen, anfänglich schwach, später etwas stärker
erhitzt, die Schmelze in ein Aluminiumtellerchen gegossen
und der etwas erkaltete Aluminiumtiegel in 200 ccm schwefel-
säurehaltiges Wasser eingebracht. Nachdem der Tiegel gereinigt
und herausgenommen wurde, werden die Hauptmenge der
Schmelze, sowie 25—30 ccm konzentrierte Schwefelsäure
zugefügt und nach dem Lösen des Kuchens bis zum Rauchen
der Schwefelsäure erhitzt. (Löst sich das in der Schmelze
befindliche Eisenoxyd in der Schwefelsäure schwer, so setzt
man 10—15 ccm konzentrierte Salzsäure zu und erhitzt ebenfalls bis zum Rauchen der Schwefelsäure.) Die nach 'dem

Erkalten und Verdünnen abgeschiedene Kieselsäure soll frei von Titansäure sein. Das Filtrat wird wie das Filtrat **A** (s. o.) weiter behandelt.

Vom Filtrat **A** werden nach gutem Durchmischen 200 ccm = 0·8 g zur Eisenoxydbestimmung verwendet.

Zur Eisenbestimmung werden nach Reinhard-Zimmermann 200 ccm des Filtrats in einem 800 ccm fassenden Becherglase zum Sieden erhitzt. Nach Entfernen der Flamme werden 20 ccm konzentriertes HCl zugefügt, die noch heiße Lösung bis zur Entfärbung durch tropfenweisen Zusatz von in einer Bürette befindlicher Zinnchlorürlösung (250 g kristallisiertes Zinnchlorür in 100 ccm konzentrierter HCl gelöst, auf 1000 ccm verdünnt) reduziert, etwas abgekühlt, sofort 10 ccm gesättigte Mercurichloridlösung zugefügt und auf ca. 5—600 ccm verdünnt. Hierzu werden 200 ccm einer sauren Mangansulfatlösung (67 g kristallisiertes Mangansulfat in 500 ccm H_2O gelöst, 138 ccm Phosphorsäure, spez. Gewicht 1·7 zugefügt, zum Gemisch 130 ccm konzentrierte H_2SO_4 zugegeben und auf 1000 ccm verdünnt) zugefügt und mit einer auf gleiche Weise eingestellten Permanganatlösung auf schwach rosa titriert.

Zur Titansäurebestimmung (nach Weller) werden 100 oder 200 ccm des Filtrates A in einen 300 ccm-Kolben gegossen, etwas Wasserstoffsuperoxyd und Schwefelsäure zugefügt und auf 300 ccm aufgefüllt. Man vergleicht die Intensität dieser Lösung (zu welcher noch die Titansäuremenge des Abrauchrückstandes zuzufügen ist) mit einer Vergleichslösung, welche in 1 ccm 0·0001 g Titansäure enthält. Zu deren Herstellung glüht man ca. 0·1 g reiner Titansäure vorsichtig bis zur Gewichtskonstanz (Gewicht a g), schließt mit Bisulfat auf, löst die Schmelze in konzentrierte Schwefelsäure und füllt mit 5proz. Schwefelsäure und etwas Wasserstoffsuperoxyd zum Volumen 10000 a in Kubikzentimeter ausgedrückt, auf. Diese Vergleichslösung ist in einer dunklen Flasche im Dunkeln aufzubewahren.

Eine neue Probe Bauxit glüht man 15 Minuten vor dem Gebläse; der Gewichtsverlust = chemisch gebundenes Wasser +organische Substanz.

3. Kryolith.

a) Kieselsäurebestimmung.

Nach der Methode des Österreichischen Vereins für chemische und metallurgische Produkten in Aussig wird Kieselsäure dadurch bestimmt, daß sie durch mehrfach wiederholte Destillation mit absolut kieselsäurefreier Flußsäure aus einem kleinen Platingoldapparat (90% Au + 10% Pt) als Kieselfluorwasserstoffsäure abgetrieben und im Destillat (das in silbernen mit Gummistepfen verschlossenen U-Rohren aufgefangen wird) entweder titrimetrisch oder zweckmäßig durch Fällung mittels Zinkoxydammoniak aus der ganz schwach alkalisch gemachten Lösung bestimmt wird.

Bei Gegenwart von Alkalien, die zuweilen im Kryolith vorhanden sind, ist zur Verhinderung der Bildung von Alkalisilikofluoriden, welche bei der Einwirkung von Flußsäure auf den Kryolith entstehen bzw. zur Zersetzung gebildeter Silikofluoride bei der Destillation mit Flußsäure eine Zugabe von Schwefelsäure notwendig, um die Basen sicher in Sulfate überzuführen.

Nach einer weiteren Methode des Österreichischen Vereins erfolgt die Bestimmung der Kieselsäure durch Extraktion mit kieselsäurefreier Flußsäure in der Wärme. Im Filtrat wird die gelöste Kieselsäure wie oben im Destillat bestimmt.

b) Fluorjonbestimmung.

Maßanalytische Fluorjonbestimmung; Greeff[1] (Dissertation Leipzig und Ber. **46**, 2511; 1913) hat folgende, für die Untersuchung des Kryoliths gut anwendbare Methode ausgearbeitet:

1 g gebeutelter Kryolith wird nach Treadwell (Lehrbuch der anal. Chem., 9. Aufl., II, S. 403) in einem geräumigen Platintiegel mit $2^1/_2$ g ebenfalls gebeutelter Kieselsäure und 6 g Kaliumnatriumcarbonat anfänglich bei gelinder Temperatur, vorsichtig (wegen starker Kohlendioxydentwicklung), dann höher bis zur ruhig fließenden vollständig klaren Schmelze, am Schluß zweckmäßig vor dem Gebläse, erhitzt. Die noch flüssige Schmelze wird in ca. 150 ccm Wasser gegossen, der Tiegel mit anhaftender Schmelze zugefügt und das Ganze unter öfterem Umrühren $^1/_2$ Stunde am Wasserbad erhitzt. Der Inhalt des Becherglases wird in einen 250 ccm-Kolben gespült, zur Marke aufgefüllt und von der erkalteten und gut geschüttelten Lösung 100 ccm = 0,4 g Kryolith abfiltriert, diese mit Phenolphthalein und verdünnter Salzsäure neutralisiert, erhitzt und so lange Normalsalzsäure zugefügt, bis auch nach längerem Kochen die Lösung farblos bleibt. Schon während des Neutralisierens wird unter ständigem Lufteinleiten bis auf ca. 50 ccm eingedampft. Nach erfolgtem Abkühlen wird die genau neutrale Lösung (Prüfen durch Zusatz eines Tropfens $^1/_1$ N-NaOH und $^1/_1$ N-HCl) in einen Erlenmeyer-Kolben mit 20 g chemisch reinem Natriumchlorid versetzt, 5 ccm Kaliumrhodanidlösung (1 Teil Kaliumrhodanid auf 5 Teile Wasser gelöst) zugefügt und mit einer Eisenchloridlösung auf schwach gelb titriert. (Die Eisenchloridlösung wird durch Lösen von ungefähr 100 g käuflichem, reinen, ungefähr $50^0/_0$igem Eisen-

---

[1] Privatmitteilung des Österr. Vereins für chemische uud metallurgische Produktion, Aussig.

chlorid in 500 ccm Wasser hergestellt. Nach dem Absitzen des Unlöslichen hebert man die klare Flüssigkeit ab, deren Eisengehalt gewichts- oder maßanalytisch bestimmt wird.) Dann werden 10 ccm Amylalkohol oder weniger gut 20 ccm Alkohol-Äthergemisch (1 : 1) zugefügt, das offene, hierauf mit einem Stöpsel verschlossene Gefäß tüchtig durchgeschüttelt und von der Eisenchloridlösung soviel zugefügt, bis die Alkoholschicht auch nach längerem Schütteln und Stehen rot gefärbt bleibt. Jedes Mol verbrauchten Eisenchlorids zeigt 6 Mole Natriumfluorid oder 1 Mol Na_3AlF_6 an. (Umwandlungsfaktor $FeCl_3$ in Na_3AlF_6 1·2952 (log = 0·11233.)

II. Betriebskontrolle.

1. Vom Rückstande von der Aufschließung des Bauxits kocht man 2 g mit 3 ccm konzentrierter Schwefelsäure+3 ccm Wasser bis zum Verschwinden der roten Farbe, verdünnt ein wenig, filtriert und bringt das Filtrat auf 100 ccm. Hierin bestimmt man:

a) das Eisen in 10 ccm (nach Reduktion) durch Permanganat (S. 149).

b) Eisenoxyd und Tonerde in 20 ccm durch Ausfällung mit NH_3.

c) Lösliches Natron durch Kochen von 20 ccm mit Salmiaklösung und Auffangen des dem Natron entsprechenden NH_3 in titrierter Salzsäure.

2. Alumininatlauge. Man bestimmt darin Na_2O und Al_2O_3 in einer Operation, wie unten bei Natriumaluminat S. 302.

III. Handelswaren.

1. Schwefelsaure Tonerde und Alaun (vgl. C. T. U. II).

a) Tonerde. Gewichtsanalyse (nach Stock). Man löst 10 g mit Wasser zu 500 ccm, entnimmt 50 ccm der klaren Lösung = 1 g, neutralisiert mit Natronlauge bis zur beginnenden Fällung, fügt einige Tropfen Säure zur Wiederauflösung des Niederschlags und hierauf einen Überschuß einer Mischung aus gleichen Teilen 25proz. Kaliumjodid- und gesättigter Kaliumjodatlösung zu. Das entstandene freie Jod entfernt man genau mit einer 20proz. Natriumthiosulfatlösung und fügt noch etwas Jodid-Jodatgemisch und dann noch ca. 1 ccm der 20proz. Natriumthiosulfatlösung zu und erwärmt $^1/_2$ Stunde auf dem Wasserbade. Das gefällte Tonerdehydrat wird mit heißem Wasser gewaschen und geglüht.

Maßanalyse. Man löst 5 g zu $^1/_2$ l und ermittelt den Tonerdegehalt in 50 ccm (= 0·5 g Substanz) durch Neutralisierung der freien Säure mit verdünnter Natronlauge unter Zusatz von Methylorange (also bis zum Umschlag der Rosafarbe in gelb); dann setzt man Phenolphthalein zu und titriert die vorhandene Tonerde durch N-Natronlauge, bis zum Eintreten der Rosafärbung. Jedes Kubikzentimeter des N-Natrons zeigt 0·1703 g (log = 0·23130—1) Al_2O_3.

Diese Methode gibt nur bei genauer Beobachtung der C. T. U. II gegebenen näheren Vorsichtsmaßregeln richtige, sonst nur annähernde Resultate.

b) **Eisen.** Die Bestimmung desselben durch Gewichts- oder Maßanalyse ist wegen dessen geringer Menge nicht tunlich. Man bestimmt es daher auf kolorimetrischem Wege nach **Lunge** und **Kéler** (C. T. U. I und II) wie folgt. Verwendet werden Stöpsel-Zylinderchen aus weißem Glase, 13 mm innere Weite, 17 cm hoch, geteilt in 25 ccm ($^1/_{10}$ ccm Striche), mit etwa 5 ccm freiem Raume über der Marke 25. Reagentien: a) 10proz. Lösung von Rhodankalium; b) reiner Äther; c) Lösung von 8·630 g Ammoniak-Eisenalaun und 5 ccm reiner konzentrierter Schwefelsäure in 1 l; zum Gebrauch verdünnt man diese dann noch von 1 auf 100, so daß die zweite Lösung d) im Liter 10 mg Eisen enthält. Diese verdünntere Lösung d) hält sich auch bei Lichtabschluß nur einige Tage, die Lösung c) aber bei Licht- und Luftabschluß lange ohne Trübung; e) möglichst reine Salpetersäure, die allerdings kaum je absolut eisenfrei sein wird, was aber, wenn mit Rhodankalium nur blaßrötliche Färbung entsteht, nichts schadet, da man davon sehr wenig, und zum Kontrollversuch gerade ebensoviel braucht.

Von dem zu prüfenden Aluminiumsulfat löst man 1—2 g (gewogen) in wenig Wasser, setzt genau 1 ccm der reinen Salpetersäure zu, erwärmt einige Minuten, läßt abkühlen und verdünnt auf 50 ccm. Hiervon kommen 5 ccm in einen der Kolorimeter-Zylinder A. (Bei Anwendung dieser Methode auf Schwefelsäure verdünnt man diese ebenso.) In einen anderen Zylinder B bringt man 5 ccm der verdünnten Salpetersäure (1 ccm von e auf 50 ccm Wasser) und eine beliebige, abgemessene Menge der Eisenalaunlösung d, z. B. 1 ccm. In dem Zylinder A setzt man stets dasselbe Volum reines Wasser zu, als man in B Eisenalaunlösung zugefügt hatte, um stets identische Verdünnungsgrade zu haben. Dann setzt man sowohl zu A wie zu B je 5 ccm der Rhodanlösung a und 10 ccm des Äthers b, setzt den Stopfen auf und schüttelt anhaltend, bis die wässerige Schicht vollkommen entfärbt und die Farbe ganz in den Äther übergegangen ist. Die genaue Vergleichung der Farben erfolgt am besten erst nach einigen Stunden, da sie etwas nachdunkeln.

Grobe Unterschiede lassen sich aber sofort bemerken, so daß man mit drei Zylindern auskommen wird, von denen A das zu prüfende Objekt, B und C die ihm zunächst kommenden Vergleichsproben mit bestimmtem Eisensalzzusatz enthalten.

Die Vergleichung geschieht, indem man die Zylinder etwas über einer weißen Unterlage (nicht auf dieser stehend!) von oben nach unten betrachtet. Man kann dann ganz gut auf $\pm 0\cdot1$ ccm der Eisenalaunlösung d, also auf $\pm 1/_{1000}$ mg Eisen in den zur Prüfung angewendeten 5 ccm schätzen, jedoch nur, wenn die Gesamtmenge des Eisens nicht über 2 ccm der Lösung d, d. h. über $^2/_{100}$ mg Fe beträgt. (Größere Mengen Eisen könnte man durch die bei den kleineren versagende Permanganattitrierung (S. 149) bestimmen.)

c) Freie Säure im Aluminiumsulfat läßt sich mittels keinem der bekannten Indikatoren direkt titrieren. Man verfährt daher nach Beilstein und Große wie folgt. Man löst 1—2 g des Sulfates in 5 ccm Wasser, fügt 5 ccm einer kaltgesättigten Lösung von Ammonsulfat hinzu, rührt $^1/_4$ Stunde lang um und fällt mit 50 ccm 95proz. Alkohol aus. Der Niederschlag wird mit 50 ccm Alkohol nachgewaschen, Waschflüssigkeit und Filtrat werden zusammen im Wasserbad von Alkohol befreit und im Rückstande die Säure durch $^1/_{10}$ N-Natron und Phenolphthalein bestimmt.

d) Zink ist ein nur ausnahmsweise vorkommender, aber sehr schädlicher Bestandteil im Aluminiumsulfat. Man bestimmt es durch Versetzen der Lösung des Aluminiumsulfats mit genügender Menge von Bariumacetat, um alle Schwefelsäure auszufällen und schlägt im Filtrate das Zink als Schwefelzink nieder.

2. Natriumaluminat (vgl. C. T. U. II).

a) Natron und Tonerde. Man löst 2 g in Wasser zu 100 ccm auf, entnimmt 20 ccm ($0\cdot4$ g), fügt etwas Phenolphthalein hinzu, leitet Kohlendioxyd bis zur Entfärbung ein, filtriert das gefällte Tonerdehydrat ab, wäscht es heiß aus, glüht es und wägt es als Al_2O_3. Das Filtrat wird in der Kälte mit $^1/_5$ N-Salzsäure und Methylorange titriert, 1 ccm $^1/_5$ N-HCl $= 0\cdot0062$ g (log $= 0\cdot79239{-}3$) Na_2O.

b) Unlösliches bestimmt man in 10—20 g Substanz in bekannter Weise, aber unter Anwendung von „gehärtetem" Filtrierpapier, da gewöhnliches durch die stark kaustische Flüssigkeit reißen würde.

c) Kieselsäure ermittelt man durch Eindampfen mit Salzsäure, Aufnehmen mit verdünnter Salzsäure, Filtrieren, Auswaschen, Glühen und Wägen des Rückstandes.

3. Tonerde des Handels ist entweder Hydrat oder wasserfrei. Man bestimmt darin die als Verunreinigung auftretende Kieselsäure wie bei 2c. Gesamt-Natron durch Erhitzen zur Rotglut, nach dem Erkalten Aufkochen mit Wasser, Titration mit $^1/_{20}$ N-Schwefelsäure und Rosolsäurelösung unter wiederholtem (3—5maligem) Aufkochen auf farblos (Alu-

minium-Industrie A. G. Neuhausen). Lösliches Natron: Kochen mit 100 ccm Wasser und Titration mit N-Salzsäure und Phenolphthalein. Eisen in der salzsauren Lösung wie in Nr. 1b. Glühverlust (H_2O+CO_2) durch 15 Minuten langes Glühen vor dem Gebläse.

XV. Zementindustrie.

A. Portlandzement.

I. Rohmaterialien

1. Kalkstein. a) Man bestimmt die Carbonate nach S. 202 durch Titrieren oder durch volumetrische Bestimmung der CO_2 nach S. 217. Sie werden auf $CaCO_3$ berechnet. Bei Anwesenheit irgend größerer Mengen von Magnesia (die als schädlich für den Zement angesehen wird), bestimmt man diese in der salzsauren Lösung nach S. 202, verrechnet sie auf $MgCO_3$ und rechnet den Überschuß der wie oben gefundenen CO_2 auf $CaCO_3$ um.

b) Als Tonrückstand nimmt man die Differenz von 100 und den nach a) gefundenen Carbonaten. Bei größeren Mengen von Tonrückstand kann man die Tonsubstanz wie bei 2 untersuchen.

2. Ton.

a) Gehalt an gröberem Sand (Quarzsand) wird durch Schlämmprobe ermittelt. Man wägt 50 g des nur gröblich zerkleinerten getrockneten Durchschnittsmusters in eine größere Porzellanschale, übergießt mit etwa 100 ccm verdünnter Salzsäure (3 Wasser + 1 konzentrierte Säure), kocht etwa drei Stunden lang, läßt erkalten, gießt die Säure ab und schlämmt weiter mit Wasser nach, indem man einen Wasserstrahl darauf fließen läßt und mit den Fingern vorsichtig verreibt, so daß nur Ton fortgeht, bis der klare Sand zurückbleibt. Dies ist sogar besser als die Anwendung mechanischer Schlämmapparate (vgl. über diese: C. T. U. II).

Den Sand kann man dann durch Sieben noch in verschiedene Korngrößen sortieren, nämlich Schluff (bis 0·025 mm), Staubsand (0·040 mm), Feinsand (0·200 mm), Grobsand (darüber).

b) Gesamtanalyse (C. T. U. II).

1. Aufschluß mit kohlensaurem Alkali, d. h. gleichen Teilen von Kaliumcarbonat und Natriumcarbonat, wovon man auf 1 g Ton 6—10 g braucht. Man mischt den (vorher bei 120° getrockneten und feinstgeriebenen) Ton innigst mit dem

Alkalicarbonat im Platintiegel selbst mittels eines Platin-
oder Glasspatels, den man dann mit ein wenig des Carbonats
nachreinigt und erhitzt, im bedeckten Tiegel erst langsam,
dann bis zum vollen ruhigen Fließen, besser mit einem guten
Bunsen- oder Teclubrenner, als über dem Gasgebläse. Nach
dem Erkalten erhitzt man den Tiegelboden zweimal mit kleiner
Flamme auf schwache Rotglut, was die Ablösung der Schmelze
erleichtert, übergießt nach dem Erkalten mit einigen Kubikzentimetern Wasser und erhitzt vorsichtig mit kleiner Flamme,
bis der Schmelzkuchen sich vom Tiegel ablöst. Man spritzt
ihn in eine geräumige Platinschale, die man mit einem Uhrglas
bedeckt, und erhitzt auf dem Wasserbade, bis die Schmelze
erweicht und zerfallen ist. Dann übersättigt man mit Salzsäure, entfernt das (abzuspritzende!) Uhrglas und dampft auf
dem Wasserbade zur Trockene ein, wobei man durch Umrühren mit einem Glasstabe dafür sorgt, daß die Masse pulver-
förmig wird. Man erhitzt dann die Schale im Luftbade 1 Stunde
lang auf 120⁰, befeuchtet nach dem Erkalten mit mäßig starker
Salzsäure, erwärmt nach einer Stunde Stehen mit Wasser,
gießt das Klare durch ein Filter und fährt so fort, bis der
Rückstand mit Salzsäure keine Färbung mehr gibt. Nun
bringt man ihn auf ein Filter, wäscht, trocknet, glüht erst über
kleiner Flamme, dann stark bis zur Gewichtskonstanz und
wägt ihn als Kieselsäure. Diese kann jedoch noch Titansäure enthalten, die man durch Abrauchen mit Flußsäure
und konzentrierter Schwefelsäure auf dem Wasserbade als
Rückstand erhält und wägt (qualitativ auf Ti durch violette
Phosphorsalzperle zu prüfen!).

Das Filtrat von der Kieselsäure teilt man in zwei Hälften;
in der einen bestimmt man Tonerde+Eisen, in der anderen
das Eisen für sich. $Al_2O_3 + Fe_2O_3$ erhält man durch Zusatz
von Ammoniak in geringem Überschuß, kurzes Aufkochen,
Filtrieren, Waschen und Glühen. Das Eisenoxyd bestimmt
man für sich durch Reduktion mit Zink und Titrieren mit
Permanganat, vgl. S. 149.

Im Filtrat von dem Niederschlage von Fe_2O_3 und Al_2O_3
bestimmt man den Kalk durch Fällen mit Ammonoxalat
(S. 202) und im Filtrat davon die Magnesia durch Ammonphosphat (S. 202).

2. Die Alkalien bestimmt man, falls gewünscht, durch
Aufschließen von ca. 5 g Ton mit Flußsäure; vgl. C. T. U. II.

3. Schwefel in Form von Sulfaten oder Schwefelkies
bestimmt man nach Oxydation des letzteren durch Königswasser in der salzsauren Lösung durch Fällen mit Bariumchlorid, S. 144.

4. Kohlensäure wie beim Kalkstein, S. 203 oder 217.

5. Glühverlust beim Erhitzen über dem Teclubrenner, bis zur Gewichtskonstanz, zeigt Wasser + organische Substanz + CO_2 + Sulfidschwefel an.

c) Trennung von Quarzkieselsäure und gebundener Kieselsäure (sog. rationelle Tonanalyse, vgl. C. T. U. II und Lunge und Millberg, Zeitschr. f. angew. Chem. **10**, 393; 1899). Sie beruht darauf, daß äußerst fein verteilte kristallisierte Quarzkieselsäure durch konzentrierte Natronlauge, aber nicht durch 5 proz. Natriumcarbonatlösung aufgelöst wird. Die letztere löst aber die aus Silikaten durch Säure amorph abgeschiedene Kieselsäure bei halbstündigem Erhitzen auf dem Wasserbade auf. Man kann also diese beiden Arten von Kieselsäure voneinander trennen, wenn man 5 g bei 120⁰ getrockneten Ton mit verdünnter Schwefelsäure (100 ccm Wasser + 50 ccm konzentrierter Säure) in einer mit Uhrglas bedeckten Porzellan- oder Platinschale zum Kochen erhitzt, bis das Wasser vertrieben ist und die Schwefelsäure stark abzurauchen beginnt, nach Erkalten mit Wasser verdünnt, abgießt, mit Salzsäure befeuchtet, $^1/_4$ Stunde erwärmt, filtriert und auswäscht. Den feuchten Rückstand, der ein Gemisch beider Modifikationen der SiO_2 enthält, spritzt man in eine Porzellanschale, ergänzt auf etwa 250 ccm, setzt ca. $12^1/_2$ g reine kalzinierte Soda hinzu und erwärmt $^1/_2$ Stunde auf dem Wasserbade. Das Klare gießt man ab und wiederholt die Behandlung mit 5 proz. Sodalösung noch 3 mal. Schließlich spült man auf ein Filter und wäscht mit etwas Alkohol enthaltendem Wasser vollständig aus. Der getrocknete und geglühte Rückstand ergibt die Quarzkieselsäure, und durch Abzug von der sub b1 gefundenen Gesamtkieselsäure ergibt sich die Silikatkieselsäure.

II. Betriebskontrolle.

Das **Rohmehl** wird auf seinen Gehalt an Ton und Calciumcarbonat ebenso wie der Kalkstein bei A. 1. untersucht. Meist genügt eine Bestimmung der CO_2 nach S. 203 oder 217.

Die **Klinker** analysiert man, wo erforderlich, wie den fertigen Zement.

III. Handels-Zement.

Man glüht 1 g Zement in einem Platintiegel 15 Minuten lang auf dem Gebläse, zersetzt dann mit Salzsäure, filtriert das Unlösliche ab, schmilzt dieses mit Natriumcarbonat, löst die Schmelze in Wasser auf und vereinigt diese Lösung mit dem zuerst erhaltenen Filtrate.

a) **Kieselsäure** wird bestimmt durch Eindampfen der vereinigten Lösungen und Abfiltrieren der ausgeschiedenen SiO_2. Das Filtrat wird nochmals eingedampft und sich etwa noch abscheidende SiO_2 mit der ersten vereinigt. Die gesamte (rohe) SiO_2 wird nach dem Trocknen $^1/_2$ Stunde auf dem Gebläse geglüht und gewogen, dann mit 10 ccm Flußsäure und 4 Tropfen konzentrierter Schwefelsäure abgeraucht und der dabei bleibende Rest von der rohen SiO_2 abgezogen; Differenz reine SiO_2.

b) Man teilt die vereinigten Filtrate in zwei Hälften, in deren einer man die Sesquioxyde, d. h. $Al_2O_3 + Fe_2O_3$, bestimmt durch Fällung mit (kohlensäurefreiem) Ammoniak, wie S. 304.

c) Eisenoxyd allein bestimmt man in der zweiten Hälfte der Filtrate von a, indem man darin das Sesquioxyd zu Monoxyd durch Zink oder H_2S reduziert und das Eisen mit Permanganat titriert; vgl. S. 149.

d) Kalk bestimmt man in dem bei b erhaltenen Filtrate durch Fällung mit Ammonoxalat nach S. 192.

e) Magnesia wird im Filtrat von d durch Fällung mit Ammonphosphat bestimmt nach S. 193.

f) Sulfat-Schwefelsäure bestimmt man in einer besonderen Probe von 1 g durch Lösen in heißer Salzsäure, Filtrieren und Fällung mit Bariumchlorid nach S. 144.

g) Gesamtschwefel. Man schmilzt 1 g mit Natriumcarbonat und etwas Salpeter, löst in heißem Wasser, filtriert, säuert das Filtrat an und fällt mit Bariumchlorid.

h) Alkalien werden nur selten bestimmt, was auch ziemlich umständlich ist. Vgl. darüber C. T. U. II.

i) Über die physikalischen Proben, Mahlfeinheit, Bindezeit, Festigkeit etc. vgl. ebenda.

B. Hydraulischer Kalk und Romanzement.

Für gewöhnlich bestimmt man in den Ausgangsmaterialien (Mergeln) nur CO_2 und Tonrückstand wie bei Kalksteinen S. 202.

Die genauere Analyse wird wie bei Ton, S. 303, vorgenommen, insbesondere auch die Trennung der Quarzkieselsäure von der Silikatkieselsäure.

C. Puzzolanen, Traß, granulierte Hochofenschlacke.

1. Hygroskopisches Wasser wird bestimmt durch Trocknen von 10 g bei 110°.

2. Chemisch gebundenes Wasser durch Glühen der nach 1 getrockneten Substanz im Platintiegel in dem Gebläse oder im elektrisch geheizten Heräusofen u. dgl. Die Temperatur soll erst in ca. 10 Minuten auf Rotglut steigen, damit nicht Verlust durch mechanisches Fortreißen von Staub bei dem plötzlichen Freiwerden des Wasserdampfes entsteht; dann

muß man noch $^1/_2$ Stunde auf Gelbglut erhitzen und sofort in den Exsikkator bringen. Der Glühverlust gilt als wichtiges Kriterium für die Hydraulizität.

3. **Silikatkieselsäure**, neben der Quarzkieselsäure nach S. 305 zu bestimmen als wichtigster Hydraule-Faktor.

4. **Mechanische Proben auf Mahlfeinheit** etc. wie bei Zement.

XVI. Bereitung der Normallösungen.

Alle Titrationen dürfen nur mit Instrumenten ausgeführt werden, welche entweder vom Chemiker selbst oder von Instituten wie die Reichsanstalt für Maß und Gewicht oder Dr. H. Goeckel, Berlin NW., Luisenstraße 6, auf ihren Rauminhalt genau untersucht worden sind. Über Eichung von Instrumenten für volumetrische und gasvolumetrische Analyse vgl. man C. T. U. I.

A. Normalsäure und Normallauge.

Als Grundlage der Alkalimetrie und Acidimetrie dient **chemisch reines Natriumcarbonat (Soda)**. Man prüft es durch Auflösen von ca. 5 g in Wasser, wobei eine völlig klare, farblose Lösung entstehen soll, welche nach Übersättigung mit reiner Salpetersäure und Verdünnung durchaus keine Trübung mit Bariumchlorid und mit Silbernitrat, höchstens eine ganz geringe Opaleszenz geben soll; in diesem Falle kann man es für hinreichend rein annehmen.

Um es vollständig wasserfrei zu machen und die letzten Spuren von Bicarbonat-Kohlensäure zu entfernen, erhitzt man es in einem damit etwa halb gefüllten Platintiegel in einem Aluminiumblock oder auf einem Sandbade (wobei der Sand außen bis zur Höhe der Sodaschicht reichen soll) mit eingesetztem Thermometer, mit dem man häufig umrührt, auf 270 bis 300⁰ etwa 30 Minuten lang, schüttet den Inhalt noch heiß in ein Wägeglas mit Glasstopfen und bewahrt dieses im Exsikkator bis zum Wägen auf. Man wägt dann bei der Titerstellung von N-Säure 4 Proben von etwa 2 g hintereinander in die Bechergläser ab, in denen die Titration stattfinden soll. (Bei Darstellung von $^1/_5$ N-Säure wägt man nur ca. 0·4 g Soda ab, um nicht mehr als eine Bürettenfüllung der Säure zu brauchen.)

Als Normalsäure dient Salzsäure, welche vor der Schwefelsäure und Oxalsäure folgende Vorteile hat: 1. ist sie allgemeiner verwendbar, z. B. auch für Erdalkalien; 2. man kann ihren Titer, abgesehen von der Stellung auf reine Soda, durch Fällen mit Silbernitrat sehr genau kontrollieren, viel sicherer als diejenigen der Schwefelsäure durch Bariumchlorid. Man verdünnt zunächst reine Salzsäure auf ca. $1\cdot020$ spez. Gewicht, so daß man eine Säure erhält, welche etwas über die Normalstärke ($36\cdot47$ g HCl pro Liter) besitzt. Diese füllt man in eine Bürette und titriert damit eine der wie oben abgewogenen, frisch geglühten Sodaproben vom Gewicht **w**, wozu man **x** ccm Säure braucht.

Wenn die Säure wirklich normal wäre, so müßte $\mathbf{x} = \dfrac{\mathbf{w}}{0\cdot053}$ sein, was aber kaum eintreffen wird; vermutlich wird man weniger Säure brauchen. Man berechnet nun nach der obigen Formel, wie viel Kubikzentimeter wirkliche Normalsäure gebraucht werden sollten; diese Zahl **y** ist also $= \dfrac{\mathbf{w}}{0\cdot053}$ und **x** wird kleiner als **y** sein. Um nun zu erfahren, wie stark man diese vorläufige Säure verdünnen muß, damit sie normal werde, setzen wir $\mathbf{u} = \dfrac{1000\,\mathbf{x}}{\mathbf{y}}$; **u** ist dann die Zahl der Kubikzentimeter der vorläufigen Säure, welche man in den Mischzylinder einfüllt und durch Zusatz von reinem Wasser auf 1000 ccm bringt.

Für die für genauere Arbeiten erforderliche $^1/_5$ N-Säure wird $\mathbf{y} = \dfrac{\mathbf{w}}{0\cdot0106}$ sein.

Wenn man brauchbare N-Natronlauge oder $^1/_2$ N-Sodalösung (S. 310) vorrätig hat, so kann man diese dazu benutzen, um durch eine völlig analoge Methode die vorläufige Säure zu untersuchen und auf N-Säure zu bringen.

Die fertig gemischte N-Säure muß aber nun jedenfalls durch Titrieren neuer Proben von geglühter reiner Soda darauf untersucht werden, ob sie völlig richtig, also x = y ist.

Als Indikator beim Titrieren wurde früher allgemein und wird noch heute vielfach Lackmustinktur gebraucht, die man bekanntlich in offenen Gefäßen aufbewahren muß, damit sie nicht verdirbt. Man muß bei Anwendung derselben die mit Probesäure versetzte Flüssigkeit anhaltend kochen, um sämtliche Kohlensäure auszutreiben, und mit dem Zusatz von Säure so lange fortfahren, als noch bei längerem Kochen die Farbe von rot nach violett oder blau zurückgeht. Hierbei wird bei vielen Glassorten eine ganz erhebliche Menge von Alkali aufgelöst und dadurch der Versuch ungenau gemacht. Das Titrieren in der Hitze gibt überhaupt keine ganz genauen Resultate; läßt man aber erkalten, so kann wieder die Luftkohlensäure störend einwirken. Ein Versuch mit Lackmus dauert selten unter $\frac{1}{2}$ Stunde, oft darüber. Phenolphthalein zeigt genau dieselben Übelstände. Dagegen ist die Titration in wenigen Minuten beendigt, wenn man nach Lunge Dimethyl-anilin-Orange (kurz bezeichnet als Methylorange) in verdünnter wässeriger Lösung als Indikator anwendet. Man darf alsdann aber nicht mit heißen Lösungen, sondern nur bei gewöhnlicher Temperatur arbeiten und darf nur starke Mineralsäuren (nicht Oxalsäure) zum Titrieren anwenden. Man versetzt die kalte Lösung der wie oben abgewogenen Soda mit einigen Tropfen der Lösung des Methylorange, so daß eine eben sichtbare hellgelbe Färbung entsteht (bei zu starker Färbung ist später der Übergang in rot nicht scharf), und titriert dann mit N-Säure, ohne sich um das entweichende CO_2 zu kümmern. Sobald die Soda genau neutralisiert ist, tritt eine Änderung der Farbe von hellgelb in bräunlich ein, verursacht durch die Wirkung des freien CO_2 auf den Indikator. Man liest jetzt ab, am besten mittels einer Goeckelschen Visierblende, und setzt noch einen Tropfen der Säure zu. Wenn jetzt die Farbe deutlich rot wird, so war die frühere Ablesung die richtige; wenn sie aber bräunlich bleibt, so liest man wieder ab, setzt wieder einen Tropfen Säure zu usw. Genau ebenso verfährt man beim Titrieren von Säuren mit Natronlauge, wo auch bei der bräunlichen Übergangsfarbe abgelesen wird, ehe die Farbe in hellgelb übergegangen ist. Die Resultate sind identisch mit den bei richtiger Anwendung von Lackmus oder Phenolphthalein erhaltenen, d. h. wenn man bei diesen Indikatoren unter völligem Ausschluß von Luftkohlensäure mit längerem Kochen und in Porzellan- oder Silbergefäßen arbeitet. Der Hauptvorteil bei Methylorange ist die große Ersparnis an Zeit und die Vermeidung des Erhitzens, sowie des Angriffs auf das Glas. Für Methylorange spricht ferner, daß es von Schwefelwasserstoff, welcher Lackmus zerstört, ebensowenig wie von Kohlensäure beeinflußt wird, also z. B. zum direkten Titrieren von Rohsodalaugen verwendet werden kann. Schweflige Säure dagegen wirkt auf Methylorange ebenso wie die stärkeren Mineralsäuren, doch nur mit dem halben Wirkungswerte, so daß der Neutralisationspunkt bei Entstehung der Verbindung $NaHSO_3$ liegt. Bei Gegenwart salpetriger Säure wird Methylorange allmählich zerstört, ist aber bei Anwendung des S. 175 und 176 beschriebenen Verfahrens dennoch vollkommen brauchbar.

Bei $\frac{1}{5}$ N-Säure wird man stets auf die bräunliche Zwischenfarbe kommen, bei $\frac{1}{2}$ oder $\frac{1}{1}$ N-Säure wird oft das Gelb direkt in Rosa übergehen.

Nach allgemeiner Übereinstimmung ist Methylorange der beste Indikator bei der Titrierung von Basen mittels starker

Mineralsäuren; aber ganz genau dasselbe gilt von der Titrierung von starken Säuren (Schwefelsäure, Salzsäure, Salpetersäure), bei der sogar seine Vorzüge eher noch mehr zur Geltung kommen, weil man durch einen kleinen Kohlensäuregehalt des Normalalkalis durchaus nicht gestört wird, der bei Anwendung von Lackmus oder Phenolphthalein genaueres Arbeiten erschwert. Organische Säuren allerdings kann man direkt mit Methylorange nicht titrieren. Hierfür kommt hauptsächlich Phenolphthalein in Betracht.

Dem Methylorange ebenbürtig ist das Methylrot, das besonders für Ammoniaktitration ausgezeichnete Resultate ergibt.

Wenn die N-Säure fertig ist, stellt man das Normalalkali dar, indem man etwa 50 g bestes käufliches Ätznatron in 1 l reinem Wasser auflöst und 50 ccm der Lösung mit der N-Säure titriert. Man wird mehr als 50 ccm Säure brauchen, nämlich x ccm, und findet die Anzahl u ccm, welche man mit reinem Wasser auf 1 l verdünnen muß, um Normalnatron zu erhalten, durch den Ansatz: $u = \dfrac{50\,000}{x}$. Die jetzt erhaltene Flüssigkeit wird von neuem durch Titrieren auf ihre Richtigkeit geprüft.

N-Natronlauge muß, wenn man mit Lackmus arbeiten will, möglichst kohlensäurefrei sein und später möglichst vor der Kohlensäure der Luft geschützt werden, weil nach dem Anziehen von CO_2 (das übrigens im käuflichen Ätznatron nie fehlt) der Farbenübergang in der Kälte nicht mehr scharf ausfällt. Ganz kohlensäurefreie Lauge ist umständlich herzustellen (siehe Küster, Zeitschr. f. anorg. Chem. **41**, 474; 1904) und schwierig in diesem Zustande bei längerem Gebrauche zu erhalten. Wenn man dagegen Methylorange als Indikator verwendet, so kann man die Natronlauge ohne weitere Vorsichtsmaßregeln anwenden und kann sogar statt derselben eine durch Auflösen von 53·00 g reiner Soda in 1 l Wasser dargestellte N-Natriumcarbonatlösung als Normalalkali gebrauchen, welche in der Kälte angewendet wird und ebenso scharfe Resultate wie Natronlauge gibt, wobei man sich um die zum Teil unter Aufbrausen entweichende Kohlensäure gar nicht zu kümmern braucht. Die allgemeine Anwendung einer N-Natriumcarbonatlösung ist jedoch wegen des Herauskristallisierens an Büretten, Flaschenhälsen etc. nicht bequem. Deshalb ist es vorzuziehen, schwächere Natriumcarbonatlösungen darzustellen; schon eine halbnormale Lösung zeigt jenes Auskristallisieren kaum.

Alle N-Flüssigkeiten müssen so nahe als möglich bei einer bestimmten Temperatur, z. B. 15⁰ oder 18⁰ C, zubereitet und bei derselben verwendet werden. Wenn sie längere

Zeit in einer Flasche gestanden haben, wobei leicht etwas Wasser abdunstet und sich im oberen Teile der Flasche wieder kondensiert, so muß man durch Umschütteln wieder die richtige Mischung herstellen. Am besten bereitet man eine größere Menge, z. B. 50 l, und füllt davon nach Bedarf in eine 2—5 l fassende Flasche um, aus der die Büretten versorgt werden, unter Umschütteln bei jedem Gebrauche der großen oder kleinen Flasche.

Falls die Temperatur des Arbeitsraumes mehr als 2—3° über der bei Herstellung der N-Lösung angewendeten (gewöhnlich 15°) beträgt, so muß für genauere Bestimmungen eine Korrektion angebracht werden, wofür folgende Tabelle dienen kann. Um die bei t^0 abgelesenen Volumina auf 15° zu reduzieren, muß man pro 100 ccm die nebenstehenden Zahlen abziehen:

t	ccm	t	ccm
15°	0	23°	0·135
16	0·013	24	0·156
17	0·027	25	0·179
18	0·043	26	0·202
19	0·059	27	0·227
20	0·076	28	0·252
21	0·095	29	0·278
22	0·114	30	0·305

Der Wert von N-Säuren ist folgender für je 1 ccm $^1/_1$, $^1/_2$, $^1/_5$ N-Säure in Gramm des zu bestimmenden Körpers:

	$^1/_1$	$^1/_2$	$^1/_5$
KOH	0·05611	0·02805	0·01122
K_2CO_3	0·06911	0·03455	0·01382
NaOH	0·04001	0·02000	0·00800
Na_2CO_3	0·05300	0·02650	0·01060
$BaCO_3$	0·09869	0·04935	0·01974
$Ca(OH)_2$	0·03705	0·01852	0·00741
CaO	0·02804	0·01402	0·00561
$CaCO_3$	0·05004	0·02502	0·01001
MgO	0·02016	0·01008	0·00403
$MgCO_3$	0·04216	0·02108	0·00843

Der analytische Wert von N-Lösungen von Alkalien ist folgender für je 1 ccm $^1/_1$, $^1/_2$, $^1/_5$ N-Lauge in Gramm des zu bestimmenden Körpers:

	$^1/_1$	$^1/_2$	$^1/_5$
HCl	0·03647	0·01824	0·00729
HNO_3	0·06302	0·03151	0·01260
H_2SO_4	0·04904	0·02452	0·00981
H_3PO_4			
mit Methylorange			
H_3PO_4	0·09806	0·04903	0·01961
P_2O_5	0·07104	0·03552	0·01421
m. Phenolphthalein			
H_3PO_4	0·04903	0·02452	0·00981
P_2O_5	0·03552	0·01776	0·00710

B. Kaliumpermanganat- oder Chamäleonlösung.

In der Regel wird eine $^1/_2$ N-Lösung verwendet, d. h. eine solche, welche in saurer Lösung pro Kubikzentimeter 0·004 g Sauerstoff abgeben kann. Sie dient z. B. zur Bestimmung der salpetrigen Säure in Schwefelsäure, zu der der Stickstoffsäuren im Kammer-Austrittsgase, zur Braunstein-Analyse, zu den analytischen Arbeiten für das Weldon-Verfahren usw.

Für die Bestimmung von Eisen, welches in den Produkten der Sodaindustrie in sehr kleinen Mengen vorzukommen pflegt, verwendet man besser eine $^1/_{10}$ oder $^1/_{20}$ N-Lösung, welche man aus der $^1/_2$ N-Lösung durch Verdünnung auf das Fünffache resp. Zehnfache darstellt, und welche pro Kubikzentimeter 0·005584 resp. 0·002792 g Eisen anzeigt. Bei der Verdünnung kann sich jedoch der Titer etwas ändern, weshalb man ihn von neuem kontrollieren muß.

Das Kaliumpermanganat kommt in kristallisierter Form in den Handel. Von einem ganz reinen Salze und mit ganz reinem Wasser würde man für eine $^1/_2$ N-Lösung 15·803 g im Liter auflösen müssen. Da aber weder für die Reinheit des Salzes noch für diejenige des (destillierten) Wassers absolute Sicherheit besteht, so löst man 16 g gut kristallisiertes Permanganat in 1 l destilliertem Wasser und läßt die Lösung mindestens 3—4 Tage (besser eine Woche) stehen, ehe man ihren Titer bestimmt, damit das Permanganat auf die Verunreinigungen des Wassers wirken kann. Erst dann bestimmt man den Titer und korrigiert ihn nötigenfalls mit ein wenig Wasser auf genau halbnormal. Eine so hergestellte Lösung, vor Staub und direktem Sonnenlicht geschützt, hält sich beliebig lange. Kocht man die Permanganatlösung längere Zeit unter Rückfluß, filtriert den ausgeschiedenen Braunstein durch ein vorher mit Säuren ausgekochtes und neutral gewaschenes Asbest- oder Glaswollefilter ab, dann ist die so hergestellte Lösung ohne weitere Änderung ihres Titers sofort gebrauchsfähig und beständig.

Keine der vielen früher angewandten Methoden (vgl. C. T. U. I) zur Titerstellung von Permanganat ist einwurfsfrei; ganz gewiß nicht die früher auch in diesem Taschenbuche empfohlene mit Eisendraht, oder die 'auf Anwendung von Oxalsäure oder Kaliumtetraoxalat begründeten. Vollkommen genau aber ist die Titerstellung mit dem von Sörensen eingeführten reinen Natriumoxalat (Marke Kahlbaum oder Merck), das man nur einige Stunden im Trockenschrank bei 100⁰ hält, und dann über Chlorcalcium im Exsikkator abkühlen läßt. Man löst davon ca. 1·3 g (genau gewogen) in ca. 200 ccm Wasser, das man auf 60—70⁰ erwärmt, setzt ca. 20 ccm 10proz. (doppeltnormale) Schwefelsäure zu und läßt aus der Bürette die Permanganatlösung erst rasch, dann tropfenweise zulaufen, bis eine bleibende Rötung entsteht.

Wenn während dieser Operation sich ein brauner Niederschlag (von Mangandioxyd) abscheidet, so verwirft man besser den Versuch, doch tritt dies nur bei zu konzentrierten oder zu heißen Lösungen ein.

Das Permanganat wird am besten in einer Bürette mit seitlichem (hohlem) Glashahne verwendet. Eine etwaige (durch Staub etc.) eintretende Veränderung in ihrem Titer macht sich schon durch Entstehen eines Niederschlages von MnO_2 in der Flasche bemerklich.

Es ist zweckmäßig, den Titer der Permanganatlösung mindestens alle zwei Monate zu kontrollieren.

Bei Gegenwart von freier Salzsäure ist die Titrierung mit Permanganat wegen Chlorentwicklung ungenau. Dies wird jedoch ganz vermieden, wenn die Flüssigkeit ziemlich viel Mangansalz enthält oder man ihr direkt etwa 1 g eisenfreies Mangansulfat und Phosphorsäure (S. 149) zusetzt.

Für Eisenerzanalysen wird häufig die Permanganatlösung mit reinem Eisenoxyd nach Brandt (käuflich bei E. Merck, Darmstadt) eingestellt (vgl. S. 149, ferner C. T. U. I, sowie Zeitschr. f. angew. Chem. **26**, I, 512; 1913, **27**, I, 9; 1914 und Chem.-Ztg. **40**, 605, 631; 1916).

1 ccm ¹/₂ N-Permanganat entspricht:

0·004 g Sauerstoff = 2·799 ccm im Normalzustande;
0·02251 g wasserfreier Oxalsäure;
0·03151 g kristallisierter Oxalsäure $C_2H_2O_4 \cdot 2 H_2O$;
0·03350 g Natriumoxalat;

0·00950 g N_2O_3 (entsprechend 0·01575 g HNO_3 oder
0·02544 g Salpetersäure 40⁰ Bé oder 0·02983 g
Salpetersäure 36⁰ Bé);
0·00850 g H_2O_2;
0·02792 g Fe.

C. Jodlösung.

Man wägt 12·692 g reines umsublimiertes Jod (welches
man schon im Handel beziehen, oder durch Verreiben von
rohem Jod mit 10 Prozent Jodkalium und Umsublimieren
darstellen kann) auf einer mindestens 5 mg sicher zeigenden
Tarierwage genau ab, schüttet es in einen Literkolben, in dem
sich bereits eine konzentrierte Lösung von 15—18 g Jodkalium
befindet, verschließt den Kolben, schüttelt bis zu vollständiger
Lösung und verdünnt bis zur Marke. Man erhält so eine
$^1/_{10}$ N-Lösung, deren Titer durch die, ihrerseits auf reines Jod
gestellte, Arsenlösung kontrolliert wird. Die beiden Lösungen
sollen einander ganz genau äquivalent sein.

Speziell für Bestimmung kleiner Mengen von Schwefelnatrium verwendet man zuweilen eine besondere Jodlösung,
welche pro Kubikzentimeter 0.001 g Na_2S anzeigt. Sie wird
dargestellt durch Auflösen von 3·2515 g reinem Jod mit 5 g
Jodkalium zu einem Liter.

Jodlösungen von bestimmtem Wirkungsgrad kann man
sich nach der Methode von Volhard aus genau eingestellten
Permanganatlösungen herstellen. Zu einem in einer Stöpselflasche genau abgemessenen Volumen n/$_{10}$-$KMnO_4$-Lösung
fügt man ca. 10 ccm doppelt normale Schwefelsäure und eine
Lösung von jodatfreiem Jodkalium, verschließt die Stöpselflasche, wartet einige Minuten und verfährt dann mit der
erhaltenen Jodlösung wie üblich. Es empfiehlt sich nicht
stärkere als $^1/_{10}$ N-Lösungen zu verwenden.

Die Jodlösungen, namentlich die verdünnteren, halten sich
in gut verschlossenen Flaschen an kühlen Orten längere Zeit,
sollten aber doch monatlich einmal mit Arsenlösung kontrolliert
werden.

Bereitung der Stärkelösung. 5 g Stärke werden mit
wenig Wasser zu einem gleichmäßigen Brei verrührt und allmählich in 1000 g in einer Porzellanschale kochendem Wasser
eingetragen; man erhitzt unter Zusatz eines Tropfens Quecksilber weiter, bis eine fast klare Lösung entstanden ist. Man
läßt diese in einem hohen Glase absetzen, gießt das Klare
durch ein Filter und sättigt mit Kochsalz oder setzt einige
Tropfen Formalin zu. Die Lösung, im Kühlen aufbewahrt,
hält sich längere Zeit.

Sehr bequem ist die nach Zulkowsky (Wagners Jahresber. 1878, S. 753) dargestellte wasserlösliche Stärke. Auch andere wasserlösliche Stärken („Ozonstärke") finden sich im Handel vor.

D. Arsenigsäurelösung

dient allgemein zur Titerstellung und als Ergänzung der Jodlösung, speziell zur Chlorkalk-Titrierung. Man verwendet käufliche reine, gepulverte, arsenige Säure, welche man prüft, ob sie beim Sublimieren aus einem Schälchen in ein Uhrglas nicht anfangs ein gelbliches Sublimat (von As_2S_3, das leichter flüchtig ist) gibt und sich bei stärkerem Erhitzen ganz verflüchtigt. Vor dem Gebrauche läßt man das Pulver einige Zeit im Exsikkator über Schwefelsäure und kann es dann ohne besondere Vorsichtsmaßregeln abwägen, da es nicht hygroskopisch ist. Zur Bereitung einer $^1/_{10}$ N-Lösung wägt man 4·9480 g arsenige Säure genau ab, löst mit wenig heißer Natronlauge, gießt in einen Litermeßkolben, neutralisiert nach Zusatz von Phenolphthalein mit verdünnter Schwefelsäure, fügt ca. 20 g Natriumbicarbonat in 500 ccm Wasser gelöst hinzu und füllt auf 1000 ccm auf. Die Lösung ist durchaus haltbar und äquivalent mit 0·003546 g Chlor oder 0·012692 g Jod pro Kubikzentimeter.

Bei Anwendung von reiner und trockener arseniger Säure wird diese Lösung von vornherein richtig sein. Man kann sie aber noch kontrollieren, was man namentlich bei Bereitung größerer Mengen nicht versäumen sollte, indem man ca. 0·5 g reines Jod mit 0·1 g feuchtem Jodkalium verreibt, in einem Schälchen auf einem Sandbad oder auf Asbestpappe erhitzt, bis sich reichliche Dämpfe erheben, dann mit einem trockenen Trichter bedeckt, den größeren Teil, aber nicht das Ganze, des Jods hinein sublimieren läßt. Man wiederholt die Sublimation, aber ohne Zusatz von Jodkalium, und bewahrt das Jod in einem nicht eingefetteten Chlorcalciumexsikkator auf. Zur Titerstellung beschickt man kleine Wägegläschen mit 1 bis 2 g gepulvertem Jodkalium, fügt 2 ccm Wasser hinzu, wägt, wirft 0·4—0·5 g Jod ein, verschließt und wägt wieder. Man läßt nun das Wägegläschen unter gleichzeitiger Öffnung in einen Erlenmeyerkolben fallen, der mit 200 ccm Wasser und ca. 1 g Jodkalium beschickt ist und titriert mit der Arsenlösung. Wenn die Farbe nur noch hellgelb ist, setzt man ein wenig Stärkelösung zu und titriert genau bis zum Verschwinden der Blaufärbung. Die verbrauchte Menge von Kubikzentimeter Arsenlösung, multipliziert mit 0·012692 (log = 0·10353—2), soll genau gleich dem angewendeten Gewichte von Jod sein.

E. Thiosulfatlösung.

Zur Herstellung einer $^1/_{10}$ N-Thiosulfatlösung löst man 25 g des kristallisierten Salzes ($Na_2S_2O_3 + 5H_2O$) in destilliertem Wasser zu einem Liter, läßt die Lösung wenigstens acht Tage stehen und bestimmt dann ihren Titer in der bei Arsenlösung beschriebenen Weise. Mit Thiosulfatlösungen darf nur in neutraler oder schwach saurer Lösung gearbeitet werden.

1 ccm $^1/_{10}$ N-Jodlösung, resp. $^1/_{10}$ N-Natriumthiosulfat oder $^1/_{10}$ N-Arsenigsäurelösung entsprechen

0·003546 g Cl,

0·002043 g $KClO_3$,

0·007992 g Br,

0·001603 g S,

0·003203 g SO_2,

0·01581 g $Na_2S_2O_3$,

0·001704 g H_2S,

0·002400 g O_3,

0·001701 g H_2O_2,

0·006357 g Cu,

0·004347 g MnO_2,

0·003748 g As,

0·004948 g As_2O_3,

0·00601 g Sb,

0·00721 g Sb_2O_3.

F. Silberlösung.

Man wägt genau 16·989 reines kristallisiertes (am besten vorher einige Stunden im Exsikaktor aufbewahrtes) Silbernitrat ab und löst in einem Liter Wasser auf. Dies gibt eine $^1/_{10}$ N-Lösung, von welcher jedes Kubikzentimeter = 0·003546 g (log = 0·54974 — 3) Cl oder 0·003647 g (log = 0·56194 — 3) HCl oder 0·005846 g (log = 0·76686 — 3) NaCl anzeigt. Eine Lösung, welche 0·001 g NaCl pro Kubikzentimeter anzeigt, erhält man durch Auflösen von 2·906 g Silbernitrat in 1 l Wasser.

Ammoniakalische Silberlösung, zur Bestimmung von Schwefelalkalien nach Lestelle (S. 236) erhält man durch Auflösen von 13·818 g Feinsilber in reiner Salpetersäure, Zusatz von 250 ccm Ammoniakflüssigkeit und Verdünnen auf 1 l. Jedes Kubikzentimeter hiervon zeigt 0·005 g Na_2S an.

G. Kupfervitriollösung

zur Bestimmung von Ferrocyanalkali. Man löst 12·486 g reinen kristallisierten, nicht verwitterten Kupfervitriol in 1 l Wasser auf (vgl. S. 216).

H. Oxalsäurelösung

ur Bestimmung der „Basis" bei der Braunstein-Regenerierung
(S. 201). Man löst 63·03 g reine, nicht verwitterte, kristallisierte
Oxalsäure in 1 l Wasser und kontrolliert den Titer mit N-
Natronlauge. Die Lösung ist, namentlich im Lichte, nicht
ganz haltbar und eignet sich schon aus diesem Grunde nicht
so gut wie Salzsäure zur Alkalimetrie; ferner auch deshalb,
weil dabei Methylorange als Indikator nicht anwendbar ist.

XVII. Herstellung von Durchschnittsmustern.

A. Brennstoffe [1].

Von jeder Ladung (Karre, Korb u. dgl.) wirft man eine
Schaufel voll in ein mit Deckel versehenes Gefäß, zerkleinert
dessen Inhalt sofort, mischt, breitet alles quadratisch aus,
teilt durch Diagonalen in vier Teile, entfernt zwei einander
gegenüberliegende Teile, zerkleinert und mischt die beiden
anderen nochmals, teilt wieder wie vorher und fährt so fort,
bis man auf etwa 12 kg gekommen ist, die man in einer ver-
löteten Blechbüchse an das Laboratorium schickt. Dort wird
diese Menge gemahlen, durchgemischt, schachbrettartig in
12—16 Felder geteilt, aus jedem Felde ein Teelöffel voll entnommen und in einer Porzellanreibschale staubfein gemahlen.
Das feine Pulver wird in einer Stöpselflasche aufbewahrt
und vor jeder Prüfung gut durchgerührt.

Als besondere Feuchtigkeitsproben füllt man schon
während der ersten Teilung eine Anzahl von Proben in luftdicht
verschließbare Gefäße.

B. Erze und Mineralien aller Art.
(Schwefelkies, Braunstein, Salz.)

1. Gepulverte Erze, Schliech, Salz etc. Man entnimmt von jedem auf die Wage gebrachten Kübel, Karren
u. dgl. eine Probe von ca. $^1/_2$ kg vermittels eines großen Schöpf-
löffels, so daß man stets ungefähr die gleiche Menge erhält.
Bei Eisenbahnwaggons, welche direkt in das Magazin gestürzt
werden, nimmt man drei Proben, nämlich von den beiden
Enden und der Mitte [2]. Sämtliche Einzelproben werden

---

[1] Nach den „Normen für Leistungsversuche an Dampfkesseln und
Dampfmaschinen".

[2] Da obiges Verfahren vor Irrungen nicht immer schützt, so zieht
man in manchen Fabriken die in Nr. 2 beschriebene Probenahme mit ganzen
Wiegekübeln u. dgl. vor. Vgl. auch C. T. U. I.

zunächst in ein Faß gegeben und bedeckt gehalten, um Verdunsten von Feuchtigkeit zu hindern. Nach Beendigung der Abnahme stürzt man den Inhalt des Fasses auf einer ebenen, reinen und harten Fläche aus, breitet das Gut flach aus, schaufelt es zu einem kleinen Haufen im Mittelpunkt zusammen, indem man ganz regelmäßig rings herumgeht, breitet diesen Haufen von neuem flach aus und entnimmt eine Probe von etwa einem Viertel der Masse, indem man mit einer Schaufel zwei sich rechtwinklig kreuzende Streifen aushebt und noch etwas aus der Mitte der vier übrig bleibenden Quadranten entnimmt. Mit dieser kleineren Probe verfährt man ebenso wie mit der größeren, so daß man jetzt auf nicht mehr als ca. 2 kg Masse kommt. Diese wird nochmals gut durchgemischt und daraus vier (oder eine beliebige andere Zahl) 100 g fassende Pulvergläser gefüllt, indem man dieselben auf einem Papiere dicht nebeneinander aufstellt und von jeder Handvoll etwas in jedes der Gläser fallen läßt. Wenn diese gefüllt sind, werden sie sofort mit gutschließenden Korken verschlossen, die man dicht über dem Halse der Flasche abschneidet und gut versiegelt. Dabei kann erforderlichenfalls das Siegel des Käufers und Verkäufers resp. ihrer Vertreter oder das einer dritten Partei angebracht werden. Die Operation des Durchmischens etc. und Füllens der Flaschen muß so schnell als möglich vorgenommen werden, um die Verdunstung oder das Anziehen erheblicher Mengen von Feuchtigkeit zu hindern.

Obige Probegläser werden dem Laboratoriumschemiker übergeben, welcher deren Inhalt zu pulvern hat, bis er vollständig durch ein Sieb von 1 mm Maschenöffnung durchgeht; es darf nichts Grobes zurückbleiben. Hiervon wird nach genauestem Durchmischen ein kleineres Muster gezogen und auf den für die Analyse nötigen Feinheitsgrad durch Pulvern im Stahlmörser oder Achatmörser, bei weicheren Substanzen in einem Mörser von hartem Porzellan gebracht. Braunstein darf man nicht in eisernen Mörsern pulvern. Die Feuchtigkeit wird mit einem unzerriebenen Teile des Musters bestimmt.

2. Grobstückige Erze u. dgl., welche Zerkleinerung erfordern. Man muß hiervon um so größere Proben nehmen, je gröber das Korn ist. Wenn die Stücke nicht über Apfelgröße und nicht gar zu ungleich groß sind, genügt es, von jedem Wägekübel etc. wie in Nr. 1 eine Probe zu entnehmen, aber mittels einer Schaufel, welche ca. 5 kg faßt. Bei noch gröberem und in jedem Falle bei ungleichmäßigem Korn ist es vorzuziehen, von Zeit zu Zeit einen ganzen Wägekübel (z. B. jeden zehnten oder zwanzigsten) in einen besonderen Raum zu stürzen, wo sich das ganze Durchschnittsmuster ansammelt. Unter allen Umständen muß man möglichst Sorge tragen, das Verhältnis zwischen grobem und feinem

Material in dem Durchschnittsmuster richtig zu repräsentieren. Dasselbe wird nun zunächst von Hand oder mittels einer mechanischen Vorrichtung auf Walnußgröße zerkleinert, wobei nichts Gröberes zurückbleiben darf. Das zerkleinerte Gut wird durch mehrmaliges Hin- und Herschaufeln gründlichst durchgemengt, dann in einen flachen Haufen ausgebreitet und aus diesem ein kleineres Muster von ca. 10—12 kg durch Ausheben zweier sich kreuzender Streifen und der Mitte der Quadranten entnommen. Das redzuierte Muster wird nun weiter zerkleinert, entweder in einem großen Eisenmörser oder besser mittels eines schweren Hammers auf einer massiv gebetteten, mit aufstehendem Rande versehenen Gußeisenplatte von ca. 3/4 bis 1 m im Quadrat (dies ist viel bequemer und reinlicher als Pulvern im Mörser). Das Grobe wird durch ein Sieb von 3 mm Maschenöffnung abgesiebt und weiter zerkleinert, bis alles durchgesiebt ist. Das Gut wird nun wie in Nr. 1 durch Mischen und Ausstechen zu einer Menge von 1—2 kg reduziert, aus welcher man, wie dort vorgeschrieben, die Probegläser füllt.

C. Feste chemische Produkte.

1. **Sulfat, Soda u. dgl.** Wenn diese Materialien lose sind, zieht man die Probe ganz wie in Nr. 1. Wenn sie in Fässern sind, so wird je nach der Größe des Postens, jedes dritte, fünfte oder zehnte Faß an einem seiner Böden angebohrt und mittels eines langen, bis zum Mittelpunkt des Fasses gehenden, halbrunden Probestechers, Fig. 15, indem man diesen um seine Achse dreht, ein Muster herausgezogen. Alle

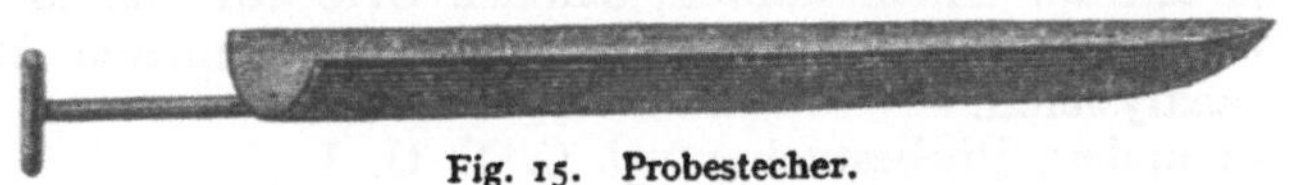

Fig. 15. Probestecher.

einzelnen Faßmuster kommen in ein großes Pulverglas, bis man mit dem Probeziehen fertig ist. Dann schüttet man den Inhalt des Glases auf einen großen Papierbogen, mischt gründlichst durch, zerdrückt etwaige Klumpen mit einem Spatel und füllt die bereitstehenden 100 Gramm-Gläser ganz gleichmäßig, genau wie S. 318 für Erzproben vorgeschrieben. Auch für das Verkorken und Versiegeln gelten dieselben Regeln.

2. **Chlorkalk, Pottasche** und andere Substanzen, welche an der Luft durch Anziehen von Feuchtigkeit oder aus anderen Gründen schnell verderben, werden wie in Nr. 1 behandelt, jedoch mit größter Schnelligkeit und unter gutem Verschlusse des großen Pulverglases, welches die Hauptprobe aufnimmt.

Sicherer verfährt man nach Mitteilung der Chemischen Fabrik Griesheim-Elektron wie folgt. Man benutzt einen Probestecher, Fig. 16, hergestellt aus einem $1^1/_2''$ Gasrohr durch Aufmeißeln in der Längsrichtung, so daß eine Längsöffnung von 25 mm Breite entsteht. Eine Seite dieser Öffnung (*a*) wird geschärft, ebenso der untere Teil (*b*), welcher in den Chlorkalk eingetrieben wird. Der Oberteil ist verstärkt und mit einer Handhabe (*c*) versehen. Vor dem Eintreiben des Probestechers wird das Faß gut gerüttelt, aufrecht gestellt und dann der Probestecher möglichst tief eingeführt, nötigenfalls mit dem Hammer eingetrieben. Die Probenahme erfolgt am besten beim Öffnen des Fasses oder nach Anbohren des Deckels (nicht der Seite!); die Bohrlöcher schließt man dann durch ein kleines Blech, mit Papier als Dichtung. Der ein-

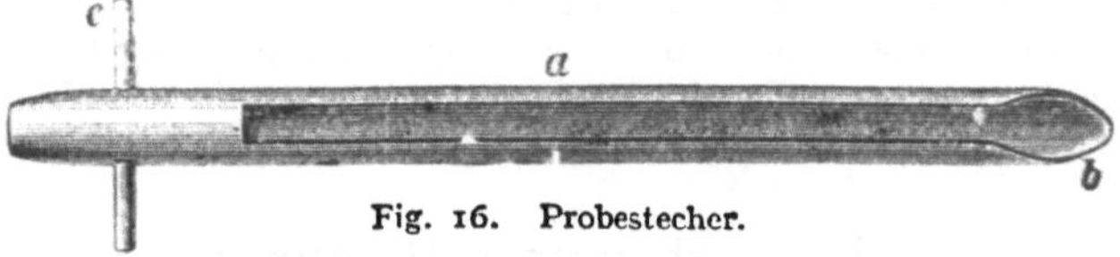

Fig. 16. Probestecher.

getriebene Probestecher wird mehrmals um seine Achse gedreht, so daß er mit seiner scharfen Seite den Chlorkalk durchschneidet und sich so füllt. Die herausgezogene Probe wird auf Papier gebracht, daselbst möglichst schnell (am besten mit einer kleinen Walze) zerkleinert, gemischt und ausgebreitet. Dann werden recht schnell mit einem Spatel von verschiedenen Stellen Pröbchen genommen und in Gläser gefüllt, die gut zu verschließen und an einem kühlen, dunklen Orte aufzubewahren sind. Man sollte Chlorkalkmuster immer ohne größeren Aufenthalt analysieren.

Über andere Probestecher vgl. C. T. U. I.

3. Kaustische Soda. Die Probe ist für Verkaufszwecke aus den Trommeln an möglichst vielen Stellen zu entnehmen, am sichersten in noch geschmolzenem Zustande. Für den inneren Fabriksgebrauch schöpft man am besten aus jedem Kessel während des Entleerens drei Proben von oben, von der Mitte und von unten, gießt sie eine nach der anderen auf eine Platte (wobei sie sich, da sie inzwischen erstarren, später leicht voneinander absondern lassen) und benutzt die mittlere Probe vorzugsweise zur Analyse.

Die Muster ziehen selbst in wohlverschlossenen Flaschen leicht an der Oberfläche Feuchtigkeit und Kohlensäure an, was sich durch das Entstehen einer blinden Kruste zeigt. Diese Kruste muß vor dem Abwägen der Proben durch Abkratzen entfernt werden.

D. Flüssigkeiten.

Es ist zu beachten, daß besonders bei dickflüssigeren Materialien sich infolge Schichtung ganz erhebliche Unterschiede in der Zusammensetzung ergeben können. Eine einfache Probenahme aus der oberen Schicht würde zu ganz fehlerhaften Resultaten führen. Am besten nimmt man aus Behältern die Probe mittels eines derart langen, 4 bis 5 cm weiten Rohrs, daß die gesamte Flüssigkeitsschicht damit durchfahren werden kann. Das Rohr ist mit einem an einem Draht befestigten Verschluß versehen. Man senkt es bei geöffnetem Verschluß langsam bis auf den Boden des Behälters, nimmt hierdurch eine „Kernprobe", schließt das Rohr durch Anziehen des Verschlußdrahtes und zieht es heraus. Diese Probenahme muß an verschiedenen Stellen wiederholt werden. In ähnlicher Weise kann vorgegangen werden, indem eine beschwerte und verschlossene Flasche in verschiedene Höhen eingesenkt, durch Ziehen an einem Draht der Verschlußstopfen gelüftet und das Probegefäß hierdurch gefüllt wird. Die Einzelproben werden in ein Sammelgefäß gegeben, dieses nach dem Füllen gut durchgeschüttelt und nun die für die Analyse erforderlichen Einzelproben entnommen.

Über Probenahme von *Gasen* vgl. C. T. U. I.

XVIII. Vergleichung der verschiedenen Aräometergrade
(s. S. 27).

Die Baumé-Grade (B oder Bé) sind nach der Formel

$$d = \frac{144\cdot3}{144\cdot3 - n}$$

berechnet (das sogenannte „rationelle" Baumé-Aräometer), wobei Wasser von $15^0 = 0^0$ und Schwefelsäure-monohydrat nach früherer (unrichtiger) Annahme $= 1\cdot842$ bei 15^0 oder $= 66^0$ B gesetzt ist. Die Twaddell-Grade (T), welche in England üblich sind, sind gleich dem Doppelten der Densimeter-Grade (D), welche aus den spezifischen Gewichten durch Weglassen der Ganzen 1 und Verrücken des Dezimalzeichens um zwei Stellen nach rechts entstehen.

1. Baumé-Grade als Einheit.
a) Für schwere Flüssigkeiten:

B	D	T	Spez. Gew.	B	D	T	Spez. Gew.	B	D	T	Spez. Gew.
1	0·7	1·4	1·007	4	2·9	5·8	1·029	7	5·1	10·2	1·051
2	1·4	2·8	1·014	5	3·6	7·2	1·036	8	5·9	11·8	1·059
3	2·1	4·2	1·021	6	4·3	8·6	1·043	9	6·7	13·4	1·067

B	D	T	Spez. Gew.	B	D	T	Spez. Gew.	B	D	T	Spez. Gew.
10	7·4	14·8	1·074	29	25·2	50·4	1·252	48	49·8	99·6	1·498
11	8·3	16·6	1·083	30	26·2	52·4	1·262	49	51·4	102·8	1·514
12	9·1	18·2	1·091	31	27·4	54·8	1·274	50	53·0	106·0	1·530
13	9·9	19·8	1·099	32	28·5	57·0	1·285	51	54·7	109·4	1·547
14	10·7	21·4	1·107	33	29·7	59·4	1·297	52	56·3	112·6	1·563
15	11·6	23·2	1·116	34	30·8	61·6	1·308	53	58·1	116·2	1·581
16	12·5	25·0	1·125	35	32·0	64·0	1·320	54	59·8	119·6	1·598
17	13·4	26·8	1·134	36	33·2	66·4	1·332	55	61·6	123·2	1·616
18	14·3	28·6	1·143	37	34·5	69·0	1·345	56	63·4	126·8	1·634
19	15·2	30·4	1·152	38	35·7	71·4	1·357	57	65·3	130·6	1·653
20	16·1	32·2	1·161	39	37·0	74·0	1·370	58	67·2	134·4	1·672
21	17·0	34·0	1·170	40	38·3	76·6	1·383	59	69·2	138·4	1·692
22	18·0	36·0	1·180	41	39·7	79·4	1·397	60	71·2	142·4	1·712
23	19·0	38·0	1·190	42	41·1	82·2	1·411	61	73·2	146·4	1·732
24	20·0	40·0	1·200	43	42·4	84·8	1·424	62	75·3	150·6	1·753
25	21·0	42·0	1·210	44	43·9	87·8	1·439	63	77·5	155·0	1·775
26	22·0	44·0	1·220	45	45·3	90·6	1·453	64	79·7	159·4	1·797
27	23·0	46·0	1·230	46	46·8	93·6	1·468	65	82·0	164·0	1·820
28	24·1	48·2	1·241	47	48·3	96·6	1·483	66	84·3	168·6	1·843

b) Für leichte Flüssigkeiten:

B	Spez. Gew.	B	Spez. Gew.	B	Spez. Gew.
0°	1·000	20	0·878	40	0·783
1	0·993	21	0·873	41	0·779
2	0·986	22	0·868	42	0·775
3	0·980	23	0·863	43	0·770
4	0·973	24	0·857	44	0·766
5	0·967	25	0·852	45	0·762
6	0·960	26	0·847	46	0·758
7	0·954	27	0·842	47	0·754
8	0·947	28	0·837	48	0·750
9	0·941	29	0·833	49	0·747
10	0·935	30	0·828	50	0·743
11	0·929	31	0·823	51	0·739
12	0·923	32	0·818	52	0·735
13	0·917	33	0·814	53	0·731
14	0·912	34	0·809	54	0·728
15	0·906	35	0·805	55	0·724
16	0·900	36	0·800	56	0·720
17	0·895	37	0·796	57	0·717
18	0·889	38	0·792	58	0·713
19	0·884	39	0·787	59	0·710

B	Spez. Gew.	B	Spez. Gew.	B	Spez. Gew.
60	0·706	71	0·670	81	0·640
61	0·703	72	0·667	82	0·638
62	0·699	73	0·664	83	0·635
63	0·696	74	0·661	84	0·632
64	0·693	75	0·658	85	0·629
65	0·689	76	0·655	86	0·627
66	0·686	77	0·652	87	0·624
67	0·683	78	0·649	88	0·621
68	0·680	79	0·646	89	0·619
69	0·677	80	0·643	90	0·616
70	0·673				

2. Densimeter und Twaddell als Einheit.

D	T	B	Spez. Gew.	D	T	B	Spez. Gew.	D	T	B	Spez. Gew.
	1	0·84	1·005	19	38	23·15	1'190		75	39·45	1·375
1	2	1·55	1·010		39	23·65	1·195	38	76	39·83	1·380
	3	2·26	1·015	20	40	24·16	1·200		77	40·20	1·385
2	4	2·95	1·020		41	24·65	1·205	39	78	40·58	1·390
	5	3·64	1·025	21	42	25·15	1·210		79	40·95	1·395
3	6	4·33	1·030		43	25·64	1·215	40	80	41·32	1·400
	7	5·00	1·035	22	44	26·13	1·220		81	41·69	1·405
4	8	5·67	1·040		45	26·61	1·225	41	82	42·05	1·410
	9	6·33	1·045	23	46	27·09	1·230		83	42·41	1·415
5	10	6·99	1·050		47	27·56	1·235	42	84	42·77	1·420
	11	7·64	1·055	24	48	28·03	1·240		85	43·13	1·425
6	12	8·29	1·060		49	28·50	1·245	43	86	43·48	1·430
	13	8·93	1·065	25	50	28·96	1·250		87	43·83	1·435
7	14	9·56	1·070		51	29·42	1·255	44	88	44·18	1·440
	15	10·18	1·075	26	52	29·88	1·260		89	44·53	1·445
8	16	10·81	1·080		53	30·33	1·265	45	90	44·87	1·450
	17	11·42	1·085	27	54	30·78	1·270		91	45·21	1·455
9	18	12·03	1·090		55	31·22	1·275	46	92	45·55	1·460
	19	12·63	1·095	28	56	31·66	1·280		93	45·89	1·465
10	20	13·23	1·100		57	32·10	1·285	47	94	46·22	1·470
	21	13·83	1·105	29	58	32·54	1·290		95	46·56	1·475
11	22	14·41	1·110		59	32·97	1·295	48	96	46·89	1·480
	23	15·00	1·115	30	60	33·40	1·300		97	47·21	1·485
12	24	15·57	1·120		61	33·82	1·305	49	98	47·54	1·490
	25	16·15	1·125	31	62	34·24	1·310		99	47·86	1·495
13	26	16·71	1·130		63	34·66	1·315	50	100	48·18	1·500
	27	17·27	1·135	32	64	35·08	1·320		101	48·50	1·505
14	28	17·83	1·140		65	35·49	1·325	51	102	48·82	1·510
	29	18·38	1·145	33	66	35·90	1·330		103	49·14	1·515
15	30	18·93	1·150		67	36·31	1·335	52	104	49·45	1·520
	31	19·47	1·155	34	68	36·71	1·340		105	49·76	1·525
16	32	20·01	1·160		69	37·11	1·345	53	106	50·07	1·530
	33	20·55	1·165	35	70	37·50	1·350		107	50·38	1·535
17	34	21·07	1·170		71	37·90	1·355	54	108	50·68	1·540
	35	21·60	1·175	36	72	38·29	1·360		109	50·98	1·545
18	36	22·12	1·180		73	38·68	1·365	55	110	51·29	1·550
	37	22·63	1·185	37	74	39·06	1·370		111	51·58	1·555

D	T	B	Spez. Gew.	D	T	B	Spez. Gew.	D	T	B	Spez. Gew.
56	112	51·88	1·560	66	132	57·45	1·660	76	152	62·39	1·760
	113	52·18	1·565		133	57·71	1·665		153	62·62	1·765
57	114	52·47	1·570	67	134	57·97	1·670	77	154	62·85	1·770
	115	52·76	1·575		135	58·23	1·675		155	63·08	1·775
58	116	53·05	1·580	68	136	58·48	1·680	78	156	63·30	1·780
	117	53·34	1·585		137	58·74	1·685		157	63·53	1·785
59	118	53·63	1·590	69	138	58·99	1·690	79	158	63·76	1·790
	119	53·91	1·595		139	59·24	1·695		159	63·98	1·795
60	120	54·19	1·600	70	140	59·49	1·700	80	160	64·20	1·800
	121	54·47	1·605		141	59·74	1·705		161	64·43	1·805
61	122	54·75	1·610	71	142	59·99	1·710	81	162	64·65	1·810
	123	55·03	1·615		143	60·23	1·715		163	64·87	1·815
62	124	55·30	1·620	72	144	60·48	1·720	82	164	65·08	1·820
	125	55·58	1·625		145	60·72	1·725		165	65·30	1·825
63	126	55·85	1·630	73	146	60·96	1·730	83	166	65·52	1·830
	127	56·12	1·635		147	61·20	1·735		167	65·73	1·835
64	128	56·39	1·640	74	148	61·44	1·740	84	168	65·94	1·840
	129	56·66	1·645		149	61·68	1·745		169	66·16	1·845
65	130	56·92	1·650	75	150	61·92	1·750	85	170	66·37	1·850
	131	57·19	1·655		151	62·15	1·755				

3. Umwandlungstabelle von rationellen Baumégraden in andere empirische Aräometeranzeigen.

a) Für schwere Flüssigkeiten:

Wenn ein richtiges Aräometer mit rationeller Bé-Skala (B 15°) die in der ersten und letzten Spalte verzeichneten Grade anzeigt, gibt ein in derselben Flüssigkeit bei derselben Temperatur schwimmendes Aräometer nach:

B 15°	B	B holländ.	B amerik.	Balling	Beck	Brix, Fischer	Stoppani	B 15°
			mit den Normaltemperaturen					
15°	17·5°	12·5°	15°	17·5°	12·5°	15·625°	15·625°	15°
0°	+ 0·05°	− 0·04°	0·00°	+ 0·07°	− 0·05°	+ 0·03°	+ 0·01°	0°
4°	4·12°	+ 3·95°	+ 4·02°	5·61°	+ 4·66°	11·12°	4·61°	4°
8°	8·19°	7·95°	8·04°	11·15°	9·38°	22·21°	9·22°	8°
12°	12·25°	11·94°	12·06°	16·70°	14·09°	33·29°	13·82°	12°
16°	16·32°	15·93°	16·08°	22·24°	18·81°	44·38°	18·42°	16°
20°	20·39°	19·92°	20·10°	27·78°	23·52°	55·47°	23·02°	20°
24°	24·46°	23·92°	24·12°	33·32°	28·23°	66·55°	27·62°	24°
28°	28·52°	27·91°	28·14°	38·86°	32·95°	77·64°	32·22°	28°
32°	32·59°	31·90°	32·16°	44·41°	37·66°	88·73°	36·82°	32°
36°	36·66°	35·90°	36·17°	49·95°	42·38°	99·82°	41·42°	36°
40°	40·73°	39·89°	40·19°	55·49°	47·09°	110·90°	46·02°	40°
44°	44·79°	43·88°	44·21°	61·03°	51·80°	121·99°	50·63°	44°
48°	48·86°	47·87°	48·23°	66·58°	56·52°	133·08°	55·23°	48°
52°	52·93°	51·87°	52·25°	72·12°	61·23°	144·16°	59·83°	52°
56°	56·99°	55·86°	56·27°	77·66°	65·94°	155·25°	64·43°	56°
60°	61·06°	59·85°	60·29°	83·20°	70·66°	166·34°	69·03°	60°
64°	65·13°	63·84°	64·31°	88·74°	75·37°	177·43°	73·63°	64°
68°	69·20°	67·84°	68·33°	94·29°	80·08°	188·51°	78·23°	68°

b) Für leichte Flüssigkeiten (Temp. $12 \cdot 5^0$).

Grade Baumé Cartier u. Beck	Baumé Vol. Gew.	Cartier Vol. Gew.	Beck Vol. Gew.	Grade Baumé Cartier u. Beck	Baumé Vol. Gew.	Cartier Vol. Gew.	Beck Vol. Gew.
0	—	—	1·0000	36	0·8488	0·8439	0·8252
1	—	—	0·9941	37	0·8439	0·8387	0·8212
2	—	—	0·9883	38	0·8391	0·8336	0·8173
3	—	—	0·9826	39	0·8343	0·8286	0·8133
4	—	—	0·9770	40	0·8295	—	0·8095
5	—	—	0·9714	41	0·8249	—	0·8061
6	—	—	0·9659	42	0·8202	—	0·8018
7	—	—	0·9604	43	0·8156	—	0·7981
8	—	—	0·9550	44	0·8111	—	0·7944
9	—	—	0·9497	45	0·8066	—	0·7907
10	1·0000	—	0·9444	46	0·8022	—	0·7871
11	0·9932	1·0000	0·9392	47	0·7978	—	0·7834
12	0·9865	0·9922	0·9340	48	0·7935	—	0·7799
13	0·9799	0·9846	0·9289	49	0·7892	—	0·7763
14	0·9733	0·9764	0·9239	50	0·7849	—	0·7727
15	0·9669	0·9695	0·9189	51	0·7807	—	0·7692
16	0·9605	0·9627	0·9139	52	0·7766	—	0·7658
17	0·9542	0·9560	0·9090	53	0·7725	—	0·7623
18	0·9480	0·9493	0·9042	54	0·7684	—	0·7589
19	0·9420	0·9427	0·8994	55	0·7643	—	0·7556
20	0·9359	0·9363	0·8947	56	0·7604	—	0·7522
21	0·9299	0·9299	0·8900	57	0·7565	—	0·7489
22	0·9241	0·9237	0·8854	58	0·7526	—	0·7456
23	0·9183	0·9175	0·8808	59	0·7487	—	0·7423
24	0·9125	0·9114	0·8762	60	0·7449	—	0·7391
25	0·9068	0·9054	0·8717	61	—	—	0·7359
26	0·9012	0·8994	0·8673	62	—	—	0·7328
27	0·8957	0·8935	0·8629	63	—	—	0·7296
28	0·8902	0·8877	0·8585	64	—	—	0·7265
29	0·8848	0·8820	0·8542	65	—	—	0·7234
30	0·8795	0·8763	0·8500	66	—	—	0·7203
31	0·8742	0·8707	0·8457	67	—	—	0·7173
32	0·8690	0·8652	0·8415	68	—	—	0·7142
33	0·8639	0·8598	0·8374	69	—	—	0·7112
34	0·8588	0·8545	0·8333	70	—	—	0·7083
35	0·8538	0·8491	0·8292				

Additional information of this book

(Taschenbuch für die anorganisch-chemische Großindustrie;

978-3-662-23013-8) is provided:

http://Extras.Springer.com